인류 문명과 함께 보는

# 과학의 역사

인류 문명과 함께 보는

# 과학의 역사

**초판 1쇄 발행** 2020년 2월 10일
**초판 2쇄 발행** 2020년 8월 10일

–

**지은이** 곽영직
**펴낸이** 이방원
**기획위원** 원당희
**편 집** 송원빈 · 김명희 · 안효희 · 윤원진 · 정우경 · 최선희
**디자인** 박혜옥 · 손경화 · 양혜진
**영 업** 최성수 **마케팅** 정조연

–

**펴낸곳** 세창출판사
**신고번호** 제300-1990-63호
**주소** 03735 서울시 서대문구 경기대로 88 냉천빌딩 4층
**전화** 02-723-8660 **팩스** 02-720-4579
**이메일** edit@sechangpub.co.kr **홈페이지** http://www.sechangpub.co.kr
**블로그** blog.naver.com/scpc1992 **페이스북** fb.me/scp1008 **인스타그램** @pc_sechang

–

**ISBN** 978-89-8411-843-0 94400
978-89-8411-629-0 (세트)



이 도서의 국립중앙도서관 출판시도서목록(CIP)은 서지정보유통지원시스템 홈페이지(http://seoji.nl.go.kr)와
국가자료공동목록시스템(http://www.nl.go.kr/kolisnet)에서 이용하실 수 있습니다.(CIP제어번호: CIP2020001806)

# 과학의 역사

곽영직 지음

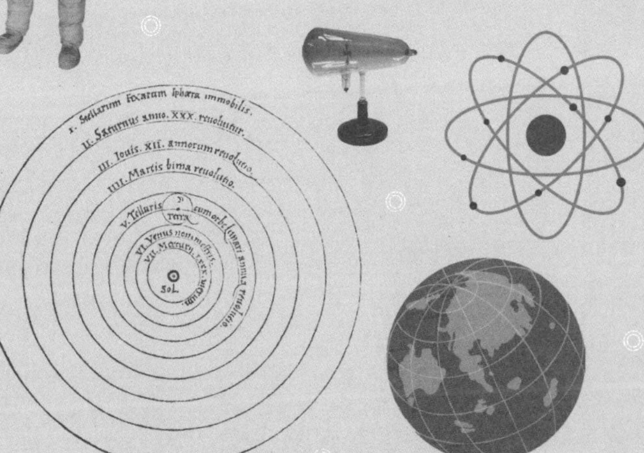

세창출판사

# 머리말

과학을 처음 배우기 시작한 것은 중학교 때이다. 고등학교 다닐 때는 제법 과학 공부를 많이 했다. 그러나 과학사를 처음 배운 것은 대학에 다닐 때였다. 중·고등학교 과학 시간에도 과학사와 관련된 이야기를 듣기는 했지만 그것은 딱딱해지기 쉬운 과학 시간을 부드럽게 만들기 위한 양념 정도였다. 대학에서 교양과목으로 과학사 강의를 듣고서야 과학에서도 역사가 중요하다는 것을 알게 되었다. 뉴턴역학을 이용하여 많은 문제를 풀었지만 뉴턴역학의 의미를 제대로 이해할 수 있었던 것은 과학사 강의를 들은 후였다.

과학에서 역사를 중요하게 생각하지 않는 것은 과학의 내용이 어떤 과정을 통해 밝혀졌는지를 아는 것보다 내용 자체를 이해하는 것이 중요하다고 생각하기 때문일 것이다. 과학적 사실은 내용을 이해하는 것으로 충분하다는 것이다. 그러나 대부분의 철학자들은 과학 지식이 보편적 진리라고 생각하지 않는다. 경험적 지식인 과학 지식은 개연성이 큰 지식에 지나지 않는다는 것이다. 과학자들 중에는 이런 생각에 동의하지 않는 사람들이 많을 것이다. 그러나 그런 사람들도 과학이 발전하면서 보편적인 자연법칙이라고 여겼던 것들이 사실은 부분적인 지식에 지나지 않는다는 것을 알게 된 적이 많다.

과학 지식의 내용을 이해하는 것만큼 그 지식의 한계를 아는 것도 중요하다. 과학 지식의 내용과 한계를 이해하는 가장 좋은 방법은 그런 지식이 형성되어 온 과정을 아는 것이다. 과학사를 배제한 과학 공부가 잘못된 과학 공부였다고 생각한 것은 이 때문이다. 대학에서 과학사 강의를 들은 후 30여 년 동안 과학의 역사는 나의 가장 큰 관심사였다. 오랫동안 물리학과에서 강의를 하면서 교양과목으로 과학사 강의를 했고, 과학사를 정리한 책도 여러 권 썼다.

그러나 오랫동안 과학사를 공부한 후에야 그동안 세상과 담을 쌓고 과학 안에만 갇혀서 과학만의 역사를 공부하고 가르쳤다는 것을 알게 되었다. 과학의 발전에는 천재성을 가진 뛰어난 과학자가 중요한 역할을 한 경우가 많았다. 그러나 과학 역시 인류 역사가 만들어 낸 인류 문명의 산물이다. 따라서 과학은 정치·사회적 변화나 철학이나 신학적 생각과 동떨어져 존재할 수 없다. 과학을 바로 이해하기 위해서는 인류 문명이 어떻게 과학이라는 지식 체계 형성에 영향을 주었는지를 이해해야 하고, 반대로 과학 지식이 인류 문명 발전에 어떻게 기여했는지 알아야 한다는 생각을 하게 되었다. 과학을 인류 문명과 연계시켜 이해하려는 책을 쓰게 된 것은 이 때문이다.

이 책에서는 인류 문명이 우주의 역사에서 어떤 의미를 가지는지를 살펴보고, 인류 문명 속에서 과학이 어떻게 발전해 왔는지를 조명해 보려고 노력했다. 따라서 시대별로 구분되어 있는 각 장에는 그 시대의 정치·사회적 변화, 과학의 발전, 그 시대에 이루어진 새로운 기술의 개발, 대표적인 철학 사상을 기술했다. 하지만 인류 문명사 속에 단편적으로 언급되는 과학의 역사가 아니라 과학을 중심으로 살펴본 인류 문명사가 될 수 있도록 과학에 초점을 맞추었다.

이 책에는 저자가 지금까지 썼던 『과학기술의 역사』, 『세상을 바꾼 열 가지 과학혁명』, 『과학 2500년 역사』, 『자연과학의 올바른 이해』, 『과학 이야기』 등에 수록되었던 과학사 관련 내용의 일부와 『양자역학으로 이해하는 원자의 세계』, 『살아있는 지구』 등에 수록되었던 과학 내용 일부, 그리고 『과학자의 철학노트』에 수록되었던 철학사 관련 내용의 일부가 수정 보완되어 다시 사용되었다. 그리고 저자가 번역하여 출판한 40여 권의 번역서 내용도 일부 인용했다. 번역서 내용을 인용한 부분은 각주에 인용임을 밝혀 놓았으나 일부는 내용만을 참고했기 때문에 인용임이 명시되지 않은 것도 있다.

이 책을 쓰기로 계약하고 완성된 원고를 출판사에 넘겨주기까지는 3년 6개월이 걸렸다. 출판 계약을 하고 3년 이상을 기다려 준 세창출판사의 인내가 아니었더라면 이 책이 완성되지 못했을 것이다. 서울과 수원을 오가면서 이 책의 탄생을 위해 애쓴 김명희 편집장님에게 감사드린다.

이 책을 쓰는 동안 청천벽력 같은 위암 진단을 받기도 했고, 33년 동안의 직장 생활을 마감하고 정년퇴직하는 큰 변화를 겪기도 했다. 암이라는 말은 꽤나 마음을 심란하게 했지만 생각보다 쉽게 치료가 되어 정상적인 생활로 돌아왔다. 정년퇴직 역시 끝이 아니라 새로운 시작이라는 생각으로 오래전부터 기다려 온 일이었기 때문에 별 어려움 없이 새로운 생활에 적응할 수 있었다. 이런 일들을 겪어 내는 데는 항상 내 편에서 나에게 힘을 준 가족들의 응원이 큰 힘이 되었다. 특히 이 책을 쓰기 시작한 후에 태어난 지안이와 윤이, 그리고 로아는 내가 이 책을 더 열심히 써야 하는 이유가 되었다.

2020년 1월

곽 영 직

차 례

## 제8장 현대 과학 시대를 연 20세기 341

# 제1장

# 우주, 지구, 생명체, 그리고 인류의 기원

지구에서 약 60억 km 떨어진 지점에서 보이저 1호가 찍은 지구 사진(원내). 지구 주변의 밝은 띠는 탐사선에 반사된 빛에 의해 생긴 것으로, 천체현상과는 관계없다.

1977년 9월 5일 지구에서 발사되어 22년 6개월 동안의 태양계 탐사를 마치고 우주를 향해 나가던 보이저 1호는 1990년 2월 14일 지구로부터 약 60억 5400km 떨어진 지점에서 카메라를 뒤로 돌려 지구의 사진을 찍었다. 미국의 행성천문학자 칼 세이건(Carl Edward Sagan, 1934~1996)이 미국 항공우주국에 요청해 찍은 이 사진에는 지구가 작고 희미한 푸른 점으로 나타나 있다. 세이건은 1994년에 출판한 『창백한 푸른 점』[1]이라는 책에서 지구를 다음과 같이 설명했다.

"이 점은 우리들의 고향이다. 그 위에 우리가 사랑하는 모든 사람들, 우리가 알고 있는 모든 사람들, 우리가 들은 적이 있는 모든 사람들이 살아가고 있다. 우리의 기쁨과 고통, 수천 가지의 확신에 찬 종교들, 이념들, 그리고 경제적 견해가 그곳에 있으며, 모든 사냥꾼과 약탈자들, 모든 영웅들과 겁쟁이들, 모든 문명의 창조자와 파괴자들, 모든 왕들과 농민들, 모든 사랑하는 젊은 남녀들, 모든 아버지와 어머니들, 희망에 찬 어린이들, 발명가와 탐험가들, 모든 윤리

1 칼 세이건, 현정준 옮김, 『창백한 푸른 점』, 민음사, 1996.

교사들, 모든 부패한 정치가들, 모든 슈퍼스타들, 모든 뛰어난 지도자들, 역사에 있었던 모든 성인과 죄인들이 그곳에 살았거나 살고 있다. 햇살에 매달려 있는 먼지로 이루어진 작은 점 위에."

우주에서 보면 지구는 우주에 수없이 많이 존재하는 천체들 중 하나에 지나지 않는다. 그러나 지구는 다른 천체들과는 비교할 수 없는 특별한 천체이다. 수많은 생명체들의 고향이기 때문이다. 지구에 살고 있는 수많은 생명체들 중에서 인류는 특별한 존재이다. 인류가 특별한 존재인 것은 지구 환경에 적응하는 능력이나 생존 전략이 가장 뛰어나기 때문이 아니다. 지구 생명체들 중에는 인류보다 뛰어난 놀라운 생존 전략을 가지고 있는 생명체들이 많이 있다. 인류가 특별한 생명체인 것은 인류만이 인류 자신과 지구, 그리고 우주에 대해 끝없이 질문하고 그런 질문의 답을 찾아내기 위해 노력해 왔으며, 우주의 시작점까지 거슬러 올라가 우주와 우리 자신이 존재하게 된 과정을 밝혀냈기 때문이다.

우리가 살고 있는 지구, 지구가 포함된 태양계, 태양계가 속한 은하, 수많은 은하들로 이루어진 우주는 언제 어떻게 시작되었을까? 우주는 어떤 법칙에 의해 운행되고 있을까? 우주의 미래는 어떻게 될까? 세상을 이루고 있는 기본 물질은 무엇일까? 물질은 어떻게 상호작용할까? 생명체는 언제 어떻게 지구상에 나타났을까? 생명체는 어떻게 자손에게 유전 정보를 전해 줄까? 유전 정보는 어떤 과정을 통해 발현될까? 어떻게 하면 자연을 좀 더 편리하게 이용할 수 있을까? 이 책에서는 인류가 이런 질문들을 하고, 그 답을 찾아내기 위해 노력해 온 과정을 따라가 보려고 한다.

### 모든 것이 시작되다: 빅뱅

과학자들은 세상의 모든 것을 포함하고 있는 우주가 지금부터 약 138억 년 전에 있었던 '빅뱅'에서부터 시작되었다고 설명하고 있다. 빅뱅은 한 점에 모여 있던 에너지가 팽창하기 시작한 사건일 뿐만 아니라 우주의 공간과 시간이 시작된 사건이었다. 우주의 여러 가지 상태를 조사한 과학자들은 빅뱅 초기에 우주가 아주 빠른 속도로 팽창하는 인플레이션(급속팽창) 단계가 있었다고 설명하고 있다.[2] 빅뱅 후 $10^{-35}$에서 $10^{-32}$초까지 계속된 인플레이션 단계에 우주의 지름은 $10^{43}$배, 부피는 $10^{129}$배로 팽창했다. 인플레이션 단계로 인해 우주는 우리가 현재 보고 있는 것과 같은 균일하고, 평평한 우주가 되었다. 인플레이션 단계가 끝난 다음에도 우주는 완만한 팽창을 계속했다.

우주가 팽창하면서 온도가 내려가자 쿼크나 경입자[3]와 같은 가장 작은 입자들이 만들어졌다. 그 후 곧 이런 입자들이 결합하여 양성자(수소 원자핵)와 중성자가 만들어졌고, 양성자와 중성자가 결합하여 헬륨 원자핵, 그리고 약간의 리튬과 붕소의 원자핵이 만들어졌다. 우주를 구성하고 있는 원자핵들이 만들어지는 데는 3분밖에 걸리지 않았다. 원자핵 합성이 끝난 우주는 (+) 전하를 띤 수소 원자핵(양성자), 헬륨 원자핵, 아주 적은 양의 리튬과 붕소 원자핵, 그리고 (-) 전하를 띤 전자로 이루어진 플라스마[4] 수프 상태의 우주였다. 이때 우주의 온도는 더 무거운 원자핵을 만들기에는 너무 낮았고, 전자와 원자핵이 결합하여 중성 원자를 형성하기에는 너무 높았다. 따라서 전자들은 원자핵과 결합하지 못하고 자유전자 상태로 우주를 떠돌고 있었다. 플라스마 수프 상태의 우주는 입자를 만들고 남은 빛으로 가득했지만 자유전자들이 빛의 진행을 방해했기 때문에 한 치 앞도 볼 수 없을 정도로

2 닐 디그래스 타이슨·도널드 골드스미스, 곽영직 옮김, 『오리진』, 지호, 2005.

3 전자, 뮤온, 타우 입자와 이들의 중성미자를 경입자 또는 렙톤이라고 부른다.

4 전하를 띤 입자가 기체 상태를 이루고 있는 것이 플라스마이다.

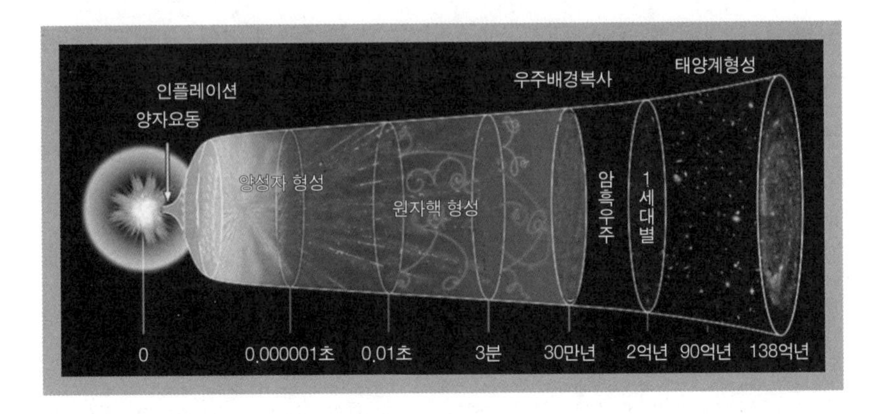


우주의 역사 연대표

불투명했다. 불투명한 플라스마 수프 상태의 우주는 약 38만 년 동안 계속 되었다.

빅뱅 후 약 38만 년이 지나 우주의 온도가 3,000K[5]까지 내려가자 높은 온도로 인해 원자핵과 결합하지 못하고 있던 전자들이 원자핵과 결합하여 중성 원자를 형성했다. 자유전자가 원자 안으로 사라지자 빛이 아무런 방해를 받지 않고 우주를 달릴 수 있게 되었다. 우주 안개가 걷히고 불투명했던 우주가 투명한 우주로 바뀐 것이다. 따라서 우주의 모든 지점에 있던 빛이 사방으로 달리기 시작했다. 이때 출발한 빛이 아직도 모든 방향에서 우리를 향해 오고 있다. 이것이 빅뱅이 있었다는 가장 확실한 증거인 우주배경복사이다. 우주배경복사는 우주가 팽창함에 따라 파장이 길어져, 현재는 온도가 2.73K인 물체가 내는 복사선과 같은 마이크로파 형태의 전자기파로 관측되고 있다. 우주배경복사는 빅뱅 후 38만 년 되었을 때의 우주에 대한 많은 정보를 포함하고 있는 중요한 우주고고학적 유물이다.

5 K는 -273℃를 0K로 하는 절대온도를 나타낸다.

투명해진 후에도 우주는 팽창을 계속하여 온도가 더욱 낮아졌다. 이에 따라 우주배경복사도 파장이 길어져 눈에 보이지 않는 전자기파가 되자 우주는 어둠 속에 묻히게 되었다. 우주가 어둠에 묻혀 있던 이 시기를 우주의 암흑 시기라고 한다. 암흑 시기는 빅뱅 후 약 2억 년까지 계속되었다. 암흑 속에서 우주는 별들과 은하를 만들기 위한 준비를 하고 있었다. 온도가 높으면 분자들의 운동이 활발해 중력으로는 물질을 끌어모아 별이나 은하와 같은 구조를 만들 수 없다. 그러나 온도가 내려가 분자들의 운동이 느려지자 밀도가 높은 지점을 중심으로 물질이 모여 커다란 덩어리들이 만들어지기 시작했다.

충분히 온도가 내려간 차갑고 어두운 우주에서 중력에 의해 수소와 헬륨 기체가 뭉쳐 1세대 별들이 만들어졌다. 질량이 큰 1세대 별들의 내부에서는 빠른 속도로 핵융합 반응이 진행되어 무거운 원소들이 만들어졌다. 빅뱅은 우주를 이루고 있는 가장 가벼운 원소인 수소와 헬륨을 만들어 냈고, 1세대 별 내부의 용광로는 수소와 헬륨을 원료로 하여 무거운 원소들을 만들어 냈다. 그러나 별 내부에서의 핵융합 반응으로 만들어질 수 있는 원소는 원자번호가 26번인 철 원소까지이다. 철의 원자핵은 가장 안정한 원자핵이어서 철의 원자핵보다 무거운 원자핵이 만들어질 때는 에너지를 방출하는 것이 아니라 오히려 흡수한다.

철보다 무거운 원소들은 거대한 별이 일생을 마감할 때 발생하는 초신성 폭발에서 에너지를 공급받아 만들어졌다. 초신성 폭발 시에는 별이 일생 동안 핵융합 반응을 통해 방출한 에너지보다 더 많은 에너지를 방출해, 수천억 개의 별들로 이루어진 은하보다 더 밝게 빛나는 불꽃을 만들어 낸다. 초신성 폭발은 별 내부에서의 핵융합 반응과 초신성 폭발 시에 형성된 무거운 원소들을 우주 공간으로 흩어 놓는다. 1세대 별들이 폭발하면서 공간으로 날려 보낸 물질들로 이루어진 성간운에서 다음 세대 별들이 만들어졌는데, 여기에는 1세대 별들에 포함되지 않았던 무거운 원소가 많이 포함되어 있었다.

### 지구와 달이 형성되다: 태양계 형성

우주의 나이가 92억 살쯤 되던 약 45억 7000만 년 전, 우리 은하의 중심으로부터 약 3만 광년 떨어진 곳에 있던 기체와 먼지로 이루어진 구름 속에서 태양계가 만들어지기 시작했다. 태양계의 형성은 차갑게 식은 성간운이 회전하면서 수축하여 물질 덩어리를 만들면서 시작되었다. 중심을 향해 서서히 가속되어 속력이 빨라진 입자들이 서로 충돌하자 중심의 온도가 올라가기 시작했다. 중심 부분의 온도가 충분히 높아지자 핵융합 반응이 시작되어 태양은 스스로 빛을 내는 별로서의 일생을 시작했다.

태양계 중심에서 태양이 형성되는 동안 주변에서는 행성들이 형성되었다. 별을 둘러싸고 있는 물질은 주로 수소와 헬륨 기체로 이루어져 있지만 탄소원자들로 이루어진 먼지나 산화규소로 이루어진 미세한 암석들도 포함하고 있다. 이 먼지들의 소용돌이 속에서 지름이 10km 정도 되는 미행성들이 먼저 만들어졌다. 태양 주위에 수백만 개의 미행성이 형성된 후에는 서로 간의 중력 작용으로 충돌하기 시작했다. 그리고 이 충돌을 통해 미행성들이 합쳐져 더 큰 행성으로 성장했다.

태양으로부터 세 번째 행성인 지구는 위성을 하나 가지고 있다. 지구의 유일한 위성인 달은 태양계 위성 중에서 다섯 번째로 큰 위성이다. 지구는 작은 크기에 어울리지 않는 큰 위성을 거느리고 있는 셈이다. 달의 지름은 약 3,476km로 1만 2740km인 지구 지름의 약 4분의 1이며, 지구에서 달까지의 평균 거리는 약 38만 4000km이다. 1969년부터 여섯 차례에 걸쳐 아폴로 우주인들이 지구로 가져온 월석을 분석한 과학자들은 태양계 형성 초기에 있었던 화성 크기의 천체가 지구에 충돌하는 사건을 통해 달이 만들어졌다고 결론지었다. 충돌 시의 강력한 힘에 의해 지구에서 떨어져 나간 물질 중 많은 부분은 우주 공간으로 날아가 버리고, 지구 주변에 남아 있던 물질이 모여 달을 형성했다는 것이다. 과학자들은 달을 만든 충돌이 지구가 형성된 후 1억 년 이내인 약 45억 년 전에 일어났다고 추정하고 있다.

### 생명체가 등장하다: 은생누대

지구의 역사를 공부할 때는 주로 고생대 이후의 역사에 대해 배운다. 그러나 45억 7000만 년이나 되는 지구의 역사에서 고생대 이후의 역사는 약 5억 4200만 년밖에 안 된다. 따라서 고생대 이전에도 40억 년이 넘는 긴 지구의 역사가 있었다. 이 동안 지구에는 엄청난 변화들이 있었다. 이 동안에 있었던 변화들은 오늘날 생명체로 가득한 지구 환경을 만들어 가는 과정이었다. 지구의 역사는 지질학적 사건이나 생물학적 사건을 기준으로 여러 시대로 나뉜다. 누대는 지질학적 연대 구분에서 가장 긴 시간 단위이다. 45억 7000만 년의 지구 역사는 크게 명왕누대, 시생누대, 원생누대, 현생누대로 나뉜다. 명왕누대는 약 8억 년, 시생누대는 약 13억 년, 원생누대는 약 20억 년, 그리고 현생누대는 약 5억 4200만 년 동안 계속되었다. 명왕누대, 시생누대, 원생누대를 합쳐 은생누대라고 부르기도 한다.

지구가 형성된 후부터 38억 년 전까지 약 8억 년 동안 계속된 명왕누대에는 지구에 많은 미행성들이 충돌해 지구의 질량이 증가했고, 질량이 증가함에 따라 더 많은 미행성들을 끌어들였다. 이런 미행성들의 빈번한 충돌로 인해 지구의 온도가 올라갔다. 지구에 포함되어 있던 방사성 원소가 붕괴하면서 방출한 열과, 이산화탄소를 많이 포함하고 있던 대기의 온실효과도 지구의 온도를 상승시키는 데 한몫했다. 온도가 높아져 지구 전체가 용암 상태가 되자 철, 니켈 등의 무거운 금속은 가라앉아 중심부에 모여 핵을 형성했고, 상대적으로 가벼운 규산염 광물은 위로 올라와 맨틀을 이루게

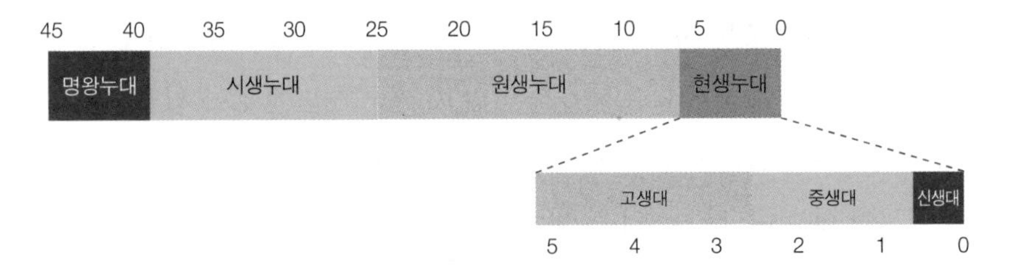


지구 지질역사 연대표 (단위: 억 년 전)

되어 내핵, 외핵, 맨틀, 지각으로 이루어진 지구의 층상 구조가 만들어졌다.

태양계 초기에 있었던 많은 천체들의 충돌이 끝나 지구가 안정을 찾은 약 38억 년 전부터 약 25억 년 전까지 13억 년 동안이 '시생누대'이다. 시생누대 초기에는 태양의 복사량이 지금보다 30%가량 적었다. 그러나 대기 중에 지금보다 더 많은 온실기체가 포함되어 있었기 때문에 지구는 높은 온도를 유지할 수 있었다. 시생누대에 있었던 가장 큰 변화는 생명체의 등장이었다. 지구상에 생명체가 언제 나타났는지를 정확히 알 수는 없지만 시생누대였던 35억 년 전에 생명체가 존재했던 것은 확실하다. 최초의 생명체인 시아노박테리아의 화석이 시생누대 지층에서 많이 발견되기 때문이다. 초기에 나타난 시아노박테리아는 핵을 가지고 있지 않은 단세포 생물이었다. 그러나 시생누대가 끝나 가는 약 25억 년 전에는 다세포 시아노박테리아가 나타났다.

약 25억 년 전부터 현생누대의 고생대가 시작된 5억 4200만 년 전까지 약 20억 년 동안은 '원생누대'이다. 원생누대에 있었던 가장 중요한 사건은 광합성 작용을 하는 생명체가 만들어 낸 산소로 인해 대기에 포함된 산소의 양이 크게 늘어난 사건이었다. 광합성을 하는 생명체가 만들어 낸 산소는 처음에 바닷물에 녹아 있던 황과 철을 산화시켰다. 그러나 바닷물에 녹아 있던 금속 원소의 산화 작용이 끝나자 대기에 산소가 공급되기 시작했다.

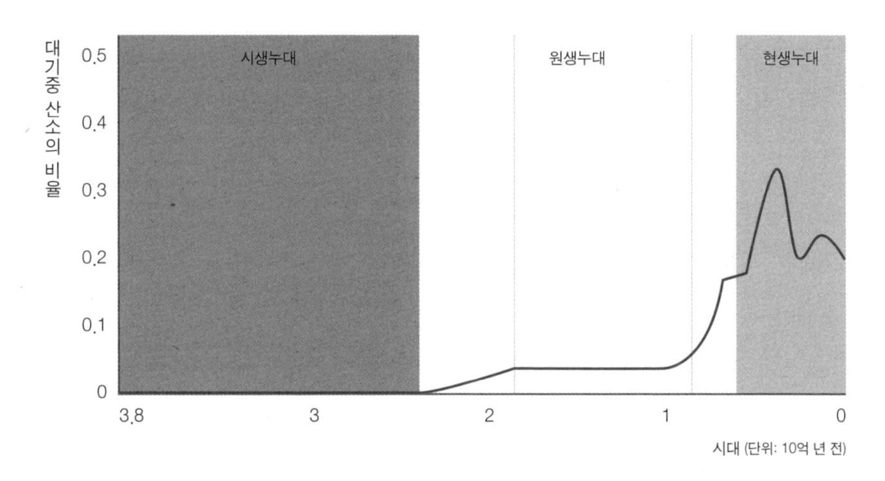


원생누대의 대기 중 산소 함유량 변화

이전까지 대기 중의 산소 농도는 1~2%에 불과했다. 그러나 광합성 작용에 의해 만들어진 산소가 대기 중에 공급되면서 대기 중 산소의 농도가 20%까지 높아졌다. 산화철로 이루어진 적철석을 풍부하게 포함하고 있는 지층이 이전에는 발견되지 않다가 20억 년 전 이후에 퇴적된 암석에서 발견되는 것은 이 때문이다. 산소 농도의 증가로 대기 중에 포함되었던 온실기체인 메테인[6]이 산화되어 그 양이 줄어들자 지구의 온도가 내려가기 시작했다. 이로 인해 원생누대에는 여러 번의 빙하기가 있었다. 지구 전체가 얼어붙었던 가장 길고 혹독했던 휴런 빙하기는 대기 중 산소의 함유량이 급격하게 증가한 직후인 24억 년 전부터 21억 년 전까지 3억 년 동안이나 계속되었다.

생명의 역사에서 진핵세포(막으로 싸인 핵을 가진 세포)로 이루어진 생명체의 출현은 매우 중요한 의미를 가진다. 현재 지구에 존재하는 대부분의 생

6 예전에는 메탄이라고 불렀던 기체로 이산화탄소와 함께 온실효과를 일으키는 온실기체이다.

명체가 진핵세포로 이루어져 있기 때문이다. 여러 가지 화석 증거에 의하면 진핵생물은 21억 년 전에서 16억 년 전 사이에 나타난 것으로 추정된다. 오랫동안 사람들은 복잡한 구조를 가지고 있는 다세포 생물은 고생대 초에 최초로 등장했다고 생각했다. 그러나 원생누대 말기에도 복잡한 구조를 가진 다세포 생물이 존재했었다는 것이 밝혀졌다. 에디아카라 동물군은 6억 년 전부터 5억 4300만 년 전까지 지구에 살았던 다양한 연체동물들로 5억 5500만 년 전에서 5억 4300만 년 전 사이에 형성된 지층에 가장 많이 포함되어 있다. 에디아카라 동물들은 고생대가 시작되기 직전에 멸종해 버렸다.

### 생명체가 번성하다: 현생누대

약 5억 4200만 년 전에 시작되어 현재까지 계속되고 있는 '현생누대'는 고생대, 중생대, 신생대로 구분한다. 5억 4200만 년 전 지구에 생명체가 폭발적으로 증가하기 시작한 캄브리아기 생명 대폭발에서 시작되어 2억 5100만 년 전에 있었던 페름기 말 생명 대멸종 시까지 약 2억 9000만 년 동안 계속된 고생대는 다시 캄브리아기, 오르도비스기, 실루리아기, 데본기, 석탄기, 페름기로 나뉜다. 캄브리아기 생명 대폭발은 캄브리아기가 시작되던 5억 4200만 년 전에서부터 시작하여 약 2000만 년 동안에 다양한 생명체들이 폭발적으로 증가한 사건을 말한다. 캄브리아 생명 대폭발 이전에는 대부분의 생명체들은 단세포 생물이거나 단세포 동물들이 군집을 이룬 단순한 생명체들이었다. 캄브리아기 생명 대폭발 이후 7000만 년 내지 8000만 년 동안에 오늘날 우리가 볼 수 있는 생명체의 조상들이 대부분 나타났다.

오르도비스기에는 척추동물의 시조인 원시어류가 출현했다. 그러나 오르도비스기 말에는 생명체의 3분의 2가 멸종하는 생명 대멸종 사건이 있었다. 오르도비스기 말 생명 대멸종은 지구 역사에 있었던 다섯 번의 대멸종 사건 중 첫 번째 대멸종 사건이었다. 실루리아기에 최초로 육지에 식물이 나타났다. 이때까지 물속에서만 살던 생명체가 드디어 육지로 진출하기 시작한 것이다. 어류가 번성했기 때문에 어류의 시대라고도 부르는 데본기에는 양서류가 육상으로 진출했다. 데본기 이전에도 절지동물이 육상으로 진출한 흔적이 발견되었지만 척추동물인 양서류가 육상으로 진출하여 본격적인 육상동물의 시대를 시작된 것은 데본기였다. 그러나 데본기 말에도 생명 대멸종 사건이 있었다.

석탄기에는 데본기에 육상 생활에 적응한 양서류가 다양하게 진화하여 번성했기 때문에 석탄기를 양서류의 시대라고도 한다. 석탄기에는 파충류와 곤충도 나타나 육상동물이 매우 다양해졌다. 석탄기에 형성된 탄층에서는 500종 이상의 곤충 화석이 발견되었는데 이 중에는 길이가 60㎝ 이상 되는 잠자리와 30㎝에 달하는 날개를 가진 바퀴벌레도 있었다. 석탄기에는 고사리류가 나무 크기만큼 성장했다. 페름기에는 침엽수가 처음으로 나타났다. 페름기 말에는 지구 역사상 가장 컸던 생명 대멸종 사건이 있었다. 페름기 말 생명 대멸종 사건으로 육상에 사는 양서류의 75%가 멸종되었고, 파충류의 80%가 멸종했다.

2억 4500만 년 전부터 6500만 년 전까지 1억 8000만 년 동안 계속된 '중생대'는 트라이아스기, 쥐라기, 백악기로 나뉜다. 고생대와 신생대에 빙하기가 주기적으로 나타났던 것과 달리 중생대에는 빙하기가 없었기 때문에 기후는 대체로 온난했다. 중생대는 공룡들이 지구를 지배한 시대이므로 공룡의 시대라고 불린다. 또한 새와 포유류가 번성하기 시작했으며 꽃식물이 처음으로 출현했다. 공룡은 2억 3100만 년 전인 트라이아스기에 처음 지구상에 나타나 약 2억 100만 년 전인 쥐라기에서 6550만 년 전인 백악기 말까지 약 1억 3500만 년 동안 지구를 지배한 척추동물이다. 지금까지 밝혀진 공룡의 종 수는 1,000종이 넘는다.

| | | |
|---|---|---|
| 고생대 | 캄브리아기 | 캄브리아기 생명 대폭발.<br>무척추 동물이 번성, 삼엽충 |
| | 오르도비스기 | 최초 척추 동물인 원시 어류 출현<br>오르도비스기말 생명 대멸종 |
| | 실루리아기 | 최초 육상 관다발 식물 출현.<br>절지 동물의 육상 진출 |
| | 데본기 | 어류의 시대, 척추 동물인 양서류 육상 진출<br>데본기 말 생명 대멸종 |
| | 석탄기 | 양서류의 시대, 파충류와 곤충류 출현<br>육상 식물이 크게 발달 |
| | 페름기 | 페름기 말 생명 대멸종 |
| 중생대 | 트라이아이스기 | 공룡, 포유류, 익룡, 악어가 출현, 암모나이트 번성<br>트라이아이스기 말 생명 대멸종 |
| | 쥐라기 | 겉씨식물과 양치식물 번성.<br>다양한 공룡과 파충류가 번성 |
| | 백악기 | 속씨식물 출현<br>백악기 말 생명 대멸종, 새를 제외한 공룡 멸종 |
| 신생대 | 팔레오기 | 포유류가 번성함. 속씨식물이 다양해짐. |
| | 네오기 | **인류가 처음으로 등장** |
| | 4기 | 여러 차례의 빙기와 간빙기, 현생 인류의 등장<br>빙하기가 끝나고 인류 문명이 시작됨 |

현생누대의 생명체의 변천

백악기를 가리키는 독일어 'Kreidezeit'와 신생대 제3기[7]를 가리키는 'Tertiary Period'라는 말의 머리글자를 따서 'K-T 대멸종'이라고도 불리는 백악기 말 생명 대멸종을 경계로 중생대가 끝나고 신생대가 시작되었다. 새들을 제외한 공룡의 화석은 K-T 경계 아래층에서만 발견된다.[8] K-T 대멸종

7 제3기는 후에 팔레오기와 네오기로 구분하고 있다.

때 포유류도 일부 멸종했으나 대부분의 포유류는 K-T 대멸종에서 살아남아 신생대에 전성기를 맞이하게 되었다. 과학자들은 K-T 대멸종이 하나 혹은 그 이상의 전 지구적인 사건에 의해 일어난 것으로 보고 있다. 가장 널리 받아들여지고 있는 이론은 칙술루브 충돌구(Chicxulub Crater)에 충돌한 소행성으로 인해 대멸종이 일어났다는 것이다. 1990년에 멕시코에 위치한 유카탄 반도에서 거대한 소행성 충돌의 흔적인 칙술루브 충돌구가 발견된 것이 이런 주장을 뒷받침하고 있다. 칙술루브 충돌구는 NASA에서 지구 중력의 차이를 측정하기 위해 운용했던 과학위성이 수집한 3차원 분석 자료를 통해서 확인되었다.

K-T 대멸종 사건을 경계로 시작된 신생대는 포유류가 지구를 지배한 시대여서 포유류의 시대라고 한다. 신생대는 팔레오기와 네오기, 그리고 제4기로 나뉜다. 6550만 년밖에 안 되는 짧은 시기인 신생대에서 팔레오기와 네오기가 약 6300만 년을 차지하고 제4기는 250만 년에 불과하다. 팔레오기에는 중생대에 번성했던 파충류가 현저히 감소했고, 중생대에 나타난 포유류가 지구를 지배하게 되었다. 포유류인 고래가 다시 바다로 돌아간 것도 팔레오기의 일이었다. 제4기에는 바다와 육지의 분포가 현재와 비슷한 모습을 갖추게 되었으며, 생물계도 현재와 거의 비슷한 모습을 갖추었다. 제4기 기후의 특징으로는 여러 차례의 빙하기를 들 수 있다. 제4기에는 빙하기가 여러 번 반복되었으므로 이를 대빙하기 또는 빙하 시대라고도 한다.

제4기는 약 1만 년 전을 기준으로 플라이스토세(홍적세)와 홀로세(충적세)로 구분한다. 현재 우리가 살아가고 있는 홀로세는 최후의 빙기가 끝난 시대로서 이를 후빙기라고도 한다. 그러나 일부 학자들은 홀로세를 간빙기의

8 전에는 백악기 말 생명 대멸종 사건 때 모든 공룡이 멸종한 것이라고 설명했지만 새가 공룡에 속한다는 것이 알려진 후에는 새를 제외한 모든 공룡이 멸종한 것으로 보고 있다.

하나로 간주하고, 앞으로 새로운 빙기가 올 것이라고 주장하고 있다. 제4기에 있었던 빙하기 동안에는 많은 거대 포유류들이 멸종하기도 했는데, 코끼리의 사촌인 매머드가 그 대표적인 예이다.

### 인류가 나타나다: 네오기

두 발로 걷고 도구를 사용한 흔적이 있는 인류의 조상은 네오기 말에 처음 지구상에 등장했다. 현생 인류가 나타나는 과정이 모두 밝혀진 것이 아니어서 여러 가지 다른 이론이 존재하지만 인류는 오스트랄로피테쿠스, 호모 하빌리스, 호모 에렉투스, 호모 하이델베르겐시스, 호모 네안데르탈렌시스와 같은 과정을 거쳐 현생 인류인 호모 사피엔스로 발전했다고 보는 것이 일반적이다. 오스트랄로피테쿠스는 350만 년 전보다 이른 시기에 나타나 50만 년 전까지 살았던 것으로 추정된다. 고인류학자들 중에는 오스트랄로피테쿠스가 500만 년 전에 이미 지구상에 나타났다고 주장하는 사람들도 있다. 오스트랄로피테쿠스는 주로 수렵과 채집 생활을 했고 간단한 도구를 사용했다. 초기에는 나무나 뿔, 뼈 등을 사용했지만 후기에는 단순한 형태의 석기를 사용했다.

손을 사용한 사람이란 뜻의 '호모 하빌리스'는 약 250만 년 전부터 130만 년 전 사이에 살았던 고인류이다. 학자들 중에는 호모 하빌리스를 오스트랄로피테쿠스에 포함시켜야 한다고 주장하는 사람들도 있다. 호모 하빌리스는 오스트랄로피테쿠스와 마찬가지로 아프리카에서 살았다.

선 사람이란 뜻의 '호모 에렉투스'는 160만 년 전부터 25만 년 전까지 아프리카, 아시아, 그리고 유럽에 분포했으며 호모 사피엔스의 직계조상으로 간주된다. 1891년에 인도네시아의 자바에서 자바원인이라고 불리는 최초의 호모 에렉투스의 화석이 발견되었고, 1914년에는 중국 베이징 부근에서 베이징원인, 1936년에는 아프리카 탄자니아의 올두바이에서 아프리칸트로

푸스, 1951년에는 중국 란톈(藍田)에서 란톈원인 등 세계 각지에서 호모 에렉투스의 화석이 발견되었다. 호모 에렉투스의 지능이나 정신연령은 현대인의 영유아의 수준이었던 것으로 보인다. 호모 에렉투스는 주먹도끼, 돌도끼, 발달된 형태의 찍개와 같은 도구를 사용했으며, 불을 사용했던 것으로 보인다.

40만 년 전에서 25만 년 전 사이에 나타나 3만 년 전까지 살았던 '호모 네안데르탈렌시스(네안데르탈인)'는 호모 에렉투스와 유사한 특징을 많이 가지고 있지만 몇몇 형질적 특징에서 현대인에 보다 가까이 접근한 고인류이다. 1856년 독일 네안데르 계곡에서 발견된 네안데르탈인은 키는 현생 인류보다 조금 작았지만 튼튼한 팔다리와 큰 뇌를 가지고 있었으며, 추운 기후에 잘 적응했다. 네안데르탈인들은 매장 풍습을 가지고 있었으며, 간단한 예술작품을 남기기도 했다.

유럽에서 서아시아에 걸쳐 살았던 네안데르탈인들은 한동안 현생 인류인 호모 사피엔스와 공존하면서 기술과 생활방식을 교류했던 것으로 보인다. 그동안 약 3만 년 전에 네안데르탈인이 모두 사라진 것으로 알고 있었다. 그러나 2010년에 네안데르탈인의 유골에서 유전자를 분석하는 데 성공한 과학자들은 현대인의 유전자의 1내지 4%는 네안데르탈인들로부터 물려받았다는 것을 알아냈다. 이것은 네안데르탈인과 호모 사피엔스 사이에 혼혈이 있었으며 네안데르탈인의 일부가 현생 인류에 흡수되었다는 것을 의미한다.

현생 인류는 슬기로운 사람이란 뜻의 이름을 가진 호모 사피엔스이다. 약 30만 년에 등장한 호모 사피엔스는 아프리카에서 전 세계로 진출하면서 현지에 살고 있던 고인류의 유전자를 일부 흡수해 현생 인류가 되었다. 한때는 네안데르탈인을 현생 인류의 아종으로 보고 '호모 사피엔스 네안데르탈렌시스'라고 부르고, 현생 인류는 '호모 사피엔스 사피엔스'라고 불렀지만

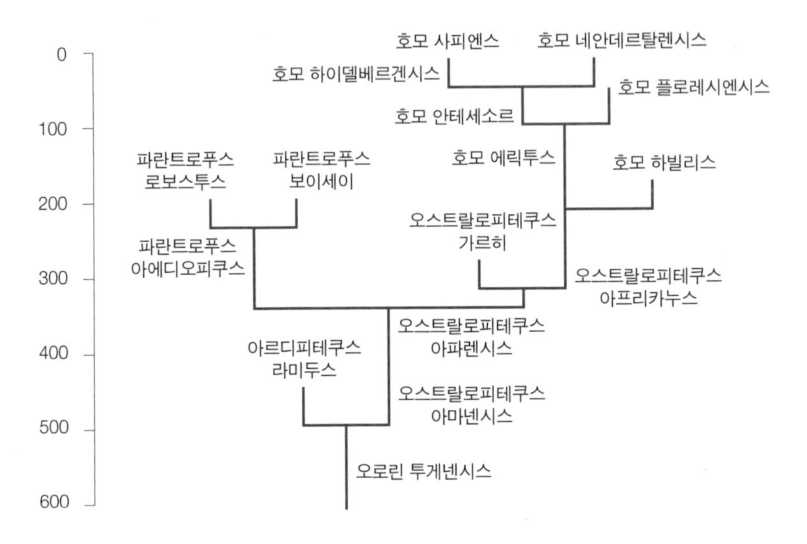


인류 진화 계통도(단위: 기원전 만 년)

현재는 네안데르탈인을 다른 종으로 보고 현생 인류는 호모 사피엔스라고 분류하는 것이 일반적이다. 1868년 프랑스 남부에서 처음 발견된 크로마뇽인, 1901년 프랑스와 이탈리아의 국경지대인 그리말디의 동굴에서 발견된, 한때 '그리말디인'이라고 불렸던 '크로마뇽인', 1933년 중국 베이징의 저우커우뎬에서 발견된 '산딩둥인'은 모두 그 지역으로 진출한 초기 호모 사피엔스들이었다.

우주의 역사는 138억 년 전에 시작되었고, 지구의 역사는 약 45억 7000만 년 전에 시작되었다. 지구상에 생명체가 처음 등장한 것은 35억 년 이전의 일이다. 지구상에 등장한 생명체가 현재 우리가 알고 있는 생명체들로 진화하는 데는 35억 년이라는 오랜 시간이 걸렸다. 지구상에 인류가 처음 등장한 것은 약 350만 년 이전이었다. 그러나 인류가 문명 생활을 시작한 것은 인류가 등장하고도 한참 후인 1만 년 전이었다. 138억 년 동안 우주와 지구가 마련한 무대 위에서 인류는 지난 1만 년이라는 짧은 시간 동안에 놀라운 문명을 이룩했다.

인류가 과학이라는 지식 체계를 만들기 시작한 것은 지금부터 약 2,500년 전부터였다. 그러나 우주와 물질과 생명체를 제대로 이해하기 시작한 근대 과학이 시작된 것은 이제 300년이 조금 넘었고, 원자보다 작은 세계를 이해할 수 있게 된 현대 과학의 역사는 100년밖에 안 된다. 인류는 지난 100년 동안에 지구에 살아온 350만 년 동안 알아낸 것보다 더 많은 것을 알아냈고, 더 많은 변화를 만들어 냈다. 우리는 발전된 과학기술을 바탕으로 우리 조상들이 상상도 할 수 없었던 새로운 세상을 만들어 가고 있다.

# 제2장

# 인류 문명과 과학의 시작

# 1. 인류 문명의 태동

## 도구의 사용과 예술이 시작되다: 구석기 시대

인류가 지구상에서 살아온 350만 년의 역사를 석기 시대, 청동기 시대, 철기 시대로 구분하기 시작한 사람은 19세기 초반에 활동했던 덴마크의 역사학자 크리스티안 톰센(Christian Jürgensen Thomsen, 1788~1865)이었다. 그 후 석기 시대를 구석기 시대와 신석기 시대로 나누면서 구석기 시대라는 용어가 사용되기 시작했다. 인류가 지구상에 살아온 시간의 대부분을 차지하는 구석기 시대는 인류가 최초로 도구를 만들어 사용하기 시작한 때부터 약 1만 1000년 전까지의 시기이다. 그러니까 인류가 지구상에 살아온 기간의 99.9% 이상이 구석기 시대이다. 구석기 시대는 타제석기의 제작기술에 따라 다시 전기, 중기, 후기의 세 시기로 나누기도 한다.

전기 구석기 시대는 자연석을 간단하게 변형한 타제석기를 사용하던 시기였다. 지금까지 발견된 석기 중 가장 오래된 것은 약 240만 년 전의 것이다. 주먹도끼를 비롯한 양면가공석기들은 150만 년 가까이 호모 에렉투스와 초기 호모 사피엔스가 사용했던 도

타제석기

구였다. 중기 구석기 시대에는 납작한 암석을 가공하여 만든 석기들이 사용되었다. 네안데르탈인을 비롯한 여러 호모 사피엔스들이 이런 석기를 만들어 사용했다. 이 시기에 최초로 시체의 매장 풍습이 생겼으며, 원시적인 형태의 종교와 예술 행위도 시작되었다. 후기 구석기 시대는 현생 인류의 조상인 호모 사피엔스 사피엔스가 등장한 약 4만 년 전부터 시작되었다. 이 시대에는 눌러떼기라고 불리는 기법을 이용해 정밀하고 소형화된 석기가 제작되었다. 이러한 기술적 발전은 자연자원 이용의 효율을 크게 증대시켰다. 특히 후기 구석기 시대에는 각종 복합도구가 만들어져, 도구의 효율성이 더욱 증대되었다. 이 시기부터 장거리에 걸친 교역이 행해졌으며, 다양한 예술작품들이 제작되었다.

구석기 시대에 만들어진 예술품들은 크기가 작은 조각품과 동굴의 벽화와 같은 거대한 예술작품으로 나눌 수 있다. 동유럽에서는 후기 구석기 시대에 만들어진 작은 조각품들이 주로 출토되었다. 진흙으로 빚어 만든 조각품들이나 뼈나 상아에 모양을 새겨서 만든 몸에 지니고 다닐 수 있을 정도로 작은 작품들 중에는 짐승의 모습을 사실적으로 표현한 작품들과 여인의 모습을 나타낸 조각품들이 많았다. 1909년 프랑스에서, 약 2만 5000년 전에서 2만 년 전 사이에 제작된 것으로 보이는 빌렌도르프의 비너스상이 발견되었다. 이 같은 여인상은 성이나 출산과 관련된 신체 부분을 강조한 것이 많았다.

빌렌도르프의 비너스

거대한 예술품은 서유럽 지역에서 많이

출토되었다. 이 지역에 많이 분포해 있는 석회암 동굴의 벽은 물감으로 그림을 그리거나 여러 가지 형상을 새기기에 적합했다. 이런 동굴에서는 손가락으로 자국을 낸 간단한 그림에서부터 다채로운 물감을 이용하여 그린 세련된 작품에 이르기까지 다양한 작품들이 발견되었다. 주로 동물을 그린 이 작품들은 생동감 넘치는 모습을 뛰어난 기법으로 묘사했다. 이 예술작품의 기능에 대해서는 여러 가지 의견이 제시되고 있지만 확실하지는 않다. 일부 학자들은 사냥의 성공을 기원하는 주술의식에 사용되었을 것이라고 주장하고 있고, 일부 학자들은 생활 주변의 여러 모습을 창조적으로 기록하고 재현하려는 예술적 욕구의 표현이라고 주장하고 있다.

라스코 동굴 벽화

후기 구석기 시대에 제작된 거대한 예술품 중 대표적인 것으로는 스페인 북부에서 발견된 3만 년 전에서 2만 5000년 전 사이에 그려진 알타미라 동굴 벽화와 프랑스에서 발견된 1만 5000년 전에 그려진 라스코 동굴 벽화가 있다. 생활공간이나 주술적인 의식을 행하던 장소로 보이는 알타미라 동굴 벽에는 다양한 동물들의 생생한 모습이 그려져 있는데 그중에서도 상처 입은 들소를 그린 그림은 형태와 윤곽이 뚜렷하고 뛰어난 원근법이 사용되어 있어 당시의 높은 예술 수준을 엿볼 수 있게 해 준다. 라스코 동굴 벽화에 그려진 동물 그림은 1,500여 점에 이르며, 크기도 다양해서 5cm의 크기에서부터 5.5m에 이르는 것까지 있다. 들소, 황소, 사슴, 노루, 산양, 말, 코뿔소 등 10여 종의 동물들이 그려져 있는 라스코 동굴 벽화는 동물들의 움직임과 입체감을 나타내기 위해 벽면이나 천장의 자연적인 형태를 잘 활용했고, 돌의 고유한 색을 이용하여 명암을 나타내기도 했다. 라스코 동굴 벽화가 발견된 곳에서 10km 이내에 있는 25개 장소에서 2,000여 점의 구석기 시대 유물이 발견되었다.

우리나라에서도 약 70만 년 전에 만들어진 것으로 보이는 구석기 시대 유물이 다수 발견되었다. 대표적인 구석기 유적지는 공주 석장리, 단양 금굴, 상원 검은모루 동굴 등이 있다. 사적 제334호로 지정되어 있는 공주 석장리 구석기 유적은 1964년부터 1972년까지 연세대학교 박물관이 발굴 조사한 후 학계에 알려졌다. 강가 퇴적층의 맨 위층에서 나온 숯은 5만 년보다 오래된 것으로 밝혀졌으며, 비탈 퇴적층에 있는 집터에서 나온 화덕의 재는 2만 830년 전의 것이었다. 구석기 시대부터 청동기 시대에 이르는 여러 문화층의 유물이 발견된 단양의 금굴 유적에서는 우리나라에서 가장 오래된 70만 년 전의 유물이 발견되었다. 북한의 국보 문화유물 제27호로 지정되어 있는 상원군 검은모루 동굴 유적은 단양 금굴 유적과 함께 우리나라에서 발견된 가장 오래된 동굴 유적으로, 40만 내지 60만 년 전의 것이다.

### 농경과 목축이 시작되다: 신석기 시대

구석기 시대 다음에 오는 신석기 시대는 불과 몇천 년밖에 안 되는 짧은 기간이었지만 구석기 시대 수백만 년 동안에 이루어 낸 것보다 더 많은 변화와 발전을 이루어 냈다. 인류 역사를 크게 발전시킨 신석기 문명의 특징은 농경과 목축이라고 할 수 있다. 오랫동안 수렵과 채취 생활을 해 온 인류가 가축을 기르고 농작물을 재배하기 시작하면서 다양한 분야에서 비약적인 발전을 이루게 되었다.

경작에 의해 식량을 생산하게 되면서 사람들은 식량 생산에 필요한 여러 가지 도구를 만들어 사용하기 시작했고, 도구를 만드는 기술의 진보는 농업 생산성을 증가시켜 인류 최초의 가장 큰 문화적 변화인 생산혁명을 가능하게 했다. 신석기 시대의 생활상이나 생산혁명의 내용을 자세하게 알 수는 없지만 수렵·채취 생활에서 정착·농경 생활로의 전환은 인류가 겪은 최초의 혁명적 변화였음이 틀림없다. 신석기 시대에 이루어진 이러한 변화를 신석기 혁명이라고 표현한 사람은 오스트레일리아의 역사학자 고든 차일드(V. Gordon Childe, 1892~1957)였다. 생산양식의 변화를 시대 구분의 기준으로 삼았던 그는 수렵이나 채취보다 농경과 목축이 월등히 생산성이 높았으므로 정착 생활과 문화가 시작될 수 있었다고 주장했다. 차일드는 약 1만 년 전에 건조 기후가 지속됨에 따라 동물과 인간이 같은 오아시스에 모여들게 되었고, 그곳에서 목축과 농경이 시작되었다고 주장하면서 자연환경의 변화가 생산양식의 변화를 가져왔다고 주장했다. 그러나 이 시기에 전 지구적인 건조 지역 확대가 있었다는 증거가 발견되지 않아 그의 주장에 반론을 제기하는 사람들도 있다.

신석기 시대를 대표하는 도구는 마제석기와 토기였다. 마제석기는 구석기 시대의 타제석기와는 달리 갈아서 만들었기 때문에 훨씬 섬세했다. 신석기 시대 초기에는 덧무늬토기와 민무늬토기가 주로 사용되었다. 표면이 거칠었던 민무늬토기는 무늬가 없고 두꺼운 것이 특징이었다. 이 밖에도 그릇 표면을 엄지와 검지로 찍거나 눌러서 돌출 부분과 다음 돌출 부분 사이에 하트 문양이 생기게 하거나,

빗살무늬토기

그릇 표면을 끝이 뾰족하거나 둥근 도구, 동물 뼈의 마디 부분 또는 속이 빈 대롱 모양의 도구로 찍어 문양을 넣은 눌러찍기무늬토기도 사용되었다.

신석기 시대 중기에 널리 사용된 빗살무늬토기는 나무나 뼈로 만든 무늬 새기개를 가지고 그릇 바깥 면을 누르거나 그어서 문양을 새긴 토기이다. 가장 전형적인 빗살무늬는 선이나 점으로 이루어진 짧은 줄을 한쪽 방향으로 새기거나 또는 서로 방향을 엇바꾸어 가면서 그려 넣은 것이었다. 신석기 시대 후기에는 두세 줄의 평행선과 점선을 긋고 그 사이를 점이나 빗금으로 사각형 또는 마름모꼴 등의 기하학적 무늬로 채운 번개무늬토기나 물결무늬토기도 빗살무늬토기와 함께 사용되었다.

### 야금술이 기술혁명을 가져오다: 청동기·철기 시대

신석기 시대가 끝나고 청동기 시대나 철기 시대가 시작된 시기는 지역에 따라 다르다. 동과 주석이 풍부하게 출토되는 지방을 중심으로 청동기 문화가 나타나기 시작한 것은 지금으로부터 약 5,000년 전부터였다. 청동은 구리 90%에 주석 10%를 첨가한 합금이다. 기원전 3100년경에 청동의 야금술이 최초로 개발된 곳은 메소포타미아 지방이었다. 청동의 야금술은 중동 지방으로부터 전 세계로 전파되었지만 구리와 주석이 출토되지 않는 지방에서는 훨씬 후세까지도 청동의 야금술이 알려지지 않았다. 아메리카 대륙에서 찬란한 고대 문명을 이룩했던 민족들은 청동기 문화를 거치지 않았고, 이집트를 제외한 아프리카에서도 청동기 문화를 찾아볼 수 없다. 청동기 시대의 유무는 청동기의 재료가 되는 구리와 주석 산지의 유무, 그리고 새로운 문화를 수용하는 태도 등에 따라 결정되었다.

철의 야금술은 기원전 1400년경에 아르메니아 지방과 소아시아 지방에서 개발된 후 급속히 전 세계로 퍼져 나갔다. 청동과는 달리 철은 지구 곳곳에 풍부하게 매장되어 있고, 여러 가지 특성이 청동보다 우수했으므로 널리 사용되었다. 그러나 지방에 따라 청동을 사용한 시기와 철기를 사용한 시기가 다르고, 어떤 지방에서는 청동기를 사용하지 않고 철기를 사용한 곳도 있어 청동기 시대와 철기 시대의 시대 구분에는 많은 어려움이 있다. 지역에 따라서는 훨씬 앞선 문화를 가지고 있으면서도 오히려 뒤늦게 철기를 사용한 예도 있었다. 따라서 철기, 청동기와 같은 도구를 중심으로 하여 시대를 구분하는 것은 그 당시의 문화적 특성을 올바로 나타내지 못한다고 지적하는 학자들도 있다.

그러나 인류가 사용하던 도구가 석기에서 청동기, 그리고 다시 철기로 넘어가는 사건은 매우 중요한 사건이었다. 이것은 단순한 도구 발달의 의미를 넘어 사회의 변화 그리고 인간과 자연의 관계의 근본적인 변화를 나타내기 때문이다. 새로운 재료의 사용과 함께 사냥 도구, 농기구, 무기, 생활 도구 등을 만드는 기술이 크게 발달했고, 인간 생활에 필요한 여러 가지 지식이 축적되었다. 이 기간 동안에 이룩한 자연에 대한 지식과 기술의 발전이 자연과학이 싹트는 기반을 제공했지만, 아직 자연과학이라고 할 수 있는 논리 체계는 없었다. 자연과학이란 단편적인 지식이나 기술이 아니라 자연현상에 대한 논리적인 설명 체계이다. 자연현상과 세상에 대한 설명 체계인 철학과 과학을 처음 시작한 사람들은 고대 그리스의 자연철학자들이었다.

## 2. 고대 그리스의 철학과 과학

### 과학과 철학을 시작하다: 자연철학자들

지금은 터키에 속해 있는 이오니아 지방에 있던 그리스의 식민도시 밀레토스에서 자연철학자들이 활동을 시작한 것은 기원전 600년경이었다. 자연철학자들은 자연현상의 원인을 자연에서 찾으려고 했던 사람들로, 자연에 대한 지적 탐구를 통해 세상을 통일적으로 이해하려고 시도했다는 점에서 철학과 과학을 최초로 시작한 사람들이라고 할 수 있다. 철학과 과학을 시작한 자연철학자들이 가장 큰 관심을 가지고 있었던 것은 만물을 이루는 근본 물질, 또는 근본 원리인 아르케(arche)가 과연 무엇인가 하는 것이었다. 아르케는 세상의 존재를 가능하게 한 원인이며, 세상을 만든 기본적인 질료였으므로 세상의 원인, 또는 세상의 근거라고 할 수 있었다. 아르케를 찾는 것은 세상을 통일적으로 이해하기 위한 첫 번째 단계였다.

과학의 아버지라고 불리는 탈레스(Thales, 기원전 624?~545?)는 아르케를 물이라고 주장했다. 그의 이런 생각은 태초에 물이 혼돈을 이루고 있었고 여기에서 모든 것이 창조됐다고 했던 이집트와 메소포타미아의 창조신화에서 영향을 받았다. 물은 상온에서 고체, 액체, 기체 상태로 존재할 수 있고, 쉽게 상태를 변화할 수 있으며, 특히 수증기는 어디에나 존재하는 것이 그런 주장의 바탕이 되었을 것이다. 그는 땅을 물 위에 떠 있는 원반이라고 주장했다. 탈레스는 이집트와 메소포타미아 지방을 여행하여 기하학과 천문학 지식을 습득했다. 따라서 탈레스는 이집트와 메소포타미아의 앞선 문화

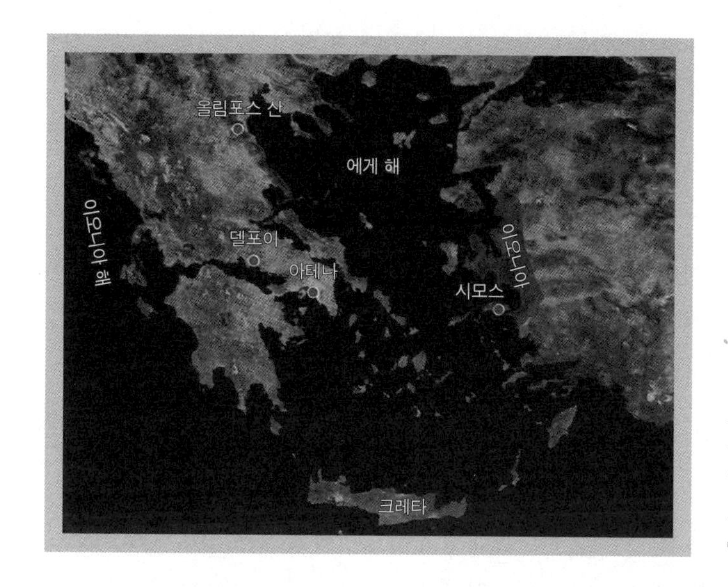


자연철학자들이 활동했던 이오니아 지방

와 기술을 그리스에 전해 주는 전달자의 역할도 했다. 그는 맞꼭지각의 크기가 항상 같다는 것을 비롯한 기하학의 기본 정리들을 그리스에 전하기도 했고, 달의 운동을 관측하여 일식을 예측하기도 했으며, 정전기를 처음 발견하기도 했다.

탈레스의 제자로 아르케라는 말을 처음 사용했던 아낙시만더(Anaximander, 기원전 610?~546?)는 물에서는 불이 나올 수 없기 때문에 물이 만물의 근원인 아르케가 될 수 없다고 주장했다. 그는 또한 흙이나 공기도 같은 이유로 아르케가 될 수 없다고 주장하고 세상의 근원은 형체가 없고 무한한 아페이론(apeiron)이라고 주장했다. 아페이론은 종류를 정할 수 없으며, 공간적으로 무한하고 시간적으로 영원히 존재하는 것으로, 모든 것이 이것으로부터 시작되고 끝난다고 했다. 아낙시만더의 제자였던 아낙시메네스(Anaximenes, 기원전 585?~525?)는 공기가 세상의 아르케라고 주장했다. 아낙시메네스는 공기가 농축과 희박이라는 반대되는 두 과정을 통해 세상 만물을 만들어 가는 과정을 설명하려고 시도했다. 공기가 희박해지면 불이 되고, 농축하면 차례로 바람, 구름, 물, 흙, 암석으로 변한다고 했다.

### 수를 통해 신에게 도달하려 하다: 피타고라스학파

우리가 사는 세상에서 아르케를 찾으려고 했던 자연철학자들과는 달리 이 세상 밖에서 아르케를 찾으려는 사람들이 나타났다. 우리가 경험할 수 있는 세상 밖에서 이 세상의 기본 원리를 찾으려고 한 사람들은 피타고라스와 그의 제자들이었다. 세상이 수로 이루어졌다고 생각했던 피타고라스학파는 엄격한 계율을 가지고 공동생활을 하던 신비주의 종교단체로 수에 대한 연구는 종교 활동의 일부였다. 피타고라스학파가 추구했던 것은 영원불멸의 신의 세계에 참여하거나, 영혼을 정화하여 신과 합일하는 것이었다. 이들의 생각은 디오니소스 신앙과 오르페우스교의 사상에 기원을 두고 있었다.

디오니소스 신앙은 술을 통해 신의 세계에 도달하려는 신앙이었다. 디오니소스교 교도들은 심야에 산속에 모여 피가 흐르는 날고기를 먹으며 포도주에 취해 피리나 북소리에 맞추어 광란에 가까운 춤을 추었다. 그들은 이러한 행위를 통해 신과 하나가 된다고 생각했다. 그리스인들은 이국적이며 야만적이었던 디오니소스 신앙을 그리스적인 오르페우스 신앙으로 발전시켰다. 오르페우스 신앙에서는 술이 아니라 음악을 통해 신의 세계에 다가가려고 했다. 피타고라스학파는 디오니소스 신앙과 오르페우스교가 가지고 있던 신의 세계에 대한 동경을 이어받았다. 그러나 그들은 음악과 함께 수에 대한 연구를 통해 신의 세계에 다가가려고 했다.

피타고라스

피타고라스학파의 창시자인 피타고라스(Pythagoras, 기원전 580?~500?)는 사모스섬에서 부유한 상인의 아들로 태어나 어려서부터 리라 연주를 익혔으며 이집트에 유학하기도 했고, 바빌론에서 포로 생활을 하기도 했다. 이집트 문명과 메소포타미아 문명을 경험하고 56세에 고향으로 돌아온 피타고라스는 남이탈리아의 그리스 식민지 크로톤에 종교 공동체를 설립했다. 피타고라스 공동체에서는 영혼이 윤회한다고 가르쳤으며, 육식을 금하고, 백색의 옷과 담요만을 사용하게 하는 등 엄격한 규율을 지키도록 했다. 피타고라스학파는 음악과 수학을 중시했는데, 일현금의 음정이 일정한 비율을 이루는 현상을 발견하고 음악을 수학의 한 분야로 보았다.

피타고라스학파는 아르케를 자연수로 보았다. 그들은 자연수의 성질을 연구하여 약수의 합이 자신과 같은 완전수, 비례와 평균, 산술평균과 조화평균 등에 대해서도 잘 이해하고 있었다. 직각 삼각형에서 빗변의 제곱은 다른 두 변의 제곱의 합과 같다는 피타고라스의 정리도 알고 있었지만 그것을 어떻게 증명했는지는 알려져 있지 않다.

눈에 보이는 구체적인 대상물이 아닌 수에서 이 세상의 원리를 찾으려고 시도했던 피타고라스학파의 신비주의는 밀레토스의 자연철학자들과 함께 서양 철학의 두 축을 형성했다. 세상의 근원을 자연에서 찾으려고 했던 자연철학자들의 생각은 근대 과학의 사상적 기반이 되었으며, 이 세상 너머에서 이 세상의 원인을 찾으려고 했던 피타고라스학파의 생각은 플라톤의 이데아 사상에 의해 계승되었고, 기독교에 영향을 주었으며, 신의 존재를 확신했던 데카르트 이후의 근대 철학자들에게까지 이어졌다.

### 존재에 대해 생각하다: 헤라클레이토스와 파르메니데스

헤라클레이토스(Heraclitus of Ephesus, 기원전 540?~480?)는 지금의 터키에 있는 이오니아 지방의 에페수스를 통치하고 있던 귀족 가문에서 태어났다.

파르메니데스

"만물은 유전한다"라는 말 속에 함축적으로 표현되어 있는 것처럼 헤라클레이토스는 항상 변하고 있는 것이 세상의 참모습이라고 주장했다. 그는 만물을 강과 비교해 "우리는 같은 강물에 들어가는 것이기도 하며, 들어가지 않는 것이기도 하다"라는 말로 세상을 설명했다. 같은 강물에 들어가려고 해도 강물이 흘러가 버렸기 때문에 우리가 들어간 것은 예전 강물이 아니다. 그렇다면 같은 강물에 들어갔다고 할 수 있을까? 따라서 강은 존재한다고 할 수도 있고, 존재하지 않는다고 할 수도 있다는 것이다.

세상이 끊임없이 변화하는 것이라고 볼 때 이 변화를 지배하는 법칙은 무엇일까? 헤라클레이토스는 이 변화를 지배하는 것을 '로고스(logos)'라고 불렀다. 로고스라는 말은 원리, 계획, 공식, 이유, 근거 등 여러 가지 의미로 해석될 수 있다. 후에 스토아 철학에서는 로고스를 모든 것을 지배하는 원인으로 이해했고, 중세 신학자들은 로고스를 기독교의 교리와 결합시켰다.

헤라클레이토스와 비교되어 항상 함께 거론되는 철학자는 이탈리아 반도 남부의 엘레아 지방에서 활동했던 엘레아학파의 창시자 파르메니데스(Parmenides, 기원전 515?~445)이다. 파르메니데스의 작품으로는 「자연에 대하여」라는 시의 일부만이 전해지고 있다. 이 시는 세 부분으로 되어 있는데, 그와 여신 알레테이아(Aletheia)가 나눈 대화를 기록한 「서시」에서는 여신이 그에게 존재가 진리라는 것과 인간이 감각하는 세상이 허구라는 것을 알려준다. 두 번째 부분으로 본론이라고 할 수 있는 「진리의 길」에서는 참된 존재가 무엇인지에 대해 이야기하고 있으며, 세 번째 부분인 「억견의 길」[9]은 경험 세계에 대한 인간의 생각이 얼마나 잘못되었는지를 설명하고 있다.

'있다(being)'는 것이 무엇인가 하는 것은 철학의 기본적인 물음이다. 모든 것은 변화를 지배하는 법칙인 로고스에 따라 항상 변해 가는 것이 '있다'라고 하는 것에 대한 헤라클레이토스의 대답이었다. 그러나 파르메니데스는 '있다'라는 문제를 좀 더 발전시켰다. '있는 것'이 '없는 것'으로부터 생겨난다고 하면 생겨나기 전에는 '있는 것'이 '없는 것'이 된다. 반대로 '있는 것'이 없어질 수 있다면 없어진 다음에는 '있는 것'이 '없는 것'이 된다. 이러면 '있는 것'과 '없는 것'이 같은 것이 되므로 논리적으로 가능한 설명이 아니다.

따라서 '있는 것'은 생겨나지도 않으며 없어지지도 않아야 한다. '있는 것'은 있다. 반면에 '없는 것'은 없다. 그러므로 '없는 것'을 생각하는 것은 무의미하다. 이것이 '있는 것'에 대한 파르메니데스의 대답이었다. 파르메니데스는 감각적인 경험을 통해 진리를 발견할 수 있다는 자연철학자들의 주장을 반박하고, 변화하지 않는 실재를 파악하기 위해서는 추상적이고 논리적으로 접근해야 한다고 주장했다.

플라톤의 대화편 「파르메니데스」에는 파르메니데스의 제자로 파르메니데스를 변호하는 데 일생을 바친 제논(Elea Zénón, 기원전 490?~430?)의 주장이 첫 부분에 나온다. 여기서 제논은 스승을 비판하는 사람들의 생각이 틀렸다는 것을 귀류법을 이용해 증명하려고 시도했다. 제논은 어떤 사물이 특정한 공간에 위치해 있는 동안에 그 사물은 정지해 있고, 날아가는 화살도 매 순간마다 특정한 공간을 차지하고 있으므로 언제나 정지 상태에 있어야 하기 때문에 변화나 운동은 환상이며 실제로는 가능하지 않다고 주장했다.[10]

아킬레스가 느림보 거북이를 절대로 따라잡을 수 없다는 제논의 역설은

9 억견(臆見)은 근거가 확실하지 않은 지식이나 믿음, 또는 이성이 아닌 감각경험에 의한 지식을 말한다.

10 디오게네스 라에르티오, 전양범 옮김, 『그리스 철학자 열전』, 동서문화사, 2008.

제논을 이야기할 때 항상 등장하는 이야기이다. 거북이가 100미터 앞에서 출발하고 빠르게 달리는 아킬레스가 100미터 뒤에서 출발하여 달리기 경주를 벌인다고 하자. 아킬레스가 거북이가 있던 자리까지 달려오는 동안에 거북이는 천천히 기어 조금 앞에 가 있을 것이다. 다시 아킬레스가 달려 거북이가 있던 위치까지 가면 그동안에 거북이는 조금 더 앞으로 가 있을 것이다. 따라서 이런 과정을 무한히 반복해도 거북이는 항상 아킬레스 앞에 가 있기 때문에 영원히 거북이를 따라잡을 수 없다는 것이다.

### 만물은 무엇으로 이루어졌는가: 4원소론과 원자론

밀레토스에서 시작된 자연철학은 엠페도클레스와 데모크리토스로 이어졌다. 이탈리아 반도 남부에 있는 섬인 시칠리아에는 그리스의 식민도시 아크라가스가 있었다. 그곳에서 태어난 엠페도클레스(Empedocles, 기원전 490?~430?)는 철학 이외에 종교, 정치, 생물학, 의학, 시문학 분야에도 뛰어난 업적을 남긴 다재다능한 인물이었다. 엠페도클레스는 자연철학자들의 생각을 계승하여 세상을 네 개의 원소로 설명하려고 했다.

엠페도클레스는 탈레스의 물, 아낙시메네스의 공기, 헤라클레이토스의 불에 흙을 첨가하여 물, 공기, 불, 흙의 네 가지가 만물을 이루는 아르케라고 주장했다. 그리고 이들 4원소가 여러 가지 물질을 이루기 위해서는 합쳐지고, 분리되는 과정을 거쳐야 하는데 결합과 분리는 원소들 사이에 작용하는 사랑과 미움으로 인해 일어난다고 주장했다. 처음에는 사랑이 지배했기 때문에 모든 원소들이 하나로 결합되어 있었지만 우주가 형성되는 동안 미움이 개입하여 4원소로 분리되었다는 것이다. 그 뒤 4원소는 특정한 조건 아래서 부분적으로 결합하여 여러 가지 물질을 만든다는 것이다.

원소에 대한 생각을 더욱 발전시킨 사람은 데모크리토스(Democritus, 기원전 460?~370?)였다. 부유한 가정에서 태어나 부친에게 많은 재산을 물려받은 데모크리토스는 페르시아, 이집트, 인도, 에티오피아 등지로 여행을 하면서 많은 경험을 쌓은 후 문학, 천문학, 수학, 물리학, 의학 등 다양한 분야를 연구했다. 데모크리토스는 레우키포스(Leukippos, ?~?)가 제시한 원자론을 체계적으로 완성시켰다. 레우키포스는 세상을 이루는 요소를 충만한 것(있는 것)과 공허한 것(없는 것)으로 나누었다. 데모크리토스는 충만한 것을 원자(atom)라고 불렀다. 원자는 더 이상 분리할 수 없는 물질의 가장 작은 단위였다. 데모크리토스는 여러 가지 모양을 하고 있는 원자들이 다양한 방법으로 배열하여 세상을 만든다고 설명했다. 원자는 너무 작아 눈에 보이지 않지만 여러 원자들이 결합과 분리를 반복하면서 우리 눈에 보이는 변화를 만들어 낸다는 것이다.

데모크리토스는 물질뿐만 아니라 영혼도 원자로 이루어져 있다고 했다. 구형의 원자인 영혼은 다른 것을 움직이는 일종의 불로, 신체의 구석구석까지 스며들 수 있다고 했다. 그는 맛이나 색깔은 그 자체가 있는 것이 아니라 원자의 조합에 의해 나타나는 성질일 뿐이라고 했다. 데모크리토스는 원자 사이의 공간, 즉 아무것도 없는 공간인 진공을 이용하여 운동을 설명하려고 했다. 세상을 원자의 결합과 분리, 그리고 진공에서의 운동으로 설명한 원자론자들의 생각은 피타고라스학파의 신비주의를 계승한 플라톤에 의해 철저히 무시당했으며, 아리스토텔레스는 데모크리토스가 운동의 원인을 설명하지 못했다고 비판했다. 19세기 초에 근대적인 원자론이 등장할 때까지 오랫동안 고대 그리스의 원자론이 잊혔던 것은 그것이 고대 철학 사상을 완성한 플라톤과 아리스토텔레스에 의해 배척당했기 때문이었다.

### 질문으로 진리를 찾다: 소크라테스

소크라테스(Socrates, 기원전 470~399)는 그리스 철학에서 가장 많이 거론되는 사람이지만 저서를 남기지 않았기 때문에 그가 어떤 사람이었고 그의

소크라테스

철학이 무엇인지를 아는 것은 쉬운 일이 아니다. 소크라테스에 대한 기록이 가장 많이 남아 있는 것은 소크라테스의 제자였던 플라톤이 지은 여러 권의 대화편이다.[11] 그러나 대화편에 등장하는 소크라테스가 실제의 소크라테스인지, 플라톤이 만들어 낸, 허구가 많이 가미된 인물인지 알 수 없다. 대화편에 기록된 소크라테스의 생각 역시 어디까지가 소크라테스의 생각이고 어디까지가 플라톤의 생각인지 구별하기 어렵다.

소크라테스는 조각가 또는 석공이었던 아버지와 산파였던 어머니 사이에서 태어나 악처로 유명한 크산티페와 결혼했으며 세 아들을 두었다. 젊어서는 석공 일을 했던 소크라테스는 중장보병으로[12] 펠로폰네소스 전쟁에 참전하기도 했다. 펠로폰네소스 전쟁에서의 소크라테스의 활약에 대해서는 소크라테스에 관한 많은 자료에 언급되어 있다. 플라톤이 쓴『소크라테스의 변명』[13]에서 소크라테스는 자신이 아테네를 위해 세 번의 전투에서 용감하게 싸웠다고 밝혔다. 소크라테스가 활동하던 시기는 펠로폰네소스 전쟁에서 아테네가 스파르타에 패배하여 민주정치가 쇠퇴기로 접어들던 때였다. 전쟁의 패배로 인한 충격에서 벗어나 안정을 되찾기를 바라고 있던 아테네 사람들 중에는 민주적인 정부보다는 스파르타식 귀족 정치제도를 선호하는 사람들이 많았다. 소크라테스도 그런 사람들 중 하나였다.

11 플라톤, 최명관 옮김,『플라톤의 대화편』, 창, 2008.

12 청동 방패, 청동 투구, 청동이나 가죽 흉갑, 철창과 단검으로 무장한 고대 그리스 전사.

13 플라톤, 황문수 옮김,『소크라테스의 변명』, 문예출판사, 1999.

소크라테스가 고발당한 공식적인 죄목은 국가 공직의 추첨제를 비판하여 젊은이들로 하여금 국가제도를 경시하게 했다는 것, 병에 걸리거나 소송을 당할 때 아버지나 친척보다 의사나 법에 밝은 사람들이 더 큰 도움이 된다고 하여 부모나 어른을 공경하지 않게 했다는 것, 호메로스의 시를 악용하여 젊은이들을 잘못된 길로 인도했다는 것 등이었다. 당시의 재판에서는 배심원 투표로 유죄와 무죄를 결정하고, 유죄로 결정되면 다시 투표를 통해 고발자가 제안하는 처벌과 피고가 제안한 처벌 중에서 하나를 선택하도록 했다. 유무죄를 가리는 재판에서 소크라테스는 281 대 220으로 유죄 판결을 받았다. 형량을 결정하는 두 번째 재판에서 소크라테스는 자신은 무죄이며 그동안 아테네를 위해 일한 공로를 생각하면 정부에서 죽을 때까지 급료를 주고 식사를 제공해야 하지만 다른 사람들의 권유를 받아들여 벌금형을 제안한다고 변론했다. 이러한 소크라테스의 변론은 역효과를 거두어 두 번째 투표에서는 361 대 140이라는 압도적인 표차로 사형 판결을 받았다.

소크라테스 철학의 첫 번째 특징은 답을 제시해 주는 대신 질문을 했다는 것이다. 소크라테스는 다양한 사람들과 토론하는 것을 좋아했는데 이런 토론에서 그는 정의, 경건함, 신중함, 우정, 덕과 같은 문제에 대해 상대방에게 질문하고 그 답에 대해 다시 질문하는 과정을 통해 모순 없는 답을 찾아내도록 유도했다. 소크라테스 철학의 이런 방법을 문답법, 또는 산파술이라고 한다. 소크라테스의 산파술은 자신의 지식을 자랑하려는 것이 아니라 사람들이 가지고 있는 고정관념을 무너뜨려 그들을 한 단계 높은 지식으로 이끌기 위한 것이었다.

소크라테스의 두 번째 특징은 소피스트들과 많은 논쟁을 벌였다는 것이다. 소피스트들과 소크라테스의 대결은 진리를 상대적인 것으로 볼 것인지 보편적인 것으로 볼 것인지의 대결이었다. 소피스트들은 진리는 상대적인 것이어서 사람에 따라 달라진다고 주장했다. 소크라테스는 소피스트들의 이런 주장이 진정한 도덕을 파괴한다고 생각했다. 소피스트들은 혼란 속에서 현실적으로 행동했던 사람들이었으며 소크라테스는 보편적인 진리를 찾으려고 했던 사람이었다. 소크라테스는 여러 유명한 소피스트들과 논쟁을 벌여 결국 그들의 무지를 드러내도록 했다. 이로 인해 많은 적들을 가지게 된 것이 소크라테스가 사형 판결을 받게 된 이유 중 하나가 되었다.

소크라테스 철학의 세 번째 특징은 윤리적인 측면과 정치적인 측면이 강했다는 것이다. 평생을 가난하게 살았던 소크라테스는 절제를 중요하게 생각했으며, 선을 중시했다. 그는 다른 사람들과의 토론에서도 선에 관해 많은 질문을 했다. 그는 또한 무엇이 옳은 것인지 안 다음에는 그대로 실천에 옮겨야 한다고 주장했다. 다시 말해 덕이 무엇인지 아는 것과 그것을 행하는 것을 동일하게 생각했다. 현인에 의한 통치, 뛰어난 언변술에 대한 비난, 무지에 대한 자각, 덕과 앎의 일치를 주장한 소크라테스의 철학은 아테네의 민주주의 정부를 비난하는 것처럼 보이기도 했다. 소크라테스의 제자였던 플라톤이 민주정치를 중우정치라고 비난하고 철인에 의한 정치를 주장했던 것은 소크라테스의 영향일 것이다.

소크라테스는 과학의 발전에는 별다른 기여를 하지 않았다. 펠로폰네소스 전쟁에서 패배하여 혼란스럽던 시기를 살았던 소크라테스는 시민들이 윤리를 회복하여 질서 있는 사회를 만드는 것이 가장 중요한 과제라고 생각했다. 따라서 그는 자연과학을 시간 낭비라고 했다. 현대인들이 자연과학을 실용적인 학문이라고 생각하고 철학이나 윤리학을 현학적인 학문이라고 생각하는 것과는 달리 소크라테스는 윤리학을 실용적인 학문이라고 생각하고 자연과학을 현학적인 학문이라고 생각했던 것이다.

### 이데아에서 진리를 찾다: 플라톤

플라톤

플라톤(Plato, 기원전 427?~347)이 태어난 정확한 시기와 장소는 알려져 있지 않다. 그러나 플라톤이 정치적으로 영향력이 컸던 부유한 아테네 가정에서 태어난 것은 확실하다. 대부분의 학자들은 플라톤이 아테네에서 펠로폰네소스 전쟁 중이던 기원전 429년에서 423년 사이에 태어났다고 믿고 있다. 플라톤은 당시의 가장 훌륭한 선생들로부터 문법, 음악, 레슬링을 배웠으며, 소크라테스를 만나기 전에 헤라클레이토스의 제자에게서 철학을 배우기도 했다. 스무 살 무렵 소크라테스를 만난 플라톤은 철학에 심취하게 되었다. 소크라테스와 플라톤의 관계는 플라톤이 기록한 대화편들의 내용을 통해 짐작할 수 있다. 플라톤은 『소크라테스의 변명』에서 소크라테스의 입을 통해 자신이 소크라테스의 열렬한 젊은 추종자였다고 밝혀 놓았다. 이 책에는 플라톤이 소크라테스가 타락시켰다는 젊은이 중 한 사람으로 언급되어 있다. 다른 대화편에는 플라톤이 소크라테스의 벌금을 대신 내 준 사람들 중 한 사람으로 등장한다.

소크라테스의 처형은 소크라테스를 추종했던 젊은 플라톤에게 커다란 상실감을 안겨 주었다. 소크라테스가 처형된 후 플라톤은 다른 제자들과 마찬가지로 아테네를 떠나 이탈리아, 이집트, 시칠리아 등을 여행하면서 다양한 경험을 쌓았다. 마흔 살이 넘은 기원전 387년경에 아테네로 돌아온 플라톤은 아카데미를 설립하고 제자들을 가르쳤다. 플라톤은 아카데미의 교육 이념을 영혼의 방향 전환이라고 했다. 불완전한 현실 세계로부터 완전하고 순수한 이데아의 세계로 청년의 영혼을 돌리는 것이 아카데미의 교육 목표였다. 피타고라스학파에서는 수에 대한 연구가 신의 세계에 도달하는 방법이었다면 아카데미에서는 기하학이 이데아에 세계에 도달하는 방법이었다.

말년에 플라톤은 이상국가를 건설하려는 자신의 꿈을 실현하기 위해 시칠리아의 시라쿠사를 세 번이나 방문했지만 뜻을 이루지 못했다. 시라쿠사에서 돌아온 플라톤은 죽을 때까지 아카데미에서 제자들을 가르치는 일에 전념했다.

플라톤은 주로 소크라테스를 통해 자신의 생각을 피력한 30권이 넘는 대화편과 13통의 서신을 남겼다. 대화편은 대부분 소크라테스가 주인공이거나 해설자가 되어 대화를 이끌어 가는 형식을 취하고 있다. 플라톤이 주인공으로 등장하여 자신의 생각을 피력한 대화편은 한 권도 없다. 플라톤은 자신의 입을 통해서가 아니라 소크라테스의 입을 통해서 이데아를 이야기하고 이상국가를 설명했다. 좁은 의미에서는 플라톤이 쓴 소크라테스가 주인공이나 해설자로 등장하는 책들만을 대화편이라고 하지만 넓은 의미에서는 소크라테스가 아니라 여러 명의 장로가 대화를 이끌어 가는 『법률(Laws)』과 소크라테스의 제자로 용병 장군이었던 크세노폰이 시인 시모니데스를 통해 참주들에게 전하는 충고를 다룬 『성직(Hiero)』도 대화편에 포함시킨다. 이 중에서 『법률』은 플라톤의 작품이 아니라고 주장하는 사람들도 있다.

대화편 중에서 이데아의 세계에 대한 구체적인 묘사가 포함되어 있는 책은 『파이드로스』이다. 이 책에서는 이데아의 세계가 천구를 이루는 둥근 천장 밖에 있다고 설명하고 있다. 영혼은 신들을 따라 천구 밖에 있는 이데아의 세계를 보려고 한다. 그런데 날개 달린 말을 잘 몰 수 있는 영혼은 이데아의 세계를 볼 수 있지만, 말을 잘 몰 수 없는 영혼은 이데아의 세계를 보지 못하고 지상으로 떨어져 육체에 머문다. 지상에 떨어진 영혼들 중에서 이데아의 세계를 가장 많이 보았던 영혼은 지식, 아름다움, 음악, 사랑과 같이 이 세상에 없는 것을 추구하는 사람들이 된다. 이데아의 세계를 가장 잘 보았던 사람들인 철학자들은 육체에서 벗어난 영혼의 세계를 가장 동경하는 사람들이다.

플라톤의 정치철학이 담겨 있는 『국가』[14]는 소크라테스가 소피스트인 트라시마코스와 대화하는 형식으로 쓰인 책이다. 모두 10권으로 이루어진 『국가』의 제1권에서는 정의로운 인간이란 어떤 인간인가에 대하여 다룬 다음 제2권부터는 정의로운 국가에 대해 논의한다. 이것은 공동체는 개인들의 집합체이므로 정의로운 개인에 대한 탐구가 정의로운 국가에 대한 탐구와 연관되어 있다는 생각을 바탕으로 한 것이었다.

플라톤은 『국가』에서 가장 바람직한 정치체제인 철인정치에 대해 상세하게 설명했다. 플라톤이 제시한 이상국가에서는 시민들은 지배 계급인 소수의 수호자 계급과, 피지배 계급인 다수의 생산자 계급으로 구분된다. 그리고 수호자 계급은 다시 통치 역할을 담당하는 통치자 집단과, 전쟁 및 행정에 필요한 여러 가지 보조적인 업무를 수행하는 보조자 집단으로 세분된다. 이상적인 국가에서는 통치자의 결정에 다른 두 계급이 충실히 복종함으로써 세 계급이 조화롭고 질서 있는 전체를 형성하여 국가 전체의 덕인 정의를 실현해 간다.

『국가』의 제7권에는 유명한 동굴의 비유가 실려 있다. 플라톤은 동굴 안에서 입구 쪽으로 등을 돌리고 안쪽 벽만 바라볼 수 있도록 머리를 고정시킨 죄수를 통해 우리가 경험을 통해 알 수 있는 가시적 세계와 이성의 사유를 통해 도달할 수 있는 이데아의 세계를 비교했다. 동굴 안에 묶여 있는 죄수는 동굴 벽에 비친 그림자를 실재라고 생각한다. 철학 교육은 동굴 벽에 비친 그림자에 익숙한 영혼을 이데아의 세계로 이끌어 가는 고통스러운 과

14 플라톤, 최광열 옮김, 『플라톤의 국가』, 아름다운날, 2014.

정이라고 설명했다.

『티마이오스』[15]는 자연학과 우주에 대해 토론하는 내용을 다루고 있다. 플라톤의 이데아론에서는 개인과 국가가 모두 선의 이데아를 통해서 완전성을 구현하게 된다. 선의 이데아는 우주 창조의 원리이기도 하다. 이 원리를 의인화한 것이 『티마이오스』에서 우주의 창조자로 등장하는 데미우르고스(démiurgos)이다. 창조하는 자를 뜻하는 데미우르고스는 창조를 통해 선을 실현하는 자이다. 그런데 창조는 아무것도 없는 무에서 유를 만들어 내는 과정이 아니라 이미 있는 것을 본뜨는 과정이다. 따라서 우주도 이미 존재하는 원형의 모방에 불과하다. 이러한 이유로 플라톤은 자신의 우주론을 우주에 대한 참된 설명이 아니라 진정한 우주의 모방에 어울리는 설명이라고 주장했다.

플라톤은 인과법칙으로 자연을 설명하려고 했던 자연철학자들과는 달리 이데아를 이용하여 자연과 우주를 파악하려고 했다. 플라톤은 물, 불, 흙, 공기를 세상을 구성하는 요소로 보았지만 이 요소들은 단지 속성들에 불과하여 기하학적 형태를 갖게 될 때 비로소 실체적 원소로 기능하게 된다고 설명했다. 플라톤은 이러한 수학적 질서를 바탕으로 힘, 시간과 같은 물리학적 문제들과 인체의 구조, 기관 등의 생물학적 문제들을 설명하려고 했다. 과학적 사실과 정신적 가치의 조화 가능성을 제시하고 있는 『티마이오스』는 수 세기 동안 서양 우주관의 바탕이 되었다.

감각을 통해서는 실재를 알 수 없다고 한 플라톤의 생각은 보통 사람들의 상식과는 다른 것이었다. 그는 눈으로 세상을 보려고 하는 사람은 장님과 같다고 했다. 물질적 세상은 실재가 아니고, 실제 세상의 불완전한 복제에 불과하다는 생각이 이데아론의 핵심이다. 플라톤은 계속적으로 변해 가

15 플라톤, 박종현 외 옮김, 『티마이오스』, 서광사, 2008.

는 눈에 보이는 세상과, 변화가 없는 이데아로 이루어진 눈에 보이지 않는 세상이 있으며, 눈에 보이지 않는 세상이 눈에 보이는 세상의 원형이라고 주장했다. 플라톤은 현실 세계를 혐오하고 영혼의 세계를 동경하는 사상을 오르페우스와 피타고라스의 신비주의로부터 계승했다.

### 고대 과학을 완성하다: 아리스토텔레스

아리스토텔레스(Aristotle, 기원전 384~322)는 기원전 384년에 마케도니아의 왕 아민타스(Amyntas)의 시의였던 니코마쿠스(Nicomachus)의 아들로 태어났다. 어려서 부모를 여읜 후에도 아리스토텔레스는 한동안 마케도니아의 궁전에서 생활했다. 죽은 동료의 아이들을 양육하던 관습에 의해 아버지의 동료들이 아리스토텔레스를 양육한 것으로 보인다. 열일곱 살이나 열여덟 살이 되었을 때 아리스토텔레스는 아테네로 가 아카데미에서 기원전 348년까지 거의 20년 동안 플라톤에게 학문을 배웠다. 플라톤이 죽은 후 아카데미의 후계자가 된 플라톤의 조카가 아카데미를 운영하는 방법에 실망해서 아테네를 떠난 것으로 알려져 있지만, 아테네에 팽배하던 반마케도니아 감정을 두려워해 플라톤이 죽기 전에 아테네를 떠났다고 주장하는 학자들도 있다.[16]

아리스토텔레스

아테네를 떠난 아리스토텔레스는 소아시아와 레소보섬을 여행하며 식물과 동물을 연구하기도 했고, 결혼하여 딸을 낳기도 했다. 기원전 343년에는 마케도니아의 왕이었던 필립

16 에드워드 C. 핼퍼, 이영환 옮김, 『아리스토텔레스의 형이상학 입문』, 서광사, 2016.

2세(Philip II)의 초청을 받고 알렉산더 왕자의 가정교사 겸 마케도니아 왕립 아카데미의 책임자가 되었다. 마케도니아에 있는 동안에 아리스토텔레스는 후에 알렉산더 대왕(Alexandros the Great, 기원전 356~323)이 되는 알렉산더 왕자뿐만 아니라 이집트의 왕이 되는 톨레미(Ptolemy, 기원전 358?~297)와 마케도니아의 왕이 되는 카산드로스(Cassandros, 기원전 358?~297)도 가르쳤다.

기원전 335년에 아리스토텔레스는 아테네로 돌아와 리케이온(Lyceum)에 학교를 창설하고 12년 동안 그곳에서 학생들을 가르쳤다. 이 학교에서는 사방이 벽으로 막힌 방이 아니라 지붕만 있는 회랑을 거닐면서 토론했기 때문에 이들을 소요학파(peripatetic school)라고 부른다. 리케이온에 머물던 기원전 335년부터 323년 사이에 아리스토텔레스는 그의 저작의 대부분을 작성했다. 그는 여러 편의 대화편을 썼는데 현재는 그중 일부만 남아 있다. 그의 저작들은 책을 만들기 위해 쓴 것이 아니라 강의 노트로 사용하기 위해 작성한 것이었다.

리케이온에서 아리스토텔레스는 가능한 모든 분야에 대하여 연구하며 강의했을 뿐만 아니라 이들 분야의 학문적 기초를 확립하는 데 크게 공헌했다. 그는 해부학, 천문학, 발생학, 지리학, 지질학, 기상학, 물리학, 동물학을 연구했으며, 미학, 윤리학, 정치학, 경제학, 심리학, 신학에도 관심을 가졌고, 교육학, 외국의 풍습, 문학과 시에 대해서도 공부했다. 따라서 그의 연구를 종합하면 고대 그리스 지식을 총망라하는 백과사전이 된다. 현대에는 윤리학이나 형이상학과 같이 좀 더 추상적인 문제를 다루는 분야만을 철학이라고 부르고, 과학적 방법을 이용하여 자연을 경험적으로 연구하는 자연과학을 철학에서 제외한다. 그러나 아리스토텔레스는 자연현상을 연구하는 오늘날의 물리학이나 생물학을 포함하는 모든 지적 활동을 철학에 포함시켰다. 아리스토텔레스는 철학을 실용적인 철학, 시적인 철학, 그리고 이론적인 철학으로 분류했다. 윤리학과 정치학은 실용적인 철학에 포함시켰고, 시와 다른 예술 분야는 시적인 철학에 포함시켰으며, 물리학, 수학, 형이상학은 이론적인 철학으로 분류했다.

아리스토텔레스의 스승이었던 플라톤은 물체와 분리되어 이데아의 세상에 존재하는 원형 또는 전형이 그 물체의 실체라고 했다. 따라서 플라톤은 물체의 원형인 이데아에 대한 지식에서부터 시작하여 이데아의 그림자인 현실 세상에 대한 지식으로 내려가야 한다고 생각했다. 그러나 아리스토텔레스는 물체에 대한 관찰이나 실험과 같은 현실적 경험을 통해 물체의 실체에 대한 지식을 얻으려고 했다. 아리스토텔레스도 물체의 바탕을 이루고 있는 원형이나 전형의 존재를 인정했지만 그것은 물체와 분리되어 있는 것이 아니라 물체 안에 내재되어 있다고 생각했다. 아리스토텔레스는 물체의 실체를 파악하기 위해 연역법과 귀납법을 동시에 사용한 반면 플라톤은 기본 원리로부터의 연역에만 의존했다고 할 수 있다.

아리스토텔레스는 엠페도클레스가 지상 물체의 구성을 설명하기 위해 제안했던 4원소에 천체를 구성하는 다섯 번째 원소인 '에테르(ether)'를 더했다. 아리스토텔레스는 또한 물체의 성질을 설명하기 위해 4원소 외에 마른 성질(dry), 젖은 성질(wet), 찬 성질(cold), 뜨거운 성질(hot)의 네 가지 성질을 제안했다. 그는 4원소와 네 가지 성질이 여러 가지로 조합하여 만물이 만들어진다고 보았다. 차갑고 마른 성질의 흙은 오늘날의 고체에 해당되며, 차갑고 젖은 성질을 가진 물은 오늘날의 액체를 나타낸다. 그리고 뜨겁고 젖은 성질의 공기는 오늘날의 기체에 해당되며, 뜨겁고 마른 성질을 가진 불은 플라스마에 해당된다고 할 수 있다.

아리스토텔레스는 모든 원소들이 우주에서 고유한 위치를 가지고 있고, 고유한 위치에서 벗어나면 원래 위치로 돌아가려고 한다고 했다. 흙으로 이루어진 물체의 고유한 위치는 우주의 중심인 지구의 중심이므로 지구 중심으로 다가가려고 하며, 물의 고유한 위치는 우주 중심을 둘러싸고 있는 구이므로 이 구로 다가가려고 한다. 공기는 물을 둘러싸고 있는 구로 다가가려고 하고, 불은 달이 도는 구로 다가가려고 한다. 물속에서 흙으로 이루어진 물체는 가라앉고 공기 방울은 위로 떠오른다. 공기 중에서 비는 아래로 떨어지지만 불은 위로 올라간다. 지구를 둘러싼 구들의 바깥쪽에서는 다섯 번째 원소인 에테르로 이루어진 행성이나 별들이 완전한 운동인 원운동을 하고 있다. 천체들에게는 원운동이 자연운동이기 때문이다. 물체가 고유한 위치로 돌아가려는 자연운동은 외부에서 가해 주는 힘이 없어도 일어나는 운동이다.

아리스토텔레스는 물체의 고유한 위치에서 벗어나는 운동은 강제운동이라고 했다. 강제운동의 속력은 물체에 가해 준 힘에 비례하고 저항에 반비례한다고 했다. 따라서 힘을 가해 주는 동안에는 힘에 비례하는 속력으로 움직이지만 힘을 가하지 않으면 정지하게 된다. 물체의 강제운동 상태를 유지하기 위해서는 속력에 비례하는 힘을 계속 가해야 된다는 것이다. 다시 말해 힘을 운동 상태를 유지하기 위해 필요한 것으로 본 것이다. 후에 뉴턴역학은 힘을 운동 상태를 유지하는 데 필요한 것이 아니라 운동 상태를 변화시키는 데 필요한 것이라고 새롭게 정의하여 근대 과학의 기초를 마련했다. 아리스토텔레스는 힘은 접촉을 통해서만 전달될 수 있다고 설명했다. 따라서 손을 떠난 후에도 계속되는 투사체의 운동을 설명하기 위해 공간을 가득 메우고 있는 공기의 존재가 필요했다. 공간은 비어 있는 것이 아니라 공기로 가득 차 있어 물체가 공간을 날아갈 때는 앞에 있는 공기가 뒤로 와서 민다고 설명했다. 따라서 아무것도 없는 진공 중에서는 투사체의 운동이 일어날 수 없다고 설명했다. 이것은 아리스토텔레스가 진공의 존재를 부정하는 근거가 되었다.

아리스토텔레스는 빛에 대해서도 관심이 많았다. 아리스토텔레스가 쓴 책에는 바늘구멍 사진기에 대한 설명이 포함되어 있다. 아리스토텔레스는 어둠상자와 빛이 들어오는 작은 구멍으로 이루어진 바늘구멍 사진기를 이용하여 태양을 관찰하고 구멍의 모양에 관계없이 태양이 항상 둥근 모양으로 나타난다고 설명했다. 또한 구멍과 상이 만들어지는 벽 사이의 거리를 증가시키면 상이 크게 확대된다는 것도 알아냈다. 아리스토텔레스는 또한 환한 태양 빛이 여러 가지 색깔로 분산되는 것은 순수한 빛인 환한 빛이 어둠이라는 성질을 흡수하기 때문이라고 설명했다. 아리스토텔레스의 이런 설명은 후에 두 개의 프리즘을 이용한 뉴턴의 확증실험을 통해 사실이 아니라는 것이 밝혀졌다.

아리스토텔레스는 바다와 바다 인접 지역의 생태계를 조사하여 『동물의 역사』, 『동물의 발생』, 『동물의 이동』, 『동물의 구조』와 같은 책들을 남겼는데, 이 책들에는 그가 직접 관찰한 것들에 대한 설명이 여러 가지 신화나 과학적 오류와 함께 실려 있다. 그가 직접 관찰한 것과 어부들로부터 전해들은 이야기 중에는 메기, 전기뱀장어, 아귀, 문어, 오징어, 앵무조개에 관한 자세한 내용이 포함되어 있다. 아리스토텔레스는 해양 포유류를 물고기와 구별했으며, 상어와 가오리가 모두 연골어류에 속한다는 것을 알아내기도 했다. 『동물의 발생』에는 부화되고 있는 알을 단계적으로 조사한 내용이 실려 있다. 아리스토텔레스는 이런 관찰을 통해 병아리의 각 기관이 형성되는 과정을 설명했다. 그는 또한 되새김질을 하는 동물이 가지고 있는, 네 개의 방으로 이루어진 위를 자세히 설명하고, 난태생인 상어의 배아가 발생하는 과정을 조사하기도 했다.

아리스토텔레스는 500여 종의 새와 포유류, 그리고 물고기를 분류했다. 그는 동물을 유혈동물(척추동물)과 무혈동물(무척추동물)로 분류했다. 유혈동물과 무혈동물이라는 용어는 생물학적으로 의미가 없는 용어로 척추동물과 무척추동물을 가리키는 것이었다. 유혈동물은 다시 태생(포유류), 완전한 난생(새), 불완전한 난생(물고기)으로 구분했으며, 무혈동물은 곤충, 갑각류,

연체동물로 분류했다. 아리스토텔레스의 이러한 분류 체계는 18세기에 칼 폰 린네(Carl von Linne)가 새로운 분류 체계를 제안할 때까지 널리 받아들여졌다.

아리스토텔레스는 지적인 의도, 즉 목적인이 모든 자연현상을 지배하고 있다고 믿었다. 아리스토텔레스는 이러한 목적론적인 시각을 바탕으로 그가 관찰한 것들을 설명하려고 했다. 예를 들면 엄니와 뿔을 모두 가지고 있는 동물을 발견할 수 없는 것은 자연이 생존에 필요한 만큼만 갖도록 했기 때문이라고 설명했다. 되새김질을 하는 동물이 튼튼한 이빨을 가지고 있지 않은 것도 균형을 유지하려는 자연의 의도 때문이라고 했다. 아리스토텔레스는 광물에서 시작하여 식물, 동물, 그리고 인간에 이르기까지를 단계적으로 배열했다. 그는 동물들이 태어날 때의 상태를 보면 잠재된 상태가 얼마나 실현되었는지 알 수 있다고 했다. 가장 높은 단계에 있는 동물은 따뜻하고 젖은 상태로 태어나는 동물이고, 가장 낮은 단계의 동물은 차갑고, 마른 알의 형태로 태어나는 동물이라고 했다.

아리스토텔레스는 생명체들이 종류에 따라 다른 형태의 혼을 가지고 있다고 믿었다. 식물혼만을 가지고 있는 식물은 성장과 재생산을 할 수 있다. 동물은 식물혼 외에 동물혼도 가지고 있어 성장과 재생산은 물론 감각할 수 있으며 운동도 할 수 있다. 인간은 식물혼과 동물혼 외에 이성혼을 가지고 있어 동물들이 가지고 있는 특징 외에 생각할 수 있는 능력을 가지고 있다고 했다. 아리스토텔레스는 이전 철학자들과는 달리 영혼이 뇌가 아니라 심장에 들어 있다고 믿었다. 감각과 사고 작용을 분리해서 생각한 것도 이전 철학자들과 다른 생각이었다.

아리스토텔레스는 사물을 안다는 것은 질료인, 형상인, 효과인, 목적인의 네 가지 원인을 아는 것이라고 설명했다. 형상은 오늘날 우리가 말하는 형태와는 다르지만 넓은 의미의 형태를 부여하는 것이다. 소재나 재료라고 할 수 있는 질료는 그 자체로서는 아무것도 아니지만 형상과 결합하여 무엇이든 될 수 있는 가능성을 가지고 있다. 효과인은 변화가 일어나도록 하는 원인이다. 따라서 효과인에는 질료에 변화나 운동이 일어나게 하는 모든 원인이 포함된다. 목적인은 물체가 존재하거나 어떤 일이 일어나는 목적이 무엇인지를 설명하는 것이다.

### 자연 치유법을 중시하다: 히포크라테스

고대 그리스를 대표하는 의학자는 히포크라테스(Hippocrates, 기원전 460?~377?)였다. 히포크라테스는 현재 터키 남서부 연안에 있는 코스섬에서 대대로 의술에 종사하던 가문의 아들로 태어났다. 가업을 계승한 히포크라테스는 결혼해서 자녀를 셋 두었는데 두 명의 아들도 의사가 되었다고 전해진다. 히포크라테스는 고향 코스섬을 떠나 테살리아로 가서 의사로 활동하여 명성을 쌓았고, 후에 코스섬으로 돌아와 의학교를 세우고 제자들을 가르쳤다. 히포크라테스는 60여 편의 의학 서적을 저술했는데, 그가 죽은 후 200년 이상이 지난 기원전 1세기에 그의 저술들이 편찬되어 보급되었다. 그러나 히포크라테스의 의학 서적에는 표현 방법이나 내용이 일관되지 않은 부분이 많아 이 책들을 히포크라테스가 모두 저술한 것이 아니라 히포크라테스 학파에 속하는 여러 세대의 의사들이 공동으로 저술했을 가능성이 크다.

히포크라테스의 가장 중요한 업적은 관찰에 근거하여 질병을 진단하고 그에 맞는 처방을 하도록 한 합리적인 태도라고 할 수 있다. 히포크라테스는 진료하고 치료했던 내용을 기록으로 남겨 놓는 전통을 만들기도 했다. 히포크라테스 의학에서는 신체가 조화를 이룬 상태가 건강한 상태이고, 조화가 깨진 상태가 질병이라고 보았다. 히포크라테스는 인간은 스스로 질병을 치유할 수 있는 능력을 가지고 있다는 생각을 바탕으로 자연 치유력에 도움을 주는 식이요법을 강조했다. 약물이나 수술을 이용한 치료는 식이요법이 실패했을 때 하는 보조수단으로 생각했다. 그러나 고대라는 시대적 한계로 인해 히포크라테스의 의학에는 오류가 많았다. 인체를 직접 해부하지 않고 동물 해부를 근거로 했기 때문에 잘못 설명하는 경우가 많았고, 신경과 인대를 구별하지 못했으며, 동맥과 정맥의 차이를 몰랐다. 그는 또한 질병이 혈액, 점액, 황담즙, 흑담즙의 네 가지 체액의 불균형으로 생기는 것이라고 설명했다.

『히포크라테스 총서』에 실려 있는 "인생은 짧고 예술은 길다"라는 말은 히포크라테스를 이야기할 때 자주 인용되는 말이다. 이 말의 본뜻은 의학이 깊고 심오해 짧은 인생을 사는 사람으로서는 완성하기 어렵다는 뜻이지만 인용하는 사람에 따라 여러 가지 다른 뜻으로 해석되고 있다. 요즘 의과대학 졸업생들이 하는 히포크라테스 선서도 히포크라테스를 유명하게 만드는 데 한몫하고 있다. 히포크라테스 저술에 포함되어 있었기 때문에 히포크라테스 선서라고 부르게 된 이 선서는 누가 언제 무슨 용도로 만들었는지가 명확하지 않다. 히포크라테스 가문에서 외부인을 제자로 받아들일 때 행한 선서였을 가능성이 있지만 히포크라테스의 주장과 상반되는 내용도 포함되어 있어 후대에 만들어졌거나 다른 사람이 만들었을 가능성도 있다. 요즘 의과대학에서 하는 히포크라테스 선서의 내용은 1948년에 세계의사회 총회에서 현대적으로 제정한 「제네바 선언」이다.

## 3. 알렉산드리아 시대의 과학과 기술

### 헬레니즘 문화와 알렉산드리아의 과학

유럽의 역사는 고대 그리스에서 헬레니즘 시대를 거쳐 로마로 이어졌다. 헬레니즘이라는 말은 원래 그리스 문화, 그리스 정신을 가리키는 말이지만 알렉산더의 정복 사업 이후 지중해 연안 지역에서 그리스 문화와 동방 문화가 서로 영향을 주어 형성된 새로운 문화 전통을 의미하기도 한다. 헬레니즘 시대를 언제부터라고 보느냐에 대해서는 여러 견해가 있지만 알렉산더가 페르시아를 멸망시킨 기원전 330년을 시작점으로 보는 것이 일반적이다. 헬레니즘 시대가 끝난 시점에 대해서도 여러 가지 다른 주장들이 있다. 학자들 중에는 로마의 제정기를 헬레니즘 시대에 포함시키기도 하고, 이슬람교가 창시된 7세기까지를 헬레니즘 시대로 보기도 하지만 일반적으로는 로마가 이집트를 정복한 기원전 30년까지를 헬레니즘 시대로 본다.[17]

헬레니즘 문화의 중심지는 이집트의 알렉산드리아였다. 마케도니아의 알렉산더 대왕은 기원전 330년에 페르시아제국을 멸망시킨 뒤 인더스강 유역까지 진출했다가 바빌론으로 돌아와 기원전 325년에 갑자기 병사했다. 알렉산더는 정복한 곳에 자신의 이름을 딴 도시를 70여 개나 만들었는데 그중에 가장 유명한 것이 이집트의 알렉산드리아였다. 알렉산더가 죽은 후 이집트를 다스리게 된 프톨레마이오스 왕가는 알렉산드리아를 수도로 정

17 윤진, 『헬레니즘』, 살림, 2003.

했고, 이곳을 정치와 학문의 중심지로 만들었다. 프톨레마이오스 2세 때 알렉산드리아에 건립된 대형 도서관에는 장서가 40만 권이나 되었다고 한다. 그 후 이 도서관은 더욱 확충되어 이집트는 물론 지중해 연안의 학문의 중심지가 되었다.

알렉산드리아를 중심으로 발전했던 과학을 알렉산드리아 과학이라고 한다. 헬레니즘 문화 시기를 기원전 330년부터 기원전 30년까지 약 300년이라고 보는 것과는 달리 알렉산드리아 과학이라고 하면 일반적으로 알렉산더 대왕이 이집트를 정복한 때부터 로마가 기독교를 국교로 정하고 그리스 과학 전통을 핍박하기 시작한 4세기까지의 과학을 말한다. 기하학, 역학, 천문학, 의학이 크게 발전했던 알렉산드리아 과학 시대에는 오늘날까지도 이름이 자주 거론되는 유명한 과학자들이 활동했다. 유클리드, 아르키메데스, 에라토스테네스, 프톨레마이오스, 갈레노스, 크테비시오스, 헤론과 같은 사람들이 알렉산드리아 과학과 기술을 대표하는 학자나 기술자들이다. 이들이 모두 알렉산드리아에서 활동한 것은 아니지만 알렉산드리아에 유학했거나 알렉산드리아의 학자들과 밀접한 관계를 가지고 있었다.

### 기하학을 집대성하다: 유클리드

알렉산드리아 시대 최초의 학자는 유클리드(Euclid, 기원전 330?~275?)였다. 유클리드가 언제, 어디서 태어났는지에 대해서는 알려져 있지 않지만 기원전 320년에서 260년 사이에 알렉산드리아에서 활동했던 것은 확실하다. 기하학의 아버지라고 불리는 유클리드는 잘 정리되어 있지 않았던 기하학을 『기하학 원론』이라는 13권의 책으로 정리한 사람이다. 기하학의 고전으로 지금까지도 읽히고 있는 『기하학 원론』은 현재 우리가 기하학이라고 부르는 내용을 비롯해 수학의 전반적인 내용을 체계적으로 정리해 놓은 책이다.

『기하학 원론』의 처음 네 권은 삼각형, 원, 다각형, 평행선과 피타고라스의 정리 등을 다루었고, 다섯 번째 책에서는 비례이론, 여섯 번째 책에서는 평면기하학의 문제, 일곱 번째 책부터 아홉 번째 책까지의 세 권에서는 수의 문제, 열 번째 책은 무리수의 문제, 마지막 세 권은 원통, 원뿔 등과 같은 입체기하학의 문제들을 다뤘다.

유클리드는 『기하학 원론』을 통해 그때까지 단편적으로 전해 오던 기하학을 정리하여 정리와 증명의 논리적 순서를 확립했으며, 낡은 증명 방법을 수정했고, 새로운 증명 방법을 찾아내기도 했다. 유클리드가 이전에 이미 증명된 명제에서 또 다른 명제를 도출해 낸 논리적 방법은 그의 지적인 능력과 독창성을 잘 보여 주고 있다. 우리가 학교에서 배우는 피타고라스의 정리의 증명 방법은 유클리드의 『기하학 원론』에는 실려 있는 것이다. 유클리드는 『기하학 원론』 외에도 『광학』, 『음악의 원리』, 『현상』, 『도형분할에 관하여』 등 다양한 방면의 저서를 남겼다.

지금까지도 유클리드와 관계된 일화들이 많이 전해지는데 그중에서도 기하학을 배우는 것이 아무 이익이 없는 일이라고 불평하는 사람에게 "기하학을 배워서 이득을 보겠다는 사람은 기하학을 배울 자격이 없다"라고 말한 일화는 널리 알려진 이야기이다. 이 이야기에서는 유클리드가 가졌던 기하학에 대한 긍지를 엿볼 수 있다. 또한 기하학을 배우는 데 지름길이 없겠느냐고 묻는 프톨레마이오스 1세에게 "기하학에는 왕도가 없습니다"라고 했다는 이야기도 자주 인용되는 고사이다.

### 태양이 세상의 중심이다: 아리스타르코스

사모스의 아리스타르코스(Aristarchus, 기원전 310~230)는 지구를 비롯한 행성이 태양 주위를 돌고 있다는 '태양중심설'을 주장했다. 기원전 310년에 에게해 동부에 있는 사모스섬에서 태어나 알렉산드리아의 도서관에서 일하기도 했던 아리스타르코스는 지구를 포함한 행성들이 정지해 있는 태양 주위를 돌고 있다는 내용의 태양중심설을 제안했다. 또한 낮과 밤이 생기는 것을 설명하기 위해 지구가 자신의 축을 24시간을 주기로 자전하고 있다고 주장하기도 했다. 기원전 300년경에 제안된 것으로 믿기 어려울 정도로 현대의 태양중심설과 비슷한 주장이었다. 그러나 아리스타르코스의 태양중심설은 16세기 코페르니쿠스에 의해 다시 제기될 때까지 오랫동안 널리 받아들여지지 않았다.

고대인들이 아리스타르코스의 태양중심설을 받아들이지 못했던 것은 당시 널리 받아들여지고 있던 아리스토텔레스의 역학으로는 태양이 우주의 중심이라는 것을 설명할 수 없었기 때문이었다. 아리스토텔레스 역학에서는 무거운 물체는 우주의 중심을 향해 다가가려는 성질을 가지고 있다고 설명했다. 따라서 물체가 땅으로 떨어지는 것은 지구가 우주 중심에 정지해 있다는 증거였다. 만약 아리스타르코스의 주장대로 태양이 우주의 중심이라면 물체가 땅으로 떨어지는 대신 태양을 향해 날아가야 할 것이라고 생각했다. 그리스인들이 아리스타르코스의 태양중심설을 받아들이지 않았던 또 다른 이유는 연주시차가 발견되지 않는다는 것이었다. 만약 지구가 태양을 중심으로 돌고 있다면 지구 위의 관측자는 일 년 동안 다른 위치에서 별들을 관측하게 되므로 계절에 따라 별들의 위치가 다르게 보여야 한다고 생각했다. 그러나 그러한 변화는 관측되지 않았다.

아리스타르코스는 반달일 때는 지구와 태양과 달이 직각삼각형을 이룬다는 사실을 알고 있었다. 따라서 반달일 때 태양과 지구, 그리고 달 사이의 각도를 측정하여 87°(정확한 값은 89°50')라는 것을 알아냈고, 이 값을 피타고라스의 정리에 대입하여 지구에서 태양까지의 거리는 지구와 달 사이의 거리에 19배(정확한 값은 약 390배)라는 계산 결과를 얻었다. 아리스타르코스는 달과 태양의 겉보기 크기가 같다는 것을 이용해 태양의 지름이 달 지름의 19배라고 주장하기도 했다. 그는 또한 월식 때 달이 지구 그림자에 가려지는 시간을 측정하여 달의 지름이 지구 지름의 4분의 1이라는 것을 알아내기도 했다. 아리스타르코스의 이러한 생각은 현재까지도 전해지고 있는 그의 저서 『달과 태양의 크기와 거리에 대하여』라는 책에 실려 있다.

### 부력을 발견하다: 아르키메데스

유클리드가 기하학에서 알렉산드리아를 대표한다면 시라쿠사의 아르키메데스(Archimedes, 기원전 287~212)는 물리학에서 알렉산드리아를 대표하는 사람이라고 할 수 있다. 아르키메데스는 수학이나 기하학을 잘 이해하고 있었으며, 그것을 많은 기계 장치를 발명하는 데 이용했다. 아르키메데스는 또한 많은 실험을 통해 새로운 과학 원리를 찾아냈으며, 여러 가지 도구나 무기를 발명하기도 했다.

아르키메데스가 활동했던 시라쿠사는 로마와 카르타고가 지중해의 지배권을 놓고 벌인 세 차례의 포에니 전쟁(기원전 264~146)에서 처음에는 카르타고와 동맹을 맺고 로마에 대항했기 때문에 로마의 침공을 많이 받았다. 시라쿠사를 다스리던 히에론 2세(Hiero II of Syracuse, 기원전 308?~215?)는 아르키메데스에게 로마의 침공을 막도록 했다. 아르키메데스는 투석기, 빛의 반사를 이용하여 배를 불태우는 거울, 해안에서 적군의 배를 통째로 들어 올리는 기계 등을 발명하여 로마군의 공격을 저지하는 데 사용했다. 이로 인해 시라쿠사는 로마의 침입을 2년 동안이나 막아 낼 수 있었다.[18]

아르키메데스가 발명한 것으로 전해지는 발명품 중에는 여러 개의 움직 도르래를 이용하여 무거운 배를 진수하는 데 사용했다는 도르래 장치, 아르키메데스의 나사라고 불리는 양수기 등이 있다. 아르키메데스의 나사는 지금도 이집트의 농촌 지역에서 물을 퍼 올리는 데 사용되고 있다.

18 제1차 포에니 전쟁에서 로마에 점령당한 후 제2차, 제3차 포에니 전쟁에서는 로마 편에 섰다.

아르키메데스

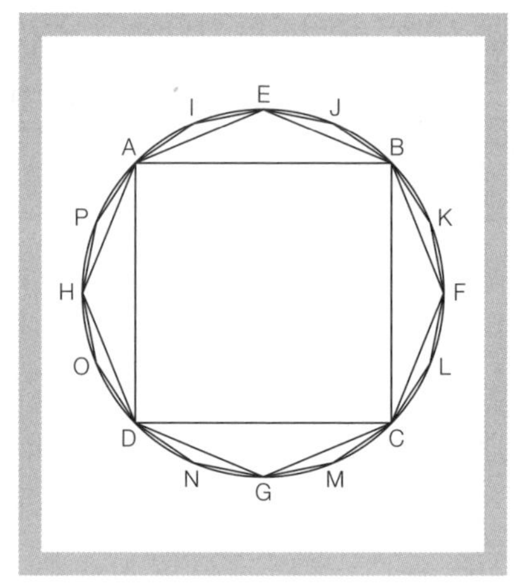


외접하는 다각형과 내접하는 다각형을 이용한 원주율 계산

로마군의 건축 기사였던 마르쿠스 비트루비우스(Marcus Vitruvius, ?~?)가 남긴 기록에 의하면 히에론 2세는 금세공사에게 순금을 주어 신에게 바칠 금관을 만들게 하였는데 금세공사가 은을 섞어 금관을 만든 것이 아닌가 의심하게 되었다. 히에론 2세는 아르키메데스에게 금관의 진위를 알아보는 임무를 맡겼다. 이 문제를 해결하기 위해 고심하던 아르키메데스는 물이 가득 든 목욕통에 들어갔을 때 물이 넘치는 것을 보고 물체의 무게가 같더라도 밀도에 따라 물이 넘치는 정도가 다르다는 것을 깨닫게 되었다. 그러자 아르키메데스는 옷을 입는 것도 잊고 "유레카(찾았다)!"라고 외치며 거리로 뛰쳐나갔다고 한다.

아르키메데스는 목욕통 물이 넘치는 것을 보고, 유체 속의 물체가 그와 같은 부피를 가진 유체의 무게만큼 부력을 받는다는 사실을 발견했다. 바로 부력의 법칙이었다. 부력의 원리를 알게 된 아르키메데스는 물속에서 순금과 왕관의 무게를 측정해 금세공사가 속임수를 썼다는 것을 증명했다.

아르키메데스가 실험을 통해 부력의 법칙은 알아낸 것은 기술을 천시하던 당시의 다른 학자들과는 달리 그가 실험을 중시했다는 사실을 보여 준다.

아르키메데스는 지렛대의 원리를 잘 이해하고 있어서 지렛대를 응용한 많은 기계들을 만들었다. 그가 적당한 받침점을 주면 지구를 들어 보이겠다고 했다는 이야기는 많은 사람들이 인용하는 일화이다. 아르키메데스는 우주 모형을 만들어 태양, 달, 지구의 겉보기운동을 재현하기도 했는데, 이 우주 모형은 일식과 월식도 나타낼 수 있었다. 그는 또한 천체 관측에 사용되는 측각기를 개량하여 천체의 정확한 위치를 측정할 수 있도록 했다.

아르키메데스는 수학 분야에서도 많은 업적을 남겼는데 특히 내접하는 다각형과 외접하는 다각형을 이용하여 원주율의 값이 3+1/7(3.1429)에서 3+10/71(3.1408) 사이의 값을 가진다는 것을 알아냈다. 그는 또한 원뿔의 부피가 밑면과 높이가 같은 원통 부피의 1/3이라는 것도 알아냈으며, $\sqrt{3}$의 크기가 265/153(약 1.7320261)과 1351/780(약 1.7320508) 사이의 값이라는 것을 알아내기도 했는데 이 값을 알아낸 방법에 대해서는 자세한 설명이 남아 있지 않다. 그가 남긴 저서에는 『평면의 균형에 대하여』, 『포물선의 구적』, 『구와 원기둥에 대하여』, 『나선에 대하여』, 『코노이드(conoid)와 스페로이드(spheroid)』, 『부체에 대하여』, 『원의 측정에 대하여』, 『모래 계산자』, 『가축문제 기타』 등이 있다.

### 지구의 크기를 측정하다: 에라토스테네스

아리스타르코스는 월식을 측정해 지구 지름이 달 지름의 약 네 배라는 것을 알아냈고, 반달 때 지구와 달 그리고 태양이 이루는 각도를 측정해 태양의 크기가 달의 크기의 19배라고 주장했다. 이 값들은 정확한 값들은 아니었지만 과학적 측정을 통해 얻어 낸 값들이었다. 그러나 이 값들을 이용하여 지구나 달, 그리고 태양의 실제 크기를 알아내기 위해서는 이들 중 하나의 크기를 정확하게 알아야 했다. 실제 측정을 통해 지구의 크기를 알아내 태양계의 구조와 운동을 설명하는 데 크게 기여한 사람은 에라토스테네스(Eratosthenes, 기원전 273?~192?)였다. 지리학자이자 수학자였던 에라토스테네스는 기원전 273년경 이집트의 키레네에서 태어났다. 에라토스테네스는 기원전 235년에 알렉산드리아에 있던 왕실 도서관의 사서가 되었는데, 사서라고 하면 도서관에서 책을 분류하여 정리하고 대출을 관리하는 사람이라고 생각하기 쉽지만, 학문의 중심이었던 당시의 도서관에서 사서는 최고의 학자였다.

에라토스테네스는 과학, 철학, 문학에 대한 책을 저술하기도 했지만 그의 업적 중에서 가장 잘 알려진 것은 지구의 둘레를 측정한 것이었다. 하짓날 정오에 알렉산드리아에서 남쪽으로 약 800km 떨어진 시에네에 있는 우물에는 태양광선이 수직으로 입사했고, 알렉산드리아의 우물에는 7° 각도로 입사했다. 에라토스테네스는 이 사실을 이용하여 지구 둘레를 측정했다. 에라토스테네스는 사람들의 보폭을 이용하여 알렉산드리아와 시에네 사이의 거리를 측정하여 그 거리가 5,000스타디아라는 것을 알아냈다. 7°에 해당하는 호의 길이가 5,000스타디아이면 지구의 둘레는 25만 스타디아라야 했다.

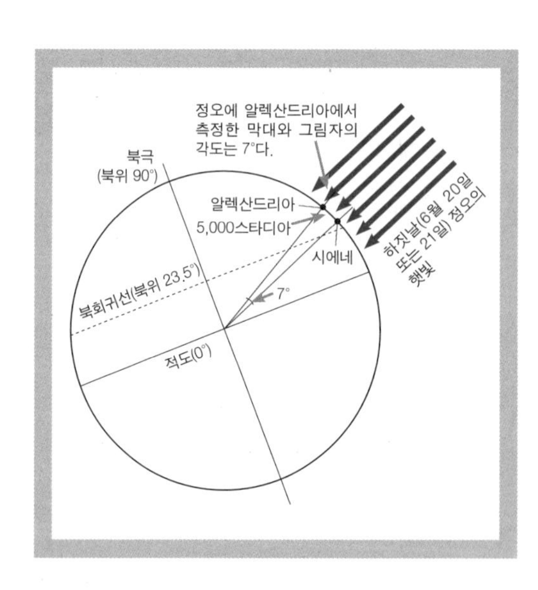

에라토스테네스가 지구 둘레를 측정한 방법

에라토스테네스는 이런 계산을 위해 지구가 구형이고 태양광선이 평행광선이라고 가정했다. 지금부터 2,200년 전에 이런 가정을 할 수 있었다는 것은 놀라운 일이 아닐 수 없다. 에라토스테네스가 측정한 지구 둘레의 정확성에 대해서는 여러 가지 다른 주장들이 있다. 당시 지중해 연안의 여러 지역에서 스타디아라는 길이의 단위를 사용했는데 지역에 따라 길이가 달라 에라토스테네스가 사용한 1스타디아의 길이를 정확하게 알 수 없기 때문이다. 그러나 측정값의 정확성보다 더 중요한 것은 그가 사용한 방법이 매우 과학적이고 논리적이었다는 사실이다. 이것은 당시 사람들의 지적 수준을 잘 나타낸다.

에라토스테네스는 지구를 두 개의 극과 하나의 적도를 가진 구라고 생각하고 지도를 만들어 경도와 위도를 넣고, 두 개의 한대와 두 개의 온대 및 하나의 열대를 그려 넣기도 했는데 그의 이런 생각은 매우 뛰어난 착상이었다.

### 최초의 과학적 천문 체계를 수립하다: 프톨레마이오스

'지구중심설'을 정교한 수학적 천문 체계로 완성한 사람은 2세기에 알렉산드리아에서 활동했던 클라우디우스 프톨레마이오스(Claudius Ptolemaeus, 100?~170?)였다. 프톨레마이오스는 모든 천체는 원운동을 해야 한다는 아리스토텔레스의 역학을 바탕으로 하고 히파르코스(Hipparchus, 기원전 190?~125?)가 제안했던 이심원과 주전원 운동에 고대에서부터 축적되어 온 행성운동에 대한 관측 자료를 대입하여 정밀한 지구중심설을 완성했다. 프톨레마이오스는 지구중심설을 설명한 『알마게스트』라는 책을 썼다. 이 책의 원래 제목은 『수학 집대성(Syntaxis Mathematica)』이었다. 그러나 이 책이 아랍어로 번역된 후 위대한 책이라는 뜻의 『알 마지스티(al-majisṭī)』라고 불리다가 10세기 이후 아랍 세계로부터 서유럽에 전해진 후 『알마게스트

(Almagest)』라는 이름으로 널리 알려지게 되었다.

프톨레마이오스가 천체 관측을 시작하고 약 25년이 지난 150년경에 완성된 것으로 추정되는 『알마게스트』는 모두 13권으로 구성되어 있다. 인쇄술이 발달하기 이전에는 책을 손으로 필사하여 전했기 때문에 필사한 사람에 따라 내용이 다른 여러 종류의 『알마게스트』가 전해지고 있다. 아리스토텔레스 천문학의 개요가 실려 있는 1권에는 천문 체계에 관한 다섯 가지 중요한 점이 실려 있다. 첫째, 하늘 세계는 구형이고 천체는 원운동을 한다. 둘째, 지구는 구형이다. 셋째, 지구는 우주의 중심이다. 넷째, 별이 고정되어 있는 천구까지의 거리에 비해 지구의 크기는 매우 작기 때문에 지구는 크기는 없고 위치만 있는 점으로 취급할 수 있다. 다섯째, 지구는 움직이지 않는다.

2권은 천체들의 일주운동에 대해 설명했다. 천체들이 뜨고 지는 것, 낮 시간의 길이, 고도 결정 방법, 태양이 최고점에 도달하는 지점, 하지와 동지에 해시계 그림자의 길이, 그리고 관측자 위치에 따라 달라지는 여러 가지 측정값을 다루었다. 그리고 황도가 천정과 이루는 각도에 대해서도 표를 실어 설명했다. 3권은 태양의 운동을 중심으로 1년의 길이에 대해 설명해 놓았고, 히파르코스가 발견한 세차운동과 주전원운동을 다뤘다. 4권과 5권에서는 달의 운동을 다루면서 달의 근지점과 원지점에 따른 시차에 대해 설명하고, 지구에서 달, 그리고 지구에서 태양까지의 상대적인 거리에 대한 문제를 다뤘다. 6권은 일식과 월식에 대한 내용을 다뤘고, 7권과 8권에서는 춘분점이 옮겨 가는 문제와 함께 고정된 별들의 운동을 다뤘다. 여기에는 1,022개의 별의 목록이 실려 있는데 별들의 위치는 별자리를 이용하여 나타냈다. 가장 밝은 별은 1등급으로 분류했고, 맨눈으로 관측할 수 있는 가장 어두운 별은 6등급으로 분류했다. 이런 별의 등급별 분류는 히파르코스의 분류법으로부터 유래한 것으로 보인다.

9권은 맨눈으로 관측할 수 있는 다섯 행성의 일반적인 운동에 대해 설명하고 수성의 운동을 다뤘다. 10권에서는 금성과 화성의 운동을 다뤘으며, 11권에는 목성과 토성의 운동을 설명해 놓았다. 12권에서는 행성들이 뒤로 가는 것처럼 보이는 퇴행운동을 이심원운동과 주전원운동을 결합하여 설명했다. 마지막 13권에서는 행성이 황도에서 벗어나는 운동에 대해 설명했다. 『알마게스트』에는 천체들을 지구에서부터 달, 수성, 금성, 태양, 화성, 목성, 토성, 천구의 순으로 배열했다. 이런 배열은 이전의 다른 철학자들이 제안했던 천체의 배열과 다른 것이었다. 플라톤은 달, 태양, 수성, 금성, 화성, 목성, 토성, 천구의 순으로 배열했다.

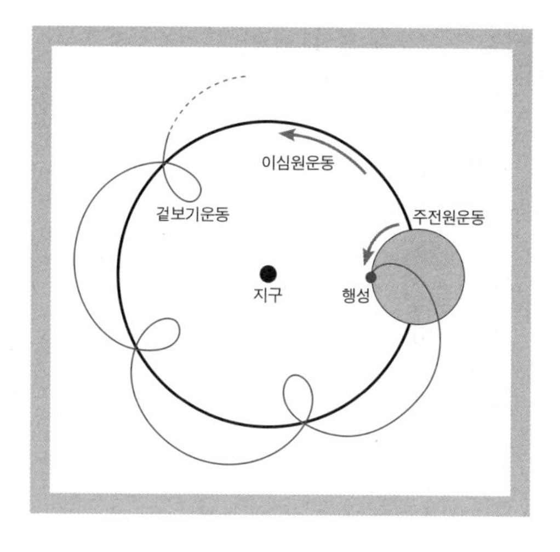


주전원과 이심원운동을 조합하였을 때 지구에서 본 행성의 겉보기운동

정지해 있는 지구 주위를 천체들이 돌고 있다고 설명하는 지구중심설은 잘못된 천문 체계라고 생각하는 사람들이 많다. 그러나 프톨레마이오스의 지구중심설은 오랫동안 축적된 관측 자료를 바탕으로 한 매우 수학적이고 과학적인 천문 체계였다. 다만 크게 움직이는 지구를 중심으로 천체의 운동을 설명하다 보니 매우 복잡한 천문 체계가 되어 버렸다. 프톨레마이오스의 지구중심설은 잘못된 천문 체계가 아니라 복잡한 천문 체계였던 것이다. 프톨레마이오스의 지구중심설에서는 천체들이 지구에서 조금 떨어진 점을 중심으로 하는 이심원의 원주(circumference) 위를 돌고 있는 한 점을 중

심으로 원운동을 하고 있다. 이런 원운동이 주전원운동이다. 프톨레마이오스는 관측 자료를 이용하여 이심원과 주전원의 반지름과 회전속도를 정했다. 이것은 생각보다 복잡하고 어려운 일이었다. 그 결과 지구중심설은 태양과 달, 그리고 행성들의 위치를 당시로서는 매우 정확하게 예측할 수 있었다.

프톨레마이오스의 지구중심설은 복잡했지만 행성의 운동을 설명하고 예측하는 데는 성공적이었으며, 당시 사람들이 가지고 있던 상식과 잘 일치하는 천문 체계였다. 따라서 많은 사람들이 지구중심설을 받아들이게 되었다. 그러나 로마가 기독교를 국교로 삼으면서 그리스 문화를 배척하게 되자 프톨레마이오스의 지구중심설도 로마가 지배하고 있던 지중해 연안과 유럽에서 자취를 감추게 되었다. 유럽에서 사라진 알마게스트는 아바스 왕조의 7대 칼리프였던 알 마문(al-Mamun, 786~833)의 지원을 받은 학자들에 의해 아랍어로 번역되었다. 최초의 아랍어 번역자는 비쉬르(Sahl ibn Bishr, 786~845)였으며, 그 후 많은 학자들이 『알마게스트』를 아랍어로 번역했고, 일부 자료를 수정했다. 이 책이 가장 위대한 책이라는 뜻인 '알마게스트'라는 이름으로 불리게 된 것도 이때부터였다. 아랍인들에게는 천체의 운동을 예측할 수 있게 해 주는 이 책이 하늘의 비밀을 담고 있는 가장 위대한 책으로 보였던 것이다.

10세기 이후 암흑 시대에서 깨어나던 서유럽이 아랍 세계와 접촉을 시작하면서 『알마게스트』가 다시 서유럽에 알려지게 되었다. 12세기에 아랍의 영향력 아래 있던 스페인에서 스페인어로 번역된 『알마게스트』가 출판되었다. 당시 가장 정확한 번역가로 이름을 날렸던 크레모나의 제라드(Gerard of Cremona, 1114~1187)는 76권의 중요한 아랍어로 된 책들을 번역했는데 이 중에서 『알마게스트』는 가장 중요한 책이었다. 아랍에 전해졌던 지구중심설이 다시 유럽에 알려진 후 16세기까지는 지구중심설이 정통 천문 체계로 받아들여졌다.

약물 치료를 시작하다: 갈레노스

알렉산드리아 시대를 대표하는 의학자는 클라우디우스 갈레노스(Claudius Galenus, 129?~199?)이다. 갈레노스는 소아시아의 페르가몬에서 건축가의 아들로 태어났다. 수학, 과학, 철학 등에 조예가 깊었던 그의 아버지는 갈레노스를 직접 가르쳤다. 17세 때부터 의학 공부를 시작한 갈레노스는 이즈미르, 코린트, 알렉산드리아 등에 유학하여 의학에 관한 견문을 넓히고 28세 때 고향으로 돌아와 의료 활동을 하다가 34세에 로마로 가서 로마의 저명한 학자, 관리들과 교류했다. 그 후 로마 황제 마르쿠스 아우렐리우스의 원정군에 종군했고, 로마로 귀환한 뒤로는 아우렐리우스의 왕자인 코모두스의 시의가 되었으며, 저작 활동에 전념했다. 그는 의학 서적 외에도 철학, 문법, 수학 관련 책을 쓰기도 했다.

인체를 직접 해부할 수 없었던 갈레노스는 해부학과 생리학에 대한 지식의 많은 부분을 아리스토텔레스의 설명을 따랐다. 따라서 아리스토텔레스의 생각은 그의 저서를 통해 오랫동안 유럽의 의학을 지배할 수 있었다. 갈레노스는 생명력이, 생명의 원천이라고 생각했던 공기의 정령과 관계있다고 생각했다. 인체가 혈액, 점액, 담즙, 흑담즙 등 네 가지 액체로 이루어졌다고 했던 히포크라테스의 학설을 토대로 갈레노스는 인간이 다혈질, 점액질, 담즙질, 우울질의 네 가지 기질로 구분된다고 주장하는 4기질론을 완성했다.

갈레노스

갈레노스는 호흡은 인간과 우주정신을 연결

하는 기능으로 반은 공기이고 반은 불인 프네우마라는 공기의 정령을 빨아들임으로써, 생명의 힘이 새로워진다고 주장했다. 그는 특히 근육과 뼈의 조직을 정확히 관찰했으며 일곱 쌍의 뇌신경을 구분해 냈고, 심장 판막을 묘사하고 정맥과 동맥의 조직상의 차이점을 세밀히 관찰했다. 그가 밝혀낸 중요한 사실 가운데 하나는 400년 동안이나 잘못 알려져 있던, 동맥이 운반하는 것이 공기가 아니라 피라는 사실이었다.

갈레노스는 심장 판막이 피를 정맥에서 우심실로 들어가게는 하지만 나갈 수는 없게 하며, 피를 좌심실에서 동맥으로는 흐르게 하지만 역류할 수는 없게 하고 있음을 알고 있었다. 그러나 심장의 판막이 불완전하여, 약간의 정맥혈은 우심실에서 정맥으로, 약간의 동맥혈은 동맥에서 좌심실로 역류된다고 주장했다. 그는 약간의 피가 정맥으로 되돌아가기는 하지만, 대부분의 피는 우심실과 좌심실 사이에 있는 심장 벽에 있는 보이지 않는 구멍을 통과하여 좌심실로 들어가거나 또는 폐동맥을 통하여 허파로 들어가게 된다고 했다.

갈레노스는 히포크라테스의 이론을 계승해서 더욱 발전시켰지만 히포크라테스와 갈레노스의 의학 사이에는 차이점이 많다. 히포크라테스는 누구나 태어날 때부터 가지고 있다고 믿었던 자연 치유력에 의존하여 질병을 치료하려고 했다. 이와는 반대로 갈레노스는 수술이나 약물을 이용해 병을 빨리 고치려 했다. 히포크라테스가 약을 별로 쓰지 않았다는 점에서 그를 자연요법의 시조라고 한다면 갈레노스는 약으로 병을 적극적으로 치료하려 했다는 점에서 약물요법의 창시자라고 볼 수 있다.

갈레노스가 중세를 통해 의사의 대명사로 알려질 정도로 유명하게 된 것은 그때까지의 의학을 정리해 놓은 그의 의학 서적 때문이다. 그가 남긴 의학 서적 131편 중 83편은 오늘날까지도 전해지고 있다. 중세에는 그의 의학 서적을 읽지 않고서는 의사가 될 수 없었다. 그리고 갈레노스의 의학은 종교적 경향을 띠고 있는데 이는 그의 의학이나 의학 서적이 회교권이나 중세 교회의 학자들에게 쉽게 받아들여질 수 있는 이유가 되었다. 역학에서의 아리스토텔레스, 천문학에서의 프톨레마이오스와 같은 위치를 의학에서는 갈레노스가 차지하고 있었다.

### 기술을 크게 발전시키다: 크테시비우스와 헤론

알렉산드리아 시대에는 기하학과 천문학, 그리고 역학뿐만 아니라 기계 제작기술도 크게 발전했다. 알렉산드리아 시대에 크게 활약한 기술자에는 기원전 3세기에 활동했던 크테시비우스(Ctesibius / Ktesibios, 기원전 285~222)와 1세기경에 활동했던 헤론이 가장 뛰어났다. 알렉산드리아에서 이발사의 아들로 태어난 크테시비우스는 공기와 유체의 힘을 이용하는 여러 가지 기계를 만들었다. 크테시비우스의 일생에 대해서는 자세한 것이 알려져 있지 않지만 후세 사람들이 쓴 글들에 언급된 내용들과 그가 발명했다고 알려진 기계에 대한 설명을 통해 그의 업적의 일부를 알 수 있다.

이발사의 아들이었던 크테비시우스가 최초로 발명한 것도 이발과 관계된 것으로 높이를 마음대로 조정할 수 있는 추가 달린 거울이었다. 막대의 한쪽 끝에는 거울을 달고 반대편에는 거울과 같은 무게의 추를 달아 고객의 키에 따라 거울의 높이를 조절할 수 있도록 했다. 긴 관 속에 납 덩어리를 집어넣으면 공기가 빠져나가면서 소리를 내는 것을 발견하고 공기도 하나의 물질이라는 것을 알게 된 크테시비우스는 압축 공기로 작동하는 악기, 펌프, 대포 등을 만들었다. 크테비시우스를 유체역학의 아버지라고 부르는 것은 이 때문이다.

크테시비우스가 개량한 물시계인 '클렙시드라(clepsydra)'는 일정한 비율로 떨어지는 물이 작은 인형이 달린 부표를 떠오르도록 하여 시간을 나타내는 선을 가리키도록 되어 있었다. 이 장치에서 가장 중요한 것은 수압을 일정

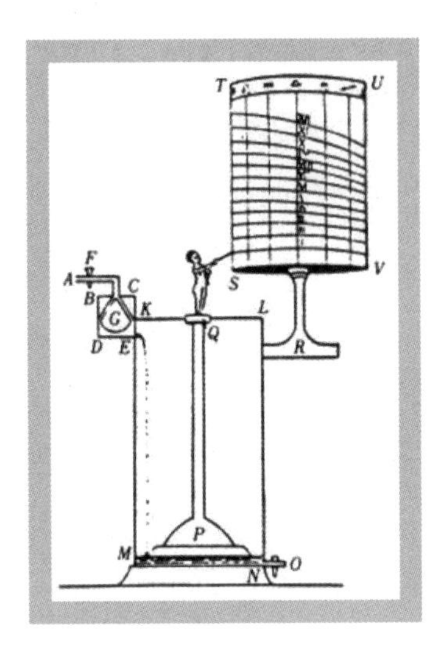


클렙시드라

하게 유지하여 물이 떨어지는 속도가 일정하도록 한 것이었다. 크테시비우스가 발명한 또 다른 주목할 만한 발명품은 수압 오르간인 '히드라울리스(hydraulis)'였다. 이 수압 오르간은 수압을 이용하여 공기를 보내 판을 여닫아 파이프를 울리도록 했는데 소리가 매우 커 로마 시대에도 널리 사용되었다.

크테시비우스는 공기나 물을 압축할 수 있는 펌프를 발명하고, 이 펌프를 이용한 소방용 물 펌프도 발명했다. 그가 만든 소방용 펌프는 양쪽 펌프를 움직여서 물이 번갈아 뿜어져 나오게 되어 있었다. 이 장치는 소방 펌프로 정착하여 1518년 독일의 아우크스부르크에서도 사용되었다는 기록이 남아 있다. 또한 그는 먼 거리를 편리하게 측정할 수 있는 거리 측정계도 만들었다. 그가 만든 거리 측정계는 바퀴가 일정 거리를 진행하면 위쪽의 돌 구슬이 하나씩 아래쪽 그릇으로 떨어지도록 되어 있어서 돌 구슬의 수를 세어 진행한 거리를 알 수 있었다.

1세기에 주로 알렉산드리아에서 활동했던 헤론(Heron, 10?~70?)도 여러 가지 기계 장치를 발명했다. 1896년 콘스탄티노플에서 「공기역학」이라는 원고가 발견되었는데 헤론이 학생들을 가르쳤던 강의 노트였던 것으로 확인되었다. 이 원고에는 78가지 발명품에 대한 설명이 들어 있었는데 많은 부분은 포도주와 물을 따르는 용기와 관련된 것이었다. 이 원고에는 자동판매기, 수압 오르간, 소방기구, 주사기, 물시계, 태양에너지를 이용하는 분수, 증기력으로 작동하는 인형, 자동문, 기계 장치로 노래하는 새, 자동으로

심지를 조절하는 램프 등에 대한 설명도 포함되어 있었다.

이 중에서 눈여겨봐야 할 것은 '헤론의 공'이다. 헤론은 통 속의 물을 끓여, 두 개의 관을 통해 회전축이 부착되어 있는 공 속으로 증기가 들어가게 한 다음 증기가 분사되는 힘으로 공이 축 주위를 돌도록 만들었다. 이는 증기기관의 전신이라고 볼 수 있다. 헤론의 또 다른 발명품으로는 '성전 문 자동개폐장치'를 들 수 있다. 성전 안의 제단에 불을 피우면 제단 아래 공기통의 공기 온도가 올라가 부피가 팽창하여 물이 들어 있는 통으로 흘러 들어간다. 그러면 물통 속의 물이 호스를 따라 다른 물통으로 흘러 들어가 물통이 무거워지는데 이 무거워진 물통이 줄을 잡아당겨 성전 문을 열도록 되어 있었다. 제단의 불이 꺼져서 공기가 차가워지면 그 과정이 거꾸로 일어나 성전 문이 닫혔다.

헤론은 빛이 두 지점 간 최단 거리의 경로를 통과하여 지나간다는 가설을 제안하고 이를 기초로 입사각과 반사각이 같다는 반사의 원리를 증명하기도 했다. 기하학 분야에서 삼각형의 세 변의 길이를 이용하여 삼각형의 넓이를 구해 내는 공식인 '헤론의 공식'을 발견한 것으로 유명하다.

# 제3장

# 로마 시대와 중세의 과학과 철학

# 1. 로마 시대의 과학기술과 철학

### 로마제국의 발전과 해체

세계사에서 로마가 차지하는 비중은 매우 크다. 로마는 5세기 이상 지중해 연안과 유럽의 많은 부분을 실질적으로 지배했고, 15세기 이상 유럽 역사에 영향을 주었으며, 기독교를 세계적인 종교로 만드는 데 핵심적인 역할을 했다. 도시국가에서 출발하여 전 유럽을 지배하는 거대한 제국을 형성했던 로마의 역사는 왕정기(기원전 753~509), 공화정기(기원전 509~27), 제정기(기원전 27~기원후 476)로 구분할 수 있다. 원로원의 추천으로 민회에서 선출된 왕이 통치하던 왕정기에 로마는 국가의 기초를 다졌다. 그러나 로마가 이탈리아 반도를 통일하고 지중해 연안을 정복하여 거대한 로마제국의 기반을 닦은 것은 공화정기였다.

기원전 264년에 북아프리카에 있던 카르타고가 시칠리아에 있던 시라쿠사에 영향력을 행사하려고 하자 로마가 개입하여 세 차례에 걸친 포에니 전쟁이 발발했다. 시라쿠사의 아르키메데스는 제1차 포에니 전쟁에서 로마군의 침공을 막아 내기 위해 활약했다. 이후 역사상 가장 위대한 군사 지도자 중 한 사람인 카르타고의 한니발 바르카(Hannibal Barca, 기원전 247~183) 장군이 제2차 포에니 전쟁 때 스페인을 거쳐 피레네 산맥과 알프스 산맥을 넘어 로마가 지배하고 있던 이탈리아 반도로 침공해 이탈리아 반도를 대부분 유린하였다. 그러나 제3차 포에니 전쟁에서 카르타고를 격파한 로마는 카르타고가 지배하고 있던 지역을 속주로 편입하여 서부 지중해의 제해권을 확보했다. 로마는 또한 기원전 146년에 마케도니아를 속주로 편입하고 그리스로 진출했으며, 기원전 133년에는 소아시아 반도로 진출했고, 기원전 63년과 30년에는 각각 시리아와 이집트를 속주로 편입시켜 지중해 지역을 통일했다. 로마는 공화정 말기와 제정 초기에 유럽의 내륙 지방으로 진출하여 로마제국의 경계를 라인강과 다뉴브강까지 확장했다.

로마제국의 기독교 박해, 공인, 그리고 국교화는 기독교 역사뿐만 아니라 세계 역사에서도 중요한 의미를 가지는 사건이다. 로마의 기독교 박해는 네로 황제가 다스리던 64년부터 디오클레티아누스(Gaius Aurelius Valerius Diocletianus, 245?~316?)가 황제로 있던 311년까지 약 250년 동안 계속되었다. 마지막이자 가장 혹독하게 기독교를 박해한 황제였던 디오클레티아누스는 기능을 상실해 가고 있던 원로원의 입법기능을 없애는 등 내정을 개혁하여 50년이 안 되는 짧은 기간 동안 20명이 넘는 황제가 교체될 정도로 불안했던 로마 정국의 혼란을 수습했다. 외부의 적을 격퇴하고 방위선을 강화하여 강력한 통치권을 확립한 디오클레티아누스는 293년에 로마제국을 동서로 나누어 두 명의 정제(아우구스투스)가 맡아 통치하고 각각의 정제는 부제(케사르)를 한 명씩 두어 방위를 분담하도록 한 4두 정치체제를 실시했다.

305년에 동방의 정제였던 디오클레티아누스와 서방의 정제였던 막시미아누스가 은퇴하자 부제들이 후임 정제로 승진하고 새로운 부제들을 임명해 제2기 4두 정치제제가 실시되었다. 그러나 정제와 부제들, 그리고 이들의 후계자들 사이의 대립으로 제2기 4두 정치체제는 내전으로 치달았다. 이 내전에서 승리해 서방 정제가 된 사람이 콘스탄티누스(Flavius Valerius Aurelius Constantinus, 272~337)였다. 313년 서방 정제 콘스탄티누스와 동방 정제 리키니우스가 밀라노에서 만나 기독교를 공인한 밀라노 칙령을 발표했다. 그러나 그들의 동맹도 그리 오래가지 못했다. 324년 콘스탄티누스와 리키니우스가 로마의 패권을 놓고 벌인 결전에서 승리한 콘스탄티누스가 로마제국의 유일한 최고 통치자가 되었다. 로마제국의 유일한 황제가 된 콘스탄티누스는 비잔티움을 대대적으로 개조하고 로마에 있던 원로원과 같은 공공건물을 지어 새로운 로마라고 불렀다. 콘스탄티누스가 죽은 후 비잔티움은 콘스탄티노폴리스로 이름을 바꿨다.

동서 로마제국을 모두 통치한 마지막 황제였던 테오도시우스(Flavius Theodosius, 347~395)는 380년 모든 시민들이 기독교를 받아들이도록 한 데살로니카 칙령을 발표하여 기독교를 국교로 선포했다. 이때부터 성부, 성자, 성령의 삼위일체를 믿는 사람들만 가톨릭교도로 인정되었다.[19] 테오도시우스는 죽기 전인 393년에 로마제국을 동서로 나누어 두 아들에게 물려주었다. 이로써 로마제국은 서로마제국과 동로마제국으로 분리되었다. 서로마제국은 476년 게르만 용병대장 오도아케르(Odoacer, 433~493)에 의해 멸망했고, 동로마제국은 1453년 오스만제국의 침입으로 콘스탄티노플이 함락될 때까지 1,000년 이상 명맥을 유지했다.

학자들에 따라 언제까지를 로마제국으로 보느냐에 대한 견해가 크게 다르다. 마지막으로 기독교를 박해했던 디오클레티아누스까지를 로마제국으로 보는 학자가 있는가 하면 서로마제국이 멸망한 476년까지를 로마제국으로 보는 학자들도 있으며, 동로마제국이 멸망한 1453년까지를 로마제국으로 보는 학자들도 있다. 기독교를 국교로 받아들인 후의 로마는 이전의 로마와는 성격이 다른 기독교 제국이었다. 더구나 비잔티움을 중심으로 이어져 온 동로마제국은 로마라는 명칭만 사용했을 뿐 로마제국과는 여러 가지 면에서 다른 국가체제를 가지고 있었다. 따라서 동로마를 로마제국으로 보는 학자는 그리 많지 않다. 종교적인 면에서 보면 기독교를 공인한 후에는 서로마제국도 이전의 로마와는 전혀 다른 성격을 가진 제국이었다. 그러나

19 가톨릭 교회라는 말은 삼위일체를 믿는 보편적인 교회라는 뜻이다.

로마를 수도로 하고 있었다는 면에서 서로마의 멸망까지를 로마제국으로 보는 학자들이 많다.

### 신성로마제국의 성립

800년 이상이나 되는 긴 세월 동안 명맥을 유지했던 신성로마제국은 여러 가지 역사적 사건과 관련되어 있기 때문에 유럽 역사 이야기에서 자주 거론된다. 신성로마제국의 역사는 프랑크 왕국의 샤를마뉴 대제까지 거슬러 올라간다. 프랑크 왕국은 게르만족의 일파인 프랑크족이 세운 나라로, 서로마제국이 멸망한 후 여러 나라로 나뉘어 있던 오늘날의 유럽 영토 대부분을 통일했다. 768년에 프랑크 왕국의 왕이 된 샤를마뉴는 반란을 진압하고, 정복 전쟁을 통해 영토를 넓혔다. 동로마제국의 영향에서 벗어나고자 했던 로마 교황 레오 3세의 요청을 받아들인 샤를마뉴는 800년 11월 로마로 가서 교황의 반대파를 제거하고 레오 3세로부터 서로마제국 황제의 제관을 수여받았다. 샤를마뉴의 라틴어 이름이 카롤루스였기 때문에 그의 제국을 카롤링거제국이라고 부른다.

샤를마뉴는 독일 남서부에 있는 아헨에 궁정과 교회를 짓고 이곳을 수도로 정했다. 그는 고대 로마제국의 위엄과 번영을 부활시키기 위해 고대 학문의 부흥을 꾀했다. 샤를마뉴는 아헨에 교부들의 저술과 고대 작가들의 작품을 소장하는 도서관과 기사들을 교육하기 위한 학교를 설립했다. 이러한 샤를마뉴 시대의 문예 부흥을 카롤링거 르네상스라고 부른다. 카롤링거제국이 분열됨에 따라 카롤링거 르네상스도 오래 지속되지 못했고, 내용면에서도 고전 문화의 형식적 모방에 그쳐 새로운 문화 창조로 이어지지 못했다. 그러나 카롤링거 르네상스는 기독교와 고전 문화의 융합을 추진하여 중세 유럽 문화 발전의 기반을 마련했다.

카롤링거제국은 상속권을 두고 내전을 벌이던 샤를마뉴 대제의 손자 세

명이 맺은 베르됭 조약에 의해 동프랑크 왕국, 중프랑크 왕국, 서프랑크 왕국으로 분할되어 오늘날의 독일, 이탈리아, 프랑스의 기초가 되었다. 카롤링거제국이 해체된 후에는 교황에게 제관을 수여받은 황제는 이탈리아 반도만을 통치했고, 한동안 제관의 수여가 중단되기도 했다. 900년경부터 자치권을 획득한 동프랑크 왕국의 공작들은 카롤링거 왕조의 지배를 거부하고 공작 가운데 한 명을 왕으로 선출했다. 936년 왕으로 선출된 오토 1세(Otto I, 912~973)는 내부의 반란을 진압한 후 주변 지역을 정복하여 영토를 넓혔다. 마자르족의 침입을 막아 내고 유럽 북부를 정복한 오토 1세는 이탈리아 왕이 교황령의 북쪽을 점령하자 교황 요한 12세의 요청을 받고 로마로 진군하여 962년 2월 2일 황제가 되었다. 이로써 신성로마제국이 시작되었다.

그러나 처음부터 신성로마제국이라고 불렸던 것은 아니다. 처음에는 로마제국을 계승한다고 자처했기 때문에 로마제국이라고 불렸지만 12세기에는 신성제국(Heiliges Reich)라고 불렸고, 13세기부터 신성로마제국(Heiliges Romanisches Reich)이라는 명칭을 사용했다. 그러나 16세기에는 '독일민족의 신성로마제국'이라고 불리기도 했다. 18세기까지도 신성이라는 이름을 유지하려고 노력하였으나, 로마라는 이름에는 연연하지 않아 독일제국으로 불리는 경우가 많았다.

신성로마제국의 황제가 실질적으로 제국을 통치한 것은 13세기까지였다. 그 후 신성로마제국은 점차 많은 제후들이 다스리는 연방국가 형태로 변해 황제의 권위가 크게 약화되었다. 가톨릭 교회 세력과 개신교 세력 사이의 전쟁인 30년 전쟁(1618~1648)에서 가톨릭 교회가 패배한 후 1648년에 체결된 베스트팔렌 조약에 의해 스위스 연방과 네덜란드가 신성로마제국으로부터 독립했고, 신성로마제국 내의 제후국들도 독립국에 준하는 자치권을 인정받았다. 이때부터 신성로마제국은 정치적 영향력을 상실하고 이름뿐인 제국으로 전락했다. 이 시기의 신성로마제국에 대해 프랑스의 계몽주의 작가였던 볼테르(Voltaire, 1694~1778)는 신성로마제국은 신성하지도 않고, 로마에도 있지 않으며, 제국도 아니라고 평가했다. 1805년 아우스터리츠 전투에서 오스트리아제국이 나폴레옹에게 패배한 후 나폴레옹의 압력으로 1806년 8월 6일 제국의 마지막 황제 프란츠 2세가 퇴위하여, 신성로마제국이 역사에서 사라졌다.

## 그리스 과학을 답습하다: 로마의 과학기술

로마는 여러 가지 면에서 그리스와 대조적인 면을 지니고 있었다. 그리스는 해양 민족으로 지중해 연안의 여러 나라와 교류하면서 다른 나라들의 문화를 흡수하여 변형하고 발전시켜 독창적인 문화유산을 남겼다. 그러나 로마는 강력한 군사력으로 점령한 넓은 지역을 통치하기 위해 행정제도를 정비했고, 잘 정비된 도시와 도로망을 건설했지만 철학적인 사색이나 과학 연구를 중요하게 여기지는 않았다. 그러나 로마에서도 그리스 문화 전통은 중요하게 생각했다. 기독교를 받아들이기 전까지는 플라톤과 아리스토텔레스가 지성의 대명사로 받아들여졌고, 그리스의 문화를 원형 그대로 보존하려고 노력했다. 하지만 기독교를 국교로 받아들인 후에는 그리스적인 전통을 이방 문화라고 하여 배격하기 시작했다. 따라서 서로마제국이 멸망한 476년부터, 1000년경에 새로운 지적 경향이 대두될 때까지를 중세 암흑 시기라고 부르기도 한다.

이런 가운데서도 지식을 총망라한 백과사전이 발간되기도 했는데, 플리니(Pliny, 23~79)의 『자연의 역사(Natural History)』가 대표적인 예이다. 해군 제독이자 학자였던 플리니는 그리스와 알렉산드리아 학자들이 발견하고 관찰한 내용을 총망라해서 37권으로 이루어진 백과사전을 발간했다. 이 책에는 100명 이상의 저자들이 쓴 2,000권이나 되는 책의 내용이 조사되어 수록되었다. 제1권에서는 다음 36권의 개요와 출처를 설명하고 있는데, 여기에는 총 473명의 저자 이름이 수록되어 있었다. 그러나 이 중 100명 정도가 직접적인 출처였고, 나머지는 다른 출처를 통한 간접 출처이거나 단편적 사실들을 참조한 것으로 보인다. 『자연의 역사』 제2권의 주제는 우주론이었으며, 3권부터 6권까지는 지리학, 제7권은 인간의 일생에 대해 다뤘고, 8권에서 32권까지는 동물학과 식물학에 관한 것이었다. 마지막 33권에서 37권까지는 광물학을 다뤘다.

C. PLINII
SECVNDI NATVRALIS
HISTORIAE LIBER
SECVNDVS

CAP. I.

CAP. II.

CAP. III.

플리니의 『자연의 역사』

방대한 자료 수집과 편찬 작업에도 불구하고 플리니는 무비판적으로 자료를 수집했으며, 연구에 일관성이 없었다는 비판을 받고 있다. 그러나 플리니는 매우 열성적으로 지식을 찾아내고 발굴하여 정리했다. 그가 만년에 베수비오 화산의 폭발을 직접 관찰하다가 사고로 죽었다는 것만으로도 그의 지식에 대한 열정을 짐작할 수 있다. 그러나 그가 지녔던 섬세함이나 근면성은 후세의 로마인들에게서는 더 이상 발견되지 않았다. 플리니 이후에도 몇 권의 백과사전이 더 출판되었지만 대개의 내용은 플리니의 『자연의 역사』를 모방하거나 표절한 것이었다.

로마인들은 그리스의 기하학이나 천문학을 계승하지는 못했지만 실용적인 가치가 컸던 의학은 널리 보급했다. 의학 교육기관이 로마와 지방에 설치되어 그리스 의학을 교육하고 의사들을 양성했다. 넓은 지역에 주둔한 군대를 유지하기 위해서도 의학 교육은 필수적이었다. 알렉산드리아 시대부터 시작된 연금술은 로마 시대에 와서 더욱 성행했다. 로마인들은 모든 금속이 금속 중에서 가장 안정적인 금을 향해 계속 발전하고 있다고 믿었다. 그들은 금의 형상을 비금속에 옮김으로써 비금속이 금의 형상을 가지게 된다고 생각했다. 이러한 생각은 연금술이 유행하게 되는 사상적 토대가 되었다. 연금술사들은 구리, 주석, 납, 철의 합금을 이용하여 은과 금을 만들기 위해 노력했다.

476년 서로마제국이 멸망한 후부터 10세기까지 계속된 유럽의 암흑기 동안에도 농경방법이나 농기구의 개량과 같은 생산기술에서는 많은 발전이 있었고, 카롤링거의 르네상스라고 부르는 문예 부흥운동도 있었기 때문에 이 시기를 암흑기라고 단정하는 것은 조심스러운 일이다. 그러나 당시의 지적인 경향이나 학문의 독창성에 있어서 이전 시대와 현저히 구별되는 쇠퇴기에 있었던 것은 널리 인정되는 사실이므로 암흑기라는 말이 이 시기를 특징짓는 단어로 자리 잡게 되었다.

### 행복과 진리에 이르는 길: 로마의 철학

기독교가 로마의 국교로 정해지기 이전에는 그리스 시대에 시작된 여러 철학 학파들이 많은 추종자를 거느리고 있었다. 이런 철학 학파들 중에는 쾌락주의자라고도 불리는 에피쿠로스학파, 금욕주의자라고 알려진 스토아학파, 회의학파, 신플라톤학파가 대표적이다. 에피쿠로스학파는 헬레니즘 시대의 철학자 에피쿠로스(Epikuros, 기원전 341?~270?)의 가르침을 따르는 사람들을 말한다. 에피쿠로스는 아테네에 있던 자신의 집 정원에 정원학교를 세우고 제자들을 가르쳤다. 우정을 행복의 중요한 요소로 보았던 에피쿠로스는 이 학교를 정치를 멀리하는 절제된 생활을 하는 사람들의 공동체로 만들었다.

에피쿠로스학파에서는 최고의 선인 쾌락을 검소한 생활과 세상에 대한 지식, 욕망의 억제를 통해서만 얻을 수 있다고 가르쳤다. 그들은 이런 생활을 통해 도달할 수 있는 안정된 상태(아타락시아)와 공포와 고통으로부터 해방된 자유로운 상태(아포니아)의 결합이 가장 높은 형태의 행복을 줄 수 있다고 했다. 행복한 상태, 즉 쾌락을 추구하는 것을 유일한 목표로 삼았기 때문에 에피쿠로스학파는 쾌락주의라고도 불리게 되었다. 그러나 에피쿠로스학파가 추구했던 쾌락은, 쾌락이라는 말에서 연상할 수 있는 퇴폐적 쾌락과는 다른 것이었다.

원자는 더 이상 쪼갤 수 없는 가장 작은 알갱이라고 설명한 데모크리토스의 원자론을 받아들였던 에피쿠로스는 원자가 외부에서 가해지는 힘과 관계없이 스스로 운동을 할 수 있다고 주장했다. 그는 신, 물질, 영혼이 모두 원자로 이루어져 있다고 생각했으며, 원자들의 무작위한 운동에 의해 다양한 생각이 만들어진다고 주장했다. 신은 육체와 영원히 분리될 수 없는 영혼을 가지고 있지만 사람의 육체는 영혼과의 결합력이 약해 영혼을 영원히 붙들어 둘 수 없다고 했다. 그는 또한 육체가 파괴되면 영혼이 사라져 아무것도 남지 않기 때문에 죽음을 두려워할 필요가 없다고 가르쳤다. 에피쿠로스는 "가장 지독한 악마인 죽음은 우리와는 아무런 관계가 없다. 우리가 존재하는 동안에는 죽음이 존재하지 않고, 죽음이 존재하는 동안에는 우리가 존재하지 않기 때문이다"라는 유명한 말을 남겼다.

에피쿠로스학파에 속하는 로마 시대의 철학자 중에는 루크레티우스(Lucretius Carus, 기원전 96?~55)가 가장 유명하다. 『사물의 본성에 대하여』[20]에서 루크레티우스는 종교를 미신과 미망의 원천이라고 주장하고, 물질과 힘은 생겨나거나 없어지지 않고 항상 존재하며, 원자는 빈 공간에서 운동한다고 주장했다. 여섯 권으로 이루어진 『사물의 본성에 대하여』는 에피쿠로스학파의 가르침을 체계적으로 설명한 책이다. 19세기 이후 과학에서는 원자론을 받아들인 반면 유물론자들은 에피쿠로스의 쾌락주의를 계승했다.

스토아학파는 키티움의 제논(Zeno of Citium, 기원전 335?~263?)이 창시했다.

20 루크레티우스, 강대진 옮김, 『사물의 본성에 대하여』, 아카넷, 2012.

상인이었던 제논은 어느 날 배가 침몰하면서 많은 재산을 한꺼번에 잃었다. 이에 낙심하여 아테네 거리를 헤매다가 우연히 발견한 책을 읽은 것이 계기가 되어 철학에 전념하게 되었다고 전해진다. 스토아라는 말은 제논과 그의 제자들이 학문을 논하던 얼룩덜룩한 색의 복도를 뜻하는 그리스어 'Stoa poikile'에서 유래했다. 아테네 사람들은 수줍음이 많아 겸손하면서도 엄격하게 절제된 생활을 했던 제논을 존경해 그가 살아 있는 동안에 그의 동상과 묘비를 세워 주었다고 한다.

스토아학파는 인간의 육체나 영혼, 그리고 신까지도 물질이라고 생각했다. 그들은 불이 세상을 이루고 있는 물질에 힘을 불어넣어 주는 로고스라고 했다. 따라서 불은 신이며, 신으로서 불은 정신이기 때문에, 우주는 이성적인 것이 되어 서로 질서와 조화를 이룬다고 주장했다. 천체가 규칙적으로 운행하고 별들이 위치를 지켜 우주 전체가 조화를 이루는 것은 어떤 법칙이 그 가운데 작동하기 때문이라고 했다.[21] 그들은 또한 우주와 마찬가지로 인간의 이성에도 로고스가 들어 있다고 주장했다. 로고스가 우주를 지배하는 법칙이라면, 이성은 인간을 지배하는 법칙이다. 따라서 우주가 로고스에 따라 질서를 이루는 것처럼, 인간은 이성에 따라 절도 있는 행동을 해야 한다고 했다. 그러므로 이성에 충실한 생활이 자연에 순응하는 생활이라고 가르쳤다.

스토아학파를 금욕주의자라고 하는 것은 이들이 참된 행복은 쾌락에 의해서가 아니라 각자의 의무를 잘 이행하고, 이성적으로 행동하며, 욕망을 억제할 때 얻어질 수 있다고 주장했기 때문이다. 스토아학파는 쾌락의 추구가 행복을 가져다준다고 주장한 에피쿠로스학파를 신랄하게 비판했다. 그들은 만일 인간이 고통을 멀리하고 쾌락만을 추구한다면 어린이는 평생

21 장바티스트 구리나, 김유석 옮김, 『스토아주의』, 글항아리, 2016.

걸음걸이를 배우지 못할 것이라고 했다. 어린이들이 많은 시행착오 과정에서 고통을 겪으면서도 걸음걸이를 배우는 것은 쾌락을 최고의 가치로 본 쾌락주의자들로서는 설명하기 어려운 일이었다. 스토아학파는 인간이 어떤 행동을 하는 것은 쾌락 때문이 아니라 자연과 세계를 지배하는 객관적인 법칙이 살아가는 방법을 알려 주기 때문이라고 했다.

스토아학파는 모든 인간이 똑같이 이성을 가지고 있다는 보편성에 입각해서 개인과 개인 사이에 있을 수 있는 위계나 민족적 편견을 타파하고 인류의 공통적인 정신을 고양하려고 했다. 스토아학파의 이런 생각은 세계를 지배하려는 로마제국의 정책과 잘 부합했다. 그뿐만 아니라 선민 사상에 따라 배타적이었던 유대교를 세계적인 종교인 기독교로 발전시키는 데 중요한 역할을 했다. 스토아철학과 기독교는 엄격한 금욕주의적 윤리, 민족과 사회적 지위를 넘어 모든 인간들이 서로 사랑해야 한다고 주장한 점 등에서 비슷한 면을 가지고 있었기 때문이다.

후기 스토아 철학자 중 한 사람으로 꼽히는 마르쿠스 아우렐리우스(Marcus Aurelius Antoninus, 121~180) 황제는 사치와 안락을 멀리하고 전쟁터에서도 평범한 군복을 입고 병사와 함께 생활하면서 스토아철학의 가르침을 실천하려고 노력했다.[22] 스토아철학은 로마제국에서 많은 추종자를 가지고 있었다. 그러나 529년에 동로마제국의 유스티아누스 1세가 기독교 신앙에 방해가 된다는 이유로 모든 이교적인 철학을 가르치는 학교를 폐쇄하도록 한 후 세력이 크게 위축되었다.

일반적으로 철학적 회의주의는 피론(Pyrrhon, 기원전 360?~270?)이 시작했다고 알려져 있다. 피론은 화가로 출발했지만 데모크리토스의 제자였던 아낙사르코스(Anaxarchos)에게 사사받은 후 스승을 따라 알렉산더의 인도 원정

22 에픽테토스, 김재홍 옮김, 『왕보다 더 자유로운 삶』, 서광사, 2013.

에 참가했다가 인도에서 요가 수행자들을 만나게 된다. 여기서 그는 확실하게 알 수 있는 것은 아무것도 없으며, 감각경험은 사실과 다를 수 있다는 것을 배우고 삶의 방법을 바꾸게 되었다.[23] 아테네로 돌아온 피론은 지식이란 사물과 주관 사이의 관계에 지나지 않아서 그것이 사물의 실제 모습과 일치한다고 단정할 수 없기 때문에 누구나 인정하는 보편타당한 진리란 있을 수 없다고 주장하는 회의학파를 창설했다.

피론주의자들은 스토아학파나 에피쿠로스학파와 같이 자신들의 주장이 절대적으로 옳다고 주장하는 독단론적 철학을 비판하는 데 많은 시간을 할애했다. 그들은 감각경험을 통해 확실한 판단이 가능하지 않으므로 판단을 보류하라고 가르쳤다. 판단을 보류하는 것이 마음의 평온(아타락시아)을 얻는 데 도움이 된다는 것이다. 그러나 확실한 것처럼 보이거나 확실한 개연성이 있는 지식이 개인의 신념이나 행동의 지침이 될 수 있다는 것은 인정했다. 이런 생각을 개연론이라고 한다. 이러한 사고방식은 17세기에 시작된 근대 과학의 진보를 가능하게 했다. 독단론자들이었던 대륙의 합리주의자들은 완전한 논리를 추구하는 수학의 발전에 기여했고, 개연론자들이었던 영국의 경험론자들은 개연성 있는 진리를 추구하는 근대 경험론적 과학을 발전시키는 토대를 마련했다.

플라톤 이후 거의 6세기 동안 아리스토텔레스를 비롯한 많은 학자들이 플라톤의 철학을 해석해 왔다. 이 동안에 이루어진 플라톤 철학에 대한 해석들은 전통적인 해석에서 크게 벗어나지 않았다. 그러나 3세기에 활동했던 플로티노스(Plotinos, 205~270)가 시도한 플라톤 철학에 대한 해석은 이전의 해석들과는 여러 면에서 달랐다.[24] 따라서 플로티노스 이후의 플라톤 철학을 신플라톤주의라고 부른다.

23 섹스투스 엠피리쿠스, 오유석 옮김, 『피론주의 개요』, 지식을만드는지식, 2012.

이집트 태생의 플로티노스에 의해 시작된 신플라톤학파는 최후의 고대 그리스 철학이라고 할 수 있다. 북아프리카의 리코폴리스에서 태어나 로마 제국의 영향력 있는 사상가로 활동했던 플로티노스는 로마의 페르시아 원정에 참여했고, 황제의 신임을 받은 후에는 황제에게 플라톤 왕국의 건설을 제안하기도 했다. 부드러우면서 겸손한 인품 때문에 그를 찾는 사람들이 많았고, 그를 후원해 주는 사람들도 많았다.

플로티노스는 감각을 통해 인식되는 물리적 세계는 유한한 세상이지만 이데아의 세계는 영원불변하다고 보았던 플라톤의 이원론적 우주관을 더욱 세분화했다. 플로티노스는 이데아의 세계가 만물의 궁극적 근원인 일자(hen)와 지성인 누스(nous), 그리고 영혼인 프시케(psyche)로 구성되었다고 설명했다. 플로티노스에 따르면 세상 만물의 궁극적 근원은 일자뿐이며, 일자의 유출(Eranatio)에 의해 세상 만물이 만들어졌다. 일자에서 지성인 누스가 유출되고, 그 다음에는 영혼인 프시케가 유출되며, 마지막으로 물질의 세계인 현상계가 유출된다는 것이다.

인간은 만물의 근원인 일자로 돌아가기 위해 육체와 결합되어 있는 이성과 영혼을 보존해야 한다고 했다. 이처럼 신플라톤주의는 일자와 유출이라는 개념으로 세계의 통일성과 다양성을 설명하려고 시도했다. 신플라톤학파는 정신과 영혼을 중시하는 매우 엄격한 금욕주의적 생활을 강조했으며, 영혼이 육체의 제약으로부터 벗어나는 것을 죽음으로 보았기 때문에 죽음을 두려워하지 않았다. 초기 기독교 교리를 체계화하는 데 중요한 역할을 했던 교부들 중에는 신플라톤주의의 영향을 받은 사람들이 많았다. 그러나 우리가 살아가고 있는 세상 너머에 진리가 있다고 주장한 이들의 생각은 경험적 지식인 과학의 발전에는 기여하지 못했다.

24 피에르 아도, 안수철 옮김, 『플로티누스, 또는 시선의 단순성』, 탐구사, 2013.

## 2. 이슬람제국의 과학기술

### 무함마드가 이슬람교를 창시하다

무함마드(Muhammad, 570~632)가 이슬람교를 창시한 7세기에 중동 지방과 북아프리카, 그리고 이베리아 반도를 포함하는 거대한 제국을 건설했던 아랍제국은 고대 그리스의 과학을 보관했다가 새로운 지적 부흥이 시작되는 서유럽에 전해 주어 근대 문명과 근대 과학이 탄생하는 데 크게 기여했다. 그뿐만 아니라 아랍제국은 동양의 발전된 기술을 서양에 전해 주는 역할도 했다. 따라서 아랍제국은 과학의 역사에서나 문명사에서 매우 중요한 위치를 차지하고 있다.

이슬람교를 창시한 무함마드는 메카의 지배계급에 속했던 압둘라의 유복자로 태어났다. 무함마드가 태어나고 얼마 안 되어 어머니도 죽었기 때문에 무함마드는 할아버지에 의해 길러지다가 할아버지가 죽은 후에는 삼촌 아부 탈립에 의해 양육되었다. 무함마드는 삼촌의 소개로 부자였던 과부 카디자의 고용인으로 들어가 시리아 지방으로 대상무역을 떠나 큰 성공을 거두고 메카로 돌아왔다. 카디자는 무함마드의 신실함에 깊은 감명을 받고 무함마드에게 청혼했다. 25세의 무함마드는 40세의 카디자와 결혼한 후 나중에 그의 사위가 되는 삼촌의 아들 알리를 입양했다.

경제적으로 여유가 생긴 무함마드는 사색하며 진리를 찾기 시작했다. 그러던 어느 날 무함마드는 히라산 동굴에서 천사 가브리엘을 만나 계시를 받았다. 계시를 받은 후 3년째 되던 해 무함마드는 유일신 알라에 대한 믿음을 선포했고, 메카로 오는 순례자들에게도 유일신 사상을 전하기 시작했다. 그러나 다신 신앙에 젖어 있던 사람들은 무함마드를 미치광이 취급하며 핍박하기 시작했다. 619년 첫 무슬림 신자이자 무함마드의 후원자였던 부인 카디자가 죽고, 삼촌 아부 탈립도 세상을 떠났다. 메카에서의 핍박도 더욱 심해졌다. 무함마드는 이를 피해 622년 메디나로 갔다. 이 메디나행을 이슬람에서는 '헤지라'라고 하는데 이 해를 이슬람력의 기원으로 삼고 있다.

메디나에서 무함마드는 사원과 집을 짓고 메카를 향해 하루에 다섯 번씩 "알라는 위대하다"고 암송하며 절했다. 무함마드는 메디나에서 아랍부족을 통일하기 위해 이슬람교 조직을 만들었다. 630년 무함마드는 1만 명의 무슬림들을 이끌고 무기를 지니지 않은 채 메카에 무혈입성하는 데 성공했다. 무함마드는 카바 신전의 우상들을 파괴하고 유일신 알라 외에 다른 신은 존재하지 않는다고 선포했다. 632년 무함마드는 메카의 카바 신전을 마지막으로 참배하고 메디나로 돌아오던 중 열병에 걸려 죽었다. 무함마드 사후, 이슬람은 장로 중에서 무함마드의 후계자인 칼리파를 선출했다. 그 후 아라비아 반도 밖으로 진출하기 시작하여 시리아, 이라크, 북부 메소포타미아, 아르메니아, 이란, 이집트 등을 정복하여 대제국을 건설했다.

### 광활한 영토를 다스린 이슬람제국

632년에 무함마드가 사망하고 합의에 의해 선출된 네 명의 칼리파가 이슬람제국을 통치한 632년부터 661년까지를 정통 칼리파 시대라고 한다. 정통 칼리파 시대에 이슬람제국은 아라비아 반도에서 시작하여 서쪽으로는 이집트와 북아프리카, 동쪽으로는 이란 고원을 거쳐 중앙아시아에 이르는 넓은 지역을 다스렸다. 이 시기에 이슬람제국은 이슬람으로 개종하면 세금을 감면하는 정책을 시행하여 이슬람을 확산시켰다. 네 번째 칼리파로 선출되었던 알리가 암살된 후에는 우마이야가 제1대 우마이야 칼리파가 되었다. 이후에는 우마이야 가문이 칼리파를 세습하여 우마이야 왕조를 이루었다. 우마이야 왕조는 661년부터 750년까지 아랍제국을 다스렸다. 우마이야 왕조는 중앙아시아, 북아프리카, 이베리아 반도에 이르는 넓은 영토를 다스렸으나 비아랍인을 차별하여 반란이 계속됐다. 750년 최초의 세습 칼리파 왕조인 우마이야 왕조를 무너뜨리고 바그다드에 설립된 아바스 왕조가 1258년 몽골이 바그다드를 함락시킬 때까지 약 500년 동안 아랍제국을 다스렸다. 아바스 왕조는 탈라스 전투[25]에서 중국의 당나라 군대를 격퇴하고 동서 무역로를 장악했다. 그리고 범이슬람주의를 채택해 비아랍인에 대한 차별을 철폐하고, 독자적인 이슬람 문화 발전에 기여했다.

그러나 각 지방에서 실권을 가진 총독들이 점차 독립하면서 칼리파의 권력이 서서히 약화되었다. 10세기 초 북아프리카에 자리 잡은 파티마 왕조가 칼리파의 칭호를 사용하자, 이베리아 반도에 있던 후우마이야 왕조도 칼리파라 칭하여 이슬람 세계는 3인의 칼리파 체제가 되었다. 후우마이야

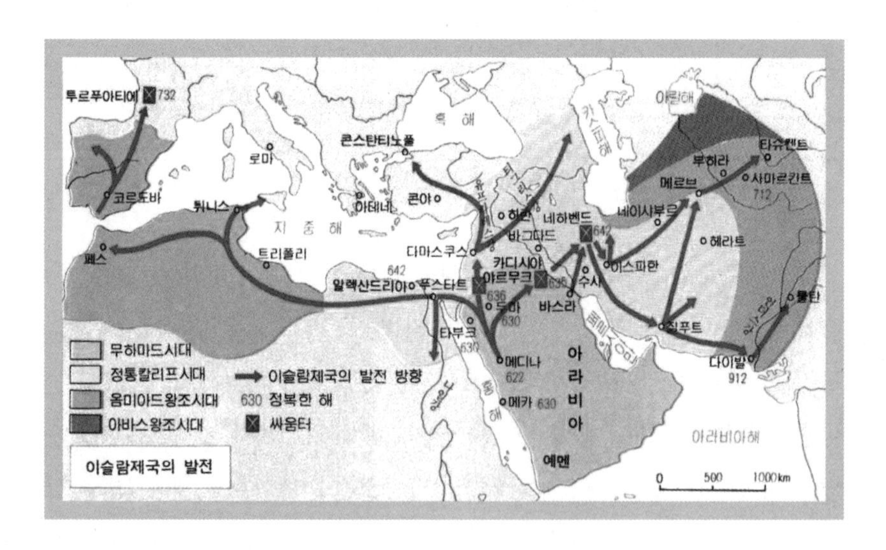


이슬람제국의 영역

왕조(763~1031)는 우마이야 왕조 멸망 후 우마이야 왕조의 후예들이 에스파냐(스페인)의 코르도바에 피신하여 세운 이슬람제국이다. 후우마이야 왕조는 제8대 아브드 알라흐만 3세 때 칼리파를 지칭하고 최성기에 달했다. 후우마이야 왕조의 수도였던 코르도바는 서방 이슬람 문화의 중심지가 되었으며 서유럽과 이슬람 문화가 교류되는 장소가 되었다. 후우마이야 왕조는 11세기에 국력이 쇠퇴하고 각지에서 반란이 일어나 기독교 세력에 의해 무너졌다.

### 그리스 과학을 갈무리하다: 아랍의 과학기술

이슬람 과학이 근대 서양 과학에 끼친 영향은 과학 용어의 어원을 살펴보면 쉽게 알 수 있다. 우선 대부분의 별들의 이름들, 특히 희미한 별 이름이 아랍어라는 것은 아랍의 천문 관측 결과가 근대 천문학 발전의 밑바탕이 되었다는 것을 나타낸다. 그 밖에도 알칼리, 알코올과 같은 화학 용어도 그 기원을 아랍어에서 찾을 수 있다. 대수를 뜻하는 'algebra'도 대수학을 다룬 알 콰리즈미(al-Khowarizmi, 780~850)의 책 『알 자브르(al-jabr)』에서 유래했다. 이 책의 라틴어 번역본이 유럽에 전해지면서 'al-jabr'가 'algebra'로 변형된 것이다. 또, 1857년에 라틴어 번역본으로 발견된 알 콰리즈미의 책에는 '알고리트미(algoritmi)'라는 말이 언급되어 있는데 현재는 이 말이 계산법을 의미하는 알고리즘(algorithm)이라는 말로 널리 사용되고 있다.

초기 이슬람 문화 발전에 크게 기여한 사람들은 정통 기독교에서 이단으로 배척받은 사람들이었다. 이들은 많은 그리스 문헌을 아랍어로 번역했으

25 751년 7월에서 8월 사이에 고구려 출신 당나라 장수 고선지 장군이 지휘하는 당나라군이 아바스 왕조와 티베트 연합군을 상대로 지금의 카자흐스탄 영토인 탈라스강 유역에서 중앙아시아의 패권을 두고 싸운 탈라스 전투에서 당나라군은 대패했다.

며, 이슬람제국이 성립된 후에는 학자로서 활동했다. 그리스도가 신성만을 가지고 있다고 주장하는 단성설과 인성과 신성을 동시에 가지고 있다는 주장을 화해시키기 위해, 그리스도는 신인 양성을 지녔으나 의지는 하나라는 단의론을 주장했다가 이단으로 배척받은 콘스탄티노플 대주교 세르기우스(Sergius, 610~638) 역시 아리스토텔레스의 저작과 갈레노스의 저서 등을 아랍어로 번역했다. 이렇게 시작된 번역 작업은 이슬람제국이 성립된 후에도 계속되었다.

이슬람 세습 왕조인 우마이야 왕조는 700년경부터 다마스쿠스에 최초로 천문관측소를 설치하고 천문학자들을 불러 모아 천문 관측을 하도록 했다. 팽창 일변도이며 호전적이던 우마이야 왕조가 750년 아바스 왕조로 바뀐 후에는 더욱 활발하게 그리스 문화를 받아들였다. 아바스 왕조의 2대 칼리파로 실제적으로 아바스 왕조의 창시자라고 할 수 있는 알 만수르(al-Mansur, 709~775)의 통치 기간 중에는 인도의 저작들도 수집되어 아랍어로 번역되었다. 아바스 왕조의 5대 칼리파였던 하룬 알 라시드는 그리스의 원문을 수집하여 번역하도록 명령했고, 7대 칼리파였던 알 마문(al-Manum, 786~833)은 828년에 바그다드에 지혜의 집(House of Wisdom)을 설치하고 그리스, 이집트, 인도 등지의 학자들을 모아 천문학, 기하학, 의학 서적들을 번역하도록 했다.

지혜의 집에서는 갈레노스의 의학 서적들이 번역되었고, 프톨레마이오스의 천문학, 아리스토텔레스의 저서는 물론, 유클리드의 저서도 번역되었다. 이러한 번역을 통해 그리스 시대의 지식이 아랍 세계로 전수되었다. 특히 의학 서적의 번역과 출판이 활발해 그리스, 이집트, 로마, 인도의 의학 지식은 물론 중국의 의학 지식까지도 포함한 방대한 의학 백과사전이 발간되기도 했다. 알 마문은 또한 바그다드에 천문관측소를 세웠는데 여기서 관측의 책임을 맡고 있던 알 바타니가 구한 황도의 경사와 세차의 값은 프톨레마이오스가 얻었던 값보다 더 정확한 값이었다. 수학자인 알 콰리즈미가 대수에 관한 책인 『알 자브르』를 쓴 것도 알 마문의 통치 기간 동안이었다. 대수와 인도 숫자를 다룬 이 책은 12세기에 유럽에서 라틴어로 번역되어 유럽의 근대 과학 발전에 많은 영향을 끼쳤다.

터키인들이 이슬람 지역의 지배적인 세력으로 성장하면서 아바스 왕조의 영향력이 축소되었다. 학자들의 일부는 터키인들의 지배하에서도 계속 활동했지만 많은 학자들은 이슬람 왕조이던 파티마 왕조가 지배하고 있던 카이로로 이주했다. 파티마 왕조의 알 하킴 왕은 카이로에 '과학의 집'을 세우고 학자들을 초청했다. 그래서 카이로에서 제2의 아랍 과학이 형성되었다. 제3의 아랍 과학은 현재의 스페인 지역인 이베리아 반도에서 꽃을 피웠다. 후우마이야 왕조는 970년에 코르도바에 도서관과 과학연구소를 설치했으며, 비슷한 기관을 톨레도에도 설립했다. 스페인의 이슬람교 학자들도 방대한 의학 서적을 집필했고, 천문표를 작성했다. 이베리아 반도는 아랍에 갈무리되었던 그리스 문화가 서유럽에 전파되는 통로가 되었다.

## 3. 근대 과학의 기초를 닦다

### 유럽이 잠에서 깨다

서로마제국이 멸망한 5세기 말부터 새로운 지적 부흥이 시작되는 11세기까지 약 500년 동안에 서유럽의 과학이 침체기를 겪었다는 것은 논란의 여지가 없다. 그러나 11세기 이후 유럽에서는 새로운 지적 부흥운동이 전개되었고, 특히 12세기와 13세기에는 아랍 세계로부터 그리스 서적이 유입되어 과학의 진보가 다방면에서 빠르게 진행되었다. 10세기 말 오리악의 제르베르(Gerbert of Aurillac, 946~1003)는 스페인에서 아랍 저술들을 구하고 그것에 기초하여 주판과 천문 관측기기들에 관한 책을 쓰고, 초보적인 수학과 천문학을 제자들에게 가르쳤다. 11세기와 12세기에 서유럽에 많이 세워졌던 성당학교는 제르베르의 제자들이 세웠거나, 제자들이 가르쳤는데 이들 성당학교는 12세기 후반 대학이 출현하기 이전의 서유럽에서 가장 중요한 학문의 중심지였다. 제르베르는 999년에 최초의 프랑스인 교황으로 선출되어 실베스테르 2세가 되었다.

성당학교가 세워지면서 그때까지 세속적이라고 경시했던 과학에 대한 관심이 되살아나기 시작하여 11세기에는 그리스의 기하학에 관심을 가지는 사람이 많아졌다. 이들은 고대의 여러 과학적 업적에도 관심을 가지고 그리스 저술들을 연구했다. 그러나 고대 과학에 대한 관심이 커짐에 따라 단편적인 자료만으로는 만족할 수 없게 되자 그리스어와 아랍어로 된 문헌들을 본격적으로 입수하여 번역하기 시작했다. 이러한 번역 작업은 10세기 중반에 피레네 산맥에 있던 산타 마리아 수도원을 중심으로 시작되었다. 그들은 기하학과 천문학에 관한 서적들을 라틴어로 번역했다. 11세기에는 아랍의 천문 관측기록에 관한 책들이 번역되었고, 아랍의 의학 서적들도 번역되었다. 이러한 번역 사업은 12세기와 13세기에 더욱 본격적으로 전개되었다.

아랍어로 된 그리스의 과학 서적들이 본격적으로 라틴어로 번역된 것은 1125년에서 1280년 사이였다. 12세기와 13세기의 이러한 번역 사업이 없었더라면 서유럽 사회는 과학혁명과 같은 큰 사건을 잉태할 수 없었을 것이다. 이렇게 번역된 자료와 지식은 유럽 사회에서 소화되는 과정을 거쳐야 했는데 그것을 소화하는 일에 큰 몫을 담당한 것이 이 당시에 유럽 각지에서 세워지기 시작했던 성당학교와 대학들이었다. 아랍 서적들의 번역을 통해 서유럽에 전해진 그리스의 자연철학, 특히 아리스토텔레스의 저작들은 교회 내의 학자들이던 스콜라철학자들에 의해 적극적으로 연구되고 계승되어 기독교의 교리 안에 수용되었다.

### 서양과 아랍의 교류를 촉진하다: 십자군 전쟁

십자군은 11세기 말부터 13세기 사이에 교황의 제안에 의해 서유럽의 기독교 국가들이 이슬람 세력이 점령하고 있던 기독교 성지를 탈환하기 위해 조직한 군대를 가리킨다. 기독교인들은 오래전부터 중동 지역에 있는 성지를 순례해 왔다. 이 지역을 통치하고 있던 이슬람 국가들은 종교적인 목적의 성지순례를 허용했다. 그러나 1095년 11월 18일부터 28일까지 성직자와 평신도가 참석해 개최되었던 클레르몽 교회 회의에서 교황 우르바노 2세(Urban II, 재위 1088~1099)는 성지를 탈환하고 이슬람제국의 공격으로 위험에 처한 동로마제국(비잔틴제국)을 구원하기 위한 십자군을 결성할 것을 제안했다. 교황의 제안이 있은 후 유럽에서는 성지 탈환의 열기가 고조되었다.

그 후 174년 동안 8차에 걸쳐 대규모 십자군이 조직되어 아랍 세계와 전쟁을 벌였다.

십자군은 원래의 목적대로 성지를 탈환하는 데는 성공하지 못했지만, 이후의 유럽과 중동의 역사에 큰 영향을 끼쳤다. 십자군을 계기로 지중해 무역 활동에 동참하게 된 지중해 연안의 도시국가들이 십자군 원정으로 가장 큰 혜택을 보았다. 이탈리아의 해양도시들은 십자군에게 무기 및 식료품 등을 공급하기 위해 중동 지역과 이집트를 포함한 북부 아프리카의 주요 무역 거점들을 장악하고 부를 축적할 수 있었다. 이들이 축적한 부는 이탈리아 지역경제에 크게 기여하여 상업과 공업을 크게 발달시켰고, 이는 후에 르네상스 운동을 시작하는 경제적 기반이 되었다.

그러나 십자군 원정이 실패하면서 십자군 전쟁을 주도해 온 교황의 권위와 교황을 지지했던 세력들의 정치적 영향력이 크게 손상을 입게 되었다. 절대적인 권력을 가졌던 교황과 지지 세력들이 약해졌다는 것은 기독교를 중심으로 하던 정치질서가 무너지기 시작했다는 것을 의미했다. 이는 유럽 각 나라들이 왕권을 강화한 민족국가를 수립하는 계기가 되었다.

### 기독교와 아리스토텔레스의 만남: 스콜라철학

십자군 전쟁 이전에도 이베리아 반도에 진출해 있던 아랍 국가들로부터 고대 그리스의 서적이 유럽에 전해졌지만 십자군 전쟁으로 아랍 세계와 접촉이 빈번해지면서 고대 그리스 문물이 본격적으로 서유럽에 전해지기 시작했다. 오랫동안 잊고 있던 고대 그리스 문명을 받아들여 유럽에 정착시키는 역할을 한 사람들은 스콜라철학자들이었다. 그들은 고대 과학기술을 유럽에 소개했으며, 그리스 철학을 기독교 교리와 접목시켰다.

스콜라철학이란 말은 중세 성당학교 선생이나 학생을 지칭하는 라틴어 스콜라티쿠스(Scholasticus)에서 유래된 말이다. 스콜라철학자들 대부분이 성당학교에서 학문을 배우고 제자들을 가르치던 사람들이었기 때문에 이런 이름으로 불리게 된 것이다. 스콜라철학은 유럽 문화 전반에 큰 영향을 끼쳤다. 스콜라철학자들이 라틴어를 공용어로 사용함으로써 학문이 지역과 민족의 한계를 넘어 활발하게 교류될 수 있었던 것도 새로운 문물이 발전하는데 큰 도움이 되었다.

12세기에 고대 문헌의 번역 작업을 바탕으로 스콜라철학이 전성기를 맞은 13세기에는 아리스토텔레스를 비롯한 고대 철학자들의 사상이 기독교 교리에 반영되었다. 이 시기에 활동했던 대표적인 철학자는 토마스 아퀴나스(Thomas Aquinas, 1225?~1274)[26]였다. 아퀴나스는 기독교 교리와 아리스토텔레스의 철학을 종합하여 스콜라철학을 집대성한 중세 최대의 신학자였다. 아퀴나스는 이성과 신앙, 철학과 신학은 엄밀히 구별되는 것이지만 서로 모순되는 것은 아니라고 주장했다. 이것들은 모두 신으로부터 오는 것이어서 서로 조화될 수 있다고 했다. 또한 이성은 신앙의 전 단계로 신앙에 봉사하는 것이라고 주장했다.

신의 계시를 중요시했던 아우구스티누스와는 달리 아퀴나스는 신과 인간 사이의 관계를 신앙과 철학을 조화시켜 말로 설명하려고 시도했다. 철학은 신의 세계를 말로 설명하는 것이라고 보았던 아퀴나스에 의해 신학은 정의를 바탕으로 신의 세계를 증명하여 이 세상과 신 사이의 관계를 설명하는 논리 체계가 되었다. 그때까지도 철학의 목표는 신을 증명하는 것이었지만 아퀴나스 이후에는 신의 존재를 증명하는 것이 철학의 가장 중요한 목표가 되었다.

후기 스콜라철학 시기에는 실험을 중요시하는 귀납적인 방법을 강조하는 학자들이 등장했다. 이러한 경향을 주도한 대표적인 후기 스콜라 학자

26 박승찬, 『토마스 아퀴나스』, 새길, 2012.

는 로저 베이컨과 윌리엄 오컴이다. 근대 과학의 선구자라고 평가되는 영국의 로저 베이컨(Roger Bacon, 1214?~1294?)은 신의 계시를 지식의 원천으로 생각했지만 수학이나 광학과 같이 경험과 실험을 통해 확인한 지식을 확실한 지식이라고 보았다. 경험과 실험을 중요하게 생각한 베이컨은 철학에 경험적 방법을 도입하고, 신의 계시를 중요하게 생각하는 신학과 구별했다. 베이컨은 교황에게 과학 교육을 개선할 것과 교육기관에 실험실을 증설한 것을 요구하기도 했으며, 모든 지식을 포함하는 백과사전을 편찬할 것을 제안하기도 했다. 교황의 요청으로 베이컨은 『대저작(Opus Majus)』, 『소저작(Opus Minor)』, 『제3저작(Opus Tertium)』을 써서 교황에게 헌정했다. 이후 베이컨은 『자연 철학의 일반 원리』, 『수학의 일반 원리』를 쓰기 시작했지만 완성하지는 못했다. 그가 클레멘스 4세 교황에게 보낸 『대저작』에는 눈과 뇌의 구조, 반사와 굴절과 같은 빛의 성질을 설명한 내용이 포함되어 있었다.

베이컨은 아리스토텔레스의 귀납과 연역 과정에 분석을 통해 귀납된 원리들을 시험하는 탐구 과정을 덧붙여야 한다고 제안했다. 베이컨은 이러한 실험 절차를 실험과학의 제1특권이라고 불렀다. 베이컨은 과학 지식이 적극적인 실험에 의해 증대될 수 있다고 주장하고, 현상에 대한 지식을 증대시키는 데 기여할 수 있는 실험을 실험과학의 제2특권이라고 했다. 베이컨의 이런 주장은 많은 과학자들에게 영향을 주었다. 그러나 베이컨 자신의 연구에서는 실험보다는 이전 저술가들의 선험적인 고찰과 권위에 호소하는 경향이 있었으며, 연금술과 관련된 실험 결과들을 충분한 증거 없이 받아들여 엉뚱하게 설명하는 실수를 저지르기도 했다.

베이컨은 1년을 365.25일로 계산한 율리우스력의 오차가 축적되어 니케아 종교회의가 열렸던 325년에는 춘분이 3월 21일이었는데 1263년경에는 춘분이 3월 13일이 된 것을 지적하고 달력을 수정하도록 클레멘스 4세 교황에게 청원하기도 했다. 교회가 율리우스력을 그레고리력으로 바꾼 것은 이로부터 300년이 지난 1582년이었다. 그레고리 8세 교황은 1582년 그레고리력을 선포하고 10월 5일을 10월 15일로 바꾸어 10일을 건너뛰도록 했다. 베이컨은 고대 그리스의 불을 재현하는 과정에서 목탄과 황의 혼합물에 초석을 넣으면 폭발적으로 연소한다는 사실을 발견했다. 따라서 유럽에서는 그를 흑색 화약의 발견자라고 생각하고 있다. 하지만 중국에서는 이보다 훨씬 전부터 화약이 널리 사용되고 있었다.

옥스퍼드에서 공부한 후, 모교에서 제자들을 가르쳤던 윌리엄 오컴(William of Occam, 1300?~1349?)은 로마 가톨릭 교회와 대립하고 있던 세속 제후의 사상적 대변자였다. 그는 신의 존재나 종교적 교의는 이성으로는 증명할 수 없는 신앙에 속한다고 주장하고, 철학과 신학은 분리되어야 한다고 주장했다. 감각적이고 직감적인 인식이 우선적인 진리라고 주장한 오컴의 사상은 17세기의 영국 철학자들에게 많은 영향을 주었다. 오컴은 오컴의 면도날이라는 말로 널리 알려져 있다. 경제성 원리 또는 단순성의 원리라고도 불리는 오컴의 면도날은 어떤 현상을 설명할 때 불필요한 가정을 해서는 안 된다는 것이다. 다시 말해 같은 현상을 설명하는 가설이 두 개 있다면 간단한 쪽을 선택해야 한다는 것이다.

### 고대 문명이 부활하다: 르네상스 운동

학문 또는 예술의 재생이나 부활이라는 의미를 가지고 있다는 점에서 유추할 수 있는 것처럼, 르네상스는 고대 그리스의 문화를 부흥시킴으로써 새로운 문화를 창출해 내려는 운동이었다. 서로마제국이 몰락한 5세기부터 르네상스가 시작된 14세기까지를 문화적 암흑 시대로 파악하고 고대 문화의 부흥을 통해 새로운 시대를 만들자는 운동이 르네상스였다. 르네상스 운동은 고전 연구로부터 시작되었다. 수사학, 역사학, 철학과 같은 인문학 분야의 고전을 연구하는 사람들을 인문주의자(humanist)라고 불렀다. 인문주의자들은 고대의 철학과 윤리를 올바르게 이해하고 그것을 현실에 적용하려고 했다. 정치, 사회, 인문, 예술, 건축 등 여러 방면에서 진행된 인문주의자들의 활동은 사회 전반에 큰 영향을 끼쳤다.

이탈리아에서 시작된 르네상스 운동은 이탈리아의 정치적 상황과 깊이 관련되어 있었지만 종교와는 큰 관계가 없었다. 서로 다른 통치구조를 가지고 있는 여러 개의 도시국가로 이루어져 있던 이탈리아에서는 각 도시들이 자신들의 통치 형태의 정당성을 고대 그리스의 정치철학에서 찾으려고 했다. 따라서 인문주의자들 중에는 정치에 적극 참여하는 사람들이 많았다. 이들 중에는 이탈리아를 넘어 서유럽 절대군주 국가의 관료로 진출하는 사람들도 있었다. 르네상스가 이탈리아에서 서유럽의 여러 나라로 확산되는 데는 이들의 역할이 컸다.

16세기에는 르네상스 운동이 프랑스, 영국, 독일, 네덜란드, 스페인 등 북부 유럽의 여러 나라로 확산되어 각국의 문화적 전통과 결합된 독창적인 르네상스를 발전시켰다. 이탈리아의 르네상스는 종교적 색채가 별로 없었던 데 반해 북부 유럽에서 활동한 인문주의자들 중에는 종교적인 문제를 다룬 사람들이 많았다. 이상적 국가 형태를 그린 소설 『유토피아(Utopia)』를 쓴 영국의 토마스 모어(Thomas More, 1478~1535), 세계주의자이자 근대 자유주의자의 선구자로 초대교회의 순수로 돌아가자고 주장했던 네덜란드의 데시드리우스 에라스무스(Desiderius, Erasmus, 1466~1536)는 이 시기에 활동했던 대표적인 인문주의자들이었다. 이들의 활동은 북부 유럽 여러 나라에서 종교개혁이 일어나는 토양이 되었다.

북부 유럽에서 전개된 르네상스의 또 다른 특징은 절대왕정과 밀접한 관계를 가지고 있었다는 점이다. 『수상록』을 남긴 미셸 드 몽테뉴(Michel de Montaigne, 1553~1592)로 대표되는 프랑스의 르네상스는 루이 14세의 절대왕조를 탄생시키는 철학적 바탕을 마련했으며, 영국이 낳은 세계 최대 극작가인 윌리엄 셰익스피어(William Shakespeare, 1564~1616)의 작품들은 엘리자베스 1세 여왕의 통치하에서 나왔다. 스페인에서 활동한 미겔 데 세르반테스(Miguel de Cervantes, 1547~1616)의 소설도 가톨릭 신앙과 기사도 정신을 강조했던 스페인 절대왕정과 깊은 관계를 가지고 있었다.

르네상스는 근대 과학의 등장에도 영향을 주었다. 고대 그리스의 문화 전통으로 돌아가는 것을 목표로 했던 르네상스 운동은 학자들이 고대 그리스 과학과 철학에 접근할 수 있는 기회를 제공했다. 아랍 세계를 통해 전해진 고대 과학 문헌들을 수용하기에 바빴던 초기에는 고대 그리스 문헌에 기록된 내용을 아무런 비판 없이 받아들였다. 고대 그리스 문화에 심취해 있던 당시의 학자들에게는 그리스 문헌에 기록되었다는 것 자체가 그것이 사실이라는 가장 확실한 증거였다.

그러나 시간이 흐르면서 고대 그리스 과학의 모순을 발견하는 사람들이 나타나기 시작했다. 오랫동안 받아들여지던 지구중심설을 반대하고 태양중심설을 주장한 폴란드의 니콜라우스 코페르니쿠스는 태양중심설이 실린 『천체 회전에 관하여』를 1543년에 출판했고, 이탈리아에서 활동하던 벨기에 출신의 안드레아스 베살리우스는 갈레노스의 의학에 반대하여 자세한 인체 해부도가 실린 『인체구조에 대한 7권의 책(파블리카)』을 같은 해에 출판했다. 이들은 천문학 분야와 생물학 분야에서 근대 과학의 선구자가 되었다.

제4장

# 과학혁명의 기반이 마련된 16세기

## 1. 유럽을 휩쓴 종교개혁

### 95개 조문으로 포문을 열다: 루터의 종교개혁

16세기는 유럽 사회를 크게 변화시킨 종교개혁 운동이 전 유럽을 휩쓴 시기이고, 근대 과학혁명이 시작된 시기이다. 교회 내의 부패를 비판하는 목소리는 이전에도 있었지만 본격적인 종교개혁 운동은 1516년에 있었던 스위스의 울리히 츠빙글리(Ulrich Zwingli, 1484~1531)의 '면죄부의 해악성 고발'이라는 설교와 1517년에 독일의 마르틴 루터(Martin Luther, 1483~1546)가 발표한 「속죄의 효력에 관한 95개 조문」에서부터 시작되었다. 루터의 종교개혁은 칼뱅의 종교개혁과 영국의 종교개혁으로 이어지면서 유럽 전체가 종교개혁의 소용돌이 속에 휘말리게 되었다.

아우구스티노회 수도사이며 비텐베르크 대학의 교수였던 루터가 발표한 「속죄의 효력에 관한 95개 조문」은 면죄부 판매를 비판한 것이었다. 면죄부는 가톨릭 교회의 일곱 성사 가운데 하나인 고해성사와 연관된 것이었다. 사제는 고해자의 고백을 듣고 죄를 사면한 뒤 보속(죄로 인한 나쁜 결과를 보상하는 일)을 하도록 하는 것이 전례였다. 면죄부는 돈을 받고 이러한 보속을 면제해 주는 증서였다. 교회가 교회당의 건축과 같이 큰돈이 드는 사업을 위해 면죄부 판매에 주력하면서 여러 가지 부작용이 나타나기 시작했다. 돈으로 구원을 살 수 있다는 교회의 가르침을 받아들일 수 없었던 루터는 설교를 통해 면죄부 판매를 비판하기 시작했고 1517년 10월 31일, 비텐베르크의 만인성자교회 문 앞에 「속죄의 효력에 관한 95개 조문」를 게시함으로써 교회와의 본격적인 논쟁에 들어가게 되었다. 루터는 「속죄의 효력에 관한 95개 조문」에서 '주님이시며 선생이신 예수 그리스도께서 "회개하라" 고 하실 때는 신자들이 전 생애를 참회할 것을 요구하셨다'(제1조)고 주장하고, '면죄부는 그리스도의 십자가에 나타난 자비에 비할 바가 아니'라고(제68조) 주장했으며, '그리스도인은 면죄부와 같은 행위의 의가 아니라 하나님의 은혜를 통해 하늘나라에 들어간다'(제95조)고 주장했다.

모든 것은 이미 예정되어 있다: 칼뱅의 『기독교 강요』

1523년에서 1528년 사이에 파리에서 신학을 공부한 후 오를레앙 대학에서 법률학을 공부한 장 칼뱅(Jean Calvin, 1509~1564)은 1535년 프랑스 국왕 프랑수아 1세의 이단에 대한 박해로 신변의 위험을 느끼고 스위스의 바젤로 피신하여 그곳에서 『기독교 강요』를 집필했다. 1535년 3월에 완성하여 프랑수아 1세에게 헌정한 『기독교 강요』는 바젤에서 출판된 후 빠른 속도로 전파되어 칼뱅을 종교개혁의 주도적인 신학자로 만들었다. 종교개혁에 커다란 영향을 준 『기독교 강요』의 서문 격인 '저작 동기'에서 칼뱅은 경건한 하나님의 사람들이 성서를 바로 이해할 수 있도록 돕기 위해 이 책을 썼다고 설명했다. 이 책은 제1권 「창조주 하나님을 아는 지식」, 제2권 「율법 아래에서 조상들에게 나타나셨고, 복음 안에서 우리에게 나타나신 그리스도를 아는 지식」, 제3권 「그리스도의 은혜를 받는 길」, 제4권 「하나님께서 우리를 그리스도회에 들이셔서 우리를 지키시는 방법」의 네 권으로 이루어져 있다.

칼뱅은 주로 스위스 제네바에서, 루터는 독일에서 활동했다. 그러나 종교개혁이 유럽 전역으로 번져 가면서 개신교의 신학은 점차 칼뱅주의로 기울었다. 그 결과 루터교가 주류로 뿌리내린 독일 및 스칸디나비아를 제외한 유럽 전역에서는 칼뱅주의가 개신교 신학의 주류로 자리 잡게 되었다.

이렇게 하여 유럽에 자리 잡은 칼뱅주의 교회가 개혁교회이며, 칼뱅주의의 영향을 받은 존 녹스(John Knox, 1513~1572)가 스코틀랜드에 개혁주의를 전파함으로써 설립된 교회가 장로교회이다.

### 왕이 교회의 수장이다: 영국의 종교개혁

영국 국교회를 거쳐 성공회로 발전하는 영국의 종교개혁은 국가가 중심이 되어 영국 교회에 대한 로마 가톨릭 교회의 종교적, 사법적, 재정적 지배를 단절하는 것으로 시작되었다. 영국 교회가 가톨릭 교회와 단절하게 되는 데는 교리나 교회의 부패 문제보다는 잉글랜드 튜더 왕조의 두 번째 왕이었던 헨리 8세와 가톨릭 교회 사이의 갈등이 더 크게 작용했다. 강력한 왕권을 확립하여 잉글랜드와 아일랜드의 통합을 이끌어 낸 헨리 8세는 자신의 이혼과 결혼 문제로 교황과 갈등을 겪자 1534년 수장령을 발표해 영국 교회의 유일한 우두머리는 왕이라고 선포했다. 동시에 영국 의회가 로마 가톨릭 교회에 호소하는 것을 금지하는 상소금지법을 발표했으며 왕의 동의 없이 교회가 어떤 규정도 만들 수 없도록 했다. 이로써 영국 교회는 로마 가톨릭 교회에서 독립하여 잉글랜드 국왕의 지배 아래 놓이게 되었다. 로마 교황청에 의해 파문당해 가톨릭 교회와 결별하고 영국 국교회를 설립했지만 헨리 8세는 로마 가톨릭 교회의 전례와 교리를 대부분 그대로 지켰다. 따라서 그가 단행한 종교개혁은 종교적인 것이라기보다는 정치적인 것이었다.

영국 국교회가 개신교로 전환한 것은 헨리 8세의 뒤를 이어 아홉 살에 즉위한 에드워드 6세 때였다. 1549년에 영국 국교회는 개신교 교의에 바탕을 둔 '보통기도서'를 제정하고 모든 교회가 이 기도서에 따르도록 하는 통일령을 공포했다. 그러나 에드워드 6세가 열여섯 살에 죽은 후 귀족들과 시민들의 지지를 받아 잉글랜드 왕으로 즉위한 메리 1세는 아버지 헨리 8세 이래 추진해 온 종교개혁을 포기하고 가톨릭으로의 복귀를 선언하였다. 이 시기에 메리 1세는 영국 국교회 성직자들과 개신교 신자 300명을 처형했다. 그러나 메리 1세가 5년 남짓 왕위에 있은 후 세상을 떠나자 그녀의 이복동생 엘리자베스가 왕위에 올라 엘리자베스 1세가 되었다. 엘리자베스 1세는 메리 1세가 폐기했던 수장령과 통일령을 1559년 다시 발표하고, 예배와 기타 모든 의식은 에드워드 6세가 공포한 기도서에 따도록 했다.

1558년에 25세로 즉위하여 1603년 70세로 죽을 때까지 44년 동안 영국을 통치한 엘리자베스 1세는 영국 국교회와 가톨릭 교회 사이에서 중용을 지키는 균형 잡힌 종교정책을 실시하기 위해 노력했다. 결혼하지 않아 후계자가 없었던 엘리자베스 1세가 죽자 잉글랜드의 왕위는 헨리 7세의 외손녀였던 스코틀랜드의 메리 1세의 아들인 제임스 1세가 이어받았다. 이로써 1485년 헨리 7세가 잉글랜드 왕으로 등극하면서부터 1603년 엘리자베스 1세가 죽을 때까지 118년 동안 잉글랜드를 통치했던 튜더 왕조가 끝나고 스튜어트 왕조가 시작되었다. 스튜어트 왕조가 잉글랜드를 다스리던 17세기에 영국은 청교도혁명과 명예혁명을 겪었고, 뉴턴역학이 완성되었다.

### 종교개혁과 근대 과학

종교개혁이 사회적으로나 정치적으로 유럽 사회에 큰 영향을 끼쳤지만 근대 과학의 발전에 어떤 영향을 주었는지는 확실하지 않다. 종교개혁은 교리와 교회 내부의 부패를 주로 문제 삼았기 때문에 과학과 관련된 문제에 대해서는 크게 관심을 기울이지 않았다. 그럼에도 불구하고 전 유럽을 휩쓸었던 종교개혁운동이 근대 과학을 발전시키는 데 상당한 영향을 주었다는 연구 결과도 있다. 1873년에 행한 프랑스 과학 아카데미 회원들의 종교 조사에 의하면 92명의 프랑스 과학 아카데미 외국인 회원 중 71명이 개신교 신자였고, 16명이 가톨릭 교회 신자였으며 나머지 5명이 기타의 종교를 가지고 있었다. 당시 프랑스를 제외한 유럽의 종교별 인구 분포는 가톨릭이 약 1억 700만이었고, 개신교가 약 6800만이었던 것을 감안하면 과학 아카데미 외국인 회원 중에 개신교 신자가 월등히 많다는 것을 알 수 있다. 이것은 종교개혁과 과학혁명 사이에 연관 관계가 있음을 나타내는 것이다.

종교개혁이 과학혁명에 영향을 미칠 수 있었던 이유를 다음과 같은 몇 가지로 분석할 수 있다. 첫째, 가톨릭 교회의 권위를 부정한 종교개혁자들의 심성과 고대 그리스의 과학 체계를 부정한 과학자들의 심성 사이에 공통점이 있다. 둘째, 개신교에서는 종교적 목적을 달성하기 위해 과학을 사용할 것을 권장했다. 특히 칼뱅은 과학 활동을 믿음을 가진 사람들이 해야 할 선한 일에 포함시켰고, 그 결과 많은 사람들이 과학 탐구에 나설 수 있었다. 그 외에도 종교개혁가들의 우주적 가치가 근대 과학과 일치하는 부분이 많았다고 주장하는 사람들도 있다. 특히 칼뱅의 예정론과 자연현상을 지배하는 절대적인 자연법칙 사이에는 유사성이 있다는 것이다. 이러한 주장에도 불구하고 종교개혁이 과학의 발전, 특히 과학혁명에 어떤 영향을 주었는지 속단하기는 매우 어려운 일이다. 실제로 과학혁명기에 중요한 역할을 했던 코페르니쿠스나 갈릴레이 같은 사람들은 가톨릭 교회 신자들이었으며, 종교개혁을 주도했던 루터는 코페르니쿠스의 태양중심설에 비판적이었다.

# 2. 코페르니쿠스의 조용한 혁명

모든 것이 태양을 중심으로 돈다: 코페르니쿠스

유럽이 중세를 지나는 동안 아랍에 피신해 있다가 돌아와 다시 유럽의 정통 천문 체계로 자리 잡은 지구중심설에 도전장을 낸 사람은 폴란드의 니콜라우스 코페르니쿠스(Nicolaus Copernicus, 1473~1543)였다. 1473년 폴란드 토룬에서 부유한 상인의 4남매 중 막내로 태어난 코페르니쿠스는 부모가 일찍 세상을 떠난 후 외삼촌 루카스 바르체로데(Lucas Watzenrode the Younger, 1447~1512) 신부의 보호를 받으며 성장했다. 코페르니쿠스는 열여덟 살이던 1491년에 크라코프 대학에 입학하여 수학과 천문학을 공부했고, 1496년에는 이탈리아에 유학하여 볼로냐 대학에서 그리스어와 철학을 공부했다. 코페르니쿠스가 이탈리아에 유학 중이던 1497년 3월에는 황소자리의 알파별인 알데바란이 달에 의해 가려지는 성식을 관측하기도 했다. 이것은 코페르니쿠스가 일찍부터 천체 관측에 관심을 가지고 있었다는 것을 나타낸다.

코페르니쿠스가 일생 동안 천문학을 연구할 수 있었던 것은 프라우엔부르크 교회의 참사회 의원이라는 안정적이면서도 시간을 마음대로 낼 수 있는 평생직장을 가지고 있었기 때문이었다. 이탈리아 파도바 대학에서 의학과 교회법을 공부하고 1506년에 귀국한 코페르니쿠스는 바르미아의 주교였던 삼촌의 비서 겸 주치의로 활동하면서 시간이 나는 대로 천문학 연구도 했다. 1512년에 삼촌이 갑자기 세상을 떠난 후 바르미아에서 프라우엔부르크로 이주하여 프라우엔부르크 성당 옥상에 천문대를 설치하고 스스로 만든 측각기를 이용하여 천체 관측을 시작했다. 그가 한 관측은 그다지 정밀하지는 않았지만 태양을 중심으로 하는 새로운 천문 체계를 구축해 나가기에는 충분했다.

코페르니쿠스

코페르니쿠스는 일생 동안 천문학과 관련된 논문을 단 두 편만 썼다. 하나는 1514년경에 발표한 「천체의 운동과 그 배열에 관한 논평」이라는 제목의 소논문으로, 자비로 출판하여 주위 사람들에게 회람시킨 것이었다. 그 가운데 한 부가 교황 클레멘트 7세에게도 전달되었고, 교황의 측근 인사로부터 이 논문의 정식 출판을 권유받기도 했다. 이 20쪽짜리 소논문에는 태양중심설의 핵심 내용이 실려 있었다. 그러나 이 논문의 내용은 많은 사람들의 관심을 끌지 못했다. 이 논문에는 그의 주장을 증명할 자료나 증거들이 충분히 제시되어 있지 않았기 때문이다.

코페르니쿠스는 그 후 30년 동안 이 논문에 빠져 있던 세세한 부분을 보충하여 그의 천문 체계를 구체화하는 작업을 했다. 그의 20쪽짜리 논문은 200쪽이 넘는 커다란 책으로 확장되었다. 이 책의 출판에는 독일의 비텐베르크에서 온 한 젊은 독일 학자의 영향이 컸다. 루터파 개신교 학자로 비텐베르크 대학의 수학과 천문학 교수였던 레티쿠스(Rheticus, 1514~1576)가 새로운 천문 체계에 대해 자세하게 알아보기 위해 1539년에 프라우엔부르크를 방문했다. 66살의 코페르니쿠스는 25세의 레티쿠스가 자신의 이론에 관심을 가지는 것을 기쁘게 생각했다. 레티쿠스는 프라우엔부르크에서 코페르니쿠스의 원고를 읽고 그와 토론하면서 2년 정도의 시간을 보냈다.

레티쿠스는 코페르니쿠스의 유일한 제자이며 동료가 되었다. 그는 1540년에 코페르니쿠스의 논문이 실린 논문집 『지동설서설(Narratio Prima)』을 출관하기도 했다. 레티쿠스는 코페르니쿠스에게 태양중심설에 관한 논문을 책으로 출판할 것을 권유했다. 코페르니쿠스로부터 원고를 넘겨받은 레티쿠스는 원고를 당시 인쇄술이 가장 발달했던 뉘른베르크로 가져갔다. 하지만 출판 도중 레티쿠스는 알 수 없는 이유로 갑자기 책의 출판을 중단하고 독일을 떠났다. 레티쿠스는 코페르니쿠스의 책을 출판하는 일을 루터파 목사였던 안드레아스 오시안더(Andreas Osiander, 1498~1552)에게 맡겼다. 코페르니쿠스의 책은 오시안더에 의해 1543년 『천체 회전에 관하여(De Revolutionibus Orbium Coelestium)』라는 제목으로 출판되었다.

책이 출판된 후 코페르니쿠스에게는 그 중 일부가 보내졌다. 1542년 말부터 뇌출혈로 고통을 받으면서도 코페르니쿠스는 일생의 작업이 담긴 책이 출판되기를 기다리고 있었다. 책이 도착했을 때 여러 날 동안 혼수상태에 빠져 있었으나 임종하기 전 잠시 정신을 차린 동안에 비로소 자신의 책을 볼 수 있었다고 전해진다.

### 천문학 혁명을 시작하다: 『천체 회전에 관하여』

과학의 역사를 바꿔 놓는 계기를 제공한 『천체 회전에 관하여』(1543)는 총 여섯 권으로 구성되어 있다.[27] 제1권은 지구의 모양과 지구의 세차운동에 대한 설명과 이 이론을 설명하는 데 필요한 평면 삼각형과 구면 삼각형의 대한 정리들이 수록되어 있다. 1권 4장에서는 천체는 영원히 멈추지 않는 원운동, 또는 원운동의 조합으로 이루어진 운동을 하고 있다고 설명했다. 이것은 고대 그리스의 원운동의 가설을 버리지 못한 코페르니쿠스 체계의 한계가 드러나는 부분이다. 5장에서는 지구가 움직이고 있다는 사실을 설명해 놓았다. 이 부분에서 코페르니쿠스는 행성들의 겉보기운동을 근거로

27 여섯 권의 책으로 이루어져 있는 것이 아니라 내용을 Book 1, Book 2 등으로 구분해 놓았다.

지구가 정지해 있다고 주장할 수 없다고 설명했다.[28]

많은 사람들이 지구가 우주의 중심에 정지해 있다고 믿고 있는데 좀 더 주의 깊게 생각해 보면 이것이 확실한 사실이 아니라는 것을 알 수 있다. 왜냐하면 겉보기 위치 변화는 물체가 움직이는 경우와 관측자가 움직이는 경우, 그리고 두 물체가 서로 다른 속도로 움직이는 경우에도 관측될 수 있기 때문이다. 관측자와 물체가 같은 방향으로 동일하게 움직이는 경우에는 겉보기 위치 변화를 관측할 수 없다. 즉 물체와 관측자의 위치는 상대적이라는 뜻이다.

6장에서는 지구 크기에 비하여 별들이 고정되어 있는 천구의 크기가 얼마나 크고 멀리 있는지를 설명해 연주시차가 측정되지 않는 이유를 설명했으며, 작은 지구가 돌고 있다고 보는 것이 큰 우주가 돌고 있다고 생각하는 것보다 이해하기 쉽다고 주장했다.

이상의 논의에서 천구는 지구에 비해 엄청나게 크고, 무제한의 규모를 가지고 있으며, 지구는 천구에 비하면 하나의 점에 불과하다는 사실이 분명해졌다. 우주의 아주 작은 부분인 지구가 아니라 엄청나게 큰 우주가 하루에 한 바퀴씩 돌아야 한다는 것은 지구가 빠르게 운동하고 있다는 것보다 훨씬 놀라운 일이다.

열네 장으로 구성된 2권에서는 경사진 황도를 따라 이동하는 지구의 운동을 기하학적인 방법을 이용하여 자세하게 설명했다. 3권에서는 태양의 겉보기운동과 지구의 세차운동을 자세히 다루었으며 각종 계산에 필요한

28 Nicolaus Copernicus, Edited by Stephen Hawking, *On the Revolutions of Heavenly Spheres*, Running Press, 2002.

표를 수록해 놓았다. 4권에서는 달의 운동을 다뤘다. 여기에는 달의 경로 계산, 지구 반지름 단위로 환산한 지구에서 달까지의 거리, 달의 지름과 달이 지나가는 곳에 투영된 지구 그림자의 지름, 태양, 달, 지구의 크기 비교와 같은 내용이 포함되었다. 다섯 행성의 운동을 다룬 마지막 두 권 중의 하나인 5권에서는 수성의 원지점과 근지점의 위치와 다섯 행성의 역행운동을 다뤘고, 마지막 권인 6권에서는 토성, 목성, 화성의 운동을 다뤘다. 코페르니쿠스는 수성과 금성의 운동을 설명하기 위해 지구중심설에서 사용했던 이심원과 주전원을 이용했다.

『천체 회전에 관하여』에는 독자들을 위해 쓴 서문과 교황 바울 3세에게 바치는 헌정사가 실려 있다. 이 헌정사에는 자신이 새로운 체계를 구상하게 된 이유와 과정이 상세히 설명되어 있으며, 자신의 새로운 체계에 대한 확신과 자신감이 잘 나타나 있다. 그러나 일반 독자들을 위해 쓴 것처럼 보이는 또 다른 2쪽짜리 서문에는 다음과 같은 이해하기 힘든 내용이 포함되어 있었다.

> 우주 중심에는 움직이지 않는 태양이 자리 잡고 있고, 그 주위를 지구가 돌고 있다는 이 새로운 가설은 오랫동안 올바른 관행으로 자리 잡아 온 학문에 혼란을 일으키는 잘못된 생각이라고 비난하는 사람들이 많을 것이다. 그러나 이 문제를 세밀하게 고찰한다면 이 연구가 비난받아야 할 어떤 일도 하지 않았다는 것을 알게 될 것이다. … 이 책에서 다루는 가설은 반드시 진리여야 할 필요가 없고, 심지어 그럴듯하지 않아도 되며, 단지 관측 사실과 일치하는 계산만 제공하면 충분하다. … 그리고 가설을 다루는 한, 천문학은 결코 우리에게 확실한 것을 제공하지 않기 때문에 천문학에서 어떤 것도 확실한 것을 기대해서는 안 된다. 다른 목적을 위해 만든 것을 진리로 간주하여 처음 이 책을 접할 때보다 더 큰 바보가 되어 떠나는 사람이 없기를 바란다.

평생 동안 새로운 천문 체계를 완성하기 위해 노력했던 코페르니쿠스가 자신의 새로운 이론을 가설이라고 부르고 따라서 그것을 사실로 믿어서 바보가 되는 일이 없기를 바란다고 서문에 써 놓았다는 것은 쉽게 이해할 수 있는 일이 아니다. 이 서문은 태양중심설을 하나의 가설에 지나지 않는다고 선언하여 태양중심설이 물리적 사실이 아닌 것으로 만들어 버렸다. 후세의 학자들은 이 서문은 코페르니쿠스가 쓴 것이 아니라 출판 과정에서 다른 사람이 끼워 넣은 것이라고 믿고 있다. 이 서문을 끼워 넣은 사람으로 의심받는 사람은 레티쿠스가 출판을 그만둔 후 출판을 책임졌던 오시안더이다.

『천체 회전의 관하여』는 인류가 2,000년 이상 지켜 온 우주관을 바꾸는 혁명적인 내용을 포함하고 있었다. 그것은 당시 사람들이 가지고 있던 우주에 대한 패러다임을 근본부터 바꾸는 것이었다. 그러나 이러한 놀라운 내용에도 불구하고 『천체 회전의 관하여』는 출판된 후 수십 년 동안 사람들의 주목을 받지 못했다. 코페르니쿠스의 새로운 체계가 사람들의 주목을 받지 못한 데는 몇 가지 이유가 있었다. 우선 『천체 회전에 관하여』에 실려 있는 새로운 천문 체계인 태양중심설을 적극적으로 홍보할 사람이 없었다. 당시 태양중심설을 가장 잘 이해하고 있던 사람은 코페르니쿠스와 레티쿠스였다. 마지막 단계에 출판에 관여했던 오시안더는 오히려 태양중심설의 사실성을 의심했던 것으로 보인다. 그러나 코페르니쿠스는 책이 출판되는 시점에 죽었으므로 홍보할 기회를 가질 수 없었고, 이 책의 내용을 널리 알릴 수 있었던 레티쿠스는 책이 출판된 후 이 책과 관련해서 어떤 활동도 하지 않았다.

새로운 천문 체계가 사람들의 관심을 끌지 못한 또 다른 이유는 코페르니쿠스의 책이 일반인들이 읽기에 너무 어려웠기 때문이었다. 코페르니쿠스는 복잡한 기하학과 관측 자료를 이용하여 수학적으로 자신의 체계를 증명하려고 시도했다. 그러나 그것은 일반인들의 접근을 막는 결과를 가져왔다. 딱딱하고 까다로운 코페르니쿠스의 문장 역시 이 책이 널리 읽히지 못한 원인이 되었다. 더구나 이 책은 코페르니쿠스가 공식적으로 출판한 첫 번째 천문학 책이었으므로 코페르니쿠스라는 이름은 유럽의 학자들 사이에서 잘 알려져 있지 않았다. 폴란드 시골에서 홀로 연구했던 이름 없는 학자의 주장에 귀를 기울여 줄 사람은 그리 많지 않았던 것이다.

코페르니쿠스의 태양중심설이 프톨레마이오스의 지구중심설보다 행성의 운동을 더 정확하게 예측하지 못했던 것도 이 책이 무관심 속에 묻혀 버린 중요한 원인 중의 하나였다. 코페르니쿠스의 태양중심설은 원운동을 고수하고 있었기 때문에 정확한 예측이 불가능했다. 태양중심설이 지구중심설보다 나았던 점은 간단하다는 것 하나뿐이었다. 그것만으로는 2,000년의 역사와 많은 추종자를 거느리고 있던 경쟁 상대를 이겨 내기에는 역부족이었다.

이렇게 해서 코페르니쿠스의 혁명도 아리스타르코스의 태양중심설이 밟았던 전철을 밟을 위기에 처하게 되었다. 그러나 아리스타르코스에게는 없었던 강력한 후원자가 코페르니쿠스에게는 두 명이나 있었다. 한 사람은 코페르니쿠스가 죽고 21년 후인 1564년에 이탈리아에서 태어난 갈릴레오 갈릴레이였으며, 다른 한 사람은 갈릴레이보다 7년 늦게 독일에서 태어난 요하네스 케플러였다. 케플러는 튀코 브라헤의 관측 자료를 바탕으로 행성운동법칙을 발견하여 태양중심설을 완성했고, 갈릴레이는 망원경을 이용한 관측을 통해 태양중심설이 옳다는 관측 증거를 제시하여 많은 사람들이 코페르니쿠스의 새로운 체계를 받아들이도록 했다. 그러나 그것은 코페르니쿠스가 죽고 50년이 지난 17세기의 일이었다.

## 3. 새로운 의학의 발전

### 해부학을 공부하는 화가: 레오나르도 다빈치

레오나르도 다빈치(Leonardo di ser Piero da Vinci, 1452~1519)는 르네상스를 대표하는 이탈리아의 화가이다. 그러나 그는 화가로서뿐만 아니라 조각가, 발명가, 건축가, 기술자, 해부학자, 식물학자, 도시 계획가, 천문학자, 지리학자로도 널리 알려져 있어 완전한 인간이라고 불리기도 한다. 다빈치는 자연에 대한 연구는 역학과 기하학을 기초로 해야 한다고 주장했으며, 관찰과 실험을 중요시하는 과학적 방법을 실천했다. 다빈치는 파동 이론, 연통관 내의 압력, 유체에 미치는 압력, 양수기와 수압에 대해 연구했고, 비행기의 원리를 생각했으며, 바람과 구름, 그리고 비의 발생에 대해서도 연구했다.

다빈치가 해부에 관심을 가졌던 것은 화가는 해부학에 무지해서는 안 된다고 생각했기 때문이다. 몸의 구조와 기능에 대해 관심을 갖게 된 그는 30구가 넘는 시체를 해부하고 자세한 해부도를 남겼다. 뼈와 근육의 구조에 관심이 많았던 다빈치는 매우 정확하고 세밀한 골격과 근육의 해부도를 남겼다. 특히 손의 구조에 대한 그림은 거의 완벽할 정도이며, 어깨근육 역시 정확하게 그렸다. 그가 그린 팔다리의 혈관 분포와 심장의 구조를 나타낸 그림은 놀라울 정도이다. 그는 심장이 네 개의 방으로 되어 있다는 것과 판막의 역할에 대해 잘 이해하고 있었다. 다빈치는 심장 판막의 작용을 설명하기 위한 모형을 만들기도 했다.

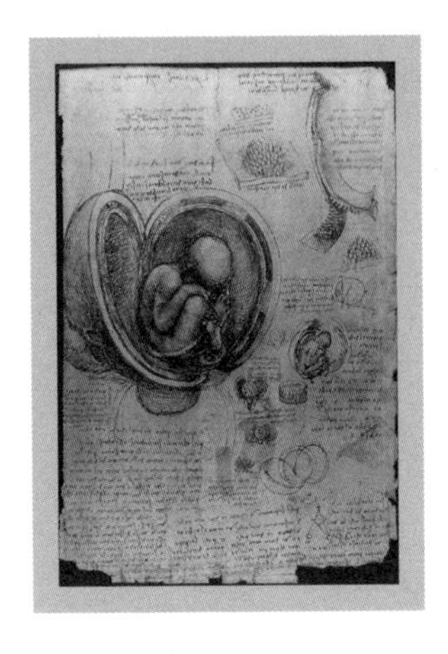
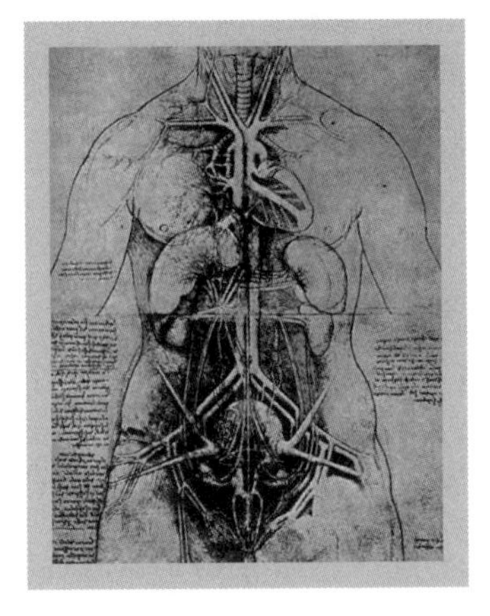

다빈치가 그린 해부도

다빈치는 해부를 통해 뇌를 직접 관찰하고 뇌실의 구조를 정확하게 그림으로 그렸으며, 뇌실 속으로 왁스를 주입하여 뇌실의 주형을 만들기도 했다. 그가 그린 안구 그림에는 눈의 뒤쪽에 있는 시신경이 뇌와 연결되어 있었다. 그는 빛의 반사와 굴절에 관한 실험을 통해 수정체의 역할을 밝혀내기도 했다. 다빈치는 생식기관에 대해서도 관심이 많았는데 그가 남긴 자궁에 들어 있는 태아 그림은 그의 해부도 중에서도 가장 놀라운 것이다. 이는 그가 임신과 출산에 대해 잘 이해하고 있었음을 나타낸다. 다빈치는 시대를 앞서간 위대한 해부학자였다.

### 의학과 화학의 기초를 닦은 연금술사: 파라켈수스

연금술사이며 의사였던 파라켈수스(Paracelsus, 1493~1541)는 16세기에 의학과 화학의 기초를 닦은 사람이다. 그의 원래 이름은 파라켈수스가 아니었는데 켈수스(Celsus, 기원전 42~기원후 37)를 뛰어넘는 인물이 되겠다는 뜻에서 파라켈수스로 이름을 바꿨다. 켈수스는 1세기에 활동한 의학서 저술가로 그가 쓴 『의학에 관하여』는 라틴어로 쓰인 의학 서적 중에서 가장 훌륭한 책으로 평가받고 있었다. 켈수스는 의사가 아니었으므로 그가 쓴 『의학에 관하여』는 오랫동안 사람들의 관심을 끌지 못한 채 잊혀 있었다. 그러나 1443년 밀라노의 성 암브로스 성당에서 발견되어 세상에 알려진 후에는 이 책이 의학을 공부하는 사람들이 꼭 읽어야 하는 중요한 문헌이 되었으며, 르네상스 시대의 의학 발전에도 크게 영향을 끼쳤다. 파라켈수스가 켈수스를 뛰어넘는 의사가 되기로 마음먹은 것만으로도 당시 켈수스의 영향력을 짐작할 수 있다.

1493년에 스위스에서 태어난 파라켈수스는 박사학위를 받은 후 유럽 각지를 여행하며 연금술과 의학을 공부하고 바젤 대학 교수가 되었다. 그는 자연으로부터 배우지 않으면 병을 치료할 수 없다고 생각하고 당시로서는 최고의 자연과학이었던 연금술을 공부했다. 파라켈수스는 상처를 아물게 하기 위해서는 건조시키는 것이 중요하다고 주장하고, 이전의 치료법과 전통 약제의 사용을 거부했다. 그는 체액의 불균형이 병을 일으킨다는 고대의 이론을 거부하고 병의 원인이 외부에서 몸 안으로 침투한다고 주장했다. 이러한 주장을 근거로 그는 수은 화합물을 이용한 매독 치료법을 제안하기도 했다. 파라켈수스는 또한 다양한 광물질을 합성하여 만든 약품으로 페스트를 치료하려고 시도했으며, 체내에 축적된 납이 종양을 발생시킨다고 주장하기도 했다.

파라켈수스의 명성이 높아지자 그를 비난하는 사람들도 늘어났다. 그들은 파라켈수스가 마술의 힘을 빌려 질병을 치료하려 한다고 비난했다. 파라켈수스는 자신을 비난하는 사람들을 피해 집필에 몰두하여 『위대한 외과서』를 썼다. 이 책으로 다시 명성을 되찾은 그는 바이에른의 대주교 초청을 받고 잘츠부르크로 갔다가 1541년 세상을 떠났다. 파라켈수스는 연금술이나 신비주의에서 완전히 벗어나지 못한 사람이었지만 질병에 대한 새로운 개념을 확립하는 데 크게 공헌했으며, 의학과 화학의 기초를 마련하는 데도 크게 기여했다.

### 직접 해부하고 해부도를 그리다: 베살리우스

인체 해부를 통해 갈레노스 의학의 오류를 밝혀내고 새로운 의학을 탄생시키는 데 중요한 역할을 한 안드레아스 베살리우스(Andreas Vesalius, 1514~1564)는 1514년 벨기에의 브뤼셀에서 약제사의 아들로 태어났다. 1529년에서 1533년까지는 루뱅 대학에서 인문학을 공부한 그는 17세 때인 1533년에 파리 대학 의학부에서 동물 해부법을 공부했다. 베살리우스는 당시 인체 해부가 허용되었던 몇 안 되는 교육기관 중 하나였던 파리 대학에서 사체를 해부할 기회를 가질 수 있었고, 파리의 공동묘지에서 쉽게 구할 수 있었던 사람의 뼈를 이용해 인체에 대해 연구하기도 했다. 1537년에 베살리우스는 해부학에서 오랜 전통을 지니고 있었으며 진보적 교육기관이었던 이탈리아의 파도바 대학으로 옮겨 해부학을 공부하고 박사학위를 받았다. 그해 12월, 23세의 나이로 파도바 대학의 해부학 실습 책임자 겸 외과학 강사로 임명되었으며, 피사 대학과 볼로냐 대학의 객원교수가 되었다.

당시의 해부학 강의는 교수가 갈레노스의 의학 서적을 읽고 설명해 주면 이발사이기도 했던 외과의가 해부해 보여 주는 식으로 진행되었다. 이발사 외과의의 해부가 끝난 다음에 교수가 그 결과를 갈레노스의 해부학으로 설명해 주었다. 그러나 인체 해부에 관한 지식이 외과의에게 필수적이라는 것을 알고 있었던 베살리우스는 인체 해부를 이발사들에게 맡기지 않고 자신이 직접 했다. 해부가 끝난 다음에는 해부한 내용을 상세한 해부도로 그려 학생들에게 보여 주었다. 많은 사람들이 그의 해부도를 복사해서 사용하고 있다는 것을 알게 된 베살리우스는 1538년에 『해부학 도표』라는 제목으로 해부도 일부를 출판했고, 1539년에는 그의 해부도를 모아 갈레노스 해부학 핸드북의 수정본을 출판하기도 했다. 1539년에는 베살리우스의 해부학에 관심을 가지게 된 파도바의 재판관이 해부에 이용할 수 있도록 사형수의 시체를 제공했기 때문에 더 많은 해부를 할 수 있게 되어 매우 자세한 해부도를 완성할 수 있었다.

처음에는 베살리우스도 당시 의학계에서 가장 권위 있던 갈레노스의 이론을 의심하지 않았다. 그러나 축적된 해부학 지식과 경험을 바탕으로 1540년부터 갈레노스의 의학을 비판하기 시작했다. 그는 자신의 해부 경험을 통해 로마법에 의해 인체 해부가 금지되었던 갈레노스가 인체를 해부하는 대신 개, 원숭이, 돼지와 같은 동물을 해부하여 얻은 결과를 사람에게 적용했다는 것을 알게 되었다.

베살리우스

이때부터 그는 새로운 해부학 교과서를 준비하기 시작했다. 베살리우스는 갈레노스와 아리스토텔레스가 주장했던 심장의 구조와 기능을 바로잡기도 했다. 갈레노스는 순수한 혈액을 나르고 있는 동맥은 좌심실에서 나와 허파나 뇌와 같이 위쪽에 있는 기관으로 가고, 정맥은 우심실에서 나와 위를 비롯한 아래쪽에 있는 장기로 간다고 설명했으며, 우심실과 좌심실을 나누고 있는 벽에는 혈액이 통과할 수 있는 눈에 보이지 않는 작은 구멍이 있다고 했다. 그 후 1,400년 동안 갈레노스의 설명은 사실로 받아들여졌다. 그러나 실제로 해부하여 심장 벽을 관찰한 베살리우스는 심장 벽이 매우 두껍고 치밀해 피가 심장의 벽을 통과하는 것은 불가능하다고 판단했다.

베살리우스가 새롭게 밝혀낸 사실 중에는 아래턱뼈가 갈레노스의 주장과는 달리 두 개가 아니라 하나라는 사실도 있었다. 또한, 갈레노스는 개의 간이 다섯 개의 엽으로 이루어져 있다는 사실을 바탕으로 인간의 간도 다섯 개의 엽을 가지고 있다고 했지만, 베살리우스는 인간의 간은 두 개의 엽을 가지고 있다는 것을 밝혀내기도 했다. 1543년에는 스위스의 바젤에서 외과의 프란츠 제켈만(Franz Jeckelmann, 1504~1579)과 함께 사형수의 시신을

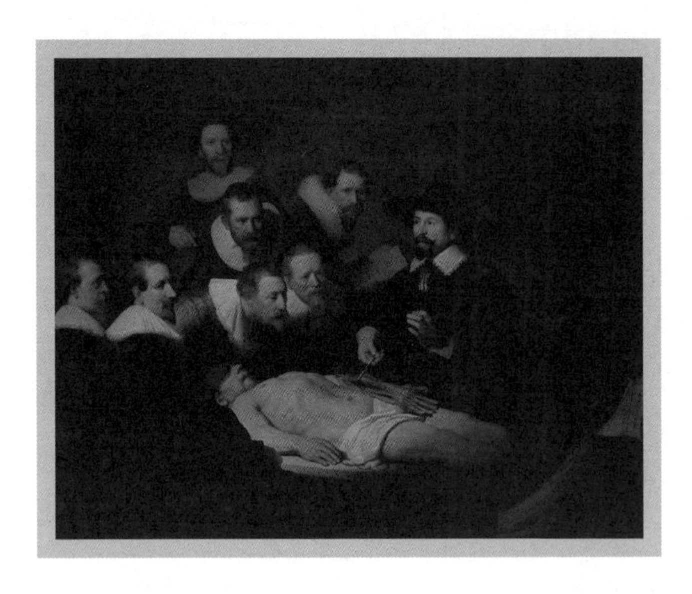

렘브란트가 그린 해부학 실습

사람들 앞에서 공개적으로 해부하고 골격을 조립하여 바젤 대학에 기증했다. '바젤의 해골'이라고도 불리는 이 골격 표본은 베살리우스가 해부했던 골격 표본 중에 유일하게 현재까지 보존된 것으로, 현존하는 가장 오래된 골격 표본이다. 이 표본은 지금도 바젤 대학의 해부학 박물관에 보존되어 있다.

### 해부학의 기초를 마련하다: 『인체구조에 대한 7권의 책』

베살리우스는 『인체구조에 대한 7권의 책(De Humani Corporis Fabrica Libri Septem)』을 출판하기 위한 본격적인 작업을 시작했다. 『인체구조에 대한 7권의 책』에 사용된 해부도는 당시 유명한 화가였던 티치아노(Vecellio Tiziano, 1488?~1576)의 제자들이 그렸다. 베살리우스는 해부도를 목판에 새겨 원고와 함께 스위스의 바젤로 가지고 가서 1543년에 이 책을 출판했다. 이 책은 라틴어 제목 중에 있는 단어를 발췌하여 『파블리카』라는 이름으로 널리 알려져 있다. 『파블리카』는 이전의 어떤 책보다도 인체를 포괄적이고 정확하게 묘사했으며, 새로운 해부학 용어를 사용했고, 인쇄와 제본도 세련되고 완벽했다. 『파블리카』는 골격, 근육, 혈관, 신경, 생식기, 흉부, 뇌의 7권으로 구성되어 있으며 총 663쪽에 달하는 방대한 책으로 400여 장의 해부도를 포함하고 있었다. 베살리우스의 해부도는 해부학적 사실을 상세하게 묘사한 구체적인 내용으로도 유명하지만 예술작품이라고 부를 수 있을 정도의 예술성으로도 잘 알려져 있다. 일부 해부도는 도시나 자연을 배경으로 살아 있는 듯한 포즈를 취하고 있다. 『파블리카』가 출판된 후 해부도의 배경이 되었던 장소는 의사들의 순례지가 되었다.

『파블리카』는 갈레노스의 권위를 크게 훼손하여 새로운 의학이 싹틀 수 있는 여지를 제공했다는 면에서 의학에서의 혁명을 시작한 책이라고 할 수 있다. 『파블리카』는 의학 교육 과정에 인체 해부가 정식 과목으로 도입되는 계기를 제공했고, 의사를 수준 높은 전문직으로 인식하게 하는 계기가 되었다. 『파블리카』 이후 유럽에서 해부학 관련 서적이 많이 출판되어 인체에 대한 깊은 이해가 가능해졌다. 베살리우스가 해부를 통해 밝혀낸 새로운 사실들은 의학과 생리학은 물론 생물학의 발전에도 크게 공헌했다.

『파블리카』에 실려 있는 인체 해부도

『파블리카』를 출판한 후 베살리우스는 마인츠로 가서 신성로마제국 황제 찰스 5세(Emperor Charles V)에게 그의 책을 선물하고, 황실의 시의가 되었다. 1553년에서 1556년까지 베살리우스는 브뤼셀에서 대부분의 시간을 보내면서 의학 실습에 전념했다. 1556년에 스페인 왕 카를로스 1세가 퇴위하면서 그에게 평생연금을 제공하고 백작으로 임명해 그의 명성은 더욱 높아졌다. 1559년에 카를로스 1세의 아들인 펠리페 2세가 마드리드 궁전의 의사로 임명하자 베살리우스는 가족과 함께 스페인으로 갔다. 1564년에 베살리우스는 성지순례를 위해 예루살렘을 여행하고 돌아오는 도중 병에 걸려 그리스의 자킨토스(Zakynthos)섬에서 사망했다. 이때 그의 나이는 50세였다.

# 4. 전기학과 자기학의 시작

실험을 중요시했던 의사: 길버트

자연에 전기나 자기 현상이 존재한다는 사실이 알려지기 시작한 것은 매우 오래전의 일이다. 전기의 존재를 처음으로 발견한 사람은 과학의 아버지라고 불리는 고대 그리스의 탈레스라고 전해진다. 탈레스는 호박(amber)을 털가죽으로 문질렀을 때 생기는 정전기현상을 관찰했다. 이 때문에 영어로 전기를 뜻하는 'electricity'라는 말이 그리스어로 호박을 뜻하는 'electron'에서 유래했다.

전기와 자기의 성질을 체계적으로 연구하는 학문인 근대 전기학과 자기학을 시작한 사람은 16세기에 영국에서 활동했던 윌리엄 길버트(William Gilbert, 1544~1603)였다. 전기(electricity)라는 말을 처음 사용한 사람도 길버트였다. 길버트는 영국 남동부의 에식스주 콜체스터에서 판사의 아들로 태어났다. 1558년 케임브리지에 입학하여 의학을 공부한 후 1569년 의학 박사학위를 받고, 의사로 활동했다. 1600년에는 왕립의사협회 회장에 선출되었고, 1601년에는 엘리자베스 1세 여왕의 시의가 되었다. 길버트가 태어난 해는 코페르니쿠스의 『천체 회전에 관하여』와 베살리우스의 『인체구조에

길버트

관한 7권의 책』이 출판된 다음 해였다. 이는 그가 살았던 시기가 아리스토텔레스의 자연학, 갈레노스의 의학, 그리고 프톨레마이오스의 천문학으로 대표되는 고대 그리스의 과학이 동요하고 새로운 과학이 태동하던 시기였다는 것을 의미한다. 길버트는 의사로서 명성을 날리는 한편 물리학, 화학, 천문학과 같은 분야에도 관심을 가지고 있었다. 길버트는 항해술에도 조예가 깊어 선원들이 태양이나 달, 별을 이용하지 않고도 위도를 알 수 있는 기구를 발명하기도 했다.

전기와 자기를 분리하다: 『자석에 대하여』

1600년에 출판되어 길버트의 이름을 후세에 남기게 한 『자석에 대하여』의 원제목은 『자석과 자성 물체에 대하여, 그리고 커다란 자석인 지구에 대하여(De Magnete Magneticiscque Corporibvs et de Magno Magnete Tellure Phyfiologia Noüa)』였다. 이 책에서 길버트가 하려는 이야기는 자석에 국한된 것이 아니라 자석의 성질을 바탕으로 지구가 가진 거대한 힘을 이해하기 위한 것이었다.

길버트가 1600년에 출판한 『자석에 대하여』는 전기학과 자기학뿐만 아니라 다른 많은 과학 분야의 발전에도 영향을 끼친 중요한 책이다. 길버트는 『자석에 대하여』의 서문에서 실험의 중요성을 다음과 같이 설명해 놓았다.[29]

> 감추어진 사실을 발견하고, 원리를 명확하게 증명하려면 이전 철학자들의 추측이나 의견에 기댈 것이 아니라 신뢰할 수 있는 실험과 논증을 거쳐야 한다. — 책 속에서가 아니라 사물 그 자체에서 지식을 구하고자 하는 진정으로 철학을 연구하는 사람들을 위해 자기에 관한 새로운 철학을 썼다.

29 곽영직, 『세상을 바꾼 열 가지 과학혁명』, 한길사, 2009.

길버트는 『자석에 대하여』의 본문에서도 실제로 실험을 해 보지 않고 자연에 감추어진 원리를 탐구하려 한다면 오류에 빠지게 된다고 하여 실험의 중요성을 여러 번 강조했다. 실험의 중요성을 강조한 길버트의 업적에 대해 후세 과학사학자들은 "길버트는 실험의 가치를 반복해서 주장하고 자신도 정해진 규범에 따라 실험을 하며 연구했다"고 평가하기도 했고, "『자석에 대하여』는 전편이 실험을 통해 얻은 결과들로 채워져 있다"고 평가하기도 했다.

『자석에 대하여』는 주로 자석의 성질과 지구 자기에 대해 설명하고 있지만 제2권의 두 번째 장은 전기를 다루고 있다. 따라서 2권 2장을 전기학의 시작이라고 보는 사람들도 있다. 길버트가 전기현상을 다룬 것은 정전기현상을 설명하기 위해서가 아니라 정전기현상이 자기현상과는 다른 현상임을 확실히 하여 자석과 전기현상을 분리하기 위한 것이었다. 길버트 이전까지는 인력, 감추어진 힘, 또는 호감과 반감 등과 같은 불확실한 용어를 이용해 전기력과 자기력을 함께 취급해 왔다. 그러나 길버트에 의해 자기현상과 전기현상은 별개로 파악되고 설명되어야 할 현상으로 분리되었다. 길버트에 의해 나누어진 전기학과 자기학은 19세기 초에 전류의 자기 작용과 전자기 유도법칙이 발견되어 전자기학으로 통합될 때까지 두 가지 다른 분야로 나뉘어 있게 되었다.

『자석에 대하여』 2권 2장에 실려 있는 전기력에 대한 설명과 실험은 후세의 전기에 대한 연구에 많은 영향을 끼쳤다. 길버트를 실험물리학의 창시자라고 한다면, 그것은 이 책 2권 2장에 실려 있는 정전기학과 관련된 실험 때문일 것이다. 길버트는 바늘 모양의 가는 금속 막대를 자유롭게 움직일 수 있는 지지대 위에 얹어 놓은 베르소리움(versorium)이라고 부르는 실험장치를 고안했다. 베르소리움은 마치 오늘날 바람의 방향을 나타내기 위해 사용하는 풍향계를 축소해 놓은 것과 같은 모양이다. 베르소리움은 정전기로 대전된 물체를 가까이 가져갔을 때 회전하는 정도를 측정하여 정전기에

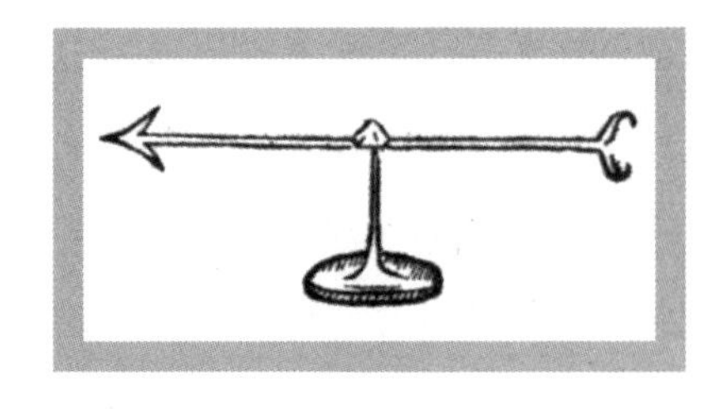

베르소리움

의한 힘이 어떻게 작용하는지를 알아보는 오늘날의 검전기에 해당하는 장치로, 전기에 대한 체계적인 실험을 할 수 있는 최초의 실험 장치였다.

길버트는 베르소리움을 이용하여 여러 가지 물질의 정전기현상을 실험하고 전기현상을 나타내는 물질과 나타내지 않는 물질의 목록을 만들었다. 전기현상을 나타내는 물질에는 그때까지 알려졌던 호박, 흑옥, 다이아몬드 외에 사파이어, 홍옥, 오팔, 자수정, 수정, 유리, 형석 등이 포함되었고, 아무리 문질러도 마찰전기를 띠지 않는 물질에는 에메랄드를 비롯한 여러 종류의 보석, 나무, 금속류 등을 포함시켰다. 전기현상을 나타내는 물질과 전기현상을 나타내지 않는 물질에 대한 이와 같은 목록은 길버트가 체계적인 실험을 한 결과였다.

자석의 성질을 밝혀내기 위한 실험을 위해서는 지구 모형이라고 할 수 있는 테렐라(terrella)라는 원형 자석과 축 주위를 자유롭게 회전할 수 있는 자침을 가진 자기용 베르소리움을 주로 이용했다. 실제로는 구형 자석보다 막대자석이 더 강력하다는 것을 길버트도 알고 있었지만 원형 자석은 지구의 모형으로 사용하기에 편리했기 때문에 원형 자석을 사용했다. 길버트는 1권 3장에서 자석의 극은 지구의 극을 향해 움직이며, 지구의 극에 종속되어 있다고 설명하고, 완전한 구형 자석이 지구의 자기적 성질을 실험하기에 가장 좋기 때문에 지구 자석과 관련된 중요한 실험에 구형 자석을 이용한다고 밝혀 놓았다. 그는 테렐라의 표면에 자침과 나란한 방향으로 자기자오선을 몇 개 그리고 자오선들이 교차하는 점을 테렐라의 두 극으로 삼았다. 두 극으로부터 같은 거리에 자오선과 수직으로 적도를 그려 넣어 두

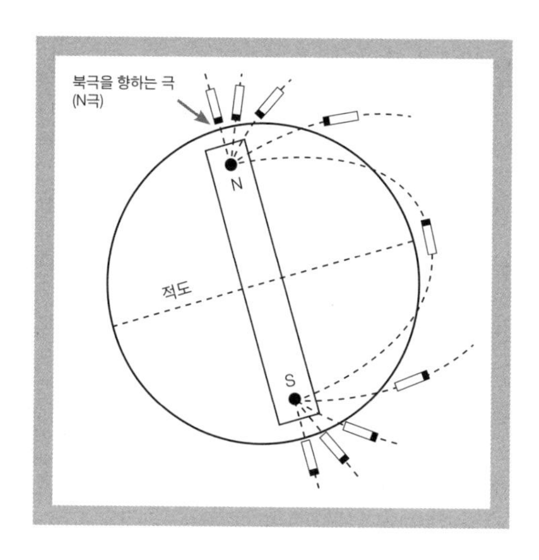


길버트의 지자기 이론

극과 적도를 가진 지구 모형의 자석을 만들었다.

제1권의 마지막 장에서 길버트는 지구는 하나의 커다란 자석이라고 결론지었다. 그는 지구가 하나의 커다란 자석이라는 가설을 먼저 제시하고 지구의 모델인 테렐라와 자기 베르소리움을 이용하여 가설을 검증해 나가는 식으로 논의를 전개해 지구가 하나의 자석이라는 결론에 도달했다. 원형 자석을 이용해 비슷한 실험을 했던 13세기 프랑스의 페레그리누스(Petrus Peregrinus de Maharncuria, 1214~1294?)는 자침은 지구의 극이 아니라 하늘의 극을 가리키는 것이라고 주장했다.

길버트의 연구는 유럽 전역에서 주목을 받았다. 요하네스 케플러는 길버트의 연구 결과가 자신의 연구에 큰 영향을 주었다고 했으며, 길버트를 매우 위대한 과학자라고 평가한 갈릴레오 갈릴레이는 길버트의 연구에 영향을 받아 자석의 성질에 관심을 갖게 되었다고 했다. 프란시스 베이컨은 너무 많은 현상들을 자석의 성질과 연관시켜 설명하려는 그의 시도를 비판하기도 했지만, 그의 연구가 실험적 연구라는 면을 높이 평가하고 그의 연구 결과를 수용했다.

제5장

# 과학혁명을 완성한 17세기

# 1. 30년 전쟁과 영국의 혁명

## 유럽의 지도를 바꾸다: 30년 전쟁

17세기에는 유럽의 거의 모든 나라가 관련되었던 30년 전쟁(1618~1648)이 오랫동안 계속되었고, 영국에서는 청교도혁명이나 명예혁명과 같은 정치적인 사건들이 연이어 발생했다. 이로 인해 정치적으로나 사회적, 종교적으로는 유럽이 혼란스러웠지만 과학 분야에서는 16세기에 싹을 틔운 태양중심설이 든든하게 뿌리를 내렸고, 중력법칙과 운동법칙을 기초로 하는 뉴턴역학이 완성되어 근대 과학의 토대가 마련되었다. 인류는 과학과 철학을 시작한 후 2,000년 동안의 시행착오를 바탕으로 17세기에 본격적인 과학 시대를 시작했다. 철학의 일부였던 자연과학이 독립된 분야로 발전하여 인류 문명의 발전에 중심 역할을 하기 시작한 것도 17세기부터였다.

17세기 전반기의 유럽은 30년 전쟁으로 점철되었다. 처음에는 가톨릭을 옹호하는 신성로마제국 황제와 개신교를 옹호하는 제후들 사이의 종교 전쟁의 양상을 띠었던 30년 전쟁이 후에는 잉글랜드, 덴마크, 스웨덴 등 개신교를 믿는 여러 나라들이 가톨릭 교회를 옹호하던 신성로마제국과 스페인의 합스부르크 왕가에 대항하여 참전해 유럽의 거의 모든 나라가 관련된 국제전의 양상을 띠게 되었다.

가톨릭 국가이던 프랑스는 30년 전쟁이 시작된 이후 계속 반합스부르크 입장을 견지했다. 합스부르크 왕가가 독일까지 지배하게 되면 합스부르크 왕가가 지배하는 스페인과 독일에 둘러싸이게 되어 프랑스에게는 큰 위협이 될 것으로 생각했기 때문이다. 그러나 전쟁의 전면에는 나서지 않던 프랑스는 개신교 세력이 약해지자 전쟁의 전면에 등장하여 독일을 공격했다. 수세에 몰리게 된 황제는 독일 제후 및 스웨덴과 교섭을 통해 1648년 베스트팔렌 조약을 체결했다. 이 조약은 역사상 최초로 여러 국가가 참여한 국제적 조약이었다. 이로써 유럽의 여러 나라가 개입하여 30년 동안 벌였던 30년 전쟁이 끝나게 되었다.

장기간에 걸친 전쟁으로 전 국토가 황폐해진 독일은 여러 개의 연방국가로 나뉘게 되었고, 신성로마제국은 이름뿐인 제국으로 전락하게 되었다. 전투는 30년 전쟁 이후에도 계속되다가 1659년에 체결된 피레네 조약에 의해 종결되었다. 태양중심설을 정착시키는 데 핵심적인 역할을 한 케플러와 갈릴레이는 30년 전쟁이 계속되던 시기에 활동했다.

### 영국을 바꿔 놓다: 청교도혁명과 명예혁명

유럽 대륙에서 30년 전쟁이 계속되는 동안 영국에서는 청교도혁명(1646)이 준비되고 있었다. 영국 국교회 내에 존재하는 모든 가톨릭적인 제도와 전례를 배척하고 철저한 개혁을 주장했던 사람들을 청교도라고 한다. 청교도에는 복음주의를 추구한 루터주의 계열과 장로주의를 주장하던 칼뱅주의 계열, 영국 국교회 소속이면서 국교회의 개혁을 요구한 영국 국교회 계열, 그리고 복음주의를 추구했지만 특정 계열에 속하지 않았던 이들을 포함한 다양한 교파에 속한 개혁주의자들이 포함된다.

왕권신수설을 신봉하여 왕의 절대권을 주장하고 전제정치를 했던 찰스 1세는 스페인과의 전쟁 경비를 마련하기 위해 1628년 3월 권리청원[30]에 서명하고 세금 부과에 대한 의회의 동의를 얻어 냈다. 그러나 찰스 1세는 세금을 징수한 후 권리청원이 무효라고 선언하고 의회를 해산했다. 찰스 1세는 의회 동의 없이 치른 스코틀랜드와의 전쟁 배상금을 지불하기 위해 다시 의회를 소집했지만, 의회는 국왕의 실정을 비판하면서 찰스 1세를 압박했다. 찰스 1세는 근위병 400명을 거느리고 의회에 진입하여 자신을 비난한 의원들을 체포하고자 했으나 실패했고, 이로 인하여 왕당파와 의회파 사이의 내전이 시작되었다.

청교도였던 올리버 크롬웰(Oliver Cromwell, 1599~1658)이 이끄는 철기군이 1646년 6월 옥스퍼드를 함락하고, 찰스 1세를 와이트섬에 유배했다. 크롬웰은 왕의 처형에 반대했던 장로파를 의회에서 몰아내고 1649년 1월 30일 찰스 1세를 처형했다. 국왕을 처형한 의회는 1649년 공화정을 선언하고 크롬웰이 국무회의 의장이 되었다. 크롬웰은 중산층 시민들의 지지를 받아 1653년 의회를 해산하고 종신 호국경이 되었다. 그러나 크롬웰이 1658년 사망한 후 공화정은 붕괴되었고, 공화정에서 소외되었던 장로파가 주축이 되어 왕정을 복고했다.

왕정복고로 프랑스에 망명하여 있던 찰스 1세의 아들 찰스 2세가 1660년 5월 29일 런던으로 돌아와 잉글랜드 왕이 되었다. 찰스 2세는 찰스 1세 처형을 주도했던 귀족들을 처형하고 크롬웰을 무덤에서 끌어내 참시했다. 찰스 2세는 1665년부터 1667년까지 일어난 네덜란드와의 전쟁에서 패하여 재정이 파탄 상태에 이르자 입지를 강화하기 위해 프랑스와 동맹을 맺고 로마 가톨릭에 관용적인 정책을 추진하여 청교도혁명의 개혁정책을 원점으로 돌려놓았다.

왕정복고로 왕위에 오른 찰스 2세가 죽은 후 동생인 제임스 2세가 왕위를 물려받았다. 가톨릭에 호의적이었으며 왕권신수설을 신봉하고 있던 제

30 권리청원은 시민을 함부로 체포하거나 구금할 수 없고, 시민은 군법에 의한 재판을 받지 않으며, 군대가 민가에 강제 투숙할 수 없고, 의회의 동의 없이는 세금을 부과할 수 없다는 내용을 담고 있다.

임스 2세도 의회와 갈등을 빚었다. 영국 왕위를 계승할 기회를 엿보고 있던 제임스 2세의 딸 메리와 네덜란드 총독으로 메리의 남편이었던 오렌지 공 윌리엄이 폭군으로부터 개신교도를 구원한다는 명분으로 영국에 출병했다. 1688년 11월 15일 윌리엄의 군대가 잉글랜드에 상륙하자 많은 시민들이 윌리엄의 군대를 환영했으며, 시민들 중 일부는 윌리엄군에 합류했다. 윌리엄은 자신의 군대를 3개월에 걸쳐 천천히 진군시키면서 군대가 약탈하지 못하도록 엄격히 통제해 시민과 귀족들의 지지를 이끌어 냈다.

윌리엄의 군대가 런던에 입성하자 런던 시민들은 오렌지색 옷을 입고 윌리엄군을 환영했다. 제임스 2세가 12월 23일 프랑스로 탈출하여 내전이 종식된 후 메리와 윌리엄이 각각 잉글랜드의 메리 2세와 윌리엄 3세로 즉위하여 공동으로 왕위를 계승했다. 1689년 2월 13일 메리 2세와 윌리엄 3세는 권리장전에 서명했다. 이 내전에서는 많은 피를 흘리지 않았기 때문에 명예혁명이라고 부른다. 1688년에 있었던 명예혁명은 오랫동안 계속되어 온 왕과 의회의 갈등에 한 획을 긋는 중요한 사건이었다. 이로 인해 영국은 전제군주제를 끝내고 입헌군주제의 기틀을 마련했다.

메리 2세가 1694년에 세상을 떠나고, 1702년 윌리엄 3세가 세상을 떠나자 메리 2세의 동생으로 개신교 신자였던 앤(Anne, 1665~1714) 여왕이 잉글랜드의 왕위를 계승했다. 앤이 잉글랜드 왕으로 있던 1704년에 잉글랜드와 스코틀랜드가 합병하여 대영제국이 되었다. 이전에도 같은 왕이 잉글랜드의 왕과 스코틀랜드의 왕을 겸하고 있었지만 왕의 호칭이 달랐고 각자 독립된 의회를 가지고 있었다. 그러나 1704년 이후부터는 온전히 한 명의 왕과 하나의 의회를 가지게 되었다.

청교도혁명과 명예혁명이 일어나던 시기는 뉴턴이 활동하던 시기였다. 뉴턴은 청교도혁명이 일어나던 시기에 태어났고, 왕정복고로 찰스 2세가 잉글랜드의 왕으로 있던 시기에 중력법칙과 운동법칙을 발견했으며, 명예혁명이 있기 직전에 그의 대표적인 저서인 『자연철학의 수학적 원리』를 출판했다. 『자연철학의 수학적 원리』를 출판한 후 뉴턴은 메리 2세와 윌리엄 3세가 통치하던 시기에 케임브리지를 대표하는 의회 의원을 지냈으며, 조폐국장을 지냈고, 1705년에는 앤 여왕으로부터 기사작위를 받았다.

## 2. 프란시스 베이컨의 귀납법

### 진리를 방해하는 우상을 지적하다: 『노붐 오르가논』

엘리자베스 1세 때 대법관을 지낸 니콜라스 베이컨의 아들 프란시스 베이컨(Francis Bacon, 1561~1626)은 케임브리지 대학에서 공부한 후 변호사, 하원 의원, 검찰 총장 등을 거쳐 1617년에는 대법관이 되었다. 1621년에는 뇌물 사건에 연루되어 모든 지위를 잃었다가 다음 해 특별사면을 받고 복직했으나 곧 공직에서 물러나 연구와 저술에 전념했다. 1626년 3월에 베이컨은 눈이 부패 과정을 얼마나 늦추는지를 알아보기 위한 실험을 하다 기관지염에 걸려 4월에 세상을 떠났다.

베이컨은 1620년에 『노붐 오르가논(Novum Organum)』이라는 책을 출판했다.[31] 이 책은 아리스토텔레스의 논리학 『오르가논』에서 탈피해 새로운 논리학을 제시한다는 의미에서 이런 이름을 갖게 되었다. 이 책의 1권에서는 사람들이 가지고 있는 우상을 제시하고, 2권에서는 우상에서 벗어나는 과학적 방법으로 귀납법을 제시했다. 베이컨은 사람들이 가지고 있는 우상을 종족의 우상(idola tribus), 동굴의 우상(idola specus), 시장의 우상(idola fori), 극장의 우상(idola theatri)으로 분류했다. 종족의 우상과 동굴의 우상은 개인의 심리 상태와 연관이 있는 우상들이고, 시장의 우상과 극장의 우상은 사회적 상황과 관련이 있는 우상들이었다.

31 프란시스 베이컨, 진석용 옮김, 『신기관』, 한길사, 2016.

종족의 우상은 감각의 불완전성, 이성의 한계, 감정과 욕망 등으로 인해 나타나는 폐단을 말한다. 종족의 우상으로 인해 사람들은 일단 어떤 것을 사실로 받아들인 후에는 이와 일치하는 사실만 받아들이고 일치하지 않는 사실은 무시하는 경향이 있다. 지구가 우주의 중심이라는 믿음이나 자연에도 목적이 있다고 믿는 것과 같은 것들이 종족의 우상에 속한다. 상상을 통해 자연에 근거 없는 규칙을 상정하는 것 역시 종족의 우상으로 인해 생기는 오류이다. 베이컨은 종족의 우상으로 인해 인간의 감각만으로는 우주의 참된 진리를 발견할 수 없다고 했다.

프란시스 베이컨

동굴의 우상은 경험이나 교육 등에 의해 형성된 개인이 가지고 있는 선입견을 동굴 안에만 갇혀 있던 사람이 동굴 밖으로 나왔을 때 겪는 일들을 자의적으로 해석하는 것에 비유한 데서 이런 이름이 붙었다. 동굴의 우상으로 인해 개인은 특수한 주관이나 선입견을 가지게 되고, 주관이나 선입견이 새로운 지식을 받아들이는 것을 방해하기 때문에 진리에 도달하기가 어렵게 된다는 것이다. 베이컨은 아리스토텔레스의 자연철학 역시 진리를 찾기 위해서는 버려야 할 동굴의 우상이라고 주장했다.

시장의 우상은 잘못된 언어의 사용으로 인해 생기는 폐단을 가리킨다. 사람들은 사용하고 있는 언어의 의미가 사실과 다른 경우에도 그 단어들의 의미에 집착하는 경향을 보인다. 베이컨은 시장의 우상을 다시 두 가지로 나누었는데, 하나는 실체가 없는 것에 붙인 이름이고, 다른 하나는 실제로 존재하기는 하지만 정확하지 못한 의미를 가진 이름이다. 베이컨은 이것이 시장에서 팔고 사는 물건에 적합하지 않은 이름을 붙여 거래하는 것과 비슷하다고 보아 시장의 우상이라고 했다.

극장의 우상은 학문의 체계나 학파 등으로 인해 생기는 폐단을 말한다. 극장에서 배우들이 공연할 때 아무 생각 없이 연극 대본을 그대로 읽는 것처럼 자연현상을 있는 대로 보지 않고 아무 생각 없이 기존 학설이나 학파의 주장을 반복하는 것이 극장의 우상이다. 베이컨은 극장의 우상을 세 가지 범주로 분류했는데, 첫 번째는 상상을 통해 얻어진 체계에 약간의 경험을 끼워 맞춰 만든 것으로 아리스토텔레스의 자연철학이 그 대표적인 예라고 했다. 두 번째 극장의 우상은 실험 결과를 왜곡하는 것이며, 세 번째 극장의 우상은 신학과 미신을 과학에 도입함으로써 생기는 것이라고 했다. 베이컨은 이 중에서 세 번째 극장의 우상이 가장 자주 볼 수 있는 것이지만 가장 많은 해를 끼치는 것은 두 번째 것이라고 했다.

베이컨은 아리스토텔레스의 자연학은 네 가지 우상을 모두 포함하고 있으며, 연금술과 마술은 동굴의 우상에, 그리고 원자론자들의 주장은 극장의 우상에 젖어 있다고 주장했다. 12세기에 유럽 학자들이 고대 그리스 학문을 새롭게 발견하고 무비판적으로 모든 것을 사실로 받아들이던 것과 비교하면 베이컨의 아리스토텔레스에 대한 비판은 격세지감을 느끼게 한다.

### 귀납법으로 우상을 무너뜨리다

베이컨은 『노붐 오르가논』의 제2권에서 이런 우상들에서 벗어나기 위해서는 귀납적 방법을 사용해야 한다고 주장했다. 귀납적 방법의 첫 번째 단계는 실험과 관찰을 바탕으로 어떤 현상이 발생하는 사례들을 모아 놓은 존재 목록, 그런 현상이 발생하지 않는 사례들을 모아 놓은 부존재 목록, 그리고 존재 사례와 부존재 사례를 비교한 비교 목록을 만드는 것이다. 두 번째 단계는 작성한 목록을 바탕으로 제거 목록을 작성하는 것이다. 존재 사례에 있는 현상이라고 해도 부존재 사례가 존재한다면 그것은 일반적인 현상이라고 볼 수 없으므로 제거 목록에 포함시킨다.

세 번째 단계는 목록들의 내용을 토대로 가설을 작성하는 일이다. 가설을 작성하기 위해서는 실험과 관찰에 인간의 이성을 더해야 한다. 네 번째 단계는 가설을 검증하는 단계이다. 가설의 정당성을 확인하기 위한 실험을 반복하여 가설이 옳다는 것을 증명해야 하며, 이 과정에서 오류가 나타나면 그 가설을 포기해야 한다. 이러한 베이컨의 주장은 과학에서의 귀납법의 위상을 확고히 하여 새로운 과학적 세계관과 방법론을 확립하는 데 크게 기여했다.

베이컨은 1627년에 이상향을 그린 소설 『새로운 아틀란티스』를 출판했다. 아틀란티스는 대서양에 있다고 하는 상상 속의 섬인데 베이컨은 아틀란티스를 신대륙이라고 생각하고, 새로운 아틀란티스는 태평양 한가운데 있는 섬이라고 설정했다. 기독교 국가인 새로운 아틀란티스는 예절이 존중되는 나라이다. 이 나라의 군주인 소라모나는 과학기술연구소인 사로몬 학원을 창설하여 과학과 기술을 발전시키는 것으로 그려져 있다. 이 책은 후에 철학학원(1645)과 영국 학사원의 창설(1662)을 촉진시켰고, 또 18세기 프랑스에서 『백과전서』가 출판되는 데도 영향을 주었으며, 근대 과학의 요람이 된 영국 왕립학회(1660)와 프랑스 과학 아카데미(1666)의 창설에도 영향을 주었다.

베이컨은 "아는 것이 힘이다(Knowledge is power)"라는 유명한 말을 비롯하여 많은 명언을 남긴 것으로도 널리 알려져 있다. "아는 것이 힘이다"라는 말은 한때 교육의 중요성을 언급하는 말로 우리나라에서도 자주 인용되었다.

## 3. 브라헤와 케플러의 행성운동법칙

### 관측천문학자와 분석천문학자가 만나다: 브라헤와 케플러

코페르니쿠스가 시작한 태양중심설에 의한 천문학 혁명을 완성한 사람은 케플러와 갈릴레이였다. 케플러는 덴마크의 천문학자 튀코 브라헤(Tycho Brache, 1546~1601)가 수집한 관측 자료를 분석하여 태양중심설을 완성했다. 덴마크의 귀족 가문에서 태어난 브라헤는 일찍이 관측천문학자로서 두각을 나타냈다. 천문학에 관심이 많았던 덴마크의 왕 프레드릭 2세(Frederick II, 1534~1588)는 덴마크의 해안에서 10km 정도 떨어져 있는 벤(Ven)섬을 그에게 주고 우라니보르그라는 천문관측소를 지을 수 있도록 재정을 지원했다.

우라니보르그는 해마다 규모가 커져서 1580년대에는 도서관, 제지공장, 인쇄소, 연금술사의 실험실, 용광로, 법을 어긴 죄수를 수용하는 감옥도 갖추고 있었다. 천체 관측에는 육분의, 사분의, 고리 모양의 천구를 비롯한 다양한 관측기구들이 사용되었다. 모든 관측기구들은 네 개씩 만들었는데 그것은 동시에 독립적으로 같은 것을 측정하여 측정 오차를 최소로 하기 위한 것이었다. 브라헤가 우라니보르그에서 20년 동안 수집한 관측 자료는 그보다 앞선 시대의 관측보다 5배나 정확하여 1/30°의 각도까지 측정했다.

브라헤는 코페르니쿠스의 『천체 회전에 관하여』에 대해 알고 있었지만 코페르니쿠스의 태양중심 체계를 그대로 받아들이는 대신 자신의 천문 체계를 만들었다. 1588년에 브라헤는 『천상 세계의 새로운 현상에 관하여』라는 책을 출판했는데, 이 책에서 그는 모든 행성은 태양을 중심으로 돌고 있

튀코 브라헤

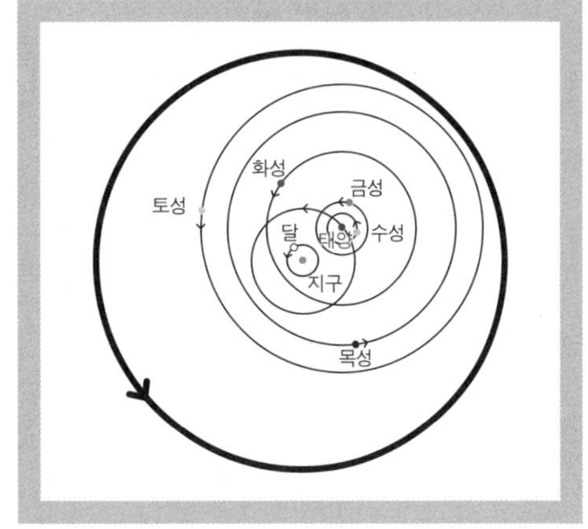


브라헤의 천문 체계

고, 태양과 달은 지구를 중심으로 돌고 있다는 새로운 천문 체계를 제안했다. 브라헤가 제안한 천문 체계는 한때 코페르니쿠스 체계보다 사람들 사이에서 더 많은 인기를 끌었다.

그러나 1597년에 브라헤의 후원자였던 프레데릭 2세가 죽은 후 새로 덴마크의 왕이 된 크리스티안 4세(Christian IV, 1577~1648)는 더 이상 브라헤에게 재정 지원을 하려고 하지 않았다. 따라서 브라헤는 가족과 조수들, 그리고 천문 관측기구들을 나르는 일꾼들을 데리고 덴마크를 떠나 신성로마제국 황제가 있던 프라하로 갔다. 신성로마제국의 황제 루돌프 2세(Rudolph II, 1552~1612)는 그를 제국 수학자로 임명하고, 베나키성에 새로운 관측소를 설치할 수 있도록 허락했다. 브라헤는 이곳에서 케플러를 만났다.

요하네스 케플러(Johannes Kepler, 1571~1630)는 독일의 슈투트가르트 부근에 있는 바일에서 태어났다. 할아버지는 시장을 지내기도 했지만 아버지 대에는 가세가 기울어 생활이 어려울 정도가 되었다. 아버지는 케플러가 다섯 살 때 집을 떠나 용병 생활을 하다가 전쟁터에서 죽었다. 여관 관리인의 딸이었던 케플러의 어머니는 식물을 이용하여 질병을 치료하는 일을 하기도 했고 무당 일을 하기도 했다. 미숙아로 태어난 케플러는 건강이 좋지 않았지만, 뛰어난 수학적 재능으로 사람들에게 깊은 인상을 주었다.

케플러는 어려서부터 천체 관측에 관심이 많아 열 살도 되기 전에 혜성과 월식을 관측했다. 하지만 천연두의 후유증으로 시력이 나빠져 더 이상 천체 관측을 할 수 없게 되었다. 케플러는 1589년에 튀빙겐 대학에 진학하여 철학과 신학을 공부하고, 프톨레마이오스의 지구중심설과 코페르니쿠스의 태양중심설에 대해서도 배웠다. 케플러는 코페르니쿠스의 태양중심설을 선호해 학생들과의 토론에서 수학적인 면과 신학적 이유를 들어 코페르니쿠스 체계를 옹호했다. 케플러는 23세이던 1594년 4월에 그라츠 학교의 수학과 천문학 선생으로 초빙되어 종교적인 이유로 그라츠를 떠나던 1600년까지 그곳에서 학생들을 가르쳤다.

케플러가 출판한 첫 번째 천문학 연구서는 코페르니쿠스의 체계를 옹호하기 위해 1596년에 출판한 『우주의 신비(Mysterium Cosmographicum)』였다. 케플러는 이 책에서 1595년 7월 19일 그라츠에서 학생들을 가르치다가 갑자기 '정다면체에 내접하는 원과 외접하는 원이 여섯 개 행성의 궤도를 나타내는 것이 아닐까' 하는 생각을 하게 되었다고 밝혔다. 케플러는 우주는 기하학적으로 구성되었다는 플라톤의 생각을 바탕으로 태양계를 만든 신의 기하학적인 계획을 밝혀내려고 시도했다. 케플러는 이 책 초고의 많은 부분을, 지구중심설을 지지하는 것처럼 보이는 성서의 내용을 태양중심설의 입장에서 새롭게 해석하는 데 할애했다. 그러나 튀빙겐 대학에서 출판

케플러

허가를 받을 때 성서와 관련된 부분을 삭제할 것을 요구 받았다. 『우주의 신비』는 널리 읽히지는 않았지만 케플러를 천문학자로 인식시키는 데는 어느 정도 성공했다. 후에 구체적인 내용의 일부는 수정했지만 케플러는 『우주의 신비』에 실린 기하학적 태양계 모델을 오랫동안 고수했다.

그라츠를 다스리고 있던 영주는 가톨릭을 신봉하는 사람이었으므로 그의 종교를 따르지 않으면 여러 가지 불이익을 감수해야 했다. 따라서 개신교 신자였던 케플러는 그라츠를 떠날 생각을 하고 있었다. 그러던 중 그동안 서신을 주고받으며 천문 체계에 대해 의견을 교환했던 브라헤가 1599년 12월 케플러를 프라하로 초청했다. 케플러는 브라헤로부터 연구 활동에 대한 후원과 재정적 지원을 얻어 내기 위해 1600년 1월 1일 프라하를 방문하여 브라헤의 손님으로 지내면서 브라헤가 수집한 화성 관측 자료를 분석했다. 브라헤는 그의 관측 자료에 접근하는 것을 제한했지만 케플러의 수학적 재능을 본 후에는 좀 더 많은 자료를 보여 주었다. 케플러가 브라헤와 고용 관계에 합의하고 그라츠로 돌아와 가족과 함께 프라하로 간 것은 1600년 8월이었다. 브라헤는 그가 신성로마제국 황제에게 제안했던 「루돌프 표」[32]를 완성하기 위해 케플러를 공동 연구원으로 기용했다.

1601년 10월 24일 브라헤가 갑자기 세상을 떠나자 황제는 케플러를 브라헤의 뒤를 이어 제국 수학자에 임명했다. 제국 수학자로 일한 11년 동안은 케플러가 가장 활동적으로 천문학 연구에 전념한 기간이었다. 브라헤의 자료를 마음대로 사용하게 된 케플러는 화성의 궤도를 결정하기 위해 관측 자료를 분석하는 한편 「루돌프 표」를 완성하기 위한 작업도 병행했고, 일식이나 월식과 관련된 광학적인 현상을 이해하기 위한 연구도 했다. 달의 그

32 이전에 관측된 400개의 별들에 브라헤가 관측한 1,006개의 별들과 행성들이 포함되어 있는 「루돌프 표」는 케플러에 의해 1627년에 출판되었다.

림자 크기, 개기월식 때 달 표면에 나타나는 붉은 빛, 개기일식 때 태양 주변의 빛 등이 그의 관심사였다. 1603년에는 다른 분석 작업을 대부분 중지하고 일식이나 월식과 관련된 현상을 연구하여 1604년 1월 1일에 그 결과를 발표했다. 이 논문에는 빛의 세기가 거리의 제곱에 반비례해서 약해지는 현상, 평면거울과 오목거울에서의 빛의 반사, 바늘구멍 사진기의 원리, 시차와 천체의 겉보기 크기 등에 대해 설명이 포함되어 있었다.

### 행성들은 타원 운동을 한다: 행성운동 제1법칙

케플러는 브라헤의 관측 자료를 분석하여 화성 궤도를 결정한 연구 결과를 1609년에 『신천문학(Astronomia nova)』이라는 제목의 책으로 출판했다. 이 책에는 행성운동에 관한 제1법칙과 제2법칙이 포함되어 있었다. 케플러는 길버트의 『자석에 관하여』에 수록된 자기력에 관한 내용과 자신이 연구한 빛에 관한 이론을 결합하여, 태양에 의해 작용하는 자기력과 비슷한 힘이 거리가 멀어짐에 따라 약해지기 때문에 행성들의 속도가 달라진다고 주장했다. 케플러는 지구와 화성의 근일점과 원일점을 측정하여 행성의 속도가 태양으로부터의 거리의 제곱에 반비례하여 느려진다는 것을 보여 주었다. 그러나 이러한 결과를 일반적으로 증명하기 위해서는 많은 계산이 필요했다. 케플러는 계산을 간단하게 하기 위해 행성이 같은 시간에 같은 면적을 휩쓸고 지나간다는 면적속도 개념을 도입했다.

케플러는 면적속도 개념을 바탕으로 화성의 전체 궤도를 결정하기 위한 분석 작업을 했다. 40번 이상 실패한 후인 1605년에 마침내 타원 궤도를 생각해 냈다. 화성의 궤도가 타원 궤도와 잘 맞는다는 것을 확인한 그는 모든 행성의 궤도는 타원이며 태양은 이 타원의 한 초점에 위치한다는 행성운동 제1법칙을 확립했다. 1605년에 『신천문학』의 내용이 대부분 완성되었지만, 브라헤의 유산 상속자 소유인 브라헤의 관측 자료를 사용하는 것과 관련된 법적인 문제가 해결되지 않아 1609년이 되어서야 이 책을 출판할 수 있었다.

총 650쪽인 『신천문학』은 케플러가 행성운동에 관한 제1법칙과 제2법칙을 발견해 나가는 과정을 차근차근 보여 주고 있다. 서문에서 케플러는 그의 연구를 세 단계로 나누어 설명해 놓았다. 첫 번째 단계는 태양 또는 태양 부근의 한 점이 행성 궤도의 중심이라는 것을 밝혀내는 과정이었다. 다음 단계는 우주 중심에 위치해 있는 태양이 행성운동의 근원이라는 것을 설명하는 단계였다. 여기에는 태양을 우주의 중심에 위치시키는 것에 대한 반론에 대한 답도 들어 있다. 세 번째 단계는 행성이 원 궤도가 아니라 타원 궤도를 돌고 있다는 것을 설명하는 단계였다.

『신천문학』의 핵심 내용인 행성운동의 제1법칙과 제2법칙은 다음과 같다.

제1법칙: 행성은 태양을 한 초점양으로 하는 타원 궤도를 돌고 있다.

제2법칙: 일정한 시간 동안에 태양과 행성을 연결하는 직선이 그리는 면적은 같다.

『신천문학』이 출판된 후에도 케플러의 태양계를 받아들이는 사람들은 그리 많지 않아 케플러는 실망했다. 그러나 타원운동을 기초로 한 케플러의 태양계는 단순하면서도 행성의 운동을 정확하게 예측했다. 따라서 철학자, 천문학자 그리고 교회의 지도자들 중에는 케플러의 행성운동 모델이 계산을 하기에 좋은 모델임을 인정하는 사람들이 늘어났다. 망원경을 이용하여 목성의 위성 네 개를 발견하고 그 결과를 1610년에 『별세계의 메시지(Sidereus Nuncius)』라는 책으로 발표한 갈릴레이는 편지로 자신의 발견에 대한 케플러의 의견을 물었다. 케플러는 「별세계의 메시지와의 대화」라는 제목의 논문을 발표하여 갈릴레이의 발견을 인정하고 이 발견의 의미와 천체 관측에 망원경을 사용하는 데 대한 자신의 의견을 제시했다. 케플러의 이런 평가는 갈릴레이가 망원경으로 관측한 결과를 사실로 인정받게 하는 데 큰 도움을 주었다. 그러나 갈릴레이는 케플러의 『신천문학』에 대해 아무런 반응을 보이지 않았다.

### 주기의 제곱은 거리의 세 제곱에 비례한다: 행성운동 제3법칙

케플러는 신이 기하학적 모델을 바탕으로 우주를 창조했다는 믿음을 가지고 있었으므로 천문학의 문제를 기하학적으로 이해하려고 노력했다. 케플러는 처음에 정다면체를 이용하여 태양계의 기하학적인 구조를 밝혀내려고 시도했지만, 차츰 행성의 속도와 태양에서 행성까지의 거리 사이의 관계에 관심을 가지게 되었다. 이미 다른 천문학자들도 그에 대해 연구하고 있었지만, 케플러는 브라헤의 관측 결과와 자신의 타원 궤도를 이용하여 훨씬 정교하게 이 문제를 다룰 수 있었다.

케플러는 주기의 제곱이 태양에서 행성까지의 평균 거리의 세제곱에 비례한다는 행성운동에 관한 제3법칙을 발견할 때까지 많은 조합을 시도했다. 그는 행성운동에 관한 제3법칙을 1618년 3월 8일에 알게 되었다고 했지만 어떤 과정을 통해 이런 결론을 얻었는지에 대해서는 설명하지 않았다. 조화의 법칙이라고도 불리는 행성운동의 제3법칙은 1619년에 발표된 『우주의 조화(Harmonices Mundi)』에 실려 있다. 주기의 제곱은 궤도 반지름의 세 제곱에 비례한다는 행성운동에 관한 제3법칙은 1660년대에 하위헌스, 뉴턴, 핼리, 훅 등이 중력법칙을 이끌어 내는 데 사용할 때까지는 그 중요성을 인정받지 못했다.

『신천문학』을 출판한 후 케플러는 한때 성서의 연대를 연구하기도 했고, 정치적 사건들에 연루되어 어려운 시기를 보내기도 했으며, 아내와 아들이 병으로 죽는 슬픔을 겪기도 했다. 한때는 그의 어머니가 마녀로 몰리기도 했다. 케플러는 어머니의 혐의를 벗기기 위해 노력했다. 케플러는 한때 눈의 육각형 구조를 연구하기도 했으며, 망원경과 관련된 광학 연구도 했다.

1615년에는 『신천문학』을 출판한 직후부터 계획했던 천문학 교과서 집필 작업을 시작했다. 케플러는 『코페르니쿠스 천문학 개요(Epitome astronomiae Copernicanae)』의 첫 세 권을 1618년에 출판했고, 4권은 1620년에, 그리고 5권은 1621년에 출판했다. 이 책에는 케플러의 행성운동법칙이 모두 실려 있으며 천체 운동의 물리적 원인을 설명하려고 시도했다. 케플러는 화성 궤도에 적용했던 행성운동법칙을 모든 행성들과 달의 운동에 적용했으며, 갈릴레이가 발견한 목성의 위성들에도 적용했다.

## 4. 갈릴레이와 『두 우주 체계에 관한 대화』

### 망원경으로 하늘을 관찰하다: 갈릴레이

1564년에 피사에서 태어난 갈릴레오 갈릴레이(Galileo Galilei, 1564~1642)는 역사상 가장 뛰어난 이론물리학자 중 한 사람이었고, 가장 훌륭한 실험가였으며, 매우 숙련된 발명가였다. 갈릴레이는 음악과 수학을 애호했던 아버지의 영향을 받아 여러 분야에서 재능을 보였다. 처음에는 의학을 배웠으나 후에 물리학과 수학을 공부했다. 갈릴레이는 피사 대학에 다니는 동안 성당에서 등이 좌우로 흔들리는 것을 보고 '진자의 주기는 진폭의 관계없이 일정하다'는 진자의 등시성을 발견했다. 대학을 졸업한 후에는 피사 대학에서 학생들에게 수학을 가르쳤다. 피사의 사탑에서 낙체 실험을 하여 무거운 것이 먼저 땅에 떨어질 것이라는 아리스토텔레스 역학을 부정했다는 일화는 이때의 것이다. 그러나 갈릴레이가 실제로 피사의 사탑에서 자유 낙하실험을 했는지는 확실하지 않다.

새로운 지식에 대한 열정과 뛰어난 발명가의 기질을 가지고 있던 갈릴레이에게 망원경에 대한 소식이 전해진 것은 천문학의 혁명에서 중요한 전기가 되었다. 네덜란드의 플랑드르 지방에서 안경을 만들고 있던 한스 리퍼세이(Hans Lippershey, 1570~1619)가 1608년에 망원경을 발명했다. 리퍼세이가 만든 망원경에 대한 소식은 오래지 않아 이탈리아에 있던 갈릴레이에게도 전해졌다. 망원경에 대한 소문을 듣고 즉시 스스로 망원경을 만드는 일에 착수한 갈릴레이는 곧 배율이 네 배인 망원경을 만들었고, 렌즈 연마법을 배운 1609년 8월에는 배율이 여덟 배 정도인 망원경을 만들었다.

1609년 말부터 갈릴레이는 망원경으로 천체를 관측하기 시작했다. 망원경으로 밤하늘을 관측하기 시작한 갈릴레이가 가장 먼저 관측한 것은 달이었다. 달에서 그는 넓은 고원과 깊은 골짜기 그리고 언덕과 산들을 관측했다. 1610년 1월에는 목성 주위를 돌고 있는 네 개의 위성을 발견했다. 그 전에는 아무도 지구의 달 외에는 행성을 돌고 있는 위성을 관측한 적이 없었다. 목성 주위를 돌고 있는 이 위성들은 지금도 갈릴레이 위성이라고 불리고 있다. 고대인들은 지구는 우주의 중심에 정지해 있으며 모든 천체는 지구를 중심으로 돌고 있다고 주장했지만, 이제 모든 천체가 지구를 도는 것이 아니라는 확실한 증거가 발견된 것이다. 갈릴레이는 이 밖에도 은하수가 작은 별들로 이루어져 있다는 것을 발견하기도 했다.

갈릴레오 갈릴레이

망원경을 이용한 갈릴레이의 관측 결과는 1610년 5월에 『별세계의 메시지』라는 제목의 작은 책자로 출판되었다. 이 책은 많은 사람들의 관심을 끌었다. 이 책이 출판된 후 오래지 않아 갈릴레이는 파도바 대학에서 사직하고 피사 대학의 수학 주임교수가 되었고, 투스카니 대공의 수학자 겸 철학자가 되었다. 그 후에도 갈릴레이는 망원경을 이용한 천체 관측을 계속했다. 갈릴레이가 처음으로 토성을 관측한 것은 1610년 7월 25일이었다. 망원경의 성능이 좋지 않아 고리의 일부만을 관측한 갈릴레이는 토성이 귀를 가지고 있는 행성이라고 했다. 1612년에는 『별세계의 메시지』에 포함되었던 목성의 위성을 자세하게 관측하여 주기를 확정했다.

갈릴레이는 망원경 관측을 통해 태양중심설을 증명해 줄 확실한 증거를 찾기 위해 노력했다. 코페르니쿠스는 필요한 관찰을 할 수 있는 적절한 관찰도구를 가지고 있으면 금성의 위상 변화를 관측하여 자신의 체계의 진실성을 시험해 볼 수 있을 것이라고 예측했었다. 태양중심설에 의하면 금성도 달과 마찬가지로 보름달, 반달, 초승달 같은 모양으로 보여야 하지만, 지구중심설에 의하면 항상 초승달 모양으로만 관측되어야 하기 때문에 금성의 위상 변화를 관측하면 두 체계 중 어느 것이 옳은지를 확인할 수 있다는 것이다. 그러나 맨눈으로는 금성이 밝은 점으로만 보여 위상 변화를 알 수 없었다.

1610년 가을 갈릴레이는 최초로 금성의 위상 변화를 관찰하고 위상 변화를 나타내는 도표를 만들었다. 예상했던 대로 관측 결과는 태양중심설에서 예측했던 것처

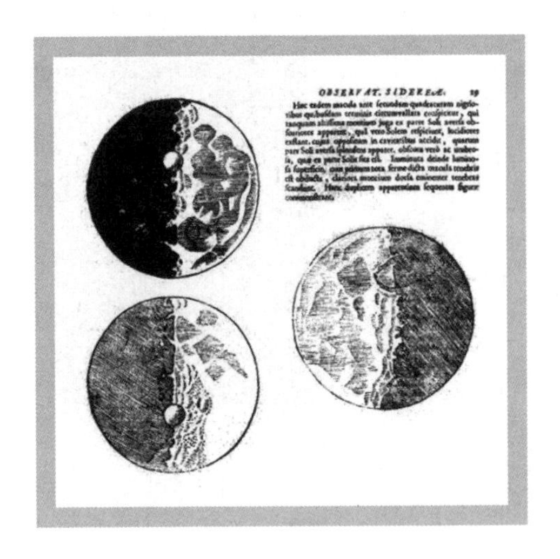

갈릴레이가 관찰한 달

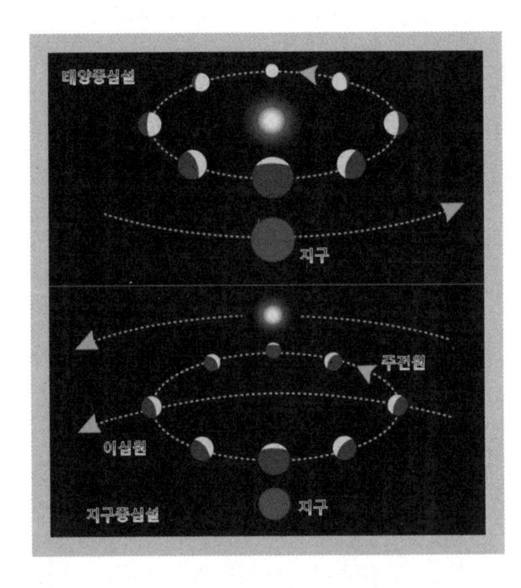


태양중심설과 지구중심설에서의 금성의 위상 변화

럼 보름달, 반달, 초승달의 모양을 모두 보여 주었다. 이는 코페르니쿠스의 새로운 천문 체계를 지지하는 증거였다. 갈릴레이는 태양 표면의 흑점 수가 변해 간다는 것을 알아내, 하늘 세계도 완전하며 변화가 없다는 고대의 설명이 옳지 않음을 확인했다. 갈릴레이는 태양 흑점에 관한 관측 결과를 1612년과 1613년에 발표했다.

1616년 갈릴레이는 메디치의 코시모 2세(Cosimo II de' Medici, 1590~1621) 대공의 어머니에게 아리스토텔레스의 추종자들을 비난하는 내용이 포함된 편지를 보냈다. 이 편지에서 갈릴레이는 성서의 내용이 수학적으로 증명된 과학적 사실과 모순될 때는 성서의 내용을 문자 그대로 해석하면 안 된다고 주장하고, 코페르니쿠스의 체계는 계산을 위한 수학적 모델이 아니라 물리적 사실이라고 주장했다. 갈릴레이가 관측 증거를 가지고 코페르니쿠스의 태양중심설이 물리적 사실이라고 주장하자 교회에서는 이를 문제 삼고 나섰다.

교황 바오로 5세(Paulus V, 1552~1621)는 코페르니쿠스의 태양중심설을 평가하기 위해 종교재판소의 위원회를 소집할 것을 명했다. 추기경들로 구성된 위원회는 1616년 2월 24일 모임을 가지고 신학자들의 견해를 들은 후 태양중심설은 사실이 아니며 잘못된 것이어서 이를 옹호하거나 지지해서는 안 된다고 결정했다. 이 판결로 코페르니쿠스의 『천체 회전에 관하여』는 출판된 지 63년 만인 1616년 3월 금서 목록에 올랐다. 코페르니쿠스의 저서는 230년이 지난 1835년이 되어서야 금서 목록에서 풀릴 수 있었다. 독실한 가톨릭 신자였지만 동시에 합리주의자였던 갈릴레이는 교회의 판결을 받아들일 수 없었다. 그는 1623년에 『시금자(The Assayer)』를 출판했는데, 이 책은 자신의 새로운 과학 방법을 설명한 책이었다. 이 책에는 다음과 같은 내용이 실려 있다.

철학은 우리가 보아 주기를 기다리며 우주라는 거대한 책에 쓰여 있다. 그러나 이 책은 그것을 기록한 글자를 읽는 방법을 배우기 전에는 이해할 수 없다. 이 책은 수학이라는 언어로 쓰여 있다. 이것을 쓰는 데 사용된 글자는 삼각형, 원과 같은 기하학적 형상들이어서 이들에 대해 알지 못하고는 한 글자도 이해할 수 없다. 그것을 알지 못하고는 어두운 심연을 헤매는 것과 마찬가지이다.

이 책이 출판되기 전에 갈릴레이와 오랜 친분이 있었던 마페오 바르베리니(Maffeo Barberini, 1568~1644) 추기경이 교황에 선출되어 우르바노 8세(Urban VIII)가 되었다. 갈릴레이는 『시금자』를 교황에게 헌정했다. 갈릴레이는 우르반 8세 교황을 여러 번 접견하고 우주에 대한 두 경쟁 체계를 비교하는 책을 쓸 수 있는 허가를 받아냈다. 1624년에 갈릴레이는 『두 우주 체계에 관한 대화(Dialogue Concerning the Two Chief World System)』를 쓰기 시작했지만 건강이 좋지 않아 작업이 제대로 진척되지 않았다. 결국 갈릴레이는 교황의 승인을 받고 6년 후인 1630년이 되어서야 이 책을 완성할 수 있었다. 1630년에 갈릴레이는 이 책의 출판 허가를 로마에 요청했지만, 쉽게 허가가 나지 않았다. 따라서 그는 로마가 아닌 피렌체에서 출판 허가를 받아 1632년 2월에 『두 우주 체계에 관한 대화』를 출판했다.

『두 우주 체계에 관한 대화』는 살비아티와 심플리치오, 그리고 사그레도라는 이름의 인물들이 4일 동안 프톨레마이오스 체계와 코페르니쿠스 체계의 장단점은 물론 과학 전반에 걸쳐 토론하는 내용을 대화 형식으로 구성한 책이다. 코페르니쿠스 체계를 옹호하는 학자로 나오는 살비아티는 갈릴레이의 친구로, 그 이름은 과학자이며 천문학자였던 필리포 살비아티(Filippo Salviati, 1582~1614)에서 따왔다. 지적인 사람으로 두 사람의 토론을 중재하는 역할을 하는 사그레도는 중립적인 입장을 취하지만 살비아티의 편에 서서 심플리치오를 나무라기도 한다. 사그레도란 이름은 갈릴레이의 친구이며 수학자였던 조반니 사그레도(Giovanni Francesco Sagredo, 1571~1620)에서 따왔다. 아리스토텔레스와 프톨레마이오스의 열렬한 추종자로 그려진 심플리치오의 이름은 6세기의 아리스토텔레스주의 학자였던 심플리치우스(Simplicius of Cilicia, 기원전 560~490)에서 따온 것으로 보인다. 그러나 단순하다는 의미로 심플리치오라고 불렀을 가능성도 있다.

이 책은 대화 형식으로 쓰여 있어서 넓은 층의 독자들에게 읽힐 수 있었다. 또한 이 책은 라틴어가 아닌 이탈리아어로 쓰였는데, 이는 갈릴레오가 태양중심설을 널리 일반 사람들에게 알려 그들의 지지를 얻기 위한 것이었다. 이 책에서 갈릴레이는 금성의 위상 변화, 태양 흑점의 변화, 목성 주위를 돌고 있는 위성들의 예를 들어 태양중심설이 옳다는 것을 적극적으로 주장하고, 아리스토텔레스의 역학에 근거한 프톨레마이오스 체계의 모순을 지적했다. 갈릴레이는 또한 지구가 움직이고 있다는 생각을 받아들이지 못하는 사람들을 설득하기 위한 내용도 중요하게 다루었다. 우리가 살아가고 있는 지구가 1,600km/h의 빠른 속력으로 달리고 있다는 것을 받아들이지 못하는 사람들을 설득하기 위해 갈릴레이는 다음과 같은 사고실험을 제안했다.

커다란 배의 갑판 아래 있는 큰 선실에 친구와 함께 있다고 생각해 보자. 그리고 그 방에는 파리, 나비와 같은 날아다니는 곤충들이 있고, 어항 속에는 물고기도 들어 있다. 방의 중앙에는 큰 병이 거꾸로 매달려 있어 물이 한 방울씩 아래에 있는 그릇으로 떨어진다고 하자. 배가 조용히 정지해 있을 때 작은 곤충들이 선실의 모든 방향으로 같은 속도로 날아다니는 것과 물고기들이 모든 방향으로 헤엄치는 것을 관찰할 수 있다. 그리고 친구에게 물건을 던져 보자. 거리가 같다면 어떤 특정한 방향으로 던질 때 다른 쪽으로 던질 때보다 특히 세게 던질 필요는 없다. 그리고 두 발을 모으고 여러 방향으로 뛰어 보자. 어느 방향으로든지 같은 거리만큼 뛸 수 있을 것이다. 모든 사항들을 조심스럽게 관찰한 다음 배를 당신이 원하는 어떤 속도로 움직이도록 해 보자. 단 운동이 일정하고 변화가 없도록 하면서 말이다. 그러면 선실 안에서 일어나는 일에서 어떤 차이도 발견할 수 없을 것이다. 그리고 선실 안의 일들로부터 이 배가 정지해 있는지 아니면 움직이고 있는지 알아낼 수 없을 것이다.

이 사고실험을 통해 갈릴레이가 설명하려고 한 것은 등속도로 달리는 계에서는 속력에 관계없이 똑같은 일이 일어난다는 것이다. 다시 말해 모든 등속도로 달리는 계에서는 같은 물리법칙이 성립하기 때문에 이 계 안에서 어떤 실험을 하더라고 이 계의 속력을 알 수 없다는 것이다. 빠른 속력으로 달리고 있는 지구 위에서 살면서도 그것을 느끼지 못하고 편안하게 살아갈 수 있는 것은 이 때문이다. 이것은 후에 상대성원리라고 불리게 되었다. 상대성원리는 뉴턴역학에서는 물론 아인슈타인의 상대성이론에서도 받아들여지는 기본적인 원리이다.

『두 우주 체계에 관한 대화』가 출판되자 교회의 반응은 심각했다. 책을 쓰기 시작한 시점과 출판된 시점 사이의 10년 동안에 유럽의 정치적, 종교적 환경이 달라져 있었다. 『두 우주 체계에 관한 대화』가 출판되었을 때, 유럽에서는 30년 전쟁이 14년째 계속되고 있었다. 따라서 가톨릭 교회는 성장하는 신교도들에 대해 점점 더 큰 위협을 느끼고 있었다. 따라서 교황에게는 가톨릭의 수호자의 역할이 요구되었다. 교황은 갈릴레이에게 두 체계를 비교하는 책을 쓰도록 허락했던 자신의 입장을 바꾸어 전통적인 지구중심설에 의문을 제기하는 이단적인 과학자들이 쓴 저작물들을 금지시켰다.

『두 우주 체계에 관한 대화』가 출판된 후 종교재판소는 '이단의 강력한 혐의'라는 죄목으로 갈릴레이에게 출두할 것을 명령했다. 갈릴레이는 자신이 병들어 있어서 먼 곳까지 여행할 수 없다고 항의했지만, 종교재판소는 그를 체포해서 로마까지 끌고 오겠다고 위협했다. 교회는 『두 우주 체계에 관한 대화』를 압수하려 했지만 모든 책이 이미 팔린 후였다. 재판은 1633년 4월에 시작되었다. 갈릴레이의 죄목은 지구가 태양 주위를 돌고 있다는 그의 주장이 '지구를 굳은 반석 위에 세우시고 영원히 움직이지 않도록' 하신 하나님의 뜻에 어긋난다는 것이었다. 대부분의 재판관들은 지구가 태양 주위를 공전한다고 주장하는 것은 예수가 처녀에게서 나지 않았다고 주장하는 것만큼이나 잘못된 것이라고 했고, 갈릴레이가 코페르니쿠스 체계를 홍보하지 못하도록 한 1616년의 판결을 어겼다고 보았다.

그러나 재판에 참가한 열 명의 추기경들 중에는 갈릴레이에게 호의적인 합리주의자들도 있었다. 카를로 바르베리니(Carlo Barberini, 1630~1704) 추기경[33]도 그런 사람들 중 한 사람이었다. 2주 동안 갈릴레이의 죄를 입증할 증거들이 수집되었고, 고문의 위협도 있었다. 그러나 바르베리니 추기경은 계속해서 관용을 요청했다. 늙고 쇠약했던 갈릴레이는 결국 굴복하고, 재판관들 앞에서 자신의 주장을 철회하고 참회했다. 그러자 관용을 요청하는 추기경들의 요구가 어느 정도 수용되어 갈릴레이는 무기 가택 연금형을 선고받았고, 『두 우주 체계에 관한 대화』는 금서 목록에 추가되었다.

이 판결이 있은 후 갈릴레이가 "그래도 지구는 돌고 있다"라는 말을 했다는 것은 유명한 일화이다. 그가 세상을 떠난 후에 그려진 그림에 따르면, 이 말이 갈릴레이가 갇혀 있던 동굴 벽에 쓰여 있었다고 한다. 실제로 갈릴레이가 이 말을 했었는지는 확실하지 않지만, 이 말은 당시 갈릴레이의 심정을 가장 잘 나타내는 것으로 보여 많은 사람들이 인용하면서 사실로 굳어졌다.

그러나 교회의 강경한 탄압에도 불구하고 시간이 흐르면서 태양중심설

33 카를로 바르베리니 추기경은 교황 우르바노 8세의 조카였다.

이 점점 더 많은 천문학자들에 의해 받아들여졌다. 부분적으로는 더 나은 망원경의 사용으로 더 나은 관측 자료들이 수집되었기 때문이기도 했고, 프톨레마이오스의 지구중심설에 익숙해 있던 전 세대의 천문학자들이 세상을 떠났기 때문이기도 했다. 천문학자들에 의해 태양중심설이 널리 받아들여지자 교회의 태도에도 변화가 생기기 시작했다.

지식인들이 사실로 간주하는 것을 계속해서 교회가 부정할 경우 자신들이 오히려 어리석게 보일 것이라는 점을 깨닫기 시작했다. 교회는 과학에 대한 기존의 자세를 바꾸어 세상적인 지식과 신앙을 구분하려고 했다. 교회는 이제 더 이상 과학에 간섭하지 않기로 결정했다. 천체를 비롯해 자연현상을 설명하는 일은 과학자들에게 맡기고, 교회는 영혼을 구원하는 일에만 전념하기로 한 것이다. 18세기에 과학자들이 자유롭게 자연과학을 연구할 수 있었던 것은 교회의 이런 변화된 태도 때문이었다.

## 5. 데카르트의 정신과 물질 이원론

### 근대 철학과 물리학을 시작하다: 데카르트

철학자이며, 수학자였고, 물리학자로 근대 서양 철학뿐만 아니라 근대 수학과 과학의 기반을 마련하는 데도 크게 공헌한 르네 데카르트(Rene Descartes, 1588~1680)는 1588년 프랑스 투렌 지방의 부유한 가정에서 태어났다. 법률가가 되기를 바라는 아버지의 뜻에 따라 대학에 입학했지만, 대학보다는 세상이라는 위대한 책에서 배우는 것이 더 나을 것 같다는 생각에 대학을 중도에 그만두었다. 대학을 떠난 후 여러 곳을 여행하기도 했고, 군대에 복무하면서 전투에 참가하기도 하는 등 다양한 경험을 쌓은 데카르트는 훗날 이 시기에 대해 "운명이 나에게 허락하는 모든 상황에서 나 자신을 시험했다"고 말했다. 군대에 복무하는 동안 철학적 사색에 잠기곤 했던 데카르트는 학문과 지혜를 추구하는 것이야말로 삶의 목표라는 것을 깨닫고 군대를 떠나 프랑스로 돌아왔다.

재산을 모두 정리하여 연금을 받을 수 있도록 한 데카르트는 1628년 종교 및 사상적 자유가 폭넓게 보장되고 있던 네덜란드로 가서 1649년까지 21년 동안 그곳에 살면서 저술 활동에 전념했다. 1637년 데카르트는 프랑스어로 쓴 최초의 철학서인 『방법서설』을 출판했고,[34] 1641년에는 『제1철학에 관한 여러 가지 성찰』의 초판을 출판했으며, 1644년에는 라틴어로 쓴 『철학의 원

34 르네 데카르트, 최명관 옮김, 『데카르트 연구: 방법서설 · 성찰』, 창, 2010.

리』를 출판했다. 데카르트는 철학 분야 외에도 우주론, 광학, 기상학, 기하학, 생리학 분야의 저서를 남겼고, 기하학에 대수적 해법을 적용한 해석기하학을 창시하여 근대 수학과 물리학 발전에 크게 기여했다.

세상은 물질과 정신으로 이루어져 있다: 『방법서설』

1637년에 네덜란드에서 출판된 『방법서설』의 원제목은 『이성을 올바르게 이끌어, 여러 가지 학문에서 진리를 구하기 위한 방법의 서설(Discours de la methode pour bien conduire sa raison, et chercher la verite dans les sciences)』이었다. 1628년 네덜란드로 이주한 데카르트는 여러 해 동안 과학 연구에 전념하여 과학을 포괄적으로 다룬 책을 준비했다. 이 책이 출판되기 직전인 1633년에 갈릴레이가 유죄 판결을 받자 태양중심설을 주요 내용으로 했던 이 책의 출판을 포기했다. 그 후 원고에서 문제가 될 만한 부분을 삭제하고, 굴절광학, 기상학, 해석기하학을 추가해 출판했다. 이 책에는 방법적 회의 끝에 자신과 세상을 긍정해 가는 과정이 설명되어 있었다.

데카르트는 정신과 물질이라는 이원론으로 근대 철학의 기초를 만들었다. 데카르트는 세상이 형이상학적 영역에 속하는 정신과 역학법칙의 지배를 받는 물질로 이루어졌다고 보았다. 자연은 역학적 인과법칙의 지배를 받는 세계여서 수학적인 방법으로 설명할 수 있는 세계였다. 따라서 자연에는 신적인 요소는 물론 아리스토텔레스의 목적인도 개입할 여지를 인정하지 않았다. 이로 인해 자연과학이 다루어야 할 영역이 명확해졌다. 데카르트는 연장이라는 개념을 이용하여 자연을 단순화했다. 그는 물체의 가장 중요한 속성은 공간을 차지하고 있는 것이라고 생각하고, 공간을 차지하고 있는 모든 물체를 연장이라고 했다.

물체의 속성을 연장으로 파악하게 됨으로써 연장으로 파악될 수 없는 것은 자연에서 배제되었다. 인간의 육체는 역학법칙의 지배를 받으므로 자연에 속했고, 따라서 하나의 연장이었다. 그러나 천사나 정령과 같이 역학법칙의 지배를 받지 않는 것들은 더 이상 자연에 속하지 않게 되었다. 연장이라는 개념으로 인해 자연물이 영혼을 가지고 있다는 애니미즘도 자연에서 추방되었다. 정신과 물체 사이에 있는 애매한 존재들을 자연에서 추방하자, 비로소 역학적인 인과법칙에 지배를 받는 연장으로서의 자연이 우리 앞에 나타났다. 물질의 세계와 독립된 곳에 역학법칙의 지배에서 완전히 벗어나 있는 순수한 정신, 즉 생각하는 것을 속성으로 하는 정신의 세계가 있었다. 따라서 세상은 역학법칙의 지배를 받는 자연과 역학법칙에서 벗어나 있는 정신으로 이루어지게 되었다.

그렇다면 데카르트는 어떻게 이러한 결론을 도출해 낼 수 있었을까? 데카르트는 유클리드 기하학적 방법을 철학에 도입하여 확실한 사실을 연역해 내려고 시도했다. 기하학적 방법을 철학에 적용하여 확실한 사실을 연역해 내기 위해서는 먼저 더 이상 의심할 여지가 없는 공리를 찾아내야 했다. 데카르트는 알고 있는 모든 것들을 의심한 후 도무지 의심할 수 없는 확실한 것에서부터 시작하려고 했다. 데카르트는 더 이상 의심할 수 없는 사실, 즉 다른 사실로부터 논증되지 않고 스스로 명백한 사실로 모든 철학의 토대가 되는 사실을 제1원리라 불렀다. 데카르트는 제1원리를 찾아내기 위해 배워서 알고 있는 지식은 물론 감각경험마저도 사실이 아닐지 모른다고 의심했다.

데카르트

우리가 모든 것을 의심하여 이 세상에 확실한 것이 아무것도 없다고 해도 절대로 의심할 수 없는 사실이 하나 있었다. 모든 것을 의심하고 있는 자신의 존재만은 의심할 수 없었다. 생각하고 있는 내용은 사실이 아닐 수 있어도, 생각하고 있다는 사실과 생각하고 있는 내가 존재한다는 것은 틀림없는 사실이었다. 그리하여 그는 "나는 생각한다. 그러므로 나는 존재한다(cogito ergo sum; Je pense, donc je suis; I think, therefore I am)"는 제1원리를 찾아냈다. 이 원리는 1637년에 프랑스어로 출판한 『방법서설』 4부와 1644년에 라틴어로 출판된 『철학의 원리』 7부에 실려 있다. 이 제1원리는 논리적 추론 결과가 아니라 내적 경험의 직접적 자각, 즉 직관을 통해서 얻어 낸 것이었다. 데카르트는 이 직관을 '명석하고 판명한 인식'이라 했다.

그렇다면 나의 존재로부터 신과 세상의 존재는 어떻게 이끌어 낼 수 있을까? 데카르트는 모든 것을 회의하는 과정을 통해 사고하고 있는 자신의 존재를 발견했다. 그러나 자신의 존재로부터 자신을 발견하는 과정에서 의심했던 외부 세계의 존재를 연역해 내기 위해서는 선한 신의 도움을 받아야 했다. 선한 신이 조직적으로 나를 속이기 위해 존재하지 않는 것들을 내가 인식하도록 하지 않았다는 것이다. 생각하고 있는 내가 존재하는 것이 확실하고, 선한 존재인 신이 나의 인식 작용이 나를 속이도록 만들지 않았다면, 내가 인식하는 대상도 존재해야 한다.

그렇다면 물질세계와 정신세계 사이에는 어떤 관계가 있을까? 물질세계와 정신세계를 연결해 주는 것은 무엇일까? 데카르트는 전혀 다른 성격을 가진 물질과 정신은 뇌의 기관 중 하나인 송과선[35]을 통해 연결되어 있다고 주장했다. 그러나 송과선도 자연의 일부인 물질이다. 그렇다면 정신이 어떻게 물질인 송과선에 머물 수 있을까? 데카르트는 이런 문제에 충분한 답을 제시하지 못했다.

인간의 이성을 중시하는 데카르트의 철학은 바뤼흐 스피노자(Baruch

35 뇌에 부속되어 있는 내분비기관으로, 납작한 솔방울 모양을 하고 있다.

Spinoza, 1632~1677)와 고트프리트 라이프니츠(Gottfried Wilhelm Leibniz, 1646~1716)로 이어졌다. 이들의 철학은 확실한 원리에서 출발하여 연역적인 방법으로 결론을 유도해 내는 연역적인 철학이다. 데카르트에서 스피노자와 라이프니츠로 이어지는 이 계열을 '대륙의 합리론'이라고 부른다. 스피노자와 라이프니츠는 데카르트의 인간 정신의 합리성에 대한 신뢰를 계승하면서 물질과 정신이라는 두 가지 실체로 인한 모순을, 실체의 수를 바꿔서 해결하려고 했다. 스피노자는 세계가 신이라는 하나의 실체로 이루어졌다는 범신론을 통해 이 문제를 해결하려고 했고, 라이프니츠는 정신과 물질이 무수히 많은 실체인 모나드(monad)들로 이루어졌다고 설명하여 이 문제를 해결하려고 했다.

### 자연과학과 수학의 기초를 닦다

데카르트는 근대 철학의 기반을 닦았을 뿐만 아니라 수학과 과학의 발전에도 크게 기여했다. 데카르트는 군사 엔지니어가 되기 위해 수학을 공부했고, 자유낙하, 현수선, 이차곡선, 유체역학을 연구했다. 이를 통해 데카르트는 물리학을 수학적으로 다루는 방법이 필요하다는 것을 알게 되었다. 군에 복무하는 동안 그는 프라하에 있던 16세기 최고의 관측천문학자였던 튀코 브라헤의 연구실과 레겐스부르크에 있던 요하네스 케플러의 연구실을 방문하여 천문학에 대한 관심을 키웠다. 자연과학에 대한 데카르트의 가장 큰 공헌은 해석기하학을 도입하여 기하학을 수식을 이용하여 분석할 수 있도록 한 것이었다.

우리나라의 중·고등학교에서는 삼각형의 합동 조건과 같은 것들을 다루는 유클리드 기하학을 배우고, 원이나 타원, 포물선, 쌍곡선과 같은 이차곡선을 좌표계를 이용하여 수식으로 나타내는 방법을 배운다. 대부분의 학생들은 이차곡선을 수식을 이용하여 다루는 것은 기하학이 아니라고 생각하고 있다. 그러나 이것은 유클리드 기하학과는 전혀 다른 방법을 사용하는 또 다른 기하학이다. 이런 기하학이 해석기하학이다.

대수학을 기계적인 추론을 가능하게 하는 방법이라고 생각했던 데카르트는 대수학을 지식 체계의 기반으로 보았다. 유럽의 수학자들은 수학보다 기하학이 좀 더 기초적인 것으로, 기하학이 대수학의 기반이 된다고 생각했다. 따라서 대수학의 법칙들을 기하학적인 방법으로 증명하려고 했다. 데카르트는 뉴턴과 라이프니츠가 개발한 미적분법의 기초를 만들었다. 무한하게 작은 구간에서의 함수의 변화율을 다루는 미적분법은 수학은 물론 물리학의 발전에 혁명적인 변화를 가져온 수학적 방법이었다. 데카르트는 미지수를 x, y, z로 나타내는 방법을 제안했고, 거듭제곱을 위 첨자를 써서 $x^3$과 같이 나타내는 방법을 고안하기도 했다.

데카르트는 초기 형태의 운동량 보존법칙을 제안하기도 했다. 완전한 원운동을 관성운동이라고 생각했던 갈릴레이와는 달리 데카르트는 직선운동이 관성운동이라고 생각했다. 데카르트는 기하학적 방법을 이용한 반사의 법칙을 제안하여 광학 분야의 발전에도 공헌했다. 입사각과 반사각이 같아야 한다는 반사의 법칙은 일반적으로 '스넬(Snell)의 법칙'이라고 부르지만, '데카르트의 법칙'이라고 부르기도 한다. 데카르트는 빛을 미립자의 흐름이라고 설명했다. 뉴턴이 데카르트의 미립자설을 받아들였기 때문에 빛의 입자설은 19세기에 파동설이 등장할 때까지 빛을 설명하는 중심 이론이 되었다.

## 6. 뉴턴의 중력법칙과 운동법칙

### 장난감 만드는 것을 좋아했던 어린이

아이작 뉴턴(Isaac Newton, 1642~1727)은 갈릴레이가 세상을 떠난 해이고, 영국에서는 청교도혁명의 분위기가 무르익던 1642년 12월 25일에 그랜섬에서 남쪽으로 12km쯤 떨어진 울즈소프에서 태어났다. 뉴턴과 이름이 같았던 아버지는 뉴턴이 태어나기 석 달쯤 전에 세상을 떠났다. 유복자로 태어난 뉴턴이 교육을 받을 수 있었던 것은 아버지가 남긴 유산과 케임브리지의 트리니티 칼리지를 졸업하고 목사로 있던 외삼촌 윌리엄 에이스코(William Ayscough, 1486~1540)의 영향 때문이었다. 하지만 뉴턴이 세 살이던 1645년에 어머니가 나이 많은 목사 바나바 스미스와 재혼한 후 뉴턴은 우울한 어린 시절을 보내야 했다.

뉴턴은 열두 살부터 열일곱 살까지 그랜섬에 있는 킹스 스쿨에서 공부했다. 이 시기는 영국이 청교도혁명이라는 커다란 정치적 사건의 와중에 있던 시기였다. 그러나 시골에 사는 보통 사람이었던 뉴턴에게는 정치적 사건이 별 영향을 주지 않았다. 뉴턴이 그랜섬의 학교에서 무엇을 공부했는지에 대해서는 기록이 남아 있지 않지만, 그 당시의 다른 학생들과 마찬가지로 라틴어와 그리스어를 배웠을 것으로 보인다. 수학이나 과학과 관련된 과목은 당시 영국 공립학교의 교과과정에 거의 들어 있지 않았다. 뉴턴은 하숙집 다락에 많은 도구를 준비해 놓고 여러 가지 장난감과 모형들을 제작하여 사람들을 놀라게 하기도 했다. 당시 그가 만들었던 것들 중에는 풍차 모형, 사륜마차, 초롱불 등이 포함되어 있었다.

뉴턴이 열일곱 살이 되던 1659년에 어머니는 농장일을 가르치기 위해 뉴턴을 울즈소프로 불러들였다. 그러나 뉴턴은 농장일을 하다 말고 엉뚱한 일에 몰두하느라 일을 엉망으로 만들어 버리는 일이 자주 벌어졌다. 말썽만 부리는 뉴턴이 농장일에는 적합하지 않다고 판단한 어머니는, 뉴턴이 농장에서 9개월을 보낸 후인 1660년 가을, 대학에 진학시키기로 하고 그랜섬의 학교로 다시 돌려보냈다. 외삼촌이었던 에이스코 목사와 그랜섬 학교의 교장이었던 스토크스가 뉴턴의 어머니에게 뉴턴을 학교로 돌려보내야 한다고 강력하게 권한 것도 뉴턴이 다시 학교로 돌아오는 데 도움을 주었다.

## 뉴턴이 중력법칙과 운동법칙을 알아내다

그랜섬의 학교를 졸업한 뉴턴은 1661년에 케임브리지 대학의 트리니티 칼리지에 진학했다. 트리니티 칼리지에서는 플라톤과 아리스토텔레스의 철학과 자연철학, 그리고 유클리드 기하학을 주로 가르쳤다. 그러나 뉴턴은 대학에서 가르치지 않는 데카르트의 저작들을 읽었다. 그가 책을 읽으며 했던 메모들이 아직도 남아 있는데, 이 메모들을 보면 플라톤이나 아리스토텔레스를 공부할 때와는 전혀 다른 자세로 데카르트의 저작들을 철저하게 이해했다는 것을 알 수 있다. 뉴턴은 갈릴레이의 『두 우주 체계에 관한 대화』를 비롯해 케플러, 코페르니쿠스의 책들도 읽었다.

뉴턴은 책을 읽으면서 생긴 의문점들을 모아 「철학에 관한 질문들」이라는 메모를 만들었다. 이 메모를 언제부터 작성했는지는 정확하게 알 수 없지만, 1664년 말 이전에 시작한 것으로 보인다. 뉴턴은 45개 소제목을 만들어 그 아래 독서를 통해 알게 된 내용들을 정리했는데 이 소제목들에는 물질, 시간, 운동의 성질과 같은 일반적인 것들에서 시작하여 우주의 질서로 이어지고, 다음에는 희박함, 유동성, 부드러움과 같은 감각과 관련된 성질들이 나열되어 있었다. 뉴턴은 초자연적인 문제들에도 관심을 가졌다. 끊임없는 질문 던지기가 주조를 이룬 이 메모들은 뉴턴이 어떤 문제에 관심을 가지고 있었는지를 엿볼 수 있게 한다.

아이작 뉴턴

뉴턴은 1665년에 학사학위를 받았다. 그러나 1665년 여름에 영국에 흑사병이 돌기 시작하자 정부는 박람회를 취소하고 대중 집회를 금지했으며 공립학교의 수업을 중단했다. 이에 따라 대학도 문을 닫았다. 대학이 다시 정상화된 것은 1667년 봄이었다. 이 동안 뉴턴은 고향인 울즈소프로 돌아갔다가 1667년 4월에야 케임브리지로 돌아왔다. 뉴턴이 흑사병을 피해 울즈소프에 머물던 시기를 '뉴턴의 기적의 해'라고 부른다. 약 50년 후 라이프니츠와 미적분학 발견의 우선권을 놓고 논쟁을 벌이는 과정에서 뉴턴은 흑사병으로 인해 울즈소프에 가 있던 시기의 일에 대해 다음과 같이 언급했다.[36]

> 1665년 초에 나는 급수의 근사 방법과 이항식을 이용해 어떤 자릿수까지도 계산할 수 있는 규칙을 발견했다. 같은 해 5월에 나는 접선을 구하는 방법을 발견했고, 11월에는 유율법(미분법)을 발견했다. 또 이듬해 1월에는 색에 관한 이론을 발견했고, 그해 5월에는 유율법의 역방법(적분법)으로 들어갔다. 그리고 같은 해에 나는 달의 궤도에까지 확장된 중력에 관해 생각하기 시작했다. 행성의 주기의 제곱이 궤도 반경의 세제곱에 비례한다는 케플러의 규칙으로부터 나는 행성을 궤도에서 벗어나지 않게 하는 중력이 중심 사이 거리의 제곱에 반

36 리처드 웨스트폴, 최상돈 옮김, 『프린키피아의 천재』, 사이언스북스, 1993.

비례한다는 것을 연역했다. 이 모든 것이 1664년과 1665년 두 해 동안에 일어난 일이었다. 이 시기는 나의 발견의 시대 중 최고였으며, 수학과 철학에 그 이전 어느 때보다도 열중해 있던 시기였다.

1667년 4월에 울즈소프에서 케임브리지로 돌아온 뉴턴은 그해 10월에 펠로우 선발 시험을 치른 후 펠로우로 선발되었다. 펠로우가 됨으로써 뉴턴은 대학의 영구적인 구성원이 되었다. 그로부터 9개월 후인 1668년는 7월에 석사학위를 받았고, 1669년 10월 29일에는 배로(Isaac Barrow, 1630~1677) 교수의 뒤를 이어 두 번째로 루카스 석좌교수가 되었다.[37]

1669년경부터 뉴턴은 전부터 관심을 가지고 있던 광학에 대한 공부를 다시 시작했다. 루카스 석좌교수가 된 후 강의한 내용도 주로 광학에 관한 것이었다. 1669년에는 뉴턴이 결정적인 실험이라고 부른 광학실험을 했다. 고대 과학에서는 여러 가지 색깔의 빛은 흰색의 빛에 어둠이 각기 다른 정도로 섞인 것이라고 설명했다. 그러나 뉴턴은 한 개의 프리즘을 통해 분산된 빛 중에서 한 가지 색깔의 빛만을 두 번째 프리즘에 입사시키면 더 이상의 분산이 일어나지 않는다는 것을 보여 주어 흰색 빛이 여러 색깔의 빛이 혼합된 빛임을 증명하고 이를 「빛과 색채 이론」이라는 논문으로 발표했다.

'뉴턴식 반사 망원경'을 만든 것도 이때쯤이었다. 대물렌즈를 이용하여 멀리서 오는 희미한 빛을 모아 상을 만들고, 이 상을 대안렌즈로 확대하여 보는 굴절 망원경은 색수차[38]가 생기는 것이 흠이었다. 그러나 뉴턴이 만

37 루카스 석좌교수는 케임브리지 대학을 대표하는 의회 의원이었던 헨리 루카스(Henry Lucas, 1610~1663)가 낸 기금으로 1663년에 설치된 것으로, 뉴턴은 두 번째 루카스 석좌교수였으며, 2009년 10월까지는 스티븐 호킹이 17번째로 그 자리에 있었다.

38 파장에 따라 굴절률이 달라 렌즈에서 굴절된 빛이 만든 상 주위에 무지개 색깔의 무늬가 나타나는 것이 색수차이다.

든 반사 망원경에서는 오목거울을 이용하여 빛을 모아 상을 만들고 이 상을 대안렌즈로 확대하여 보기 때문에 색수차가 생기지 않았다. 1672년에는 배로우의 권유로 왕립협회에 가입했지만, 가입한 해부터 로버트 훅(Robert Hooke, 1635~1703)과 갈등을 빚었다. 뉴턴이 만들어 왕립협회에 기증한 반사 망원경을 훅은 이미 자기가 먼저 구상했던 것이라고 주장했기 때문이었다.

뉴턴식 반사 망원경

1670년대에 뉴턴은 라이프니츠와도 미적분법 발견의 우선권을 놓고 논쟁을 벌이기 시작했다. 1673년부터 1675년 사이에 라이프니츠는 파리에서 1660년대에 뉴턴이 알아냈던 것과 비슷한 무한급수와 미적분의 개념을 발전시켰다. 라이프니츠는 1684년 10월 라이프치히 대학의 학술지인 『학술기요』에 미적분법을 담은 논문을 발표했다. 뉴턴은 이 일을 강력하게 항의했지만, 라이프니츠는 발견의 공을 한 사람이 가질 이유는 없다고 반박했다. 이러한 두 사람 사이의 논쟁은 그들이 죽은 후에도 계속되었지만 결국은 무승부로 끝나게 되었다. 두 사람 모두 독립적으로 미적분법을 창안한 것으로 인정되었기 때문이다.

### 핼리가 뉴턴을 방문하다

한동안 역학을 멀리하고 있던 뉴턴은 1884년 8월 에드먼드 핼리(Edmund Halley, 1656~1742)의 방문이 계기가 되어 다시 역학으로 돌아왔다. 뉴턴의 전기인 『프린키피아의 천재』에는 핼리가 뉴턴을 방문한 사건이 자세히 기록되어 있다.

1684년 핼리 박사가 케임브리지로 나를 만나러 왔다. 얼마간 같이 지낸 후에 그는 태양을 향하는 인력이 행성과 태양 사이의 거리 제곱에 반비례한다고 가정하면 행성의 궤도 곡선이 어떻게 될 것으로 생각하느냐고 물었다. 나는 즉석에서 궤도가 타원이 될 것이라고 대답했다. 핼리 박사가 기쁨과 놀람으로 어떻게 그것을 알았느냐고 물었고, 나는 내가 그것을 계산해 냈다고 대답했다. 그러자 핼리 박사가 지체 없이 나의 계산을 요구해서, 여러 논문들 사이에서 찾아보았으나 계산지를 찾을 수 없었다. 나는 다시 계산을 해서 보내드리겠다고 약속했다.

핼리가 뉴턴을 방문했던 1684년 8월 이후 1686년 봄까지 뉴턴은 『프린키피아』를 쓰는 일에 전념했다. 왕립협회에서는 뉴턴에게 『프린키피아』를 출판할 것을 권했다. 그러나 여러 가지 문제로 출판은 예정대로 진행되지 않았다. 10월까지 13매만 인쇄된 후 4개월 동안 인쇄가 중단되었다가 다음 해가 되어서야 인쇄가 다시 시작되었다. 『프린키피아』의 인쇄가 끝난 것은 1687년 7월 5일이었다. 1687년 봄에는 곧 대작이 출판될 것이라는 소문이 영국 전역에 돌았다. 출판 직전에는 『철학회보』에 핼리가 쓴 『프린키피아』에 대한 긴 서평이 실리기도 했다. 책이 출판된 후에는 수학계를 중심으로 빠르게 그 내용이 전파되었다. 뉴턴의 책은 다른 나라에서도 인정을 받았다. 1688년의 봄과 여름에 대륙의 대표적인 서평 잡지들에 『프린키피아』에 대한 서평이 실렸다.

인류에게 새로운 과학 시대를 열게 해 준 『프린키피아』의 라틴어 원제목은 "Philosophiae Naturalis Principia Mathematica"였다. 따라서 제목을 그대로 우리말로 번역하면 '자연철학의 수학적 원리'라고 할 수 있지만, 라틴어 원제목에 있는 단어를 따라 '프린키피아'라고 부르는 경우가 많다. 세 권으로 구성되어 있는 『프린키피아』의 서문에는 세 권의 책에 포함된 내용을 간

략하게 설명하는 글과 이 책을 출판하게 된 것이 핼리의 권유에 의해서였음을 밝히고, 그에게 감사하는 내용이 포함되어 있었다.

뉴턴은 유클리드의 『기하학 원론』의 형식을 따라 물체의 운동에 대한 논의를 정의, 공리, 법칙, 정리, 보조정리, 명제 등으로 분류해서 체계적으로 이론을 전개했다. '물체의 운동'이라는 제목의 제1권은 열네 장으로 구성되어 있다. 책에 맨 앞쪽에 있는 서문 다음에 나오는 정의에서는 질량, 운동(운동량), 힘, 구심력 등 8개의 용어를 정의해 놓았다. 정의와 정의에 대한 주석 다음에 이어지는 공리 및 운동법칙 편에서는 운동의 3법칙이 차례로 소개되어 있다. 뉴턴은 그의 운동법칙을 다음과 같이 설명해 놓았다.

> 법칙 I: 모든 물체는 그것에 가해진 힘에 의하여 그 상태가 변화되지 않는 한 정지 또는 일직선상의 운동을 계속한다.
>
> 법칙 II: 운동의 변화는 가해진 힘에 비례하며, 운동의 변화는 힘이 작용한 직선 방향을 따라 일어난다.
>
> 법칙 III: 모든 작용에 대하여서는 크기가 같고, 방향이 반대인 반작용이 항상 존재한다. 다시 말해 서로 작용하는 두 물체의 상호작용은 항상 똑같고, 반대 방향으로 향한다.

아홉 장으로 이루어진 2권에서는 저항이 있는 매질 속에서의 물체의 운동에 대해 설명했다. 천체의 운동을 다룬 3권에서는 목성이나 토성의 위성들이 케플러의 3법칙에 따라 주기운동을 한다는 것, 다섯 개의 행성이 태양 주위를 공전하고 있다는 것, 지구를 포함한 행성들의 공전 주기가 케플러의 3법칙에 따른다는 것, 행성들이 태양을 중심으로 하는 면적속도가 일정하도록 운동하고 있다는 것, 그리고 마지막으로 달은 지구를 중심으로 하는 면적속도가 일정하도록 운동하고 있다는 것을 설명했다.

『프린키피아』는 운동법칙과 중력법칙만을 제시한 것이 아니라, 이 법칙들을 이용하여 우리 주위에서 발견할 수 있는 물체의 운동과 천체 운동에 대하여 이미 알려진 법칙들을 어떻게 설명할 수 있는지에 대한 설명이 포함되어 있었다. 『프린키피아』가 매우 복잡한 기하학과 수학적 내용을 담고 있음에도 짧은 기간 동안에 널리 알려질 수 있었던 것은 구체적인 사례들에 대한 자세한 설명이 포함되어 있었기 때문이었다.

『프린키피아』를 출판한 후에는 여러 가지 정치적인 일에도 관여했던 뉴턴은 케임브리지를 대표하는 의회 의원으로 선출되었다. 1695년에는 조폐국 감사로 임명되었고, 4년 후에는 국장으로 승진하여 죽을 때까지 그 자리를 지켰다. 1703년에는 왕립협회 회장으로 선출되었으며 1705년에는 앤 여왕으로부터 기사작위를 받았다. 뉴턴은 1727년 3월 20일 아침에 조카 캐서린과 조카의 남편이었던 존 콘듀이트가 지켜보는 가운데 세상을 떠났다. 1731년에는 상속인들이 마련한 기념비가 세워졌다. 이 비의 비문은 다음과 같은 구절로 끝을 맺고 있다. "인류에게 위대한 광채를 보태 준 사람이 존재했었다는 것을 생명이 있는 자들은 기뻐하라."

뉴턴역학은 18세기와 19세기에 크게 발전한 근대 과학의 기초가 되었다. 근대 과학의 발전으로 인류는 자연을 새롭게 이해하게 되었으며, 신과 자연에 대한 생각을 바꿨고, 이전과는 전혀 다른 방법으로 살아가게 되었다. 뉴턴은 번뜩이는 천재성과 강한 집념으로 한 시대를 마감하고 새 시대를 여는 큰일을 해냈다.

# 7. 생물학의 발전

## 또 하나의 순환계를 발견하다: 소순환의 발견

현대 과학이 밝혀낸 바에 의하면 혈액은 좌심실 → (반월판) → 동맥 → 온몸의 모세혈관 → 정맥 → 우심방 → (삼천판) → 우심실 → 허파동맥 → 허파 → 허파정맥 → 좌심방 → (이첨판) → 좌심실의 순서로 순환한다. 이 중에 좌심실에서 나간 피가 온몸의 모세혈관을 거쳐 우심방으로 들어오는 피의 순환을 대순환 또는 체순환이라고 부르고, 우심실에서 나간 피가 허파를 거쳐 좌심방으로 들어오는 순환을 소순환 또는 폐순환이라고 부른다. 혈액이 하는 일은 두 가지다. 첫째, 허파에서 받아들인 산소를 조직으로 운반하고, 조직에서 발생한 이산화탄소를 허파를 통해 밖으로 배출한다. 둘째, 장에서 흡수한 영양분을 조직으로 배달하고, 조직에서 발생한 노폐물을 신장으로 운반하여 배출한다. 혈액순환설은 혈액이 순환하는 경로와 혈액이 하는 일을 설명하는 이론을 말한다. 17세기에 의학 분야에서 이루어 낸 가장 큰 성과는 고대의 잘못된 혈액순환설을 바로잡은 것이었다.

알렉산드리아 시대의 의학자였던 갈레노스는 우심실의 혈액이 대부분 좌심실과 우심실 사이의 심장 벽을 통과해 우심실로 가거나 일부가 허파로 간다고 설명했다. 그러나 심장을 해부해 본 베살리우스는 심실의 벽은 심장의 다른 부분과 마찬가지로 두껍고 치밀해서 도저히 혈액이 지나갈 수 없다는 것을 밝혀냈다. 따라서 혈액의 새로운 순환경로를 밝혀내야 했다. 우심실의 혈액이 허파동맥과 허파 그리고 허파정맥을 거쳐 우심방으로 옮겨지는 소순환을 처음으로 주장했던 사람은 세르베투스와 콜롬보였다. 소순환을 처음으로 주장한 스페인의 미카엘 세르베투스(Michael Servetus, 1511~1553)는 의학자이자 신학자였다.

세르베투스는 혈액이 심실 사이의 벽이 아닌 다른 길을 통해 우심실로 가지 않으면 안 된다고 생각하고, 우심실에서 허파를 거쳐 좌심방으로 들어오는 소순환을 제안했다. 허파동맥은 매우 커서 허파에 필요한 양보다 많은 양의 혈액이 지나간다는 것, 그리고 허파를 거친 혈액은 빨간 빛깔로 활성화되어 있다는 것을 그 증거로 들었다. 그러나 세르베투스의 소순환 이론은 사람들의 주목을 받지 못했다. 소순환 이론은 그의 신학적 견해를 밝힌 『삼위일체론의 오류』라는 책 속에 포함되어 있었는데, 이 책은 가톨릭은 물론 개신교에서도 배척받았기 때문이다.

베살리우스의 제자로 파도바 대학에서 해부학을 가르쳤던 레알도 콜롬보(Realdo Colombo, 1516~1559)가 죽은 후에 그의 업적을 모아 출판한 책에도 소순환과 판막의 기능에 대한 설명이 포함되어 있었다. 콜롬보는 심장과 동맥이 동시에 확장하고 수축한다고 설명했던 이전의 학자들과는 달리, 심장이 수축하면 동맥이 확장하고, 심장이 확장하면 동맥이 수축한다는 것을 알아냈다. 소순환을 세르베투스와 콜롬보 중 누가 먼저 주장했느냐에 대해서는 학자들의 의견이 일치하지 않는다. 일부 학자들은 아랍에서 이미 소순환을 발견했다고 주장하기도 한다. 이는 세르베투스나 콜롬보보다 300년 빠른 것인데, 세르베투스나 콜롬보가 이런 내용을 알고 있었던 것 같지는 않다.

### 혈액은 순환한다: 하비

우심실에서 나온 피가 허파를 거쳐 좌심방으로 들어오는 소순환을 받아들이면, 혈액이 심실 사이의 벽을 통과하는 문제를 해결할 수 있다. 그러나 혈액 순환에는 해결해야 할 더 큰 문제가 남아 있었다. 고대의 학자들은 정맥혈과 동맥혈이 서로 다른 일을 한다고 생각했다. 그들은 허파에서 만들어진 정맥혈을 포함하고 있는 자연 순환계와 심장에서 시작되어 신체의 모든 부분에 열과 생명을 전달하는 동맥혈을 포함하고 있는 생명 순환계는 좌심실과 우심실 사이에 있는 심장 벽의 보이지 않은 구멍을 통해 접촉하는 것 외에는 서로 분리된 채로 순환한다고 설명했다. 또한 허파는 혈액을 식히는 역할을 한다고 믿었다. 의학에 체계적인 실험 방법을 도입하여 이런 잘못된 혈액순환론을 바로 잡은 사람은 영국의 의사였던 윌리엄 하비(William Harvey, 1578~1657)였다.

케임브리지 대학을 졸업하고, 이탈리아의 파도바 대학에도 유학했던 하비는 1609년 성바톨로메 병원의 주임 의사가 되었고, 1623년 잉글랜드의 국왕이었던 제임스 1세의 시의가 되었으며, 1627년에는 제임스 1세의 뒤를 이은 찰스 1세의 시의가 되었다. 1628년에 그는 『심장과 혈액의 운동에 관한 연구』라는 제목의 책을 출판했다. 이 책에서 하비는 기존 이론의 모순을 지적하고, 새로운 가설과 이론을 실험을 통해 검증하는 근대 과학 방법을 통해 심장에서 나온 혈액이 온몸을 돌아 다시 심장으로 돌아온다는 혈액순환론을 주장했다. 따라서 이 책은 혈액순환론을 주장한 것뿐만 아니라 의학에 실험적 과학 방법을 도입했다는 면에서도 중요한 책이다.

열일곱 장으로 구성된 이 책에서 하비는 심장의 운동과 이에 따른 혈액의 운동에 대해 설명했다. 심장과 혈액의 운동을 제대로 이해하기 위해서는 심장이 활동하는 동안에 심장의 운동을 관찰하는 것이 중요하다고 생각했던 하비는 이 책에서 심장의 운동을 연구하는 데 따른 어려움을 다음과 같이 피력했다.

> 나는 이것이 매우 어려운 일이라는 것을 알게 되었다. … 따라서 나는 심장의

운동은 신만이 알 수 있다는 결론을 내리려고도 했다. 심장의 운동이 너무 빨라 처음에는 언제 심장이 수축하고 언제 확장하는지 제대로 감지할 수 없었다.

이런 어려움에도 불구하고 하비는 관찰을 통해 동맥의 박동이 좌심실의 박동과 연관되어 있으며, 우심실의 박동이 허파동맥으로 혈액을 내보내고 있다는 것을 알아냈다. 하비는 뱀장어를 비롯한 여러 가지 동물의 심장을 관찰하여 좌심실과 우심실이 독립적으로 박동한다는 이전 사람들의 주장을 부정하고, 두 심실이 동시에 박동한다는 것을 알아냈다. 하비는 물고기뿐만 아니라 다른 여러 종류의 동물들을 이용하여 실험했다. 이 중에는 달팽이, 새우, 부화하기 전의 병아리나 비둘기도 있었다.

하비의 가장 중요한 업적은 이 책의 여덟 번째 장에 실려 있는, 심장에서 혈관으로 전달되는 혈액의 양을 실제로 측정한 결과이다. 정맥혈이 허파에서 만들어진다는 갈레노스의 주장을 반박하기 위해 하비는 심장에서 혈관으로 내보내는 혈액의 양을 계산했다. 그는 갈레노스의 이론이 옳다면 허파가 하루에 만들어 내는 혈액의 양이 그 사람의 몸무게보다 더 많아야 한다는 사실을 계산을 통해 보여 주었다. 말이 안 되는 일이라고 생각한 하비는 혈액이 어떻게 순환하는지를 알아내기 위해 뱀과 물고기를 이용하여 여러 가지 실험을 했다. 하비는 정맥을 묶어 놓으면 심장이 비고, 동맥을 묶어 놓으면 심장이 부풀어 오르는 것을 관찰했다.

하비는 사람을 대상으로도 이 실험을 했다. 줄로 팔의 상박부를 단단히 졸라매 동맥과 정맥의 혈액 흐름을 차단하면 줄 아랫부분이 차가워지고 창백해진 반면, 줄 윗부분은 부어올랐다. 그러나 줄을 조금 느슨하게 하여 피부 깊숙한 곳에 있는 동맥에 혈액이 흐르게 하면 줄의 아랫부분이 부어올랐고, 정맥이 뚜렷이 보였다. 이는 동맥을 통해서는 심장에서 조직으로 피가 흐르고, 정맥을 통해서는 조직에서 심장으로 피가 흐르고 있다는 증거였다.

하비는 정맥에 있는 판막의 작용을 알아보는 실험도 했다. 그는 팔에 있는 정맥의 피를 아래쪽으로 밀어내려고 시도해 보았지만, 아래쪽으로는 피를 밀어낼 수 없었다. 그러나 손에서부터 위쪽으로 피를 밀어냈을 때는 쉽게 피가 움직였다. 그는 이와 똑같은 현상을 목에 있는 정맥을 제외한 다른 정맥에서도 확인했다. 목에 있는 정맥에서는 피가 위쪽으로 흘러가지 못하고, 아래쪽으로만 이동했다. 이것은 정맥에 흐르는 피는 모두 심장 쪽으로만 움직이고, 심장에서 멀어지는 쪽으로는 이동하지 않는다는 것을 나타냈다. 하비는 혈액이 작은 구멍을 통해 조직으로 들어가고 정맥에 의해 조직에서 흡수되기 때문에 정맥과 동맥의 직접적인 연결은 필요하지 않다고 주장했다.

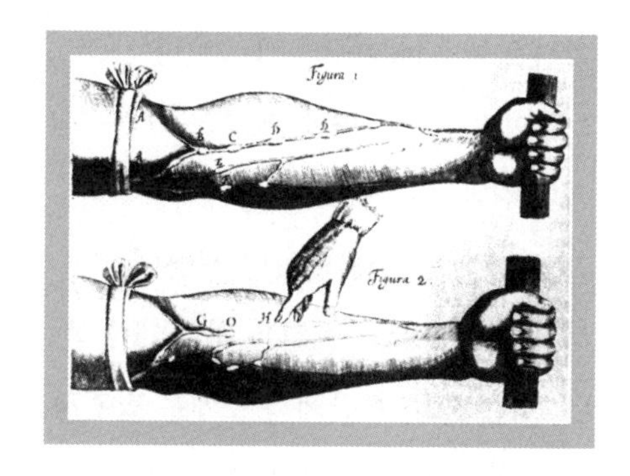

하비의 혈액 순환실험

## 더 작은 세계를 관찰하다: 현미경 생물학

현미경은 생물학을 한 차원 높이는 데 매우 중요한 역할을 했다. 현미경은 네덜란드의 안경 제조업자였던 자카리아스 얀선(Zaccharias Janssen, 1585~1632)이 1590년에 처음 발명했다. 현미경 해부학의 창시자라고 불리는 사람은 이탈리아의 마르첼로 말피기(Marcello Malpighi, 1628~1694)이다. 이탈리아의 볼로냐 부근에서 태어난 말피기는 열일곱 살에 볼로냐 대학에 입학했다. 스물다섯 살 때 의학 박사학위를 받은 그는 이 대학에서 학생들을 가르쳤으며, 스물여덟 살이던 1656년에는 피사 대학의 의학 교수가 되었다. 그러나 가정과 건강상의 문제로 1659년에 다시 볼로냐 대학으로 돌아와 현미경을 이용한 연구를 계속했다.

말피기가 1661년에 개구리 허파에서 정맥과 동맥을 연결해 주는 실핏줄을 발견한 것은 볼로냐 대학에서였다. 이 같은 발견은 『허파에 관하여』라는 그의 저서를 통해 1661년 세상에 알려졌다. 말피기의 가장 중요한 업적 중 하나인 실핏줄의 발견은 하비의 혈액순환론을 완성시킨 중요한 발견이었다. 그는 또한 콩팥에서 소체를 발견하고, 혀에서 미뢰를 발견하는 등 현미경 관찰을 통해 현미경 생물학의 새로운 지평을 열었다. 콩팥의 말피기소체나 곤충의 말피기관 등은 그의 이름을 따서 명명되었다.

말피기는 현미경으로 적혈구를 관찰했으며, 혈액의 응고를 관찰하기도 했다. 그는 심장의 우측과 좌측에서 혈액이 어떻게 다르게 응고하는지도 설명했다. 말피기는 현미경 관찰을 통해 무척추동물은 허파를 가지고 있지 않고 피부에 있는 작은 기공을 통해 호흡한다는 사실을 알아내기도 했으며, 뇌가 생명 활동에 필요한 여러 가지 체액을 분비하는 샘이라고 결론지었다. 뇌의 시상하부는 호르몬을 분비하는 기관이므로 그의 결론은 어느 정도 사실과 부합한다.

100여 개의 현미경을 만들어 많은 생명체와 미생물을 관찰한 사람은 네덜란드의 안톤 판 레이우엔훅(Antonie van Leeuwenhoek, 1632~1723)이었다. 그는 특별한 교육을 받은 적은 없었지만 여러 방면에 천재적인 재능을 가지고 있었다. 레이우헨훅은 스스로 만든 확대경을 이용하여 식물의 종자와 배의 구조를 관찰했을 뿐만 아니라 여러 동물의 정자와 적혈구세포를 발견하여 동물조직학의 창시자가 되었다. 또한 모세혈관의 혈액 순환을 발견하여 하비가 제안한 혈액순환론을 발전시킨 한편, 원생동물, 조류, 효모, 세균과 같은 미생물을 발견하여 사람들을 놀라게 했다.

현미경을 이용하여 세포를 처음 발견한 사람은 앞서 반사 망원경과 거리 제곱에 반비례하는 중력법칙의 발견 우선권을 놓고 뉴턴과 논쟁을 벌였던 영국의 로버트 훅이었다. 두 개 이상의 렌즈를 사용한 복합 현미경을 사용했던 훅은 살아 있거나 죽어 있는 생물의 관찰 결과를 설명하고, 그림을 그려서 1665년에 『마이크로그라피아』라는 책을 발간했다. 이 책은 라틴어로 쓰였던 다른 책들과는 달리 영어로 쓰였던 까닭에 많은 독자들을 확보할 수 있었다.

『마이크로그라피아』는 미시의 세계로 향하는 인류의 눈을 열어 준 중요한 책이라는 평가를 받고 있다. 이 책에서 그는 코르크를 관찰하여 식물의 세포막을 발견하고, 이것을 수도원에서 수도승들이 거처하던 방의 이름을 따서 세포(cell)라고 불렀다. 훅이 발견한 것은 세포라기보다는 죽은 세포의 막이었지만, 후세의 생물학자들이 세포라는 이름을 널리 사용하면서 그를 세포의 발견자라고 여기게 되었다.

### 생물은 자연에서 발생하지 않는다: 레디

발생에 관한 논쟁은 두 가지로 나누어 생각해 볼 수 있다. 하나는 생명체가 자연의 무생물적 환경에서 발생하느냐 아니면 생물에 의해서만 발생하느냐 하는 자연발생설과 생물속생설의 논쟁이다. 또 다른 하나는 수정에 의해 자손을 번식시키는 고등동물에서 알과 정자의 역할은 무엇이며 알에서 어떤 과정을 거쳐 개체가 발생하느냐 하는 발생학의 논쟁이다. 고대에는 지렁이, 뱀과 같은 동물은 자연에서 태어난다고 생각했고, 이런 생각은 16세기까지도 그대로 받아들여졌다. 그러나 이탈리아의 박물학자 프란체스코 레디(Francesco Redi, 1626~1697)가 그의 저서 『곤충 발생에 관한 실험』을 통해 썩은 고기에 생기는 구더기는 파리가 낳은 알에서 나왔다고 주장하면서 자연발생설을 부정하자 발생설에 관한 논란이 본격적으로 시작되었다.

기생충학의 아버지라고 불리기도 하는 레디의 가장 중요한 업적은 1668년에 출판한 『곤충 발생에 관한 실험』에 포함되어 있는 실험들이었다. 레디는 항아리 여섯 개를 준비한 후 이 항아리들에 각각 죽은 물고기, 생송아지 고기, 그리고 알려지지 않은 물질을 넣었다. 그 다음 세 항아리는 입구를 천으로 덮어 공기 외에는 아무것도 들어갈 수 없게 하고, 나머지 세 개는 뚜껑을 연 채로 두었다. 며칠 후에 그는 뚜껑을 열어 놓은 항아리에는 구더기가 발생했지만 천을 덮어 놓은 항아리에는 구더기가 발생하지 않은 것을 발견했다.

그는 또한 죽은 파리는 구더기를 발생시키지 않는다는 것과 살아 있는 파리를 죽은 동물과 함께 항아리에 넣었을 때는 구더기가 발생한다는 것을 확인하기도 했다. 이런 일련의 실험을 통해 레디는 자연발생설을 부정하고 생명체는 생명체에 의해서만 발생한다고 주장했다. 그러나 자연발생설과 생물속생설에 대한 논쟁은 쉽게 끝나지 않았다. 17세기에 레디가 불을 지핀 이 논쟁은 18세기에 있었던 여러 반론을 거쳐 19세기에 파스퇴르가 다양한 실험을 통해 자연발생설을 부정할 때까지 계속되었다.

## 8. 광학의 발전

### 이오의 주기로 빛의 속력을 측정하다: 뢰머

환경과 상호작용하면서 살아가기 위해서는 외부로부터 여러 가지 정보를 받아들여야 한다. 우리 몸의 다섯 가지 감각기관이 서로 다른 종류의 신호를 감지해 외부에 대한 정보를 알아내고 있지만, 가장 많은 정보를 받아들이는 감각기관은 빛을 감지하는 눈이다. 따라서 빛의 성질을 아는 것은 우리가 경험하는 세상을 이해하기 위해 꼭 필요한 일이다. 그러나 빛의 본질이 무엇인지를 밝혀내고, 빛의 속력을 측정하는 일은 17세기가 되어서야 시작되었다. 빛에 대한 연구는 빛의 속력을 측정하려는 시도와 빛의 본질이 무엇인지를 밝혀내는 연구, 그리고 반사나 굴절과 같이 빛이 전파되는 과정에서 나타나는 현상을 연구하는 방향으로 진행되었다.

빛의 속력을 측정하는 것은 단순히 빛의 속력이 얼마나 되는지를 아는 것 이상의 의미를 가지고 있다. 빛의 속력은 우리가 보고 있는 사건이 언제 일어났는지를 결정하는 중요한 변수이다. 만약 빛의 속력이 무한대라면 어떤 사건이 일어나는 순간 그것을 관측할 수 있다. 따라서 우리가 관측하는 사건은 현재 일어나고 있는 사건이다. 그러나 빛이 전파되는 데 시간이 걸린다면 우리가 관측하는 사건은 모두 과거의 사건이다. 따라서 빛의 속력이 얼마냐에 따라 우리가 보고 있는 사건이 얼마나 오래 전에 일어났던 일인지 결정된다.

아리스토텔레스는 빛이 무한히 빠른 속력으로 전파되기 때문에 빛이 전파되는 데는 시간이 걸리지 않는다고 했다. 11세기에 활동했던 페르시아의 의학자 아비센나(Avicenna, 980~1037)와 아랍의 학자이자 『광학의 서』의 저자인 이븐 알하이삼(Ibn al-haytham, 965?~1039)은 빛의 속력이 매우 빠르기는 하지만 유한하기 때문에 사건을 관찰하는 것은 사건이 일어난 후의 일이라고 주장했다. 그러나 그들은 빛의 속력을 빠르다고만 했을 뿐 정확히 측정하지는 못했다.

종교재판을 받고 가택 연금 상태에 있던 갈릴레이는 1638년에 빛의 속력을 측정하는 간단한 방법을 제안했다. 먼저 밤이 되면 두 명의 사람이 각자 갓을 씌운 등을 든다. 그리고 서로 멀리 떨어진 산 위에 올라가 실험을 진행한다. A가 갓을 벗겼을 때 멀리 있는 B가 A의 등불 빛을 보는 즉시 등의 갓을 벗겨 빛을 돌려보낸다. 그다음, A가 그 등불 빛을 본 시간을 측정하면 빛이 두 산 사이를 왕복하는 시간을 알 수 있다는 것이다. 그러나 가택 연금 상태에 있었고, 나이가 들어 시력을 거의 상실했던 갈릴레이는 이 실험을 직접 해 볼 수는 없었다.

갈릴레이가 죽고 25년이 흐른 1667년에 피렌체에 있던 시멘토 대학에서 갈릴레이가 제안한 방법을 이용하여 빛의 속력을 측정하는 실험을 했다. 처음에는 두 관측자가 가까이에 위치하여 A가 등불 빛을 보낸 후 B가 그 등불 빛을 보고 자신의 등불 빛을 돌려보냈다. 빛이 두 사람 사이를 왕복한 시간을 측정했더니 1초보다 짧은 시간이었다. 이 시간은 빛이 전파되는 시간과 관측자들의 반응 시간이 포함된 것이었다.

다음에는 두 사람이 더 멀리 떨어져 있도록 하고 같은 실험을 되풀이했다. 사람의 반응속도는 거리에 관계없이 일정할 것이므로 빛의 속력이 유한하다면 거리가 멀어짐에 따라 빛이 두 사람 사이를 왕복하는 시간이 길어질 것이다. 그러나 두 사람 사이의 거리가 멀어져도 두 등불 빛 사이의 시간이 달라지지 않았다. 그것은 빛의 속력이 무한대이거나 빛이 두 지점을 왕복하는 시간이 관측자의 반응 시간과는 비교할 수 없을 만큼 짧다는 것을 뜻하는 것이었다. 이 실험으로는 빛의 속력이 시속 1만 킬로미터에서 무한대 사이의 어떤 값일 것이라는 결론밖에는 얻을 수 없었다.

덴마크의 천문학자 올레 뢰머(Ole Christensen Rømer, 1644~1710)는 1675년에 목성의 위성인 이오(Io)의 주기가 6개월마다 달라지는 것을 관측하고, 이를 바탕으로 빛의 속력을 계산했다. 1644년 덴마크 오르후스에서 태어난 뢰머는 1671년에 몇 달 동안 이오의 공전운동을 140회나 관측하고 목성의 뒤로 들어가는 시간과 나오는 시간을 기록했다. 목성을 돌고 있는 네 개의 갈릴레이 위성 중에서 목성에 가장 가까이 있는 이오의 공전 주기는 42.5시간이다. 같은 시기에 프랑스의 조반니 카시니(Giovanni Domenico Cassini, 1625~1712)도 이오의 공전을 관측했다. 이렇게 두 곳에서 측정한 이오의 공전을 비교하여 두 지점 간 경도 차이를 계산할 수 있었다.

1666년부터 1668년까지 이오의 공전을 관측한 카시니는 이오의 공전 주기가 일정하지 않다는 것을 발견했다. 1672년에 파리로 온 뢰머는 카시니와 함께 이오의 운동을 계속 관측했다. 뢰머는 카시니의 관측 자료에 자신의 관측 자료를 더해 지구가 목성으로 다가갈 때는 이오의 공전 주기가 짧아지고, 지구가 목성에서 멀어질 때는 이오의 공전 주기가 길어진다는 것을 확인했다.

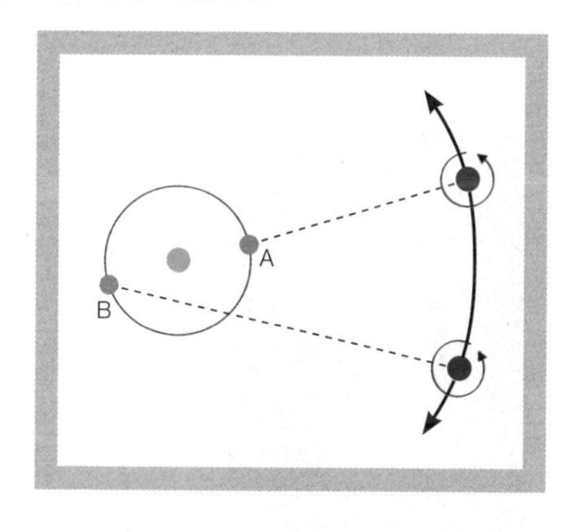

A 지점에서 관측할 때와 B 지점에서 관측할 때는 목성에서부터 지구까지의 거리가 다르므로 빛이 오는 시간도 달라진다.

3년 동안 이오의 공전 주기와 지구와 목성 사이의 위치를 측정한 뢰머는 그 결과를 1676년 11

월 9일에 논문으로 발표했다. 그러나 뢰머는 지구 궤도 반지름에 대한 정확한 정보를 가지고 있지 않았기 때문에 빛의 속력에 대한 정확한 값을 제시하지는 않았고, 빛이 지구의 지름과 같은 거리를 지나가는 데는 1초보다 짧은 시간이 걸릴 것이라는 최솟값만 제시했다. 뢰머로부터 관측 자료를 입수한 네덜란드의 크리스티안 하위헌스는 빛이 1초 동안에 지구 지름의 16.6배나 되는 거리를 달린다고 계산해 냈다.

### 빛은 가장 빠른 경로로 전파된다: 페르마의 원리

피에르 드 페르마(Pierre de Fermat, 1601~1665)는 프랑스의 법관으로, 취미로 수학을 연구한 아마추어 수학자였다. 페르마는 지인들과 교환한 서신과 책을 읽으면서 여백에 써넣은 짧은 글들을 남겼을 뿐이지만 데카르트와 함께 17세기 전반기에 활동했던 주요 수학자로 꼽힌다. 페르마는 수학뿐만 아니라 광학에도 관심이 많았다. 그는 빛은 두 지점을 잇는 경로 중에서 가장 적은 시간이 걸리는 경로를 통해 전파된다는 '페르마의 원리'를 제안했다.

한 점에서 나온 빛이 다른 한 점에 도달할 때는 두 점 사이의 최단 거리인 직선 경로를 통해 전파되는 것으로 생각하기 쉽다. 같은 매질 내에서는 그것이 사실이다. 그러나 한 매질에서 다른 매질로 전파할 때는 빛이 최단 거리인 직선을 따라 진행해 가는 것이 아니라 경계면에서 휘어져 진행한다. 속도가 다른 두 매질을 통할 때는 휘어진 경로가 두 점 사이를 통과하는 시간을 최소로 하는 경로이기 때문이다. 페르마의 원리를 이용하면 반사의 법칙과 굴절의 법칙을 유도해 낼 수 있다.

페르마

모든 점은 새로운 파원이다: 하위헌스의 원리

빛을 파동이라고 주장하고 빛의 전파를 설명하는 '하위헌스의 원리'를 제안한 네덜란드의 크리스티안 하위헌스(Christian Huygens, 1629~1695)는 자주 왕래했던 데카르트의 영향으로 어려서부터 수학과 과학에 관심이 많았다. 하위헌스는 레이던 대학에서 법률과 수학을 공부했으나, 곧 렌즈를 연마하여 망원경을 제작하는 일에 몰두하게 되었다. 스물다섯 살이던 1654년경에 하위헌스는 렌즈를 연마하는 새로운 방법을 고안하였고, 직접 망원경을 제작하기도 했다. 이를 사용하여 토성의 위성인 타이탄을 발견하기도 했으며, 갈릴레이가 토성의 귀라고 했던 것이 사실은 토성을 둘러싸고 있는 고리라는 것을 알아내기도 했다. 하위헌스는 이와 같은 내용을 1659년에 출판된 『토성계』를 통해 발표했다.

1678년에 하위헌스는 빛이 파동이라는 가정 아래 빛의 전파를 설명하는 '하위헌스의 원리'를 제안했다. 파동이 퍼져 나갈 때 파면 위의 모든 점은 같은 진동수와 위상을 가지는 새로운 파원 역할을 한다는 것이 하위헌스의 원리이다. 하위헌스는 물 위에서 진행하는 파동이 벽면에 나 있는 좁은 틈에 닿으면 이 틈을 중심으로 새로운 파동이 발생하는 것을 관찰하고, 파동이 지나가는 동안에 진동하는 매질은 새로운 파동을 만들어 내는 파원이 될 수 있다는 것을 알아냈다. 하위헌스의 원리는 파동광학의 기초 이론

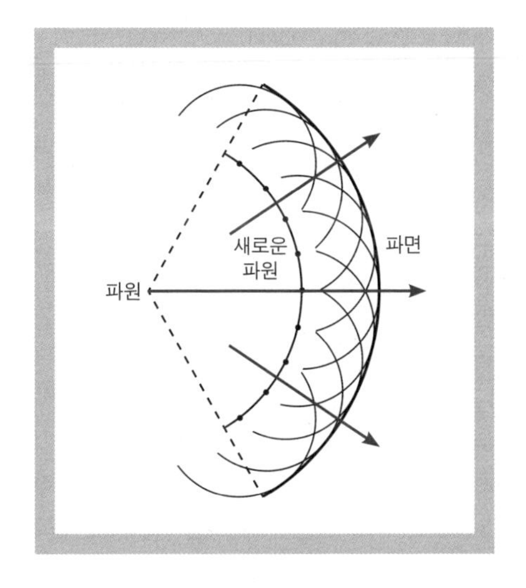

파동이 전파될 때 각 점은 새로운 파원이 된다.

이 되었다.

1690년 하위헌스는 빛의 파동현상을 상세히 설명한 논문을 발표했다. 하위헌스의 원리를 이용하여 그는 반사와 굴절의 법칙을 기하학적으로 설명할 수 있었다. 빛이 가지고 있는 파동의 성질을 실험을 통해 확인할 수 없었던 이유는 빛의 파장이 매우 짧기 때문이었다. 그러나 파동설로는 빛의 직진을 설명할 수 없었다. 파동은 회절을 통해 장애물 뒤쪽까지 도달할 수 있으므로 그림자가 생긴다는 것은 빛이 직진한다는 것을 의미했기 때문이다.

빛의 직진을 설명하기 위해 데카르트는 빛을 미립자의 흐름이라고 설명했다. 뉴턴은 빛이 가지고 있는 파동성에도 관심을 보였지만, 데카르트의 입자설을 받아들였다. 뉴턴역학을 완성시킨 뉴턴의 권위에 힘입어 18세기에는 대부분의 사람들이 빛을 입자의 흐름으로 보는 입자설을 받아들였다. 18세기를 건너뛰어 19세기에 다시 시작된 파동설과 입자설의 논쟁은 20세기 초에 양자역학을 탄생시키며 막을 내렸다.

### 진공실험 하는 시장님: 게리케

자연은 진공을 싫어하기 때문에 진공이 존재할 수 없다고 한 아리스토텔레스의 주장을 부정하고, 실험을 통해 진공의 존재를 증명한 사람은 이탈리아의 에반젤리스타 토리첼리(Evangelista Torricelli, 1608~1647)였다. 토리첼리는 수은을 이용한 실험을 통해 공기가 내리누르는 압력이 높이가 76cm인 수은주의 압력과 같다는 것을 밝혀내고, 76cm보다 긴 수은주를 거꾸로 세우면 위쪽에 진공이 만들어진다는 것을 보여 주었다.

진공 펌프를 만들어 진공을 만들고 진공과 관련된 다양한 실험을 한 사람은 독일 마그데부르크의 시장을 지냈던 오토 폰 게리케(Otto von Guericke, 1602~1686)였다. 1650년경에 게리케는 지름이 51cm인 두 개의 구리 반구를 맞댄 다음 가운데 공기를 빼면 양쪽에서 여러 마리의 말을 이용하여 끌어도 떨어지지 않는 것을 보여 주었다. 1663년에는 베를린에서 빌헬름 1세가 지켜보는 가운데 스물네 필의 말을 이용하여 이 실험을 해 보이기도 했다. 이 실험은 '마그데부르크의 반구실험'이란 이름으로 널리 알려져 있다. 게리케는 1672년에 『진공에 대하여』를 출판했는데, 이 책에는 구리로 만든 구의 무게가 공기를 빼내기 전후로 달라진다는 사실을 통해 공기의 무게를 측정한 내용도 들어 있었다.

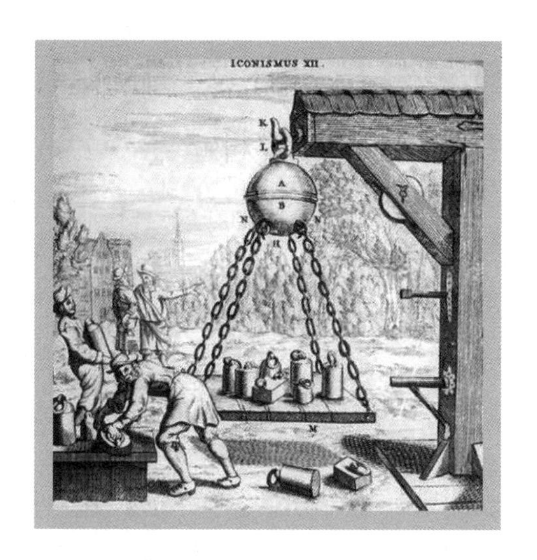

진공실험을 하고 있는 게리케

게리케는 자신이 만든 진공 펌프를 이용해 소리와 빛의 전파에 관한 재미있는 실험을 하기도 했다. 안을 들여다볼 수 있는 유리 용기 안에 종을 넣고 종이 울리는 동안 진공 펌프를 이용해 공기를 뺐다. 공기가 빠짐에 따라 종소리는 들리지 않았지만, 종이 흔들리는 모습은 볼 수 있었다. 소리는 공기가 있어야 전달되지만 빛은 공기가 없어도 전달된다는 것을 확인한 실험이었다. 빛이 눈에 보이지 않는 작은 알갱이라고 생각하면 빛을 전파시키는 매질이 없어도 아무 문제가 되지 않는다. 그러나 빛이 파동이라면 빛을 전파시키는 매질이 있어야 한다. 파동은 매질의 흔들림을 통해 에너지가 전달되는 것이기 때문이다. 공기가 없어도 빛이 전파된다는 사실을 보여 준 게리케의 진공실험은 빛이 눈에 보이지 않는 작은 알갱이의 흐름이라는 입자설에 힘을 보태 주었다.

# 9. 로크의 경험론

인간의 지성을 분석하다: 로크의『인간 오성론』

존 로크(John Locke, 1632~1704)는 청교도혁명 때 크롬웰 편에서 싸운 의회파 기병대장의 아들로 태어났다. 부모로부터 청교도 교육을 받은 로크는 1647년 웨스트민스터 기숙사학교에 입학했고, 1652년에는 옥스퍼드 대학의 크리스트 칼리지에 입학하여 언어, 논리학, 윤리학, 수학, 천문학을 공부했으며, 데카르트 철학도 배웠다. 1658년에 석사학위를 받은 후에는 옥스퍼드에서 강사로 일하면서 의학과 과학을 공부했다. 옥스퍼드에서 공부하는 동안 로크는 화학자였던 로버트 보일이나 물리학자였던 로버트 훅 등 여러 과학자들과 교류했다.

1683년에는 정치적 사건에 연루되어 네덜란드로 망명하였고, 5년 동안 그곳에 머물렀다. 네덜란드에 머무는 동안 로크는 개신교도들이나 자유사상가들과 교류하면서 활발하게 저술 활동을 했다. 그의 대표적인 저서인『인간 오성론(An Essay Concerning Human Understanding)』(1690)을 저술한 것도 이 시기였고, 종교적인 탄압에 반대하는「관용에 관한 편지」를 쓴 것도 이 때였다.「관용에 관한 편지」에서 로크는 관용이 참된 신앙을 구별하는 가장 확실한 기준이라고 주장했다. 로크는 명예혁명으로 윌리엄 3세가 즉위한 후인 1688년에 영국으로 돌아와 1690년 공소원장이 되었다.

『인간 오성론』은 로크의 대표적인 저서로, 인간의 지식과 이해가 어디에 기반을 두고 있는가를 다룬 책이다. 감성과 대립한다는 의미에서 오성은 때로 이성과 같은 의미로 사용되기도 하지만, 일반적으로 이성이나 정신과 구별되는 것으로 본다. 플라톤은 이데아를 직관적으로 알아차리는 능력을 이성이라고 했고, 논증하는 능력을 로고스라고 했는데 로고스가 바로 오성이다. 『인간 오성론』 1권에서 로크는 주로 데카르트를 비롯한 대륙의 합리주의자들이 주장했던, 태어날 때부터 가지고 있는 생득관념을 비판했다. 그는 이 책에서, 새로 태어난 아기들은 어떠한 관념을 가지고 태어났다고 믿을 만한 근거가 없다고 주장하고, 성장하면서 관념이 점차 마음속에 자리 잡게 된다고 설명했다.

『인간 오성론』의 2권에서 그는 관념을 외부 물체에 대한 직접적인 감각 경험에 의한 관념과 내적 성찰에 의해 형성되는 관념으로 나누었다. 감각 경험에 의한 관념은 크기, 모양, 운동과 같이 물체의 고유한 성질에 대응하는 관념인 반면 내적 성찰에 의한 관념은 맛이나 향과 같이 물질의 성질과 정확하게 대응하지 않는 관념이다. 로크는 전자를 제1성질의 관념, 후자를 제2성질의 관념으로 분류하기도 했다. 인간은 어려서부터 이 두 가지를 통해서 여러 가지 관념을 축적해 간다는 것이다. 『인간 오성론』의 2권에서는 절대자의 존재 가능성에 대해서도 다뤘다. 그는 우리 자신에 대한 성찰과 우리 자신이 가지고 있는 특성에 대한 고찰로부터 영원하고 전능한 절대자가 존재한다는 결론을 내리지 않을 수 없다고 주장했다. 이 전능한 존재를 무엇이라고 부르든 그것은 중요하지 않았다.

존 로크

『인간 오성론』의 3권에서 로크는 언어에 대해 세 가지를 언급했다. 첫째, 언어는 소리와 관념을 자연적으로 연결한 것이 아니다. 둘째, 언어는 관념을 감각적으로 나타내는 기호이다. 셋째, 언어는 임의적으로 정해진다. 동일한 관념이 전혀 다른 여러 나라의 언어로 나타난다는 점에서, 로크의 이러한 주장이 설득력을 갖는다. 『인간 오성론』의 4권은 지식 전반에 관한 문제를 다뤘다. 로크는 여기서 인간 지식의 한계에 대해서 논하고, 개인이 알고 있다고 주장하는 것과 그가 지식이라고 주장한 것이 실제로 지식이 아닐 수도 있다고 지적했다. 이 책의 마지막 장에서 로크는 과학을 물리학, 언어학, 윤리학으로 분류하는 분류 체계를 제안하기도 했다.

### 국가는 계약의 산물이다: 사회계약론

로크는 철학자로뿐만 아니라 헌정민주정치와 개인의 자연권을 주장한 사람으로도 잘 알려져 있다. 로크는 서구 문화와 정치 및 사회 발전에 큰 영향을 끼친 계몽주의 운동을 시작한 사람이라는 평가를 받고 있다. 로크는 자연 상태의 인간은 정당하고 공평하게 대우받을 권리와 재산을 소유할 권리를 신으로부터 부여받았다고 주장했다. 그래서 그는 한 개인이 다른 사람의 동의 없이도 자신의 재산을 소유할 수 있는 권리를 갖는다고 보았다. 이는 개인이 재산을 소유할 권리를 얻기 위해서 다른 사람의 동의가 필요하다고 했던 철학자들과 반대되는 주장이었다. 로크는 인간이 자신의 권리를 더 효과적으로 지키기 위해 사회적인 계약을 맺고 국가를 만들었으므로 국가는 절대권력을 가질 수 없다고 했다.

로크는 절대권력을 행사하는 독재국가가 되는 것을 방지하기 위해 법을 만드는 입법부와 정해진 법에 의해 통치하는 행정부가 독립되어야 한다는 2권 분립을 제안했다. 로크의 입법부와 행정부의 2권 분립론은 후에 프랑스의 계몽주의 사상가 몽테스키외에 의해 3권 분립론으로 발전했다. 로크는 국가가 제 기능을 제대로 수행하지 못할 때는 사회계약에 의해 국가에 권력을 위임한 국민이 권력을 되찾아 올 수 있다고 했다. 로크의 이런 정치

사상은 영국에서 의회가 제임스 2세를 쫓아낸 명예혁명을 정당화했고, 미국의 독립전쟁과 프랑스 대혁명의 사상적 기초가 되었다.

# 제6장

# 근대 과학의 기초를 닦은 18세기

## 1. 계몽주의 운동

### 인간성에 빛을 비춰라: 계몽주의 운동

18세기에 유럽 사회에 큰 영향을 준 것은 계몽주의 운동이었다. 계몽주의란 17세기에 시작되어 18세기에 정치, 사회, 철학, 과학 분야에서 전개되었던 지적 진보 운동을 말한다. 계몽주의는 절대왕정과 교회의 권위에 의해 드리우고 있던 어둠을 걷어 내고 인간 이성에 빛을 비추자는 운동이었다. 전통적 관습, 의례, 도덕에 대해 비판적이었던 계몽주의 사상가들은 오랫동안 인권을 짓눌러 온 권위들을 밀어내고 그 자리에 인간의 이성과 자유로운 탐구라는 새로운 가치를 앉혀야 한다고 주장했다. 계몽주의 사상가들은 형이상학보다는 상식이나 경험을 중요하게 생각했고, 권위보다는 개인의 자유를 우선시했으며, 특권보다는 평등한 권리와 교육을 지향했다.

계몽주의 운동은 독일, 영국, 프랑스, 네덜란드, 이탈리아, 스페인, 포르투갈 등지에서 거의 동시에 시작되었고, 폴란드, 러시아를 비롯한 다른 유럽 국가들에서도 이런 움직임이 뒤따랐다. 영국의 권리 장전(1689), 미국 독립 선언(1776), 프랑스 대혁명과 인권 선언(1789)은 계몽주의 운동에 영향을 받았다. 프랑스의 계몽 사상은 몽테스키외, 볼테르, 루소, 디드로 등을 중심으로 한 백과전서파가 주도했다. 드니 디드로(Denis Diderot, 1713~1784)는 프랑스인들이 전통과 편견에 대항할 수 있도록 하기 위해 『백과전서』의 출판을 주도했다.

영국 계몽주의의 특징은 이신론과 자유주의로 요약할 수 있다. 18세기에 등장한 이신론(理神論, deism)은 신의 세계 창조는 인정하지만, 세상을 창조한 다음에는 신이 인류의 역사나 물리법칙에 관여하지 않는다는 생각이다. 영국 계몽주의의 두 번째 특징인 자유주의는 양도할 수 없는 개인의 자연권과 국가권력의 분립, 그리고 개성의 자유로운 발달을 주장했다.

독일에 계몽주의의 씨앗을 뿌린 사람은 프로이센을 강국으로 만들어 '대왕'이라고 불리는 프리드리히 2세(Friedrich II, 1712~1786)였다. 프리드리히 2세는 프랑스의 계몽주의 사상가인 볼테르와 친밀한 관계를 유지했기 때문에 프로이센의 계몽주의는 프랑스적인 것으로 시작했다. 프리드리히 2세는 1740년에 발표한 교서에서 "모든 사람에게 종교적 관용이 베풀어져야 하며, 국가는 어느 한 편이 상대방에게 해를 끼치지 않는지 감시만 하면 된다"라고 했으며, "군주는 국가의 제1의 종복이다"라고 했다. 뛰어난 군사 전략가이며 합리적인 정치 지도자였던 프리드리히 2세는 종교에 대한 관용정책을 펼치고, 재판에서 고문을 없앴다.

독일의 계몽주의는 문학에 많은 영향을 끼쳤다. 계몽주의가 확산되면서 작품의 내용보다 형식을 더 중요하게 생각하고 인간의 감정을 소홀히 하는 경향이 나타났다. 몇몇 작가들은 이러한 경향에 대해 비판의 목소리를 내고, 새로운 작품을 통해 사회 분위기를 바꾸고자 했다. 이때 나타난 운동이 시인이자 극작가였던 요한 볼프강 괴테(Johann Wolfgang von Goethe, 1749~1832)와 시인이었던 프리드리히 실러(Friedrich Schiller, 1759~1805)를 중심으로 인간 본연의 감정을 중시하려고 했던 질풍노도 운동(Sturm und Drang)이었다. 질풍노도 운동은 이성을 중시했던 계몽주의에서 벗어나 개인의 감정에 충실하려는 낭만주의 운동이었다. 질풍노도 운동의 주역이었던 괴테와 실러는 후에 독일 고전주의 문학의 거장이 되었다.

### 물질이 모든 것이다: 유물론

계몽주의의 확산은 물질만이 유일한 실체라고 보는 유물론을 탄생시켰다. 유물론에는 정신의 존재를 인정하지만 물질이 본질이고 정신은 물질에서 파생된 부차적인 것으로 보는 입장과, 정신의 존재 자체를 부정하고 물질만이 존재한다고 보는 극단적인 유물론이 있다.

18세기에 나타난 후 19세기와 20세기에 세계 정치사에 큰 영향을 미친 유물론의 첫 번째 특징은 신의 존재를 부정하는 무신론을 바탕으로 한다는 것이다. 존재하는 모든 것의 본질이 물질이라고 보는 유물론의 입장에서는 신과 같은 비물질적인 존재를 인정하지 않았으므로 유물론자는 무신론자가 될 수밖에 없었다.

유물론의 두 번째 특징은 과학주의이다. 유물론자들은 세상의 본질인 물질은 자연과학적으로 기술될 수 있다고 주장하고, 자연법칙의 보편성을 인정했다. 자연법칙에 의한 결정론을 주장하는 유물론자들은 모든 사물의 변화는 초기 조건과 자연법칙에 의해 결정된다고 보았다. 유물론의 또 다른 특징은 감각만을 인식의 원천으로 보는 감각론적인 입장을 취한다는 것이다. 인식의 원천을 외부의 물질에서만 찾으려고 했던 유물론에서는 인간 내면의 의식이나 정신의 작용이 인식에 개입하는 것을 반대했다. 따라서 감각경험에 의존하지 않는 선험적인 관념의 존재를 인정하지 않았다.

데카르트의 물질과 정신으로 이루어진 이원론에서는 자연법칙은 세상의 반인 물질세계만을 지배하는 법칙이었다. 그러나 영국 경험론에서는 자연법칙이 보편적이고 절대적인 진리의 자리에서 내려와 개연성이 큰 지식이 되었다. 그러나 정신 작용마저도 물질의 상호작용의 결과로 보는 유물론에서는 자연법칙이 세상 전부를 지배하는 법칙이었다.

### 민주주의 발전의 초석이 되다: 프랑스 대혁명과 미국의 독립 선언

계몽주의는 1776년에 있었던 미국 독립 선언과 1789년에 있었던 프랑스 대혁명에 영향을 주었다. 존 로크의 사회계약론의 영향을 받은 미국 독립 선언은 절대왕정의 식민 지배에 반대하는 민주주의 혁명의 성격을 지니고 있었다. 프랑스 대혁명은 미국의 독립 선언으로 자유의식이 고취된 가운데 절대왕정이 지배하던 프랑스의 구체제(Ancien Régime)에 대한 불만이 흉작을 계기로 폭발하여 일어났다. 프랑스 대혁명으로 수립된 프랑스 제1공화국은 나폴레옹에 의해 10여 년 만에 막을 내렸고, 1815년에 나폴레옹이 축출된 후에는 부르봉 왕조가 다시 부활하여 프랑스 대혁명은 미완으로 끝났다. 그러나 프랑스 대혁명은 정치권력이 귀족들에게서 민중으로 넘어가는 계기를 제공하여 프랑스는 물론 세계 여러 나라의 민주주의 발전에 큰 영향을 주었다.

## 2. 새로운 기체의 발견과 화학혁신

### 화학 발전에 방해가 되다: 4원소설과 플로지스톤설

물리학과 생물학 분야에서 새로운 학문이 자리를 잡아 가고 있던 17세기에도 화학 분야에서는 아직도 그리스 시대부터 전해진 연금술이 널리 행해지고 있었다. 그러나 연금술은 기존의 신비롭고 주술적이던 연금술에서 벗어나 오늘날의 화학과 비슷한 모습으로 변해 있었다. 값싼 금속을 귀금속으로 변화시키려고 노력하던 연금술이 차츰 여러 가지 물질이 섞여 있는 혼합물을 정제하여 순수한 물질을 추출해 내는 기술로 변모해 갔던 것이다. 연금술에서 발전한 정제기술은 주로 질병 치료에 사용되는 의약품을 제조하는 데 사용되었다.

이런 가운데 기체의 부피와 압력, 온도 사이의 관계에 대한 기본적인 법칙이 실험에 의해 발견되기도 했다. 일정한 온도에서 기체의 부피와 압력 사이에는 서로 반비례하는 관계가 있다는 '보일의 법칙'은 영국의 로버트 보일(Robert Boyle, 1627~1691)에 의해 1662년에 발견되었다. 의화학에 관심을 가지고 있던 보일은 물질은 운동하는 미립자로 되어 있다고 주장하고, 기체 입자를 불규칙적인 운동을 하는 작고 둥근 입자로 가정하여 보일의 법칙을 설명하였다. 보일은 1661년에 『회의적인 화학자(The Sceptical Chymist)』라는 책을 출판했는데, 이 책에서 화학에서의 실험의 중요성을 강조했다. 보일은 연금술을 신비주의의 영역에서 끌어내 화학의 모습을 갖추게 하는 데 공헌했다.

화학의 정제기술이 발달하여 여러 가지 물질을 분리해 내기 시작하자 모든 물질이 네 가지 원소로 구성되어 있다는 4원소설은 설 자리를 잃어 갔다. 따라서 물질의 구성과 반응을 설명하는 새로운 이론이 필요하게 되었다. 할레 대학의 의학 및 화학 교수였던 게오르크 슈탈(Georg Ernst Stahl, 1660~1734)은 연소와 산화를 플로지스톤이라는 물질을 이용해 설명하는 플로지스톤설(phlogiston theory)을 확립했다. 슈탈은 물질의 산화와 연소는 물질과 결합되어 있던 플로지스톤이 물질에서 분리되어 달아나는 것이라고 설명했다. 나무와 같은 물체가 타고 나면 재가 남게 되는데, 재의 무게가 원래의 나무 무게보다 훨씬 작은 이유가 연소 과정에서 플로지스톤이 빠져나갔기 때문이라고 했다.

18세기 후반까지 플로지스톤설은 화학자들에게 널리 받아들여지고 있었다. 화학자들은 18세기에 실험을 통해 여러 가지 새로운 화학 반응을 발견하고 새로운 기체를 발견했지만, 이를 플로지스톤설로 설명하려고 했기 때문에 잘못 설명하는 경우가 많았다. 따라서 화학이 발전하기 위해서는 우선 고대로부터 전해 내려온 4원소설과 플로지스톤설로부터 벗어나야 했다.

### 화학혁신의 기초를 마련하다: 새로운 기체의 발견

18세기에 이루어진 기체 발견의 문을 연 사람은 스코틀랜드의 글래스고 대학과 에든버러 대학에서 화학 및 의학 교수를 지냈던 조지프 블랙(Joseph Black, 1728~1799)이었다. 아버지가 사업상 자주 여행했던 프랑스 보르도에서 태어난 블랙은 글래스고 대학과 에든버러 대학에서 의학을 공부하고 탄산 마그네슘을 이용해 요석을 치료하는 연구로 의학 박사학위를 받았다. 의학은 물론 화학에도 깊은 관심을 가지고 있던 블랙은 화학 연구에 필수적인 정밀 저울을 개발하기도 했다. 그리고 물질이 상태가 바뀌는 동안에는 열을 흡수하지만 온도는 변하지 않는다는 것을 알아내 잠열을 발견하기도 했으며, 물질에 따라 잠열이 다르다는 것도 알아냈다. 잠열의 발견은 열역학의 시작이라고 할 수 있는 중요한 과학적 발견이었다.

그러나 블랙의 가장 중요한 과학적 업적은 화학 반응에서 발생하는 여러 가지 기체의 성질을 연구한 것이었다. 그는 탄산칼슘을 가열하거나 산으로 처리하면 그가 고정 공기라고 부른 이산화탄소가 나온다는 것을 알아냈다. 그는 고정 공기가 공기보다 무겁다는 것과, 고정 공기 안에서는 물질이 타지 않으며, 생명체가 살 수 없다는 것을 밝혀냈다. 그리고 수산화칼슘(소석회) 용액에 고정 공기를 통과시키면 탄산칼슘이 석출된다는 것을 실험을 통해 보여 주기도 했다. 그는 고정 공기의 이런 성질을 이용하여 동물의 호흡이나 미생물의 발효 시에도 고정 공기가 나온다는 것을 확인했다. 블랙은 그의 연구 결과를 「마그네시아 알바, 생석회, 기타 알칼리 물질에 대한 실험」이라는 논문으로 1756년에 발표했다.

지구 중력을 정밀하게 측정하여 중력상수와 지구의 밀도를 최초로 알아낸 사람으로 널리 알려져 있는 영국의 헨리 캐번디시(Henry Cavendish, 1731~1810)는 화학 분야에서도 많은 업적을 남겼다. 귀족 출신이었지만 사람들과 어울리는 것을 싫어했던 캐번디시는 매우 정밀한 실험을 했던 것으로 유명하다. 그는 1766년에 금속을 묽은 산에 작용시켜 그가 가연성 공기라고 부른 수소를 분리해 내는 데 성공했다. 그는 또한 여러 가지 기체들의 비중을 측정했으며, 여러 액체에서의 용해도를 측정하기도 했다. 이런 실험을 통해 그는 공기의 9분의 1이 이산화탄소라는 것과, 이산화탄소 안에서는 물질이 연소되지 않으며, 발효나 부패 과정에서 발생하는 이산화탄소가 대리석으로부터 얻은 이산화탄소와 성질이 같다는 것을 알아냈다.

1770년대에 있었던 새로운 기체의 발견에서 가장 중요한 역할을 한 사람은 영국의 조지프 프리스틀리(Joseph Priestley, 1733~1804)였다. 프리스틀리는 뛰어난 화학자이기도 했지만 삼위일체설을 받아들이지 않았던 자유주의 신학자이기도 했다. 프리스틀리는 1767년에 맥주 통에서 나오는 기체를 분석하여 이산화탄소를 발견하고, 이를 왕립학회에 보고했다. 이로 인해 바람의 물이라고 불린 탄산수를 마시는 사람들이 늘어났다. 프리스틀리는 탄산수를 발명한 공로로 1772년에 왕립협회가 주는 코플리 메달을 받기도 했다. 탄산수는 괴혈병 치료제로 알려져 영국 해군에서 널리 사용되었으나, 사업가의 과장광고 때문이었을 뿐 실제로는 아무런 효능이 없었다.

프리스틀리는 또한 1773년 8월 1일에 커다란 렌즈를 이용하여 산화수은을 높은 온도로 가열시켰을 때 발생한 기체를 모아 여러 가지 실험을 했다. 이 기체 속에서는 촛불이 격렬하게 연소되었고, 쥐가 활발하게 운동했으며, 사람도 기분이 좋아졌다. 프리스틀리는 이 기체를 플로지스톤을 포함하지 않은 순수한 공기로 보고, 다른 물체로부터 플로지스톤을 격렬하게 흡수하는 기체라는 의미로 탈(脫)플로지스톤 기체라고 불렀다. 프리스틀리는 산소 외에도 여러 가지 기체들을 분리해 저장했는데, 그중에는 암모니아, 염산, 산화질소, 산소, 질소, 이산화탄소가 포함되어 있었다. 그러나 프리스틀리는 자신이 발견한 기체들을 플로지스톤과 연관시켜 설명하려고 했기 때문에 산화와 연소를 제대로 이해하지는 못했다.

독일 태생으로 스웨덴의 약사였던 칼 셸레(Carl Wilhelm Scheele, 1742~1786)도 독자적인 실험을 통해 여러 가지 기체를 분리해 냈다. 셸레는 아질산, 플루오린화수소, 염소, 요산, 젖산, 사이안화수소산, 글리세롤을 비롯한 많은 기체와 물질을 발견했다. 1771년에는 산소를 발견하고 「공기와 불에 관한 화학 논문」이라는 제목의 논문을 썼지만, 이 논문이 출판된 것은 1777년이었다. 셸레는 산화수은, 탄산은, 질산마그네슘, 질산포타슘 등을 가열하거나 이산화망가니즈를 비산 또는 황산과 함께 가열하여 만든 기체가 연소를 유지하고 동물의 호흡을 돕는다는 사실을 발견하고 불의 공기(산소)라고 불렀다. 그는 또한 공기가 하나의 물질이 아니라 불의 공기(산소)와 불쾌한 공기(질소)로 이루어져 있고, 두 기체의 존재비는 1:3이라고 주장하기도 했다.

블랙, 캐번디시, 프리스틀리, 셸레와 같은 학자들이 공기 중에서 여러 가지 기체를 분리해 내서 4원소설을 무력화하고 화학을 한 단계 발전시키는 데 크게 공헌하기는 했지만, 아직 그들은 자신들의 발견을 플로지스톤설을 이용하여 설명하려고 했다. 1781년에 프리스틀리는 산소와 수소의 혼합물에 불을 붙이면 폭발적으로 연소되면서 물방울이 남는다는 것을 알아냈고, 캐번디시도 이 실험을 되풀이하여 물은 산소 1부피와 수소 2.02부피의 결합으로 이루어졌다는 것을 발견했다. 그러나 그들은 산소는 플로지스톤을 빼앗긴 물이며, 수소는 플로지스톤 그 자체 또는 플로지스톤을 많이 가진 물이라고 설명했다. 따라서 근대 화학이 탄생하기 위해서는 플로지스톤설을 부정하고 산화와 연소를 올바로 설명하는 일이 필요했다. 그 일을 한 사람은 프랑스의 라부아지에였다.

### 4원소설과 플로지스톤설을 무너뜨리다: 라부아지에

플로지스톤설을 부정하고 연소와 산화 작용을 올바로 설명하여 근대 화학의 기초를 마련한 프랑스의 앙투안 라부아지에(Antoine Laurent Lavoisier, 1743~1794)는 다방면에서 능력을 발휘했던 유능한 사람이었다. 1743년 파리에서 변호사의 아들로 태어난 라부아지에는 부유한 환경에서 별 어려움 없이 자라나 마자랭 대학에 진학하여 법률학을 공부했다. 대학에 다니는 동안 그는 법률 외에도 어학, 철학, 수학, 과학 등과 같은 과목들도 공부했다. 1766년에는 커다란 도시를 밝히는 조명 장치에 대한 논문으로 과학 아카데미로부터 금메달을 받았는데, 이는 그가 광학에도 관심을 가지고 있었음을 알려 주는 일화이다.

22세이던 1766년에는 할머니가 남긴 유산을 물려받아 부자가 되었고, 1768년부터는 이 유산을 바탕으로 세금징수조합을 운영하기 시작했다. 당시의 세금징수조합은 요즘의 주식회사와 같은 형태의 사기업으로, 주주들이 돈을 모아 정부에 세금을 선납한 후 시민들에게 세금을 거둬 주주들에게 원금과 수익금을 분배했다. 주주들은 대개 부자나 귀족들이었으므로 결과적으로 부자나 귀족들은 세금을 전혀 내지 않아도 되었고, 오히려 세금에서 이익을 남길 수 있었다.

라부아지에가 화학자로서 이름을 얻게 된 것은 1770년에 시행된 물의 증류실험을 통해서였다. 4원소설을 받아들이고 있던 당시에는 발생하는 수증기를 냉각시키면서 물을 계속 끓일 때 용기 바닥에 생기는 흙과 같은 부스러기를 물 원소가 변한 흙이라고 믿었다. 1770년에 이 실험을 행한 라부아지에는 물을 끓이기 전의 물과 용기의 무게와 증류한 후의 물과 용기 그리고 부스러기의 무게를 측정하여 이 부스러기가 물이 변한 것이 아니라 물을 끓이는 동안 물을 담았던 용기에서 떨어져 나온 물질이라는 사실을 밝혀냈다. 라부아지에는 1772년 11월에 과학 아카데미에 제출한 논문에서, 황이나 인이 연소할 때 무게가 증가하는 이유는 연소 과정에서 공기를 흡수하기 때문이라고 주장했다. 또, 이산화납을 가열했을 때 무게가 감소하는 이유는 연소과정에서 공기를 잃기 때문이라고 주장했다.

1774년에는 그의 첫 번째 책인 『물리와 화학의 에세이』를 출판했는데, 이 책에는 그가 실험을 통해 알게 된 내용이 정리되어 있었다. 이해는 영국의 프리스틀리가 탈플로지스톤 기체라고 부른 산소를 발견한 해였다. 프리스틀리는 10월에 유럽을 여행하던 중에 라부아지에를 방문하여 자신의 발견에 대한 이야기를 들려주었다.

라부아지에는 연소의 문제를 해결하기 위해 체계적인 실험을 시작했다. 그는 플라스크에 금속을 넣고 밀폐한 후 가열했더니 가열이 끝난 후에도 플라스크와 금속을 합한 무게가 증가하지 않는 것을 발견했다. 가열이 끝난 플라스크를 개봉했더니 공기가 들어가서 전체 무게가 증가했다. 이때 증가한 무게는 금속을 덮개가 없는 용기에서 가열하는 동안 증가한 금속의 무게와 같았다. 이것으로 그는 가열하는 동안에 공기가 금속에 흡수된다고 것을 확인할 수 있었다. 또한 라부아지에는 연소하는 동안에 공기의 일부만 흡수되고 가열을 계속해도 더 이상은 흡수되지 않는다는 것을 발견했다. 이에 공기는 금속에 흡수되는 기체와 흡수되지 않는 기체로 구성되어 있다는 사실을 알게 되었다.

라부아지에

라부아지에는 연소 중에 물질에 흡수되는 공기가, 프리스틀리가 발견한 탈플로지스톤 기체라는 것을 알아냈다. 1754년에는 이 기체가 탄소와 결합하여 블랙이 발견한 고정 공기를 합성한다는 것을 발견하기도 했다. 1777년에 과학 아카데미에 제출되었으나 1781년에야 출판된 보고서에서 라부아지에는 탈플로지스톤 기체를 산소라고 불렀다. 그는 이 보고서에서 연소는 플로지스톤이 분리되는 현상이 아니라 물질이 산소와 결합하는 현상이라고 설명했다. 1780년에 라부아지에는 공기가 25%의 산소와 75%의 질소로 이루어졌다고 발표했고, 1783년 6월에는 물은 산소와 수소가 결합하여 만들어진 화합물이라고 과학 아카데미에 보고했다.

1787년에는 라부아지에의 발견과 이론을 반영한 『화학 명명법』이 루이 베르나르 기통 드 모르보(Louis-Bernard Guyton de Morveau, 1737~1816), 클로드 베르톨레(Claude Louis Berthollet, 1748~1822), 앙투안 푸르크루와(Antoine François Fourcroy, 1755~1809)와 같은 프랑스 화학자들에 의해 출판되어 새로운 화학의 성립에 중요한 역할을 하게 되었다. 당시에는 아직 연금술 시대부터 써오던 용어들이 널리 사용되고 있었고, 18세기에 발견된 기체들에는 플로지스톤과 관계된 이름들이 사용되고 있어서 화학 발전에 방해가 되고 있었다. 드 모르보는 1782년에 화학 명칭을 체계적인 방법으로 개혁해야 한다고 주장했다. 따라서 한 물질은 하나의 이름을 갖도록 하고, 화학 조성이 알려진 경우에는 이름에 조성이 반영되도록 하는 새로운 명명법을 만들자고 제안했다.

새로운 화학 명명법에서는 가열 산화물이 산화물로, 황산염 기름이 황산으로, 황의 다른 산소산은 아황산으로 명명되었으며 이들의 염은 황산염과 아황산염이라고 불렀다. 이러한 새로운 명명법은 플로지스톤설을 반대하는 사람들에게 힘을 실어 주었다. 이런 일련의 발견과 활동으로 인해 플로지스톤설을 지지하던 사람들의 수가 점차 줄어들고 라부아지에의 견해를 받아들이는 사람들이 늘어났다. 라부아지에의 연소 이론은 1789년에 출판된 『화학 원론』으로 인해 더욱 널리 받아들여지게 되었다.

라부아지에의 대표적 저서인 『화학 원론』의 원제목은 "Traité élémentaire de chimie"이며, 영어로 번역하면 "Elementary treaties on chemistry"이다. 이 책은 세 부분으로 나뉘어 있는데 1부는 원소로 이루어진 기체의 형성과 분해 및 산의 형성에 대한 내용을 담고 있고, 2부는 산과 염기의 결합 및 중성염의 생성에 대해 다루고 있으며, 3부에는 화학 연구에 사용되는 실험기구와 이들의 작동법에 대한 설명이 포함되어 있다. 『화학 원론』의 서문에서 라부아지에는 화학에 대한 새로운 접근법과 과학 교육법을 설명하고, 새로운 명명법의 정당성을 주장했다. 또한, 실험적 증거의 중요성을 강조하고 그런 증거들에 의해 지지될 수 없는 결론은 화학에서 제거해야 한다고 주장했다.

『화학 원론』의 서문에서 라부아지에는 더 이상 분해되지 않는 것으로 다른 물질의 구성 요소가 되는 것을 원소라고 정의했다. 라부아지에는 이 정의에 의해 33개의 원소가 들어 있는 원소표를 실었다. 여기에는 석회석과 마그네시아 같은 광물도 포함되어 있었는데, 라부아지에는 그것들이 실험에 의해 원소가 아니라 화합물이라는 것이 밝혀질지도 모른다는 여지를 남겨 놓았다. 이 원소 목록은 『화학 명명법』에 실려 있는 원소 목록보다 짧았다. 『화학 명명법』에서는 열아홉 가지의 유기산과 기들을 원소로 분류했었지만 라부아지에는 이들이 원소가 아니라 탄소와 수소로 이루어진 화합물이라는 것을 알고 있었기 때문이었다. 『화학 원론』에는 화학 반응 전후에 반응에 참여하는 물질의 질량이 보존된다는 질량 보존법칙이 명확하게 기술되어 있었다.

그러나 1789년에 일어난 프랑스 대혁명으로 인해 라부아지에의 연구는 더 이상 진척될 수 없었다. 프랑스 대혁명이 일어나던 1789년 7월에 라부아지에는 여러 방면에서 활발한 활동을 하고 있었다. 프랑스 대혁명으로 연구 활동이 조금 제한받기는 했지만, 라부아지에는 혁명 후에도 과학과 관련된 활동을 계속했다. 1790년 5월 8일 프랑스 국민의회는 프랑스 과학 아카데미에 도량형 통일안 제작을 의뢰했다. 라부아지에도 다른 과학

고전주의 화가 다비드가 그린 라부아지에 부부의 초상화

자들과 함께 이 작업에 참여했다. 라부아지에는 비서와 회계 업무를 담당했고, 국민의회에 일의 진행 사항을 보고하는 일 역시 그가 맡았다. 1791년 12월에는 프랑스 과학 아카데미의 재무 담당관이 되었고, 1792년 1월에는 국민의회에서 조직한 기술 및 교역 고문 위원회에도 참여했다.

1791년 3월 20일, 국민의회는 라부아지에가 오랫동안 운영해 온 세금징수조합을 해체하고, 세금을 징수하는 기관을 설립했다. 1793년 11월 24일 세금징수조합의 청산이 빠르게 진행되기를 원했던 국민공회는 전직 세금징수업자들의 체포를 발의했고, 이는 국민공회를 통과했다. 라부아지에는 11월 28일 그의 장인과 함께 체포되어 수감되었다. 1794년 5월 2일 전직 세금징수업자들에 대한 처분안이 혁명법원으로 넘겨졌고, 5월 8일 기소된 32명 중 라부아지에를 포함한 28명이 유죄 판결을 받았다. 라부아지에는 판결받은 날 저녁, 혁명 광장에 설치된 단두대에서 처형되었다. 그의 처형을 막기 위해 많은 사람들이 탄원서를 내기도 했지만, 혁명의 광기를 막을 수는 없었다.

## 3. 전기와 빛에 대한 이해

### 전기에 대한 기초적인 연구가 이루어지다

1600년에 길버트가 『자석에 관하여』를 출판한 이후 전기현상에 관심을 가지는 사람들이 늘어났다. 처음에 사람들은 물체를 문질렀을 때 발생하는 마찰전기를 이용하여 여러 가지 실험을 했다. 그러나 이런 전기는 양이 아주 적어 본격적인 전기실험을 하기에는 적당하지 않았다. 전기에 관한 연구가 시작되기 위해서는 우선 많은 양의 전기를 발생시킬 수 있는 장치를 만드는 일이 필요했다. 1663년에 마찰을 이용해 많은 양의 전기를 발생시킬 수 있는 장치를 발명한 사람은 진공실험으로 유명한 독일 마그데부르크의 시장 오토 폰 게리케였다.

게리케가 만든 전기 발생 장치는 유황으로 만든 공에 회전축과 회전 손잡이를 단 것이었다. 손잡이를 이용해 유황 공을 빠른 속도로 회전시키면서 가죽으로 만든 패드를 마찰시키면 마찰에 의해 전기가 발생했다. 마찰에 의해 대전된 유황 공을 발전기에서 떼어 내 가지고 다니면서 전기실험을 위한 전원으로 사용할 수도 있었다. 나중에 이 전기 발생 장치는 벨트와 회전바퀴를 달아 더 빠르게 회전시킬 수 있도록 개량되어 전기실험을 하는 과학자들에게 전원을 공급하기도 했다.

전기 발생 장치를 이용하여 전기에 관한 본격적인 연구를 시작한 사람은 영국 왕립협회 학회지인 『철학 회보』에 많은 관찰 결과를 발표했던 영국의 스티븐 그레이(Stephen Gray, 1670~1736)였다. 그레이는 1729년 정전기가 접촉

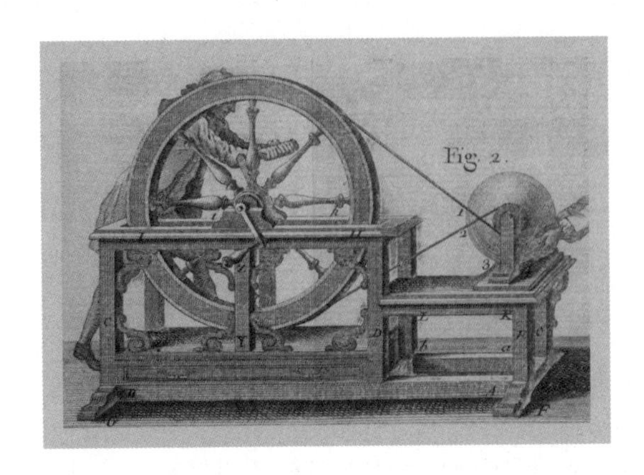


마찰을 이용한 전기 발생 장치

에 의해 멀리까지 전달된다는 것을 발견하고, 전기를 전달하는 도체와 전기를 전달하지 않는 부도체를 구별했다. 그는 도체와 부도체가 물체의 모양이나 색깔에 따라 달라지는 것이 아니라 물체의 고유한 성질이라는 것을 알아냈다. 그는 사람을 이용한 실험을 통해 인체를 통해서도 전류가 흐른다는 것을 밝혀내기도 했다.

그레이와 비슷한 시기에 프랑스에서는 파리 왕립식물원장을 지낸 샤를 뒤페(Charles François de Cisternay du Fay, 1698~1739)도 다양한 전기실험을 했다. 1733년에 뒤페는 전기가 유리전기(플러스)와 수지전기(마이너스)의 두 종류의 유체로 이루어져 있다고 주장했다. 전기가 물체를 통해 흘러가는 것을 보고 그것을 눈에 보이지 않는 유체라고 생각한 것이다. 뒤페와 가까운 사이이며 수도사이기도 했던 장 앙투안 놀레(Jean Antoine Nollet, 1700~1770)도 전기실험을 했다. 그는 수도원 원장으로 있으면서 많은 시간을 물리실험과 전기에 관한 연구를 하면서 보냈다. 놀레는 도체의 뾰족한 끝이 전기 발전에서 중요한 역할을 한다는 것을 알아내기도 했다. 그는 연기와 수증기를 통해 전기가 어떻게 전달되는지 알아보는 실험을 했으며, 식물과 동물의 생육, 액체의 증발에 전기가 어떤 영향을 주는지를 알아보는 실험도 했다.

미국의 정치가이며 과학자였던 벤저민 프랭클린(Benjamin Franklin, 1706~1790)도 전기와 관련된 실험을 했다. 미국 독립 과정에서 중요한 역할을 하여 미국 건국의 아버지 중 한 사람으로 여겨지는 프랭클린은 미국 독립 선언문 작성에도 참여했고, 프랑스가 미국과 동맹을 맺고 독립 전쟁에 참전하게 하는 데도 중요한 역할을 했다. 미국에서는 프랭클린이 정치가로 더 널리 알려져 있었지만, 유럽에서는 과학자로 더 많이 알려져 있었다. 인쇄업으로 성공한 프랭클린은 과학에 뜻을 두고, 사업을 대리인에게 맡긴 후 많은 시간을 과학실험에 할애했다.

프랑스의 뒤페와 놀레가 전기에는 유리전기와 수지전기 두 종류의 전기가 있다고 주장한 것과는 달리, 프랭클린은 유리전기와 수지전기가 종류가 다른 것이 아니라 압력이 다를 뿐이라고 주장했다. 그는 압력이 다른 전기에 (+)와 (-)라는 기호를 붙였다. 전하 보존법칙을 처음 제안한 사람도 프랭클린이었다. 1752년에 그는 비구름 속에 연을 날려 전기를 모으는 실험을 하여 천둥과 번개도 전기 작용이라는 것을 확인했다. 이 연날리기 실험은 전기학의 역사에서 가장 유명한 실험 중 하나이다. 프랭클린은 이 실험이 위험하다는 것을 알고 있었으며, 위험을 피하기 위해 여러 조치를 취했다. 이를 통해 이 위험한 실험은 피뢰침이 발명되는 계기가 되었다. 프랭클린은 전기에 관한 연구 업적을 인정받아 1753년에는 영국 왕립협회가 주는 코플리 메달을 수상했고, 1756년에는 18세기 미국인으로는 드물게 왕립협회 연구원으로 선정되었다.

### 광로차를 이용하여 빛의 속도를 측정하다: 브래들리

코페르니쿠스는 1543년에 출판한 『천체 회전에 관하여』라는 책에서 지구가 태양 주위를 빠른 속도로 공전하고 있다고 했다. 갈릴레이가 금성의 위상 변화를 측정해 태양중심설이 옳다는 것을 확인했지만, 과학자들은 여전히 지구가 태양 주위를 빠른 속력으로 공전하고 있다는 또 다른 증거를 찾아내기 위해 노력하고 있었다. 그들은 지구의 위치 변화에 따라 별들의 위치가 다르게 보이는 연주시차를 확인하고 싶어 했다. 그러나 영국의 제임스 브래들리(James Bradley, 1693~1762)는 지구가 태양 주위를 돌고 있다는 더 확실한 증거를 찾아내고, 이를 이용하여 빛의 속력을 측정할 수 있었다.

브래들리는 1693년에 영국 첼트넘 부근에 있는 셰르본에서 태어났다. 그는 옥스퍼드 대학의 베일리얼 칼리지에서 학사학위와 석사학위를 받았다. 1718년에 브래들리는 삼촌의 친구로 뉴턴역학의 탄생 과정에서 중요한 역할을 했던 에드먼드 핼리의 추천으로 왕립협회 연구원이 되었고, 1742년에는 핼리로부터 왕립천문대장의 지위를 물려받았다. 1725년에 브래들리는 지구가 공전하고 있다는 것을 확인하기 위해 연주시차를 측정하기 시작했다. 브래들리는 관측 오차를 줄이기 위한 모든 준비를 마친 다음 1725년 12월 3일 망원경으로 용자리의 감마별을 관측했다. 그리고 14일이 지난 12월 17일에 다시 이 별을 관측했다. 그랬더니 놀랍게도 이 별의 위치가 달라져 있었다. 용자리의 감마별은 약 1″ 정도 남쪽으로 내려가 있었다.

그러나 그것은 그가 측정하려고 했던 연주시차가 아니었다. 위치 변화가 연주시차에서 예측한 값보다 10배나 컸고, 별의 위치가 이동한 방향도 연주시차에서 예측한 방향과 반대 방향이었다. 브래들리는 이 별의 위치 변화를 계속 추적했다. 그 결과 이 별은 일 년 동안 작은 타원을 그리면서 돌고 있었다. 브래들리는 이것이 연주시차가 아니라 지구의 공전운동으로 인해 나타나는 광로차라는 것을 알아냈다. 광로차는 빛의 속력과 지구의 속력의 비율에 따라 달라진다. 브래들리는 광로차를 측정하여 빛의 속력이 지구의 속력보다 1만 배 빠르다고 결론지었다. 브래들리의 역사적 발견은 1729년 1월에 왕립협회에서 발표되었다. 그는 빛이 지구에서 태양까지 가는 데 걸리는 시간은 8분 12초 정도라고 계산했다.

광로차가 왜 나타나는지는 하늘에서 오는 비를 생각하면 쉽게 이해할 수 있다. 하늘에서 똑바로 떨어지는 비를 피하려면 우산을 똑바로 머리 위에 써야 한다. 그러나 앞으로 걸어가면서 비를 피하려면 우산을 앞으로 기울여야 한다. 앞으로 걸어가면 비가 앞쪽에서 비스듬히 내리는 것처럼 보이기 때문이다. 비가 오는 날 자동차를 타고 가면 차창에 떨어지는 비가 사선으로 떨어지는 것처럼 보이는 것도 같은 이유이다. 이때 빗방울이 떨어지는 각도는 비가 낙하하는 속력과 자동차의 속력에 의해 결정된다. 만약 자동차의 속력을 알고 있다면 비가 떨어지는 각도를 측정하여 비가 낙하하는 속력을 계산할 수 있다.

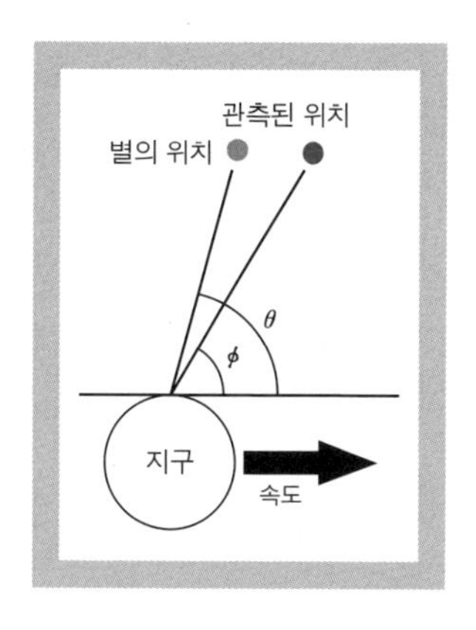


광로차에 의한 별의 위치 변화

빛의 경우에도 이와 똑같은 일이 일어난다. 따라서 지구가 공전하는 속력을 알고 있고, 계절에 따라 달라지는 별빛의 각도를 측정하면 빛의 속력을 계산할 수 있다. 하지만 지구의 속력이 빛의 속력에 비해 매우 느려 광로차 역시 매우 작기 때문에 이것을 정확하게 측정하는 것은 쉬운 일이 아니다. 브래들리가 정밀한 측정을 통해 지구가 태양 주위를 돌고 있다는 것을 증명하는 결정적 증거를 찾아낸 일은 광학과 천문학의 역사에서 매우 중요한 발견이었다.

## 전기를 저장하다: 레이던병

18세기는 전기에 대한 여러 가지 실험이 행해져 전기학이 크게 발전한 시기였다. 전기학이 크게 발전할 수 있었던 것은 전기를 저장했다가 사용할 수 있는 레이던병(Leyden Jar)과 오랫동안 일정한 전류를 만들어 낼 수 있는 안정적 전원인 전지가 발명되었기 때문이었다. 레이던병을 발명하여 더 많은 전기실험을 할 수 있도록 한 사람은 네덜란드의 피터르 판 뮈스헨브룩(Pieter van Musschenbroek, 1692~1761)과 독일의 에발트 폰 클라이스트(Ewald Georg von Kleist, 1700~1748)였다. 1692년 네덜란드 레이던에서 공기 펌프, 현미경, 망원경과 같은 과학기기를 제조하여 팔던 상인의 아들로 태어난 뮈스헨브룩은 1715년에 레이던 대학에서 의학으로 학위를 받고 영국과 독일에 머물기도 했지만, 네덜란드로 돌아와 오랫동안 레이던 대학에서 강의하면서 전기에 대한 연구를 계속했다.

레이던병은 우연한 실험을 통해서 발명되었다. 마찰을 이용해 전기를 발생시키는 전기 발생 장치를 가지고 전기에 관한 실험을 하던 뮈스헨브룩은 물체를 따라 흘러가는 유체라고 생각했던 전기를 모으기 위해 전기 발생 장치에 연결된 도선의 한쪽 끝을 물을 반쯤 채운 유리병에 담가 놓았다. 뮈스헨브룩은 오른손으로 병을 들고 전기 발생 장치를 회전시켰지만, 아무 일도 일어나지 않았다. 그러나 왼손을 병 안의 물에 넣자 큰 충격을 받았다. 물이 담긴 유리병이 전기 발생 장치에서 발생된 전기를 모으고 있다가 뮈스헨브룩의 몸을 통해 한꺼번에 방전된 것이다. 뮈스헨브룩의 이 고통스러운 경험이 레이던병을 발명하도록 했다. 레이던병이라는 이름은 뮈스헨브룩을 기념하기 위해 그의 고향이었던 레이던의 이름을 따 프랑스의 장 앙투안 놀레가 붙였다. 뮈스헨브룩은 그의 실험 결과를 파리의 과학 아카데미에 보고했다. 1746년 1월에 라틴어로 쓴 뮈스헨브룩의 편지는 놀레에 의해 프랑스어로 번역되었다.

뮈스헨브룩과 레이던병의 최초 발명자 자리를 놓고 논란을 벌였던 클라이스트는 1700년 독일 포메라니아에서 태어나 1720년대에는 레이던 대학에서 과학을 공부했다. 클라이스트는 스스로 전기 발생 장치를 제작하여 여러 가지 실험을 했다. 그는 대전된 전기량을 늘리기 위해 대전체로 사용될 병에 물을 채우고, 전하가 달아나는 것을 막기 위해 병을 부도체로 둘러쌌다. 전기 발생 장치를 돌려서 병을 대전시킨 후 손으로 병을 만졌다. 그 역시 뮈스헨브룩과 마찬가지로 커다란 충격을 받았다. 이것은 1745년 11월 4일에 있었던 일이었다. 그는 그의 실험 결과를 편지로 베를린 과학 아카데미에 보고했다. 뮈스헨브룩과 클라이스트가 연달아 레이던병을 발명하자 두 사람 사이에는 레이던병의 발명 우선권을 놓고 논쟁이 일어났다. 두 사람의 논쟁은 무승부로 끝나고, 두 사람이 독립적으로 발견한 것으로 인정받게 되었다.

레이던병의 발명으로 훨씬 더 많은 전기실험이 가능해졌다. 그러자 많은 유랑 전기학자들이 나타났다. 그들은 전기 발생 장치로 발생시킨 전기를 레이던병에 담아 가지고 다니면서 길거리에서 사람들을 상대로 전기 쇼를 보여 주고 돈을 받는 사람들이었다. 그들은 전기 쇼크를 이용하여 여러 가지 불꽃을 만들어 보여 주기도 하고 비둘기와 같은 동물들을 죽이는 장면을 보여 주기도 했다. 이로써 많은 사람들이 전기에 관심을 가지게 되었지만, 아직 전기는 실용적인 것이 아니라 사람들의 호기심을 자극하는 신비한 것일 뿐이었다.

### 전기력의 작용을 밝혀내다: 쿨롱

전기에 대해 공부한 사람이라면 누구나 전하 사이에 작용하는 힘은 전하량의 곱에 비례하고 거리 제곱에 반비례한다는 '쿨롱의 법칙'을 기억하고 있을 것이다. 쿨롱의 법칙은 프랑스의 군인이며 공학기술자였던 샤를 오귀스탱 드 쿨롱(Charles Augustin de Coulomb, 1736~1806)이 발견했다. 부유한 가문에서 태어난 쿨롱은 마자랭 대학에 입학하여 수학과 천문학, 그리고 식물학을 공부했고, 25세이던 1761년에 공학기술자로 군에 입대하여 장교가 되었다. 그는 20년 이상 군에 근무하면서 진지를 설계하고 구축하는 토목 분야에서 일했다. 이때 쿨롱은 서인도 제도에 있는 프랑스령 마르티니크에서 오랫동안 근무하기도 했다. 마르티니크에서 근무하는 동안 얻은 경험이 후에 역학과 전기 연구에 큰 도움이 되기는 했지만, 건강에는 해가 되어 오랫동안 여러 가지 질병에 시달려야 했다.

프랑스로 돌아온 쿨롱은 역학 연구를 시작하여 1773년에 첫 번째 논문을 프랑스 과학 아카데미에 제출했다. 구조 분석, 기둥의 균열과 같은 토목공학의 문제들을 미분과 적분법을 이용하여 분석한 그의 논문은 과학 아카데미에서 높은 평가를 받았다. 1777년에는 과학 아카데미에서 공모한 나침반의 제작법에 응모하게 되었는데, 이것이 계기가 되어 전기와 자기 분야에 관심을 가지게 되었다.

1781년부터 쿨롱은 전하 사이에 작용하는 힘을 설명하는 법칙을 알아내기 위한 연구를 시작했다. 그는 우선 전하 사이에 작용하는 힘을 정밀하게 측정할 수 있는 장치인 '비틀림 저울'을 고안했다. 비틀림 저울이란 철사가 비틀리는 정도를 이용하여 힘의 세기를 측정하는 장치인데, 클롱은 이 장치를 가지고 전하 사이에 작용하는 힘의 세기를 정밀하게 측정해 냈다. 이를 통해 같은 종류의 전하 사이에 작용하는 반발력과 다른 종류의 전하 사이에 작용하는 인력이 거리의 제곱에 반비례하고, 전하량의 곱에 비례한다는 쿨롱의 법칙을 알아냈다. 1785년과 1791년 사이에 쿨롱은 전기와 자기의 성질을 설명하는 일곱 편의 논문을 과학 아카데미에 제출했다. 이 논문에는 쿨롱의 법칙을 비롯해 도체와 유전체의 성질과 전기력의 작용 원리에 대한 설명이 포함되어 있었다. 쿨롱은 물질에는 완전한 도체나 부도체가 존재하지 않으며, 전기력은 뉴턴이 제안한 중력

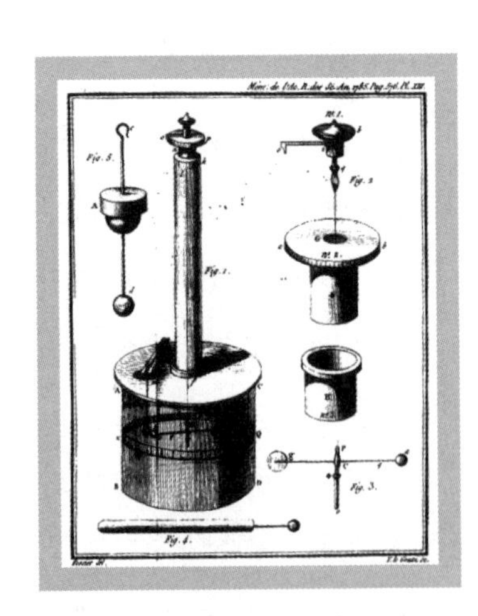

쿨롱이 전기실험에 사용한 도구들

과 마찬가지로 원격 작용에 의해 작용한다고 설명했다. 이러한 쿨롱의 업적을 기념하기 위해 전하량의 크기를 나타내는 단위는 쿨롱의 이름을 따서 '쿨롱(C)'이라고 부르고 있다.

### 죽은 개구리 다리가 움직인다: 갈바니

이탈리아의 해부학 교수였던 루이지 갈바니(Luigi Aloisio Galvani, 1737~1798)는 1791년에 발표한 「전기가 근육운동에 주는 효과에 대한 고찰」이라는 제목의 논문에서 '동물전기'라는 새로운 종류의 전기가 존재한다고 주장했다. 1737년에 이탈리아의 볼로냐에서 태어난 갈바니는 신학을 공부한 후 수도원에 들어가려 했지만, 아버지의 설득으로 볼로냐 대학에서 의학을 공부했다. 의학을 공부하면서 철학도 함께 공부한 그는 1759년에 의학 학사학위를 받는 날 오후에 철학 학사학위도 받았다. 1762년 의학 박사학위를 받은 그는 볼로냐 의과대학의 해부학 교수가 되었고, 동시에 자연과학대학의 산부인과 교수가 되었다.

갈바니는 많은 실험을 통해 명성을 쌓았지만, 그를 유명하게 만든 것은 1786년에 했던 개구리 해부 실험이었다. 갈바니는 죽은 개구리 다리가 전기가 흐를 때마다 움직이는 것을 관찰하고 있었다. 그러던 어느 날, 우연히 해부용 나이프를 개구리 다리에 대기만 했을 뿐 전기를 통하지 않았는데도 개구리 다리가 움직이는 것을 발견했다. 갈바니는 이것을 조사하여

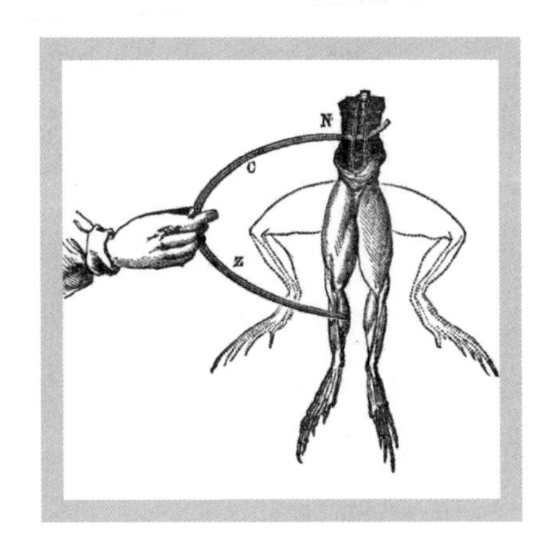


구리 갈고리에 달아 놓은 개구리 다리를 철로 만든 도구로 건드리면 다리가 움직인다.

개구리를 구리판 위에 놓거나 구리 갈고리에 매단 후 철로 만든 해부용 칼로 개구리 다리를 건드리면 전기를 통하지 않아도 다리가 움직인다는 것을 알아냈다. 또, 비가 오고 천둥과 번개가 치는 날, 철로 만든 갈고리에 개구리 다리를 꿰어 매달아 놓아도 다리가 움직이는 것을 발견했다.

갈바니는 이 결과를 1791년에 「전기가 근육운동에 주는 효과에 대한 고찰」이라는 제목의 논문으로 발표했다. 이 논문에서 갈바니는 동물이 동물전기라고 부르는 생명의 기(氣)를 가지고 있다고 주장하고, 동물전기는 금속으로 근육이나 신경을 건드리면 작용한다고 했다. 그는 동물의 뇌는 동물전기가 가장 많이 모여 있는 곳이며, 신경은 동물전기가 흐르는 통로라고 설명했다. 또한 신경을 통한 전기 유체의 흐름이 근육을 자극하여 근육이 움직인다고 했다. 갈바니의 발견은 많은 사람들의 관심을 끌었다. 수많은 사람들이 갈바니의 실험을 따라하는 바람에 유럽의 개구리 수가 줄어들었다고 전해진다.

### 전지를 발명하다: 볼타 전지

갈바니가 발견한 동물전기를 올바로 이해하여 '볼타 전지'를 발명한 사람은 파비아 대학의 알렉산드로 볼타(Alessandro Giuseppe Antonio Anastasio Volta, 1745~1827)였다. 갈바니보다 8년 늦은 1745년 이탈리아에서 태어난 볼타는, 초등교육을 마친 다음 학교를 그만두고 독학으로 전기에 대한 연구에 전념했다. 정규 대학교육을 받지 않았지만, 그가 열여덟 살이 되었을 때에는 전기 분야에서 명성을 떨치고 있던 유럽의 학자들과 교류했다. 1791년 갈바니가 발표한 동물전기에 대한 논문을 본 볼타는, 개구리 다리의 근육이 동물전기에 의해 움직였다는 갈바니의 주장을 확인하기 위해 개구리 다리를 이용한 전기실험을 여러 방법으로 다시 해 보았다. 그는 곧 이상한 사실을 발견했다.

개구리 다리의 한쪽을 구리판에 대고 다른 쪽을 철로 된 칼로 건드리면 개구리 다리가 움직이지만, 양쪽에 같은 종류의 금속을 대면 개구리 다리가 움직이지 않는다는 것을 알게 된 것이다. 그래서 그는 개구리 다리에 흐른 전류는 개구리 다리에서 생긴 것이 아니라 두 가지 서로 다른 금속 때문에 생긴 것이 아닐까 하고 생각하게 되었다. 볼타는 구리판과 철로 된 칼 사이에 소금물에 적신 종이를 끼워 넣어도 전기가 흐른다는 것을 발견했다. 동물전기가 따로 있는 것이 아니라 두 가지 다른 종류의 금속이 전해액의 이온과 작용하여 전기를 발생시켰던 것이다. 볼타는 이 원리를 이용하여 1800년에 볼타 전지를 발명했다.

볼타 전지는 아연판과 구리판을 번갈아 쌓고 판 사이에 소금물에 적신 천을 끼워 넣은 것이었다. 볼타가 발명한 전지는 많은 사람들로부터 좋은 평판을 얻어 유럽 전역에 볼타의 이름을 알렸다. 1801년에는 파리로 가서 당시 제1통령으로 있던 나폴레옹 앞에서 볼타 전지를 발명하게 된 실험들을 재현하고, 볼타 전지를 이용하여 물을 분해하는 실험을 하기도 했다. 이 실험으로 그는 많은 상금과 훈장을 받았고, 1810년에는 나폴레옹 황제로부터 백작의 작위까지 받았다.

볼타 전지의 작동 원리는 매우 간단하다. 전해질 안에는 양이온과 음이온이 들어 있다. 서로 다른 금속으로 된 극을 전해질에 꽂고 두 극을 도선으로 연결하면 음극에서는 금속이 음이온과 결합하면서 전자를 방출하고, 양극에서는 금속이 양이온과 결합하기 위해 전자를 받아들인다. 따라서 전자가 남는 음극에서 전자가 필요한 양극으로 전류가 흐르게 된다. 두 금속 중에서 전자를 잃기 쉬워 이온화 경향이 큰 금속이 음극이 되고, 이온화 경향이 작은 금속이 양극이 된다. 따라서 두 종류의 금속과 이온을 포함하고 있는 전해액만 있으면 쉽게 볼타 전지를 만들 수 있다. 오렌지 속에 들어 있는 액체도 이온을 포함하고 있으므로 오렌지에 두 종류의 금속 막대를 꽂은 후

나폴레옹에게 볼타 전지를 설명하는 볼타

두 금속 막대에 꼬마전구를 연결하면 전구에 불이 켜진다. 인간의 침에도 이온이 들어 있다. 따라서 혀에 두 종류의 금속을 댔을 때도 약한 전류가 흐르는 것을 느낄 수 있다. 볼타 전지의 발명으로 19세기에는 전기에 대한 본격적인 실험을 할 수 있게 되었고, 그 결과 전기학과 자기학을 전자기학으로 통합할 수 있었다.

## 4. 발생학과 분류학의 발전

### 생물은 어떻게 생겨나는가: 자연발생설과 생물속생설

18세기 생물학의 가장 중요한 특징은 발생학과 생물분류학이 크게 발전했다는 것이다. 고대에서부터 시작된 생명 발생에 대한 논쟁이 18세기에는 실험 결과와 관측 증거를 바탕으로 본격적인 논쟁으로 발전했다. 그리고 아리스토텔레스 이후 커다란 진전을 보지 못하고 있던 생물분류학이 카를 린네(Carl von Linné, 1707~1778)와 같은 뛰어난 학자의 등장으로 새로운 학문 분야로 자리 잡게 되었다. 1668년에 레디가 일련의 실험을 통해 자연발생설을 부정한 후에도 많은 사람들은 자연발생설을 받아들였다. 자연발생설을 주장하는 사람들도 자신들의 이론을 증명하기 위해 많은 실험을 했다. 땀으로 더러워진 옷을 창고에 오랫동안 방치하였더니 쥐가 발생하는 것을 확인했다고 주장한 사람도 있었고, 개구리나 토끼가 자연에서 발생하는 것을 확인했다고 주장하는 사람도 있었다. 현대 과학의 입장에서 보면 말도 안 되는 이야기였지만 자연발생설을 믿고 있었던 사람들은 이런 이야기를 진지하게 받아들였다.

네덜란드의 안톤 판 레이우엔훅이 현미경을 이용하여 미생물을 발견한 후에는 자연발생설이 다른 방향으로 전개되었다. 개구리나 쥐와 같은 복잡한 생명체가 자연에서 발생한다는 사실을 받아들이지 않던 사람들 중에도 미생물은 자연에서 저절로 발생한다고 생각하는 사람들이 많았다. 레디의 실험도 이런 사람들의 생각을 바꾸지는 못했다. 영국의 생물학자이며 가톨릭 교회 신부였던 존 니덤(John Turberville Needham, 1713~1781)도 눈에 보이지 않는 미생물은 자연에서 발생한다고 믿고 있던 사람이었다.

열을 가하면 모든 생명체가 죽는다는 것을 알고 있었던 니덤은 음식물을 가열한 후 밀봉하고 지켜보면 자연발생 여부를 알 수 있을 것이라고 생각했다. 니덤의 실험은 살균하지 않고 했던 레디의 실험보다 한 단계 진전된 보다 철저한 실험이었다. 니덤은 30분간 가열하여 살균한 쇠고기 국물을 유리병에 담아 마개를 잘 막아 놓고 관찰했다. 며칠이 지나자 쇠고기 국물 속에서 많은 미생물이 관찰되었다. 니덤은 이것을 환경 속에 들어 있던 생명 요소가 미생물을 발생시킨 것이라고 주장했다.

그러나 이탈리아의 동물학자 라차로 스팔란차니(Lazzaro Spallanzani, 1729~1799)는 니덤의 실험에 오류가 있었다고 지적하고, 그 오류를 시정하면 미생물이 생기지 않는다고 주장했다. 법률학을 공부하다가 자연과학으로 전공을 바꾼 스팔란차니는 음식물을 가열하는 것만으로는 미생물의 발생을 막을 수 없고, 가열한 후에 공기와 접촉시키지 말아야 한다고 주장했다. 그는 플라스크 안에 음식물을 넣고 가열하여 살균한 다음 금속을 이용하여 완전히 밀폐해 놓으면 장기간 보관해도 미생물이 발생하지 않는다는 것을 보여 주었다. 그리고 밀폐했던 금속에 틈을 만들어 공기가 들어가도록 하면 미생물이 발생한다는 것을 보여 주기도 했다. 그러나 자연발생설을 주장하는 사람들은 밀폐로 인해 생명 활동에 필요한 공기가 공급되지 않아서 자연발생한 미생물이 성장할 수 없었거나, 지나친 가열로 인해 자연이 가지고 있는 생명력이 파괴되었다고 주장하며 스팔란차니의 실험 결과를 반박했다. 따라서 스팔란차니의 실험에도 불구하고 자연발생설이 사라지지 않았다.

한동안 미생물의 자연발생 여부에 대한 논란은 뚜렷한 진전을 보이지 못하다가 19세기에 미생물학의 아버지라고 불리는 프랑스의 루이 파스퇴르

(Louis Pasteur, 1822~1895)가 엄밀한 실험을 행한 후에야 자연발생설이 점차 사라지게 되었다. 파리의 에콜 노르말에서 물리와 화학을 공부하고 1849년 스트라스부르 대학 화학 교수가 된 파스퇴르는 발효와 부패에 관한 실험을 통해 젖산발효는 젖산균에 의해 일어나며, 알코올발효는 효모균에 의해 일어난다는 것을 알아냈다. 1862년에는 아세트산발효를 연구하여 식초의 새로운 제조법을 발견했고, 포도주가 산패하는 것을 방지하기 위한 저온살균법을 고안하였으며, 부패가 공기 중 미생물로 인해 일어난다는 것을 실험으로 확인했다.

1860년 프랑스 과학 아카데미는 발생설 논쟁에 종지부를 찍기 위해 자연발생의 문제를 명백하게 밝히는 실험에 상금을 걸었다. 파스퇴르는 곧 이 문제에 도전했다. 그는 건초 추출물을 구형 플라스크에 담고 가열하면 세균이 발생하지 않는다는 것을 보여 주었다. 가열 과정에서 열이 자연의 발생 능력을 빼앗았기 때문이라는 주장을 반박하기 위해 지하실이나 높은 산과 같이 오염되지 않은 장소에서 플라스크의 뚜껑을 열어 놓은 채로 실험을 하기도 했고, 공기는 통할 수 있지만 미생물의 출입이 어렵도록 길고 휘어진 주둥이를 가진 플라스크를 이용하여 실험하기도 했다.

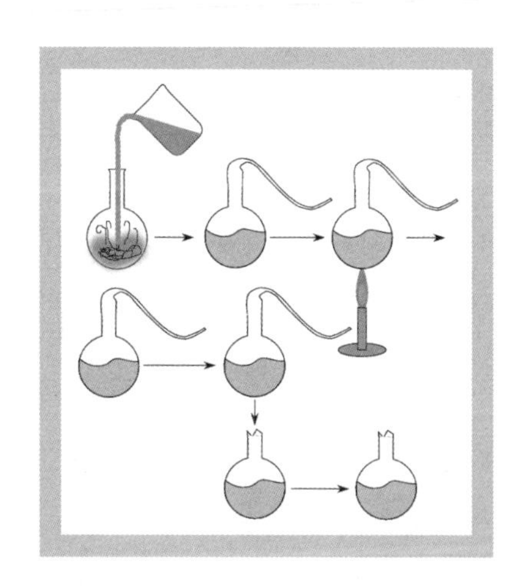

파스퇴르의 실험

파스퇴르의 실험 이후 자연발생설은 차츰 자취를 감추게 되었다. 그러나 19세기에 진화론이 등장한 후에는 또 다른 형태의 자연발생설이 사람들의 관심을 끌었다. 진화론이 옳다면 최초의 생명체는 자연에서 발생해야 하기 때문이다. 따라서 19세기 이후에는 초기 지구 환경에서 어떻게 생명체가 처음 만들어졌는지, 그리고 왜 현재는 자연발생이 불가능한지를 설명하는 방향으로 생명 발생 문제의 초점이 바뀌었다. 이에 대해서는 여러 가지 이론이 제기되고 많은 실험이 행해졌지만, 아직 확실한 결론을 찾아내지 못하고 있다.

### 알 속에는 무엇이 들어 있는가: 전성설과 후성설

레디가 자연발생설에 이의를 제기했던 17세기에는, 정자와 난자의 기능은 물론 수정이 이루어지는 과정과 수정란이 개체로 발전해 가는 과정에 대하여 알려진 것이 거의 없었다. 따라서 생명체가 형성되는 과정에 대해서는 실험적 증거 없이 형이상학적 논쟁만 계속되고 있었다. 생명물질이 정자와 난자 중 어디에 들어 있느냐를 가지고 대립했던 정자설과 난자설 논쟁, 알 속에 완전한 형태의 작은 개체가 들어 있느냐 아니면 발생 과정에서 각 기관이 차례로 만들어지느냐를 두고 경쟁했던 전성설과 후성설의 논쟁이 그런 것이었다.

17세기 후반에는 많은 학자들이 생식물질을 가지고 있는 것은 난자이며 정자는 일종의 증기로 난자의 발생에 영향을 준다는 난자설을 받아들이고 있었다. 혈액순환설을 주장했던 영국의 윌리엄 하비는 사슴을 해부하여 자궁 내막에 아직 착상하지 않은 초기 배(배아: embryo)를 관찰하고 모든 생물은 난자에서 나온다고 주장했다. 그러나 일부 학자들은 난자설을 반대하고 정자 속에 아주 작은 개체가 들어 있다가 난자에서 영양을 공급받아 성장하는 것이라고 주장하기도 했다. 정자와 난자의 역할에 대한 논쟁은 스팔란차니의 개구리 실험으로 새로운 국면을 맞게 되었다. 스팔란차니는 개구리에서 정액을 채취해서 미수정란에 묻혀 수정란을 얻는 데 성공했다. 개구리 인공 수정에 성공한 것이다. 그러나 미수정란과 정자를 직접 접촉시키지 않고 접근시키기만 했을 때는 올챙이가 생기지 않았다. 이것은 수정란이 생기기 위해서는 난자와 정자가 물리적으로 접촉해야 한다는 것을 뜻했다. 따라서 정자가 증기로 작용한다는 설명은 설득력을 잃게 되었다.

전성설을 주장하는 학자들은 완전한 형태의 작은 개체가 알 속에 들어 있다가 성장한다고 주장했다. 그러나 인간의 경우에는 정자 안에 작은 사람이 들어 있다고 믿는 사람들이 많았다. 종교적인 이유로 프랑스에서 스위스 제네바로 이주한 가정에서 태어난 샤를 보네(Charles Bonnet, 1720~1793)가 발견한 진딧물의 단성생식은 전성설의 입장을 강화해 주었다. 직업은 법률가였지만 곤충의 일생을 연구하는 데 더 많은 시간을 할애했던 보네는 1740년 진딧물의 단성생식을 연구한 논문을 과학 아카데미에 보냈고, 이로 인해 과학 아카데미의 교신 회원이 되었다. 단성생식은 정자의 수정 없이 난자가 개체로 성장하는 것으로, 진딧물이나 벌, 새우 등 여러 동물에서 발견된다. 단성생식이 발견되자 전성설을 주장하는 학자들은 이것을 전성설이 옳다는 증거로 생각했다.

그러나 병아리의 발생 과정을 관찰한 독일의 카스파르 볼프(Caspar Friedrich Wolff, 1733~1794)는 알 속에서 개체가 만들어질 때 각 기관이 단계적으로 형성된다는 후성설을 주장했다. 아리스토텔레스나 윌리엄 하비도 후성설을 주장했지만, 18세기 초에는 전성설이 더 널리 받아들여지고 있었다. 1759년에 볼프는 「발생 이론」이라는 제목의 논문을 제출하고 할레 대학에서 석사학위를 받았다. 식물의 발생, 동물의 발생, 이론적 고찰의 세 부분으로 이루어진 이 논문에서 볼프는 분화되지 않은 세포로부터 각 기관이 차례로 만들어진다고 설명했다. 그러나 볼프의 주장은 널리 받아들여지지 않았다. 특히 스위스의 해부학자 겸 생리학자였던 알브레히트 할러(Albrecht von Haller, 1708~1777)가 후성설을 강력하게 반대했다. 따라서 전성설과 후성설 중 어느 것이 옳은 이론인지를 밝혀내는 것은 다음 세기까지 기다려야 했다.

19세기 초에는 일련의 실험 관찰을 통해 정자와 난자가 상호 협력하여 여러 기관을 만든다는 주장이 등장했다. 탐험가이자 발생학자였던 러시아의 카를 폰 베어(Karl Ernst von Baer, 1792~1876)는 개의 난소 소포를 절개하여 관찰하고 정자가 난자 속에 침입하여 배에 어떤 기관을 부여하며 다른 기관은 알과 난소에 의하여 제공된다고 주장했다. 베어는 발생과 관련된 연구와 논쟁을 정리한 『동물 발생에 관하여』에서 동물의 배아가 외배엽, 중배엽, 내배엽의 세 가지 배엽으로 이루어졌으며, 이 배엽들에서 여러 기관이 만들어진다고 설명했다. 베어는 배의 발생 과정에서 일반 형질이 특수 형질보다 먼저 나타나며, 고등동물은 하등동물의 배와 비슷한 과정을 거친다고 주장했다.

다윈의 진화론을 독일에 확산시킨 독일의 에른스트 헤켈(Ernst Heinrich Haeckel, 1834~1919)은 배의 발생 과정에서 진화 단계를 반복한다는 발생반복설을 주장했다. 헤켈은 인간을 포함한 여러 동물의 배아가 성장하는 과정을 그림으로 나타내고 태아가 어류, 파충류와 유사한 단계를 거쳐 발생한다고 주장했다. "개체 발생은 계통 발생을 반복한다"라는 말로 표현되는 반복발생설은 한때 진화의 증거로 여겨졌지만, 현대에는 더 이상 받아들여지는 이론이 아니다. 그가 반복발생설을 주장하기 위해 그린 여러 동물들의 발생 단계는 자신의 이론을 증명하

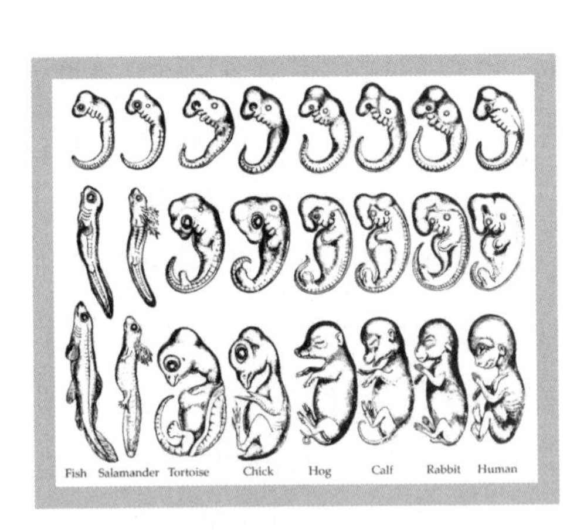


헤켈이 발생반복설을 주장하기 위해 그린 배의 발생 과정. 헤켈은 자신의 이론을 정당화하기 위해 일부러 그림을 조작했다. 예전에 우리나라에서 사용하던 교과서에도 이 그림이 실려 있었다.

기 위해 의도적으로 비슷하게 그린 것으로 밝혀졌다.

발생학에 대한 논쟁이 종식된 것은 세포설이 체계화되고 체세포와 생식세포의 염색체 수가 다르다는 것이 밝혀진 후의 일이다. 이로 인해 정자와 난자가 단독으로 어떤 기관을 제공하는 것이 아니라 염색체 수가 체세포의 절반밖에 되지 않는 정자와 난자가 합쳐져야 완성된 개체를 탄생시킬 수 있다는 것을 알게 되었고, 자세한 해부학적 관찰을 통해 배의 발생 과정에 대해서도 알게 되었다.

### 생물의 분류 체계를 확립하다: 린네

처음 생명체를 체계적으로 분류한 사람은 아리스토텔레스였다. 종과 속을 이용하여 생명체를 분류한 아리스토텔레스의 분류 체계는 스웨덴의 린네가 현대적인 분류 체계를 도입할 때까지 2,000년 동안 기본 골격을 그대로 유지했다. 16세기 스위스의 박물학자였던 콘라트 게스너(Conrad Gesner, 1516~1565)는 세 권으로 이루어진 『동물지』에 그때까지 발견된 식물과 동물을 분류하여 정리했다. 그 후 신대륙에서 새로운 동물과 식물이 다수 발견됨에 따라 이들을 분류 체계 안에 포함하기 위한 작업이 필요하게 되었다. 그러나 기존의 분류 체계는 분류의 기준이 명확하지 않아 새로 발견된 동식물을 명명하고 분류하는 데 어려움이 많았다.

따라서 새로운 분류 체계의 필요성이 대두되었다. 이에 따라 16세기 후반에서 17세기 초반 사이에 생명체의 형태를 기초로 하여 비슷한 생명체들을 하나의 범주로 묶는 연구가 시작되었다. 생물학과 의학의 발전으로 해부학적 지식이 축적되자 의학자들은 해부학적 구조를 기준으로 동물들을 분류하려고 시도했다. 그리고 곤충학자들과 미생물학자들 역시 곤충과 미생물의 분류 작업을 시작했다.

영국의 생물학자였던 존 레이(John Ray, 1627~1705)는 그의 저서 『식물의 역사』에서 살아 있는 생물들을 몇 가지 강(class)으로 분류하려고 시도했다. 레이는 떡잎의 숫자를 기준으로 식물을 쌍떡잎식물과 외떡잎식물로 구분했으며, 종(species)의 개념을 명확하게 정의하기도 했다. 레이 이후에도 여러 학자들이 식물과 동물을 분류하는 새로운 분류법을 제안했다. 꽃의 형태에 따라 식물을 분류하여 목(order)이라는 항목을 만들기도 했고, 식물을 풀과 나무로 나누던 이전의 방법 대신 열매의 형태를 이용하여 식물을 분류하려는 시도도 있었다. 새로운 분류 체계를 만드는 것과 함께 생명체의 명명법 역시 많은 사람들에 의해 연구되었다. 일부 학자들은 모든 식물의 이름은 그 생명체가 속한 속명으로 시작하고, 같은 속에 여러 가지 종이 속해 있는 경우에는 첫 번째 종은 속명만으로 명명하고, 그 이후의 종들은 종을 구분할 수 있도록 속명 뒤에 종명을 붙여 명명하는 방법을 제시했다.

이러한 분류 체계를 정리하고, 알려져 있던 대부분의 동식물을 분류 체계 안에 포함하여 분류학을 생물학의 한 분야로 발전시킨 사람은 스웨덴의 식물학자 칼 폰 린네(Carl von Linné, 1707~1778)였다. 스웨덴 웁살라 부근에서 목사의 아들로 태어난 린네는 웁살라 대학에서 식물학을 공부했고, 1735년 네덜란드에서 의학 박사학위를 받았다. 1741년에는 웁살라 대학의 약학 교수가 되었고, 1750년에 총장이 되었다. 어려서부터 식물에 관심이 많았던 린네는 학교에 다니는 동안 새로운 식물 표본을 수집하기 위해 답사여행을 자주 다녔다. 린네는 교수가 된 후에도 제자들과 함께 많은 답사여행을 다니면서 동식물의 표본을 수집했으며, 웁살라 대학 총장으로 있는 동안에는 제자들로 이루어진 답사팀을 만들어 세계 곳곳의 동식물 표본을 수집하도록 지원하기도 했다. 알려지지 않은 새로운 동식물의 표본을 채집하는 여행은 매우 위험한 경우가 많아, 린네가 보냈던 탐사원들 중 여러 명이 목숨을 잃기도 했다. 린네는 이렇게 수집한 동식물 표본을 체계적으로 분류하기 위한 연구를 했다.

린네가 1748년에 출판한 『자연의 체계』에는 4,400여 종의 동물과 7,700여 종의 식물이 분류되어 있다. 린네는 자연을 동물계, 식물계, 광물계의 세 가지 계(kingdom)로 나누고, 계는 강(class)으로, 강은 목(order)으로, 목은 속(genus)으로, 속은 종(species)으로 세분했다. 현대 분류 체계에서 광물은 생명체 분류 체계에 포함하지 않지만, 린네는 광물도 하나의 계로 분류했다. 그러나 린네의 분류 체계는 흔히 동물계과 식물계의 2계 분류 체계라고 부른다. 린네는 동물계를 포유류, 조류, 파충류, 어류, 곤충류, 연충류의 여섯 강으로 나누었으며, 식물계는 꽃의 암술과 수술의 개수와 배치를 기준으로 25개의 강으로 분류했고, 광물은 네 개의 강으로 분류했다. 현대 분류 체계에는 린네의 분류 체계에는 없던 계와 강 사이의 문(phylum 또는 division)과 목과 속 사이의 과(family)가 추가되었다.

린네의 가장 중요한 업적 중 하나는 현재도 사용되고 있는 '이명법(binomial nomenclature)'을 확립한 것이었다. 린네 이전에도 속명과 종명을 이용해 종을 명명한 사람들이 있었지만, 린네가 그의 연구에서 일관되게 이명법을 사용함으로써 이명법이 공식적인 명명법으로 굳어졌다. 이명법이란 종의 명칭(학명)을 라틴어 속명과 종명을 함께 써서 나타내는 명명법이다. 속명과 종명 뒤에는 명명자의 이름을 추가하고 필요시에는 학명이 제안된 연도를 표시하기도 한다. 속명과 종명은 이탤릭체로 기울여 쓰고, 저자의 이름과 연도는 정자로 쓰는 것이 원칙이다.

생명체의 공통점과 차이점을 면밀하게 검토하지 않고 인위적으로 설정한 몇 가지 기준을 이용하여 동식물을 분류한 린네의 분류 체계는 많은 문제점을 가지고 있었다. 린네 스스로도 자신의 체계가 인위적이라고 인정했다. 암술과 수술의 개수와 위치만을 기준으로 한 린네의 식물 분류는 후에 크게 수정되었다. 린네는 고래를 어류에 포함시키는 실수를 하기도 했다. 그럼에도 불구하고 린네의 분류 체계는 지구상에 존재하는 많은 생명체를 체계적으로 분류할 수 있는 유용한 분류 체계라는 것이 증명되었다. 생명체의 구조와 유전자에 대한 지식이 증가함에 따라 생명체를 분류하는 새로운 기준이 제시되고 계층구조가 세분화되었지만, 린네가 사용했던 분류에 대한 기본 개념은 현대 분류 체계 안에도 그대로 남아 있다.

린네는 인간을 생명체의 분류 체계 안에 포함하여 많은 논란을 야기하기도 했다. 『자연의 체계』 1판에서 린네는 사람도 생물 분류 체계 안에 포함하였다. 원숭이들을 관찰하여 사람과 원숭이의 유사점과 차이점을 조사한 린네는 사람과 원숭이가 기본적으로 같은 해부학적 특징을 가지고 있다는 점에 주목하고, 사람과 원숭이를 안트로포모르파(Anthropomorpha)라는 영장목 안에 포함시켰다. 안트로포모르파 목에는 호모속(인간)과 시미아속(원숭이), 나무늘보속이 포함되어 있었다. 그러나 후에 나무늘보는 영장류에 속하지 않음이 밝혀졌다. 안트로포모르파라는 명칭은 인간과 유사하다는 뜻을 가지고 있었다. 린네의 이런 분류는 생물학자들의 반대에 부딪혔고, 신학자들의 강력한 비판을 받아야 했다. 생물학자들은 인간을 인간과 유사하다는 뜻을 가진 이름의 영장목 안에 포함하는 것이 적절하지 못하다고 지적했다. 린네는 해부학적 유사성이 중요하지 그것을 지칭하는 이름은 그다지 중요하지 않다고 반박했다. 신학자들은 사람을 원숭이나 고릴라와 같은 범주에 포함한 것은 영적으로 높은 위치에 있는 사람을 낮은 수준으로 끌어내리는 것이고, 사람은 신의 형상을 따라 만들어졌다는 성경 말씀에도 어긋난다고 주장했다. 이런 비판은 19세기에 다윈의 진화론이 제시된 후 있었던 논쟁의 예고편이라 할 수 있었다.

린네는 안트로포모르파라는 명칭이 부적절하다는 지적을 받아들여 『자연의 체계』 10판에서는 이 이름 대신 현재 영장목의 명칭으로 사용되고 있는 'Primates'라는 명칭을 사용했고, 인간을 이명법에 따라 호모 사피엔스(homo sapiens)라고 명명했다. 따라서 안트로포모르파라는 명칭은 더 이상 사용되지 않는다. 이로 인해 린네의 분류 체계에 대한 생물학자들의 비판은 줄어들었지만, 영혼을 가진 사람을 생명체 분류 체계 안에 포함시킨 것 자체가 인간의 위치를 강등한 것이라는 비판을 잠재울 수는 없었다. 인간을 동물의 한 종으로 분류한 것은 인간을 신의 대리자로 생명체 밖에서 생명체를 지배하는 특별한 존재라고 생각했던 과거의 생각을 혁명적으로 바꾼 것이었다.

린네의 분류 체계는 200년이 넘는 오랜 기간 동안 사용되었다. 그러나 19세기에 새로운 종류의 생명체가 많이 발견되면서 생명체를 동물과 식물의 두 계로 나눈 린네의 2계(kingdom) 분류 체계로는 모든 생명체를 분류할 수 없다는 것을 알게 되었다. 따라서 독일의 동물학자 에른스트 헤켈은 원생생물계를 독립시켜 동물계, 식물계, 원생생물계의 3계 분류 체계를 제안했다. 원생생물계에는 조류를 포함하였고, 균류는 식물계에 포함했다.

<table>
<tr><th>린네(1735)</th><th>헤켈(1866)</th><th>휘태커(1969)</th><th>워즈(1977)</th><th>워즈(1990)</th></tr>
<tr><td rowspan="3">다루지 않음</td><td rowspan="3">원생생물</td><td rowspan="2">모네라</td><td>고세균</td><td>고세균</td></tr>
<tr><td>세균</td><td>세균</td></tr>
<tr><td>원생생물</td><td>원생생물</td><td rowspan="4">진핵생물</td></tr>
<tr><td rowspan="2">식물</td><td rowspan="2">식물</td><td>균류</td><td>균류</td></tr>
<tr><td>식물</td><td>식물</td></tr>
<tr><td>동물</td><td>동물</td><td>동물</td><td>동물</td></tr>
</table>

생물 분류 체계의 변화

현대 생물학자인 미국의 식물생태학자 로버트 휘태커(Robert Harding Whittaker, 1920~1980)는 1969년에 동물계, 식물계, 균계, 원생생물계, 모네

라계[39]의 5계 생물 분류 체계를 제안했다. 미국의 미생물학자 칼 워즈(Carl Richard Woese, 1928~2012)는 1977년에 원핵생물을 세균과 고세균으로 구분하는 6계 분류 체계를 제안했으며, 1990년에는 원생생물, 균류, 식물, 동물을 묶어서 진핵생물로 분류하여 고세균, 세균, 진핵생물의 3역(domain) 체계를 제안했다.

39 세포핵이 없는 원핵생물로 세균이나 시아노박테리아(남조류) 등이 여기에 속했다. 현재는 더 이상 사용되지 않는 분류이다.

## 5. 망원경의 발전과 천왕성 발견

태양계의 지평을 넓히다: 허셜의 천왕성 발견

고대인들은 지구가 우주의 중심에 있고, 그 주위를 일월화수목금토의 일곱 천체가 돌고 있으며, 그 바깥쪽에 별들이 고정되어 있는 천구가 있다고 생각했다. 코페르니쿠스의 우주 역시 태양과 지구의 위치가 달라진 것 외에는 고대의 우주관과 큰 차이가 없었다. 갈릴레이 이후 많은 사람들이 망원경을 이용하여 우주를 관측하면서 비로소 우주가 넓어지기 시작했다. 망원경 관측을 통해 우리가 알고 있는 우주에 대한 생각을 크게 바꾸어 놓은 사람은 1738년 하노버에서 태어난 윌리엄 허셜(Friedrich William Herschel, 1738~1822)이었다.

아버지를 따라 하노버 경비대 악단에서 연주자로 일했던 허셜은 1757년에 있었던 프랑스와 독일 제후국 사이의 전투 중 영국으로 망명하여, 영국에서 지휘자, 작곡가, 오보에 연주자로 생활했다. 그러나 허셜은 차츰 천문학에 관심을 가지게 되었고, 천문학은 단순한 취미에서 허셜의 가장 중요한 관심사가 되었다. 직접 만든 망원경으로 집 뒷마당에서 취미 삼아 천문학을 시작한 허셜은 18세기의 가장 위대한 천문학자가 되었다.

1781년 3월 13일 허셜은 잡동사니를 조립하여 만든 망원경을 이용하여 별 사이를 천천히 움직여 가는 새로운 천체를 찾아냈다. 처음에 그는 이 천체가 혜성일 것이라고 생각했다. 그러나 그것은 혜성이 아니라 새로운 행성이었다. 이 발견은 태양계에 새로운 행성이 더해진 천문학 역사상 가장 중요한 발견 중 하나가 되었다. 허셜은 이 행성을 하노버 왕가의 조지 3세의 이름을 따서 '조지의 별'이라고 불렀다. 그러나 공식적으로 이 행성은 로마 신화에서 주피터(목성의 이름)의 할아버지이고 새턴(토성의 이름)의 아버지인 우라누스(천왕성)라고 불리게 되었다. 집 뒷마당에서 작업하던 허셜이 많은 예산을 사용하던 유럽의 왕실 천문대들이 하지 못한 큰일을 해낸 것이다. 천왕성을 발견하기 전까지는 인간이 태양계의 모든 천체들을 알고 있다고 생각했다. 그러나 천왕성의 발견으로 태양계에 우리가 알지 못하는 천체들이 있다는 것을 알게 되어 새로운 행성을 찾아 나서게 되었다.

허셜은 1782년과 1784년에 800여 개의 이중성을 포함하는 이중성 목록을 작성했고, 1783년에는 하늘에 있는 별들의 공간 분포를 조사하기 시작했다. 밝은 별은 가까운 별이고, 어두운 별은 먼 별이라는 가정을 바탕으로 별들의 공간 분포를 재구성한 허셜은 별들이 원반 모양으로 분포하고 있다는 것을 알아냈다. 이것은 우리 은하의 전체적인 모습을 최초로 알아낸 중요한 발견이었다. 허셜은 성운과 성단의 관측에도 관심을 가져 전체 하늘을 조직적으로 관측하고 1786년, 1789년, 1802년 3회에 걸쳐 총 2,500개의 성운과 성단의 목록을 작성했다. 허셜은 일생 동안 400개가 넘는 망원경을 제작하여 그중 일부는 다른 사람에게 팔기도 했다. 그가 만든 망원경 중에서 가장 큰 것

윌리엄 허셜이 만든 망원경을 아들 허셜이 그린 그림

은 1789년 8월 28일 완성한 것으로 구경이 126cm이고 길이가 12m나 되었다. 이 망원경을 완성하는 날 저녁에 토성의 새로운 위성을 발견하여 그 뛰어난 성능을 입증하기도 했다. 그러나 허셜은 사용하기에 불편했던 이 망원경 대신 작은 망원경을 주로 사용했다.

### 행성까지의 거리가 수열을 이룬다: 보데의 법칙

고대 그리스의 피타고라스는 자연을 이해하기 위해서는 자연현상 뒤에 숨어 있는 수의 조화는 알아내야 한다고 주장했다. 피타고라스와 비슷한 생각을 했던 많은 과학자들은 자연에서 수의 조화 또는 수의 법칙을 찾아내려고 노력했다. 많은 학자들이 오래전부터 태양에서부터 행성까지의 거리에서 어떤 규칙을 발견하려고 한 것도 이런 노력의 일환이었다. 1702년에 『천문학 및 기하학 원론』을 출판한 데이비드 그레고리(David Gregory, 1661~1708)는 태양에서부터 지구까지의 거리를 10이라고 하면 태양에서 수성까지의 거리는 4이고, 금성까지의 거리는 7이며, 화성은 15, 목성까지는 52, 그리고 토성까지의 거리는 95라고 주장했다. 1766년에 요한 티티우스(Johann Daniel Titius, 1729~1796)는 태양에서 토성까지의 거리를 100이라고 했을 때 금성은 7, 지구는 10, 화성은 16, 목성은 52인 위치에 있어 28이 되는 지점에 있어야 할 행성이 빠져 있다고 주장하고, 신이 빈 공간을 남겨 두었을 리가 없다고 했다.

1768년에 열아홉 살이던 요한 보데(Johann Elert Bode, 1747~1826)는 그의 책에 티티우스가 주장했던 것과 같은 내용의 글을 실었다. 처음에 그는 이 글의 원전을 밝히지 않았지만, 후에 출판한 책에서는 그것이 티티우스의 글에서 인용한 것임을 밝혔다. 태양에서부터 행성까지의 거리를 나타내는 이 숫자들은 '$2 \times 3^n + 4$'이라는 수열을 이룬다. 수성은 $n$에 $-\infty$을 대입하고, 금성에는 0, 지구에는 1, 화성에는 3, 목성에는 4, 토성에는 5를 대입하면 태양으로부터의 거리가 된다. 각 행성에 왜 이런 숫자를 대입해야 하는지를 설명할 수는 없었지만, 사람들은 이것을 '보데의 법칙'이라고 불렀다. 보데의 법칙은 이미 알려진 숫자들을 이용해 인위적으로 만들어 낸 수열이라는 생각 때문에 1781년 천왕성이 발견될 때까지는 사람들이 별다른 관심을 보이지 않았다.

그러나 허셜이 발견한 천왕성이 보데의 법칙에서 $n$이 6인 궤도에서 태양을 돌고 있다는 사실이 밝혀졌다. 이것은 놀라운 일이 아닐 수 없었다. 따라서 보데의 법칙은 사람들의 관심을 끌게 되었다. 보데의 법칙이 관심을 끌자 n이 3인 자리에 있어야 할 행성에 관심이 집중되었다. 보데의 법칙이 맞다면 화성과 목성 사이에 또 다른 행성이 있어야 하기 때문이다. 1700년대 말부터 아마추어 천문가들은 사라진 행성을 찾기 위해 '행성 파수대'라는 조직을 만들고 조직적으로 이 행성에 대한 수색 작업을 벌였다. 그러나 정작 새로운 행성을 발견한 사람은 이들과는 관계없이 이탈리아의 시칠리섬에서 독자적으로 천체를 관측하던 수도사이자 천문학자인 주세페 피아치(Giuseppe Piazzi, 1746~1826)였다.

피아치는 1801년 1월 1일에 새로운 행성으로 생각되는 천체를 보데의 법칙이 예언한 위치에서 발견했다. 이것이 달 크기의 3분의 1인 케레스(Ceres)였다. 피아치는 이 천체에 시칠리아의 수호 여신인 케레스와 시칠리아 왕국의 페르디난도 1세의 이름을 따서 케레스 페르디난데아라는 이름을 붙였다. 그러나 페르디난데아라는 이름은 정치적인 이유로 삭제되고, 케레스라는 이름만 남게 되었다. 이후 케레스는 소행성 중에서 가장 큰 소행성이라는 점이 밝혀졌다.

그 후 1802년 케레스 크기의 반 정도 되는 팔라스(Pallas)가 발견되었고, 1804년 세 번째 소행성 주노(Juno)가 발견되었다. 가장 밝아서 맨눈으로도 관찰할 수 있는 유일한 소행성인 베스타(Vesta)가 발견된 것은 1807년의 일이었다. 베스타의 발견 이후 한동안 소행성의 발견이 중단되었다가 1845년 아스트라이아(Astraea)가 발견된 후 많은 소행성들이 계속 발견되었다. 1923년에는 1,000번째, 1990년에는 5,000번째 소행성이 발견되었으며, 2007년 10월까지는 17만 개의 소행성에 공식적으로 번호가 부여되었다. 새로 발견되는 소행성은 그 시기와 순서에 따라 '2003 VB12'와 같은 임시번호를 부여받는다. 앞의 숫자는 발견된 연도를 나타내며, 첫 번째 로마자는 발견된 달을 전반기와 후반기로 구분해서 24개 문자 중 하나로 표시한다. 다음에 오는 문자와 숫자는 해당되는 보름의 기간 안에서 그 소행성이 발견된 순서를 나타낸다.

이후 궤도가 확정된 소행성에는 고유한 번호가 주어지며, 발견자가 원하는 경우 새로운 이름을 붙일 수 있다. 고유번호는 대개 순서대로 붙이지만, 예외도 존재한다. 위에서 예를 든 '2003 VB12'는 '90377 세드나'라는 정식 명칭을 가지고 있다. 초기에 발견된 소행성에는 대부분 새로운 이름을 붙였으나, 발견되는 소행성의 수가 급격히 늘어남에 따라 새로 이름을 짓지 않고 임시번호를 그대로 사용하는 경우도 많다.

보데의 법칙은 소행성의 발견에 큰 도움을 주었고, 19세기에 있었던 해왕성의 발견에도 도움을 주었다. 그러나 해왕성과 명왕성이 발견된 후 이들이 보데의 법칙에서 멀리 벗어난 곳에서 태양을 돌고 있다는 것이 밝혀졌다. 따라서 아무런 역학적 근거를 가지고 있지 않은 보데의 법칙은 더 이상 사람들의 관심을 끌지 못하고 기억에서 멀어져 갔다.

# 6. 열기관의 발전

## 증기기관을 발명하다: 뉴커먼과 와트

인류는 오랫동안 물건을 들어 올리거나 옮기고, 기계를 작동시키는 데 필요한 동력을 사람이나 가축에서 얻었다. 짐을 가득 실은 마차를 움직인 것은 소나 말이었고, 거대한 군함을 움직인 것도 사람들이었다. 물의 힘을 이용하는 수차가 개발되기도 했고, 바람의 힘을 이용하는 돛이나 풍차도 쓰였지만 이런 것들은 제한적으로만 사용될 수 있었다. 알렉산드리아 시대의 헤론이 구멍이 뚫린 공의 안쪽에서 수증기를 뿜어내 공을 돌리는 장치를 만들기도 했지만, 열을 이용하여 작동하는 본격적인 증기기관이 널리 사용되기 시작한 것은 18세기였다.

증기의 힘을 이용해 움직이는 증기기관을 처음 설계한 사람은 프랑스의 드니 파팽(Denis Papain, 1647~1712)이었다. 프랑스 과학자로 영국에서 활동했던 파팽은 1690년에 처음으로 증기기관을 설계했다. 그는 수증기는 공기의 성질을 가지고 있지만 온도가 낮아지면 물로 바뀌어 공기의 성질을 잃게 되는 것을 이용하면 큰 동력을 얻을 수 있을 것이라고 생각했다. 수증기의 부피는 물의 부피의 1,300배나 되었다. 따라서 물이 수증기가 될 때는 부피가 늘어나고 반대로 수증기가 물이 되면 부피가 급격하게 줄어든다. 이러한 부피의 변화를 이용하려는 것이 파팽의 증기기관이었다.

파팽의 증기기관에서는 실린더 안에 물을 넣고 가열하면 수증기가 발생하면서 부피가 팽창해 피스톤이 올라갔다. 그런 다음 실린더 안에 차가운

물을 넣어 식히면 수증기가 응결하여 물로 변해 내부의 압력이 줄어들어 피스톤이 제자리로 돌아갔다. 이러한 피스톤의 왕복 운동을 동력으로 사용하는 것이 파팽의 기관이었다. 그러나 파팽의 기관은 물을 끓여 수증기를 만드는 데 오랜 시간이 걸려 피스톤이 느리게 움직였기 때문에 실용적으로 사용할 수는 없었다.

실제로 광산에서 사용된 최초의 증기기관을 만든 사람은 영국의 토머스 세이버리(Thomas Savery, 1650~1715)였다. 세이버리의 생애에 대해서는 잘 알려져 있지 않지만 그는 「광부의 친구(The Miner's Friend)」라는 글에서 '불 엔진(fire-engine)'이란 장치에 대해 설명했다. 오늘날 이 말은 소방차를 가리키는 말이 되었지만, 당시에는 불로 작동하는 증기기관을 가리켰다. 세이버리는 커다란 공 모양 장치의 한쪽에 길게 관을 연결하고 그 관의 끝이 광산 안의 물속에 들어가게 했다. 둥근 장치에 수증기를 가득 채운 다음 밖에서 찬물을 부어 식히면, 장치 안의 수증기가 물로 바뀌게 되어 장치 안은 거의 진공 상태가 되었다. 그러면 그 공간을 채우려고 아래쪽에 연결된 관을 통해 광산의 물이 올라오게 되고, 그 물을 비운 다음 같은 과정을 반복하면 광산의 물을 퍼낼 수가 있었다.

그 후 다트머스에서 철물점을 운영하던 토머스 뉴커먼(Thomas Newcomen, 1663~1729)은 파팽의 증기기관을 개량하여 실용적인 증기기관을 만들었다. 뉴커먼 기관은 실린더 안에서 물을 끓여 수증기를 만들던 파팽의 기관과는 달리, 외부에 있는 보일러에서 물을 끓여 발생시킨 수증기를 실린더 안으로 불어 넣는 방법을 사용했다. 실린더 안에 수증기가 가득 찬 다음에는 차가운 물을 실린더 안에 넣어 수증기를 급속히 응결시켰다. 그렇게 되면 실린더 내부의 압력이 대기압보다 낮아져 피스톤이 원래의 위치로 돌아갔다. 이런 과정을 통해 피스톤이 상하로 왕복운동을 하고 이 움직임을 이용하여 펌프를 작동시킬 수 있었다. 파팽 기관과 뉴커먼 기관은 수증기의 힘으로 밀어 올린 피스톤을 대기의 압력으로 원래 위치로 돌려보내는 방식으로 작동했기 때문에 '대기압기관'이라고도 했다.

1712년 더들리성의 탄광에 설치한 뉴커먼의 증기기관은 1분에 12회 왕복 운동을 하며 물을 퍼 올렸다. 이 증기기관의 일률은 약 5마력 정도였다. 세이버리의 증기기관이 1마력 정도였으므로 뉴커먼의 증기기관은 다섯 배나 좋은 일률을 가지고 있었다. 그 후 금속 가공기술이 발달하면서 점차 더 큰 실린더를 만들 수 있게 되었다. 처음에는 지름이 17.5cm인 실린더가 사용되었지만, 1725년에는 지름이 75cm로, 그리고 1765년에는 185cm까지 커졌다. 실린더가 커짐에 따라 증기기관의 출력도 크게 늘어났다. 이에 따라 뉴커먼의 증기기관은 사람 20명과 말 50마리가 밤낮으로 쉬지 않고 움직여 1주일 걸려 했던 배수 작업을 2명의 작업자만을 투입해 48시간 만에 할 수 있었다. 뉴커먼의 증기기관은 당시로서는 대성공이었다. 4년 동안에 8개국에 보급되었고, 그가 죽던 1729년에는 그의 증기기관이 유럽의 거의 모든 나라에 보급되었다.

뉴커먼의 증기기관을 개량하여 더욱 널리 사용된 증기기관을 만든 사람은 영국의 제임스 와트(James Watt, 1736~1819)였다. 영국 글래스고 근처의 그리녹이라는 곳에서 태어난 와트는 런던에서 기술을 배우고 고향으로 돌아와 1757년 말에 글래스고 대학에 공작실을 차리고 대학에서 사용하는 기계를 제작하거나 수리해 주는 일을 했다. 제임스 와트는 1763년 글래스고 대학에 있던 뉴커먼의 증기기관 모형이 고장 나자 이를 수리하게 되었다. 와트는 이보다 앞선 1760년에 뉴커먼 기관의 기초가 된 파팽 기관을 사용하여 고압 증기실험을 한 일이 있었기 때문에, 증기기관에 대하여 이미 어느 정도의 지식을 가지고 있었다. 와트는 뉴커먼 기관을 수리하여 작동시켜 보았지만 많은 증기를 소모함에도 효율은 그리 좋지 않았다. 그는 뉴커먼의 증기기관을 수리하면서 열효율이 더 좋은 새로운 증기기관을 만들어야겠다고 생각했지만, 좀처럼 좋은 아이디어가 떠오르지 않았다. 그는 1765년 5월 어느 맑은 휴일 초원을 거닐다가 그 해결책을 찾게 되었다.

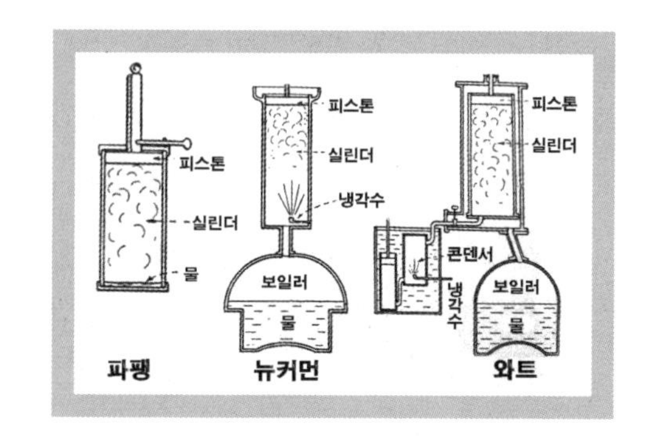

증기기관의 발전 과정

뉴커먼 기관의 가장 큰 약점은 한 번 수증기가 들어가 실린더를 데워 준 다음에는 뜨거워진 실린더에 차가운 물을 뿌려 실린더 전체를 식혔다가 다시 수증기를 넣어야 한다는 점이었다. 기관 전체를 데웠다가 식히는 일을 반복했으므로 열효율이 떨어질 수밖에 없었다. 와트는 실린더 옆에 새로운 장치를 달아 수증기를 끌어들여 식히고, 실린더는 뜨거운 상태를 유지하도록 했다. 이 장치를 영어로는 콘덴서(condenser)라고 부르는데, 우리말로는 응축기라고 번역할 수 있다. 이 새로운 부분이 와트가 개량한 증기기관의 가장 중요한 기술적 진보였다. 와트는 1769년 1월 자신이 개발한 새로운 증기기관으로 발명특허를 냈다.

1770년에 와트는 증기기관을 생산하여 판매하는 사업을 시작했지만 처음에는 사업이 잘 되지 않았고, 1772년에는 전국적인 불경기로 인해 사업을 포기할 수밖에 없었다. 그러나 이듬해 친구와 동업으로 사업을 다시 시작하면서 사업이 번창하기 시작했다. 특히 1774년에 대포 제작기술을 활용하여 크고 단단한 실린더를 제작하면서 와트 증기기관의 성능이 더욱 좋아졌다. 1776년부터는 뉴커먼의 증기기관을 압도하기 시작했고, 50년도 안 되어 전 세계에서 사용되었다. 와트는 그 후에도 증기기관의 개량에 힘써 여러 가지 발명품을 그의 증기기관에 덧붙여 열효율을 증대시켰다. 와트는 증기기관을 개량한 공로로 1785년에는 왕립협회 회원으로 선출되기도 했다.

제임스 와트가 발명한 증기기관은 18세기 말에 시작되어 19세기 초까지 진행된 산업혁명의 원동력이 되었다. 증기기관의 사용으로 공업 생산성이 크게 향상되어 대량 생산이 가능해졌다. 손으로 제품을 만드는 것을 수공업이라고 하고 기계를 이용하여 많은 물건을 만드는 것을 기계공업이라고 한다. 그러니까 증기기관의 발명은 수공업이 기계공업으로 바뀌는 계기가 되었다. 제임스 와트가 개량한 증기기관은 광산이나 탄광에서 물을 퍼 올리는 데는 물론 옷감을 짜는 방직기계를 돌리는 데도 사용되었고, 철공소에서 화로에 쓰이는 풀무를 움직이는 데도 사용되었으며 철도나 기선과 같은 교통수단에도 사용되었다.

증기기관으로 달린다: 증기기관차와 증기기선

제임스 와트의 증기기관을 이용하여 철로 위를 달리는 실용적인 증기기관차를 만든 사람은 영국의 조지 스티븐슨(George Stephenson, 1781~1848)이다. 하지만 증기기관차를 처음 발명한 사람은 스티븐슨이 아니었다. 증기기관으로 바퀴를 회전시켜 달리는 기관차를 처음 만든 것은 와트가 증기기관을 발명한 직후인 1769년의 일이다. 프랑스의 니콜라 퀴뇨(Nicolas Joseph Cugnot, 1725~1804)는 철로 위를 시속 3.6㎞의 속력으로 달리는 증기기관차를 만들어 15분간 움직이는 실험을 해 보였다. 하지만 속도가 느렸고, 힘이 강하지 못해 실용할 수는 없었다. 그 후 더 좋은 증기기관차를 만들려고 시도하는 사람들이 나타났지만, 큰 힘을 가지고 빠르게 달리는 기관차를 만드는 데는 실패했다.

영국의 스티븐슨이 증기기관차에 관심을 가지고 증기기관에 대한 연구를 시작한 것은 1814년 무렵부터였다. 그리고 스티븐슨이 만든 증기기관차가 스톡턴과 달링턴 사이를 처음으로 달린 것은 1825년이었다. 증기기관차가 만들어지기 전에도 철도는 있었다. 그러나 이때는 철로 위에 놓인 기차를 말이 끌었다. 말은 철로가 없는 길도 달릴 수 있기 때문에 철로가 꼭 필요한 것은 아니었지만, 철로 위에 수레를 올려놓으면 훨씬 움직이기가 쉬우므로 많은 짐을 운반하기 위해 그렇게 했다. 스티븐슨이 만든 증기기관차는 90톤이나 되는 열차를 시속 16km의 속도로 달리게 할 수 있었다. 스티븐슨의 증기기관차는 사람 150명의 몸무게와 맞먹는 무거운 기관차를 사람이 걷는 것보다 3배 정도 더 빨리 움직일 수 있었다. 요즘의 기차와 비교하면 느림보였지만, 당시로서는 대단한 진전이었다. 4년 후인 1829년에 만든 증기기관차는 리버풀과 맨체스터 사이를 시속 48km나 되는 속력으로 달렸다. 이것은 증기기관차가 빠르게 발전했음을 잘 나타낸다.

증기기관의 발달은 해상 교통수단에도 혁명적인 변화를 가져왔다. 원시시대 이래 사람들은 배를 움직이기 위한 힘은 바람이나 사람의 근력에서 얻을 수 있을 뿐이라고 생각해 왔다. 하지만 증기기관이 보급되자 이를 배에 설치해 배를 움직여 보려는 노력이 1770년대부터 시작되었다. 프랑스의 귀족 주프루아(Jouffroy d' Abbans, 1751~1832)는 1775년 센강에서 피스톤의 지름이 20cm인 증기기관으로 움직이는 배를 만들어 시운전을 했지만 실패했다. 그러나 1783년에는 증기기관으로 물갈퀴를 움직이는 증기기선을 만들어 리옹에서 15분 동안 항해하는 데 성공했다.

비슷한 시기에 미국에서도 증기기관을 배에 이용하려는 시도가 시작되었다. 1787년에 제임스 럼지(James Rumsey, 1743~1792)는 포토맥강에서 증기기관을 이용하여 배의 앞쪽에서 끌어들인 물을 뒤쪽으로 밀어내는 실험을 해 보였다. 제트 추진방식을 배에 적용한 이 방법은 성공하지 못했다. 그는 영국 템스강에서도 같은 실험을 했지만 배를 움직이는 데는 실패했다. 럼지 외에도 증기기선을 발명하려고 시도했던 사람은 많이 있었다.

그러나 증기기선을 발명한 영예는 미국의 로버트 풀턴(Robert Fulton, 1765~1815)에게 돌아갔다. 미국 펜실베이니아 출신으로 영국에 유학하기도

풀턴의 증기기선

했던 풀턴은 한때 잠수함을 만드는 일에 열중하기도 했다. 그는 1803년 최초로 증기기선을 만들어 센강에서 시험 운행할 예정이었으나 운행 직전에 폭풍이 불어 배가 침몰해 버리는 불운을 겪기도 했다. 그는 1806년 미국에 돌아와 증기기선을 만드는 연구를 다시 시작했다. 최초의 증기기선으로 꼽히는 클레어몬트호의 운행이 성공한 것은 1807년의 일이었다. 1807년 8월에 클레어몬트호는 240km 떨어져 있는 뉴욕과 올버니 사이를 가는 데 32시간, 오는 데 30시간 걸려서 왕복했다. 허드슨강 연안에 있는 이 두 도시는 교통이 아주 불편했지만 1807년 11월 1일부터 정기항로가 개설되어 교통 불편이 크게 해소되었다. 클레어몬트호의 성공 이후 증기기선이 빠르게 보급되기 시작해 미국에서뿐만 아니라 유럽 여러 나라에서 증기기선의 정기항로가 열렸고, 1815년경에는 러시아에서도 운행되었다. 1818년에는 미국의 사바나호가 대서양 횡단에 성공해 본격적인 증기기선의 시대가 시작되었다.

## 7. 버클리와 흄의 경험론과 칸트의 비판철학

### 지각할 때만 존재한다: 버클리

아일랜드의 귀족 집안에서 태어난 조지 버클리(George Berkeley, 1685~1753)는 더블린에 있는 트리니티 칼리지에서 1707년 석사학위를 받았다. 버클리가 사람들의 주목을 받기 시작한 것은 1709년 『새로운 시각 이론에 관한 시론』을 발표한 후부터였다. 이어 1710년에는 『인간 지식의 원리론』[40]을 출판했고, 1713년에는 『하일라스와 필로누스가 나눈 세 편의 대화』를 출판했다. 1721년 그는 영국 국교회 성직자가 되었고, 신학 박사학위를 취득했으며, 더블린에 있는 트리니티 칼리지로 돌아와 신학과 히브리어를 강의했다. 1710년과 1813년에 출간된 『인간 지식의 원리론』과 『하일라스와 필로누스가 나눈 세 편의 대화』에는 버클리의 철학이 잘 나타나 있다.

버클리 철학의 핵심은 "존재하는 것은 지각뿐이다"라는 말로 요약할 수 있다. 지각이 존재하기 위해서는 지각하는 주체가 존재해야 하기 때문에 엄격하게 말하면 '존재하는 것은 지각하는 주체와 지각'이라고 해야 할 것이다. 버클리의 이런 주장은 우리의 상식적인 세계관과 많이 다르다. 우리가 어떤 물체를 보는 경우 시각의 대상인 물체가 존재하고, 우리가 시각을 통해 지각한 대상물의 모양, 크기, 색깔 같은 것들은 대상의 성질과 일치한다고 생각한다. 그러나 버클리에 따르면 실제로 존재하는 것은 대상이 아

40 조지 버클리, 문성화 옮김, 『인간 지식의 원리론』, 계명대학교출판부, 2010.

니고, 우리의 지각만이 실제로 존재한다는 것이다. 따라서 우리가 지각한 것은 외부 대상 자체일 수 없다.

만약 지각만이 존재한다면 어떤 대상이 존재하기 위해서는 누군가가 지각해야 한다. 내가 대상을 지각하는 동안에 나에게 그 대상이 존재한다. 내가 대상을 지각하지 않는 동안에 나에게는 그 대상이 존재하지 않지만, 그것을 지각하는 다른 사람에게는 그 대상이 존재한다. 그렇다면 어떤 대상을 아무도 지각하지 않는다면 어떻게 될까? 그 대상은 존재하지 않게 되는 것일까? 만약 세상 만물을 항상 지각하고 있는 존재가 있다면 이런 문제가 일어나지 않는다. 세상 만물을 항상 지각하고 있는 존재가 바로 신이다. 버클리는 우리가 하는 지각은 신이 우리 정신 속에 만들어 낸 하나의 관념이며, 신은 모든 것을 지각하는 무한한 정신이기 때문에 지각하는 인간이 없는 곳에서도 대상이 계속 존재할 수 있다고 주장했다.

### 자연법칙은 개연성이 큰 사실이다: 흄

영국의 대표적 경험론 철학자 중 한 사람인 데이비드 흄(David Hume, 1711~1776)은 에든버러에서 법률가의 아들로 태어났다. 흄은 열두 살 때 에든버러 대학에 입학하여 그리스어, 논리학, 형이상학, 자연철학, 윤리학, 수학을 공부했다. 이때 흄은 로크와 뉴턴에 대해 알게 되었다. 에든버러 대학에서 3년 동안의 공부를 마치고 고향으로 돌아온 흄은 법률가가 되어 가업을 잇기를 바라는 가족의 뜻에 따라 법률학을 공부했다. 그러나 철학과 역사를 포함한 인문학에 대한 열정으로 인해 법률 공부를 포기하고 철학 공부를 시작했다. 프랑스에 머물던 1736년에 흄은 그의 대표작인 『인성론(A Treatise of Human Nature)』 1권과 2권을 완성했다. 이 책은 흄이 런던으로 돌아온 후인 1739년 1월에 출판되었다. 다음 해인 1740년 11월에는 『인성론』 3권이 출판되었다.[41] 이 책은 「제1권 지성」, 「제2권 감정」, 「제3권 도덕」으로 구성되어 있다.

흄은 인간의 경험에 바탕을 두지 않고 규정된 인과론이나 도덕, 신에 대한 관념 등의 존재를 인정하지 않았다. 흄은 인과론을 습관에 의해 귀납적으로 확립된 개연성에 불과하다고 보았다. 원인과 결과에 대한 원칙이 먼저 있는 것이 아니라, 원인과 결과에 대한 경험이 인과론이라는 비교적 강한 개연성을 가지는 법칙을 확립했다는 것이다. 우리가 필연적이라고 부르는 것들이 사실은 개연성이 클 뿐이라는 것이다. 흄은 정신을 경험에 의해 받아들여진 지각의 다발 또는 집합이라고 했다. 데카르트는 물체와 정신이라는 두 가지 실체를 바탕으로 근대 철학의 바탕을 마련했지만, 흄은 물체도 정신도 실체의 자리에서 끌어내린 것이다. 그러나 흄이 모든 진리의 존재를 인정하지 않은 것은 아니다. 흄은 절대적인 진리와 지식이 차지하고 있던 자리에 건전한 상식을 앉혔다. 흄은 이제까지는 절대적인 지식이 아니라는 이유로 철학에서 논외로 취급되던 상대적인 지식을 신뢰했다. 흄이 생각한 지식은 귀납적 지식이며, 실험을 통해 얻어지는 개연성 있는 지식이었다.

흄의 철학에서 인간의 심리현상의 첫 번째 요소는 로크와 마찬가지로 관념이었다. 그러나 로크는 암묵적으로 우리와 독립적으로 존재하는 대상의 존재를 인정하여 자연과 정신의 이원론을 받아들이고 있었다. 흄은 로크의 이러한 생각에 반대하고, 관념의 원천은 경험에 의한 인상(impression)밖에 없다고 했다. 그러나 지식의 기원이 인상에서 오는 관념 이외에는 없다고 한다면, 우리의 지식은 습관에서 얻어진 개연성에 의존할 수밖에 없게 되어 객관성을 상실해 버린다. 정신적 실체로서의 자아도 결국 인상을 바탕으로 만들어진 관념의 다발에 지나지 않게 된다.

41 데이비드 흄, 이준호 옮김, 『오성에 관하여 — 인간 본성에 관한 논고』, 서광사, 1994.

따라서 우리가 알 수 있는 지식은 절대적인 것이 아니라 단순한 개연성에 불과하게 된다. 따라서 자연과학에서 법칙이라고 부르는 것들도 모두 개연성이 큰 사실에 불과하게 되었다. 절대적인 지식에서 개연성이 큰 지식으로 강등되기는 했지만, 자연법칙은 여전히 인간이 알아낸 지식 중에서 가장 개연성이 큰 지식이었으므로 그 중요성이 줄어든 것은 아니었다.

### 비판을 통해 새로운 철학을 확립하다: 칸트

근대 계몽주의를 정점에 올려놓았고 독일 관념철학의 기초를 닦은 이마누엘 칸트(Immanuel Kant, 1724~1804)는 프로이센의 상업도시 쾨니히스베르크에서 수공업자였던 아버지의 자녀 중 넷째로 태어났다. 1740년에 김나지움을 졸업한 칸트는 같은 해에 쾨니히스베르크 대학에 입학하여 철학과 수학을 공부했는데, 자연과학에도 관심을 가져 한동안 뉴턴역학을 집중적으로 공부하고, 여러 편의 자연과학 논문을 발표했다. 그가 발표한 논문 중에는 뉴턴역학을 기초로 하여 천체 생성 과정을 다룬 성운설이 실려 있는 「천체의 일반적인 자연사 이론」(1755)도 포함되어 있다.

칸트는 1755년 박사학위를 받고 대학에서 강의할 수 있는 자격을 얻었다. 이후 대학에서 일반논리학, 물리학, 자연법, 자연신학, 윤리학 등 다양한 과목을 강의했다. 1770년 쾨니히스베르크 대학의 철학 교수로 취임할 때 발표한 교수 취임 논문은 비판철학의 시작을 알리는 저술로 평가되고 있다. 쾨니히스베르크 대학에서 강의하면서 칸트는 이성 그 자체가 지닌 구조와 한계를 다룬 『순수이성비판』(1781), 윤리학을 집중적으로 다룬 『실천이성비판』(1788), 그리고 미학과 목적론 등에 관해 논한 『판단력비판』(1790)을 출판했다.

칸트의 철학을 비판철학이라고 부르는 이유는 그의 대표적 저서라고 할 수 있는 세 권의 책 제목이 『순수이성비판』, 『실천이성비판』, 『판단력비판』

이기 때문이다.[42] 칸트의 책 제목에 들어 있는 '비판'이라는 말은 과거의 철학을 비판적으로 연구하고 분석하여 얻은 철학이라는 의미를 가지고 있다. 칸트는 뉴턴의 자연과학, 루소의 철학, 그리고 인간의 인식 능력에 대한 흄의 회의를 받아들여 비판철학을 완성했다. 칸트는 『순수이성비판』을 통해 합리론에서 주장했던 지식의 보편성과 필연성을 인정하는 동시에, 인간의 이성이 지닌 한계를 지적하면서 인간 인식에 선험적 형식을 도입하려고 시도했다. 인간이 대상을 있는 그대로 인식하는 것이 아니라 선험적으로 가지고 있는 형식을 이용하여 대상에 대한 관념을 만들어 간다는 것이다.

이마누엘 칸트

칸트는 대상을 인식하기 위해서는 외부 세계를 감각해서 얻은 인상만으로는 안 되고, 우리의 감성이 개입해야 한다고 주장했다. 칸트는 외부에서 얻은 감각 인상에 우리의 감성이 작용하여 얻어진 것을 현상이라고 했다. 인식의 재료는 경험을 통해서 얻을 수 있지만 거기에 감성의 기능이 더해져야 비로소 대상을 인식할 수 있게 되므로 우리가 인식하고 있는 것은 외부의 물체 자체, 즉 물자체가 아니라 우리의 감성이 더해져 이루어진 현상이다. 다시 말해 우리가 인식한 현상은 외부에 근원을 가지고 있는 감각 인상에 공간과 시간이라는 주관적인 기능이 작용하여 만들어 낸 것이다.

물리적 사실에 대해서도 같은 것을 말할 수 있다. 물리학에서는 자연현상이 일반적으로 따르는 보편적인 물리법칙이 있다고 보고, 그것을 찾아내기 위해 노력한다. 물리법칙이 보편적인 진리이기 위해서는 과학적 인식이 경

42 F. 카울바하, 백종현 옮김, 『칸트 비판철학의 형성과정과 체계』, 서광사, 1992.

험에 좌우되지 않는 보편적인 것이어야 한다. 그렇다면 물리법칙이 가지고 있는 보편성은 어디에서 유래하는 것일까? 칸트는 우리가 인식하는 자연현상은 외부로부터 온 감각 인상에 우리가 선험적으로 가지고 있던 순수한 지식이 더해진 것이라고 했다.

우리는 자연현상을 만드는 데 사용한 경험에 좌우되지 않는 순수한 지식을 법칙이라고 부른다. 철학은 오랫동안 자연의 질서를 인식한다고 말해 왔지만, 어떻게 자연의 질서를 인식할 수 있는지에 대해서는 질문하지 않았다. 그런데 마침내 칸트는 자연에 질서를 부여하는 것이 바로 우리 자신임을 밝혀냈다.

칸트의 3대 비판서 중 두 번째 책인 『실천이성비판』의 주제는 "우리가 무엇을 왜 해야 하는가"이다. 칸트는 『실천이성비판』에서 인간은 행복을 추구하는 욕망의 지배를 받아 이를 실천의 원리로 삼으려 하지만, 내부로부터 도덕적 명령을 받기도 하기 때문에 갈등을 겪게 된다고 설명한다. 여기서 내부의 도덕적 명령에 따라 행동하는 것이 선이라고 주장했다. 도덕적 명령을 따라야 하는 이유는 그것이 누구나 지켜야만 할 의무이기 때문이다. 도덕적 명령은 어떤 목적을 달성하기 위한 수단으로서의 명령이 아니라, 명령 그 자체가 목적인 무조건적인 명령이다. 칸트는 내부의 도덕적 명령에 따라 행동하는 것은 자신의 자유의지에 바탕을 둔 자율을 실현하는 것이라고 말한다. 그리고 이것이 제한된 인식 능력을 가지고 있는 유한한 인간이, 유한성을 극복하고 초인과 같은 자유로운 상태에 이를 수 있는 길이라고 보았다. 칸트는 물자체를 인식할 수 없는 순수이성의 한계를, 도덕 명령의 실천을 통해 절대자에 도달할 수 있는 실천이성을 통해 극복하려고 했다.

칸트 비판철학을 담고 있는 세 번째 책인 『판단력 비판』은 미학을 다룬 책이다. 칸트는 '참'은 논리적 완전성을 나타내지만 '미'는 감성적 완전성을 나타낸다고 했다. 미에 대한 인식을 감각이나 이성의 능력과는 독립적인 또 다른 능력의 결과물로 본 것이다. 칸트 스스로가 밝히고 있는 것처럼, 『판단력비판』은 자연과 초월적 세계 사이에 놓인 커다란 간격을 메울 매개체를 만들려는 의도로 기획되었다. 칸트는 『순수이성비판』과 『실천이성비판』을 통해 세상을 필연적 과학법칙이 적용되는 감성적인 세계와, 자유 개념에 기초한 도덕법칙이 적용되는 초월적 세계로 분리해 놓았다. 따라서 감성의 세계와 초월적인 세계 사이를 이어 줄 매개자가 필요한데 『판단력비판』에서 다루고 있는 미와 숭고가 바로 그 역할을 한다는 것이다.

칸트는 모든 생명체는 목적을 가지고 있는 것처럼 행동한다고 보았다. 그는 자연의 일부인 생명체가 목적을 가지고 있는 것처럼 행동하는 것은 자연 전체도 어떤 목적에 의해 통일되어 있다는 증거라고 생각했다. 칸트는 자연이 가지고 있는 미와 숭고를 통해 나타나는 도덕과 일치하려는 합목적성을 통해 자연과 도덕적 세계인 초월적인 세계를 연결했다. 칸트의 비판철학은 독일 관념론을 비롯한 칸트 이후의 모든 철학에 영향을 주었고, 사회과학과 행동과학에도 영향을 주었다.

제7장

# 근대 과학이 크게 발전한 19세기

# 1. 산업혁명

### 산업을 분류하다

21세기가 시작되면서 4차 산업혁명이라는 말을 사용하는 사람들이 많아졌다. 4차 산업혁명이란 4차 산업이 단기간 동안에 크게 발전하여 사회구조에 큰 영향을 주는 것을 뜻한다. 영국 케임브리지 대학의 교수였으며, 오스트레일리아 정부를 위해 일하기도 했던 콜린 클라크(Colin Grant Clark, 1905~1989)는 1940년에 출판한 『경제적 진보의 제 조건』에서 산업을 1차 산업, 2차 산업, 3차 산업으로 분류하고, 농림·수산업은 1차 산업에, 광업과 공업은 2차 산업에, 상업과 운수업을 비롯한 서비스 산업을 3차 산업에 포함시켰다. 그는 경제 발전이 진행됨에 따라 산업의 비중이 1차 산업에서 2차 산업으로, 그리고 다시 3차 산업으로 옮겨 간다고 주장했다. 그러나 점차 3차 산업의 비중이 높아지자 3차 산업은 상업, 금융, 보험, 수송 등에 국한시키고, 정보, 의료, 교육, 서비스 산업 등 지식 집약적 산업을 4차 산업으로, 그리고 패션, 오락 및 레저 산업을 5차 산업으로 분류하기 시작했다.

이런 분류를 기준으로 하면 4차 산업혁명은 정보, 의료, 교육과 같은 지식 집약적 산업에서의 비약적 발전을 뜻하는 것으로 해석할 수 있다. 클라우스 슈바프(Klaus Schwab, 1938~ )는 2016년 1월 스위스 다보스포럼에서 4차 산업혁명이라는 용어를 처음 사용했다. 여기서 그는 4차 산업혁명이란 클라크의 산업 분류에 포함되지 않은 모든 산업이 가져올 세계 경제의 변화라고 정의했다. 4차 산업혁명에서는 인공지능, 사물 인터넷, 빅데이터, 모바

일 등의 첨단 정보통신기술이 3D 프린팅, 로봇공학, 생명공학, 나노기술과 같은 새로운 기술들과 결합하여 제품 생산과 유통 그리고 소비를 자동화하게 될 것으로 예상하고 있다.

그러나 일반적으로 산업혁명이라고 하면 1차 산업혁명을 뜻한다. 1차 산업혁명은 1760년대에서 1820년대 사이에 영국에서 기술의 혁신과 새로운 제조 공정의 도입으로 일어났던 사회와 경제의 커다란 변화를 말한다. 영국에서 시작된 산업혁명은 유럽, 미국, 러시아 등으로 확산되었으며, 20세기 후반에는 아시아, 아프리카, 남아메리카로도 확산되었다. 산업혁명이란 용어는 1844년 프리드리히 엥겔스(Friedrich Engels, 1820~1895)가 「영국 노동계급의 조건」에서 처음 사용했고, 이후 영국의 역사학자이며 문명비평가인 아놀드 토인비(Arnold Joseph Toynbee, 1889~1975)가 1884년에 출판한 『영국 18세기 산업혁명에 관한 강의』에서 이를 보다 구체적으로 언급했다.

### 사회구조를 바꾸어 놓다: 1차 산업혁명

17세기에 청교도혁명이나 명예혁명과 같은 정치적인 변혁을 거치면서 시민의식이 성숙된 영국에서는 다른 나라에서보다 이른 시기에 정치적인 안정이 이루어져 자영 농민층이 많이 나타났다. 이들을 주축으로 하여 농촌에서는 모직물 공업이 크게 발달하게 되었다. 또한 기계의 제작과 동력에 사용되는 석탄과 철의 생산이 크게 늘어났고, 두 번에 걸친 인클로저 운동으로 풍부한 노동력을 확보할 수 있었으며, 식민지 지배를 통해 자본도 충분히 확보했던 것이 산업혁명의 토대가 되었다. 16세기에 있었던 제1차 인클로저 운동은 양털 값이 폭등하자 지주들이 농경지를 양을 방목하는 목장으로 만들어 많은 빈농들이 도시 노동자가 된 것을 말하고, 제2차 인클로저 운동은 곡물 가격이 오르자 자본가들이 대규모 농장을 경영하여 다수의 농민들이 도시의 임금 노동자로 흡수된 것을 말한다.

이러한 토대를 바탕으로 산업혁명을 주도한 것은 면직 공업이었다. 베틀과 북의 발명에 이어 증기기관을 동력으로 사용하는 방적기를 비롯한 새로운 기계들이 연이어 발명되어 면 공업이 급속하게 발전한 것이 산업혁명의 원동력이 되었다. 면 공업의 발전은 철강 공업, 석탄 산업, 기계 공업과 같은 관련 산업의 발전을 견인했다. 정밀도가 높은 자동 선반과 공작기계가 제작되면서 1830년 이후에는 기계를 이용한 대량 생산 체제가 확립되었다. 증기기관차를 사용하는 철도의 발전은 산업혁명의 확산에 크게 기여했다. 그 결과 18세기 중엽에는 약 70%를 차지하고 있던 농업 인구가 1850년에는 22%로 줄어들었다.

산업혁명은 산업에서뿐만 아니라 정치·사회적 구조에도 커다란 변화를 가져왔다. 산업의 발달로 자본을 축적한 산업 부르주아가 나타나면서 왕과 귀족이 지배하던 종래의 정치체제가 동요되기 시작했다. 1832년에 있었던 선거법 개정을 통해 부르주아들이 피선거권을 얻었으며, 노동자들도 보통 선거권을 요구하는 차티스트 운동을 전개했고, 자유로운 경제 활동을 방해하는 규정과 규제가 점차 폐지되었다. 산업 자본을 중심으로 하는 자유무역으로 인해 세계는 선진적이고 자립적인 공업국과 이에 종속된 식민지적 후진국으로 재편되어 갔다. 후진 농업국들은 선진 공업국에 원료를 공급하고, 그들의 공업제품을 수입하는 형태의 국제적인 분업에 강제로 편입되어 종속적인 지위로 전락했다. 빅토리아 여왕(Queen Victoria, 1819~1901)이 영국을 통치하던 1837년부터 1901년까지를 가리키는 빅토리아 시대는 산업혁명이 성숙기에 도달하여 자유무역 체제를 바탕으로 대영제국이 전성기를 누리던 시기였다.

19세기 후반에 석유와 전기를 사용함에 따라 산업의 중심이 소비재를 생산하는 경공업에서, 부가 가치가 큰 생산재를 생산하는 중화학 공업으로 전환된 것을 2차 산업혁명이라고 한다. 2차 산업혁명으로 인해 자본주의가

고도로 발달하게 되었다. 그리고 1970년대에 시작된 컴퓨터 관련 기술의 발전으로 생산 시스템의 자동화와 인터넷의 폭넓은 이용이 가져온 기술과 사회의 변화를 제3차 산업혁명이라고도 한다. 이런 맥락에서 보면 로봇이나 인공지능을 이용하여 생산과 소비를 지능적으로 제어하는 산업과 사회의 변화를 뜻하는 4차 산업혁명은 네 번째 산업혁명이라는 의미로 해석할 수도 있다.

산업혁명으로 인해 과학기술의 위상이 이전과 크게 달라졌다. 산업혁명 이전에도 과학기술은 여러 가지로 사람들의 생활을 변화시키는 데 중요한 역할을 했다. 그럼에도 불구하고 과학은 소수 엘리트들의 지적 호기심을 만족시키는 현학적인 학문의 일부로 여겨지는 경우가 많았다. 뉴턴역학 이후 과학이 철학과 분리되었지만, 아직도 과학을 철학의 일부로 보는 사람들이 많았다. 그것은 17세기와 18세기에 발표된 과학 논문 제목에 '철학'이라는 말이 자주 사용된 것으로도 잘 알 수 있다. 그러나 산업혁명 이후 과학 이론을 바탕으로 하는 새로운 기술의 중요성이 대두되면서 과학과 기술이 현학적인 학문에서 실용적인 학문으로 바뀌게 되었다. 과학지식이 세상을 바꾸는 원동력으로 부상하기 시작한 것이다. 19세기에 이루어진 화학공업의 발달과 기계공업의 발달은 이런 현상을 더욱 심화시켰고, 20세기에는 과학기술이 세계 정치와 사회구조에 가장 큰 영향을 끼치는 요소가 되었다.

## 2. 원자로 이루어진 세상

### 만물은 알갱이로 이루어져 있다: 원자론의 등장

19세기 초에는 모든 물질이 더 이상 쪼갤 수 없는 알갱이인 원자로 이루어졌다는 원자론이 등장하여 물질에 대한 이해를 새롭게 했다. 원자론이 등장하는 데는 18세기 말과 19세기 초에 이루어진 정량적인 화학실험들이 중요한 역할을 했다. 1799년에 프랑스의 조제프 프루스트(Joseph Louis Proust, 1754~1826)가 발견한 '일정성분비의 법칙'은 정량분석이 얻어 낸 가장 중요한 성과였다. 프루스트는 자연에 존재하는 탄산구리와 실험실에서 만든 탄산구리의 성분을 분석하고 두 탄산구리가 포함하고 있는 구리와 탄소 그리고 산소의 성분비가 같다는 것을 알아냈다. 그는 여러 가지 다른 종류의 화합물에서도 이러한 조성의 일관성을 발견했다. 이것은 연속적인 물질인 원소설로는 설명할 수 없는 것이었다. 여러 조건에서 연속적인 물질을 혼합하여 항상 똑같은 성분비를 가지는 화합물을 만드는 것은 가능하지 않기 때문이다.

독일의 화학자였던 예레미아스 리히터(Jeremias B. Richter, 1762~1807)는 1792년 화학 반응에 참여하는 물질의 비율이 항상 일정하다는 것을 밝혀내 '당량(equivalent weight)'이라는 개념을 형성하는 데 도움을 주었다. 리히터의 실험 결과를 바탕으로 에른스트 피셔(Ernst Gottfried Fischer, 1754~1831)는 1802년 황산의 양을 1,000으로 하여 산과 염기의 상대적 당량표를 만들었다. 이 표에 의하면 염산은 712, 수산화소듐과 수산화포타슘은 각각 859와 1,605

돌턴

의 값을 가졌다. 이것은 1,000의 황산이나 712의 염산을 중화시키기 위해서는 859의 수산화소듐이나 1,605의 수산화포타슘이 필요하다는 것을 뜻했다. 이것 역시 연속적인 물질인 원소를 이용해서는 설명하기 어려운 현상이었다.

존 돌턴(John Dalton, 1766~1844)이 1803년에 발표한 '배수비례의 법칙' 역시 원소설로는 설명할 수 없는 현상이었다. 두 원소가 두 가지 이상의 화합물을 만들 때 한 원소의 일정량과 결합하는 두 번째 원소의 양은 정수비례를 이룬다는 것이 배수비례의 법칙이다. 예를 들어 탄소와 산소가 결합하여 일산화탄소와 이산화탄소를 만들 때 일정량의 탄소와 결합하는 산소의 양들이 1:2와 같이 정수비를 이룬다는 것이다.

이런 경험법칙들을 설명할 수 있는 원자론을 제시한 사람은 영국의 기상학자이며 화학자로 배수비례의 법칙을 발견한 돌턴이었다. 돌턴은 물질이 더 이상 쪼갤 수 없는 알갱이인 원자로 이루어졌다는 생각을 최초로 논문을 통해 1803년 10월 21일 철학협회에서 낭독했으며, 1805년에 출판된 논문에도 그런 내용을 포함시켰다. 돌턴은 자신이 생각한 원자론을 토머스 톰슨(Thomas Thomson, 1773~1852)과 교류했고, 톰슨은 돌턴의 허락을 받고 1807년에 출판한 그의 『화학의 체계(System of Chemistry)』 3판에 원자론에 대한 내용을 포함시켰다. 돌턴은 1808년에 발간된 『화학의 새로운 체계(New System of Chemical Philosophy)』 1부에 원자론에 대한 더 자세한 내용을 실었다. 많은 사람들은 『화학의 새로운 체계』가 발간된 1808년을 돌턴이 원자론을 제안한 해로 보고 있다. 돌턴이 제안한 원자론의 주요 내용은 다음과 같다.

1. 원소는 원자라는 작은 입자로 구성되어 있다.
2. 같은 종류의 원자는 크기, 질량, 성질이 동일하다.
3. 원자는 창조하거나 파괴할 수 없으며 쪼갤 수 없다.
4. 원자들은 다른 원자들과 정수배로 결합하여 화합물을 만든다.
5. 화학 변화에서는 원자들이 결합, 또는 분리되거나 새롭게 배열된다.

『화학의 새로운 체계』에서 돌턴은 '모든 물질을 이루는 가장 작은 입자'를 뜻하는 '원자'라는 단어를 사용하였다. '원자'라는 뜻의 영어 단어 'atom'은 '쪼개진다'는 뜻의 그리스어 'tomos'에 부정을 의미하는 접두어 'a-'를 붙여 만든 단어로, '쪼개지지 않는 알갱이'라는 의미를 가진다. 『화학의 새로운 체계』 첫 페이지에는 20가지 원소와 이 원소들로 이루어진 화합물 17개가 포함된 표가 실려 있었다. 이 표에는 원소들이 기호로 표시되어 있고 이 기호들을 이용하여 화합물의 조성을 나타냈다. 그러나 이 표에 실려 있는 화합물의 조성은 오늘날 우리가 알고 있는 것과는 달랐다. 그것은 돌턴이 화합물의 조성을 결정하는 데 어려움을 겪었다는 사실을 나타낸다. 한 원소와 다른 원소가 결합하는 질량비는 알려져 있었지만, 원자 하나의 질량을 알 수 없었으므로 결합에 참여하는 원자의 개수는 알 수 없었기 때문이다.

돌턴은 원자 하나의 질량과 화합물 안에 포함된 원자의 개수를 알아내기 위해 단순성의 원리를 사용했다. 두 원소가 한 가지 화합물을 만든다면 그 화합물은 두 원소의 원자 하나씩을 포함하고 있고, 두 원소가 두 번째 화합물을 만든다면 그 화합물은 한 원소의 원자 하나에 다른 원소의 원자 두 개가 결합하여 만들어진 것이며, 세 번째 화합물이 존재한다면 그것은 첫 번째 원소의 원자 두 개에 두 번째 원소의 원자 하나가 결합한 것이라고 가정했다. 이것을 기호를 이용해 나타내면 A원소와 B원소가 결합하여 한 가지 화합물만 만든다면 그 화합물의 조성은 AB이고, 두 번째 화합물의 조성은

$AB_2$이며, 세 번째 화합물은 $A_2B$라는 것이다. 돌턴은 이 가정을 바탕으로 수소와 산소가 결합하여 만들어진 물의 화학식은 HO라고 했으며, 탄소와 산소가 결합하여 만들어진 화합물은 일산화탄소(CO)와 이산화탄소($CO_2$)이고, 질소와 산소가 결합하여 만들어진 화합물은 일산화질소(NO)와 이산화질소($NO_2$)라고 했다. 돌턴의 이런 가정은 간단한 몇 가지 화합물의 조성을 올바로 예측할 수 있게 했지만, 복잡한 화합물의 조성을 밝혀낼 수 없었으며, 그런 가정 자체의 정당성도 입증할 수 없었다. 따라서 원자론은 화학자들 사이에서 널리 받아들여지지 않았다.

원자의 개수를 세다: 아보가드로

원자는 너무 작아 눈으로 볼 수 없다. 따라서 어떤 분자 안에 몇 개의 원자가 들어 있는지 알아내는 것과, 원자 하나의 질량을 알아내는 것은 쉬운 일이 아니다. 물질이 더 이상 쪼개지지 않는 알갱이인 원자로 이루어졌다는 '원자론'은 그러므로 아직 개념적인 수준에 지나지 않아 완성된 것이라고 할 수 없었다. 원자론을 완성하기 위해서는 누군가가 화학 반응에 참가하는 원자의 수를 셀 방법을 찾아내야 했다. 화학 반응에 참가하는 원자의 개수를 정하는 방법은 의외로 빨리 제시되었다. 원자론이 발표되고 3년 뒤인 1811년에 아메데오 아보가드로(Amedeo Avogadro, 1776~1856)가 제안한 아보가드로의 가설이 그것이었다.

아보가드로

아보가드로의 가설은 이보다 앞서 있었던 루이 게이뤼삭(Joseph Louis Gay-Lussac, 1778~1850)의 발견을 기초로 하고 있다. 게이뤼삭은 두 종류의 기체가 화합하는 경우 두 기체의 중량비뿐만 아니라 부피도 간단한 정수비를 이룬다는 것을 발견했다. 게이뤼삭의 발견을 기초로 아보가드로는 서로 크기가 다른 원자나 분자라도 같은 온도, 같은 압력, 같은 부피에는 같은 수가 들어 있다는 가설을 제안했다. 아보가드로의 가설을 받아들이면 화학 반응에 참여하는 기체의 부피의 비가 바로 원자 개수의 비이므로 어떤 원자들이 어떤 비율로 결합하는지 알 수 있어 분자의 화학식을 결정할 수 있었다. 그러나 같은 부피 속에 크기가 다른 원자나 분자들이 같은 수로 들어 있다는 아보가드로의 가설은 쉽게 받아들여지지 않았다.

아보가드로의 가설을 받아들이기 어렵게 하는 문제는 또 있었다. 그것은 수소 1부피와 염소 1부피가 결합하여 2부피의 염화수소를 만드는 화학 반응이었다.

수소 1부피 + 염소 1부피 → 염화수소 2부피

이것은 수소 원자 하나와 염소 원자 하나가 결합해서 염화수소 분자 두 개를 만든다는 것을 의미했다. 그러나 아보가드로의 가설에 의하면 수소 원자 한 개와 염소 원자 한 개가 결합하여 염화수소 분자 하나가 만들어지면 염화수소도 1부피여야 한다. 만약 수소 원자 한 개와 염소 원자 한 개가 결합하여 두 개의 염화수소 분자가 만들어지기 위해서는 수소 원자와 염소 원자가 두 개로 분열되어야 했다. 그것을 설명하기 위해 아보가드로는 수소와 염소가 두 개의 원자로 이루어진 2원자 분자라고 주장했지만, 같은 원자끼리는 반발해야 한다는 것이 당시의 일반적인 견해였으므로 받아들여지지 않았다.

1850년대까지는 원자론이 화학에서 그다지 중요한 역할을 하지 못했다. 대부분의 화학자들이 원자론과 아보가드로의 가설을 받아들이지 않았으므

칸니차로

로 분자의 조성을 밝혀내는 일반적인 방법이 없었다. 따라서 1850년대까지는 화학자들이 화학식을 나름대로 기록하는 혼란을 겪고 있었다. 이러한 문제를 해결하기 위해 1860년 9월 3일에 독일 카를스루에에서 최초의 국제 화학 회의가 개최되었다.

이 회의에서 이탈리아의 제노바 대학의 교수였던 스타니슬라오 칸니차로(Stanislao Cannizzaro, 1826~1910)가 아보가드로의 가설과 2원자 분자를 받아들이면 이런 혼란을 종식시킬 수 있다는 논문을 참석자들에게 배포하고, 아보가드로의 가설을 받아들이도록 설득했다. 아보가드로의 가설을 받아들이자 원소의 원자량을 결정할 수 있었고, 화합물의 조성도 결정할 수 있게 되었다. 원소의 원자량과 화합물의 조성이 밝혀지자 화합물의 구조 모형이 만들어졌다. 화합물의 구조 모형은 새로운 반응의 가능성을 예측할 수 있게 되어 화학은 점차 새로운 시대로 접어들게 되었다.

### 새로운 원소를 발견하다: 분광법

화학자들이 흙과 공기에서 여러 가지 다른 성분을 분리해 내기 시작하면서부터 새로운 원소를 찾아내는 것은 화학과 광물학 그리고 물리학 분야의 중요한 연구 과제가 되었다. 새로운 원소를 찾아내는 일은 원자론이 등장하기 전부터 시작되어 원자론이 등장한 후에도 계속되었다. 처음에는 여러 가지 화학 반응을 통해 산화물을 환원시켜 순수한 원소를 분리해 냈지만 영국의 험프리 데이비(Humphrey Davy, 1778~1829)가 전기분해법을 정착시킨 후에는 전기분해법도 새로운 원소를 발견하는 데 사용되었다. 1850년 이

전까지 발견된 원소는 고대부터 알려져 있던 원소들을 포함하여 50여 가지 정도였다.

그러나 1850년대에 독일의 로베르트 분젠(Robert Wilhelm Eberhard Bunsen, 1811~1899)과 구스타프 키르히호프(Gustav Robert Kirchhoff, 1824~1887)가 분광법을 발견한 후에는 새로운 원소를 찾아내는 데 분광법이 주로 사용되었다. 분젠은 1855년에 기체와 공기를 적절하게 혼합하여 그을음을 남기지 않으면서도 높은 온도의 불꽃을 만들어 낼 수 있는 '분젠버너(Bunsen burner)'를 만들었다. 1854년 분젠은 이전에 브레슬라우 대학에서 근무하면서 함께 분광학을 연구한 적이 있는 키르히호프를 하이델베르크 대학으로 초청하여 함께 분광학을 연구하기 시작했다. 그들은 분젠버너, 프리즘, 그리고 현미경으로 이루어진 분광기를 고안하고 이를 이용하여 기체가 연소할 때 방출하는 스펙트럼을 조사했다. 두 사람은 분젠버너를 이용하여 원소들이 내는 스펙트럼의 목록을 만들었다.

분젠과 키르히호프는 분광법을 이용하여 1860년 세슘을 발견했고, 1년도 안 되어 루비듐도 발견했다. 영국의 물리학자로 음극선관의 개발과 음극선관을 이용한 연구에 크게 공헌한 윌리엄 크룩스(William Crookes, 1832~1919)는 분광법을 이용하여 1861년에 탈륨을 발견했다. 1863년에는 인듐, 1875년에는 갈륨, 1879년에는 스칸듐, 그리고 1886년에는 게르마늄이 분광법을 통해 발견되었다. 분광법은 지구상에서뿐만 아니라 태양에 포함되어 있는 원소를 발견하는 데도 사용되었다. 1868년에 프랑스 물리학자 피에르 장센(Pierre Jules Janssen, 1824~1907)과 영국 물리학자 조지프 로키어(Joseph Norman Lockyer, 1836~1920)는 독립적으로 태양 스펙트럼을 분석하여 헬륨을 발견했다.

### 원자의 성질에는 주기성이 있다: 주기율표

많은 원소들이 발견되고 이들의 화학적 성질이 밝혀지면서 원소가 가진 규칙성을 찾으려는 노력이 시작되었다. 1864년에는 영국의 존 뉴랜즈(John Alexander Reina Newlands, 1837~1898)가 원소들을 원자량순으로 배열하면 비슷한 성질을 가진 원소가 7번마다 나타난다는 것을 발견했다. 설탕 정제 공장에서 화학 분석 책임자로 일하던 뉴랜즈는 그때까지 발견된 수소부터 토륨까지의 모든 원소들을 원자량 순서로 배열한 원소표를 만들었다. 뉴랜즈는 1865년에 원소를 원자량의 순서로 배열한 표에서 모든 원소는 다음 여덟 번째 원소와 비슷한 성질을 가진다는 '옥타브 법칙'을 발표했다. 그러나 당시에는 뉴랜즈의 이런 발견이 인정받지 못했다. 영국 화학협회에서는 옥타브 법칙이 포함된 논문의 출판을 허가하지 않았다. 멘델레예프(Dmitrii Ivanovich Mendeleev, 1834~1907)와 마이어(Julius Lothar Meyer, 1830~1895)가 1882년에 원소 주기율표를 발견한 공로로 영국 왕립협회가 주는 데이비 메달을 받은 후 뉴랜즈는 자신의 우선권을 강력히 주장했다. 왕립협회는 뉴랜즈의 주장을 받아들여 1887년에 그에게도 데이비 메달을 수여했다.

원소들이 가지는 규칙성을 발견하려는 이러한 노력들을 종합하여 주기율표를 완성한 사람은 독일의 율리우스 마이어와 러시아의 드미트리 멘델레예프였다. 마이어는 뉴랜즈와 마찬가지로 원소들을 원자량 순서대로 배열하면 화학적 성질과 물리적 성질이 비슷한 원소들이 주기적으로 반복되어 나타난다는 것을 알아냈다. 그는 세로축을 원자량으로 하고 가로축을 원자의 부피로 하여 그래프를 그리면 최고점과 최소점이 반복적으로 나타난다는 것도 알아냈다. 그가 1864년에 출판한 『현대 화학 이론』에는 28개의 원소를 여섯 개 그룹으로 나누어 배열한 기초적인 주기율표가 실려 있다. 이 주기율표에는 같은 원자가를 가지는 같은 족의 원소들이 같은 열에 오도록 배열되어 있다. 그러나 원자량을 정확하게 측정하지 못해 원소의 순서를 정하는 데 어려움을 겪었다. 마이어는 1870년에 같은 족의 원소들이 같은 행에 오도록 배열한 주기율표를 만들었다.

시베리아에서 대가족의 막내아들로 태어난 멘델레예프는 아버지가 죽은 후 경제적으로 어려워지자 어머니와 함께 상트페테르부르크로 이주하여 그곳에서 학교를 다녔다. 멘델레예프가 공부하던 1863년경에는 56가지 원소가 발견되어 있었으며, 매년 한 개 이상의 새로운 원소가 발견되고 있었다. 영국의 뉴랜즈와 마이어가 이 원소들을 원자량의 순서로 배열하고 원소들 사이의 규칙성을 찾으려고 노력했다는 것을 알지 못했던 멘델레예프는 독자적으로 이 원소들을 배열하여 주기율표를 만들었다. 멘델레예프는 1869년 3월 6일에 러시아 화학협회에서 「원소의 원자량과 성질 사이의 관계」라는 제목의 논문을 발표했다. 이 논문에는 다음과 같은 내용이 포함되어 있다.

1. 원소를 원자량 순서대로 배열하면 같은 화학적 성질을 가지는 원소가 주기적으로 반복해서 나타난다.
2. 원소들을 원자량의 순서대로 배열하고 족으로 나누면 같은 족에는 같은 원자가를 가진 원소들이 오며, 이들의 화학적 성질은 비슷하다. 이러한 경향은 리튬, 베릴륨, 붕소, 탄소, 질소, 산소, 불소 그룹에 속한 원소들에서 뚜렷이 나타난다.
3. 가장 널리 분포해 있는 원소들은 원자량이 작은 원소들이다.
4. 원자량의 크기가 원소의 특징을 결정한다.
5. 아직 발견되지 않은 여러 가지 원소가 새롭게 발견될 것을 기대할 수 있다. 예를 들면 알루미늄과 규소와 비슷한 성질을 가지는, 원자량이 각각 65와 75인 두 원소가 곧 발견될 것이라고 본다.
6. 원소들의 원자량은 이웃 원소들의 원자량과 비교하여 수정되어야 한다. 예를 들면 텔루륨의 원자량은 128이 될 수 없으며, 123과 126 사이에 있어야 한다.[43]

7. 특정한 원소의 성질은 원자량으로부터 예측할 수 있다.

멘델레예프가 만든 주기율표에는 아직 발견되지 못한 원소들이 들어갈 빈자리가 남아 있었다. 멘델레예프는 아직 발견되지 않은 원소들을 에카실리콘(게르마늄), 에카알루미늄(갈륨), 에카보론(스칸듐)이라고 불렀다. '에카'는 고대 인도어인 산스크리트어로 두 번째라는 뜻이다. 멘델레예프가 예측했던 갈륨은 1875년에 발견되었고, 스칸듐은 1879년에 발견되었으며, 게르마늄은 1886년에 발견되었다. 멘델레예프가 예측했던 원소들이 발견되면서 멘델레예프의 주기율표가 널리 받아들여지게 되었다. 마이어와 멘델레예프는 1882년 주기율표를 발견한 공로로 영국 왕립협회로부터 데이비 메달을 받았다.

이렇듯 원소가 내는 스펙트럼과 원소의 규칙성을 나타내는 주기율표가 발견되었지만, 여전히 원자는 더 이상 쪼갤 수 없는 가장 작은 알갱이라고 받아들여지고 있었으며 원소의 종류가 다른 것은 원자의 무게와 부피가 다르기 때문이라고 생각하고 있었다. 무게와 부피만 다른 원소들이 일정한 형태의 스펙트럼을 내고, 주기율표에 규칙적으로 배열될 수 있는 이유는 무엇일까? 원소들이 내는 스펙트럼과 주기율표에 나타난 원소들의 규칙성은 원자의 세계가 생각보다 복잡하다는 것을 나타내는 것은 아닐까? 그러나 원자의 내부구조에 대한 본격적인 연구는 20세기가 되어서야 시작되었다.

43 텔루륨의 원자량은 127.6이다. 따라서 원자량이 증가하는 순서대로 배열되어 있어야 한다는 가정을 바탕으로 한 멘델레예프의 이 예측은 잘못된 것이었다.

## 3. 세포생물학과 진화론

### 생명체는 세포로 이루어져 있다: 세포설

고대 그리스 시대 이후 생명체를 이해하는 두 가지 다른 이론으로서 생기론과 기기론이 대립하고 있었다. 생기론은 아리스토텔레스 이후 주류를 이룬 이론으로, 신이 특별한 목적을 가지고 창조한 생명체는 영혼을 가지고 있어 물리화학적 방법으로 모두 이해할 수 없다는 생각이다. 그러나 혈액 순환을 발견한 윌리엄 하비나 생명체도 하나의 물체로 본 르네 데카르트 같은 사람들은 생명현상도 물리화학적 반응에 지나지 않는다는 기기론을 주장했다. 세포 단위에서 이루어지는 에너지 대사와 물질 대사의 메커니즘이 밝혀지면서 기기론의 입장이 더욱 힘을 얻게 되었다. 생명현상을 세포보다 더 작은 단위 즉 분자 단위의 물리화학적 반응으로 설명하려는 분자생물학은 기기론의 가장 발전된 형태라고 할 수 있다.

17세기의 영국 물리학자 로버트 훅이 코르크에서 세포막을 발견하고 세포(cell)라는 이름을 붙였지만, 그가 세포의 구조와 기능을 이해했던 것은 아니었다. “세포는 하나의 작은 생물이다. 개개의 식물은 완전히 개별화되고 고유의 생존을 영위하는 세포들의 집합이다”라고 주장하여 식물세포설을 완성시킨 사람은 독일의 마티아스 슐라이덴(Matthias Jakob Schleiden, 1804~1881)이었고, 세포설을 동물세포에까지 확장시킨 사람은 테오도어 슈반(Theodor Schwann, 1810~1882)이었다. 괴팅겐 대학에서 의학을 공부하고 도르파트 대학의 교수로 있던 슐라이덴은 1838년에 출판한 『식물의 기원』에서 세포가 식물의 기본 단위라는 식물세포설을 주장했다. 독일의 생리학자였던 슈반은 슐라이덴이 식물세포설을 발표한 다음 해에 동물도 식물과 마찬가지로 세포로 이루어졌다는 동물세포설을 주장했다. 세포를 생명의 기본 단위라고 주장한 슐라이덴과 슈반의 세포설은 생명체를 새롭게 이해하는 기반이 되었다.

식물세포의 구조가 자세히 밝혀진 것은 후고 폰 몰(Hugo von Mohl, 1805~1872)의 연구에 의해서였다. 튀빙겐 대학에서 의학 박사학위를 받고, 베를린 대학과 튀빙겐 대학 교수를 지냈던 몰은 조류세포의 구조를 연구하고 세포는 세포막과 내부의 원형질로 이루어졌다는 것을 알아냈으며, 세포 분열 시 원형질의 행동에 대해서도 연구했다. 분열 도중에 있는 세포를 관찰한 독일의 의사 겸 병리학자였던 루돌프 피르호(Rudolf Vircohw, 1821~1902)는 "세포는 세포로부터 나온다"는 원칙을 제시하기도 했다. 식물세포의 분열은 1875년에 에두아르트 슈트라스부르거(Eduard Adolf Strasburger, 1844~1912)에 의해 처음으로 실험적으로 증명되었으며, 곧이어 동물세포의 분열도 독일의 해부학자 발터 플레밍(Walter Flemming, 1843~1905)에 의해 확인되었다.

식물세포와 동물세포를 확인하고 세포가 생명체의 기본 단위이며, 생명현상을 나타내는 기본적인 작용이 세포에서 일어난다는 것을 확인한 생물학자들은 이제 세포의 내부구조가 어떻고 이러한 기관들이 에너지대사와 물질대사, 유전과 같은 생명현상에 어떻게 관여하고 있는지를 밝혀내는 연구를 시작했다. 이에 따라 세포의 구조가 차례로 밝혀졌고, 세포 내 각 기관의 기능을 이해할 수 있게 되었다. 세포막으로 외부와 구분되는 생명체의 최소 단위인 세포는 생명현상을 유지하는 데 필요한 여러 가지 소기관을 가지고 있다. 세포는 동물세포와 식물세포, 세포의 기능에 따라 조금씩 다르기는 하지만 세포막, 핵, 미토콘드리아, 리보솜, 골지체 등의 내부구조를 가지고 있다는 것이 밝혀졌고, 이 소기관들이 하는 일도 밝혀졌다. 이러한 세포에 대한 이해는 생물학을 크게 발전시켰다.

### 획득형질이 유전된다: 라마르크의 용불용설

19세기에는 세포 생물학의 발전과 함께 진화론과 멘델 법칙도 제시되어 생물학이 크게 발전했다. 진화론의 성립은 생물학은 물론 신학이나 사회과학 분야에까지 커다란 반향을 불러일으킨 과학혁명 이래 가장 큰 사건이었다. 과학혁명 이후 자연을 물질로만 이해하려는 기계론적 자연관이 팽배해 있어 자연에 신이 개입할 자리가 점점 줄어들고 있었는데, 진화론은 생물과 인간에게서 마저 신의 영향을 배제한 이론이었다.

진화론을 처음으로 제기한 사람은 프랑스의 동물학자 장 바티스트 라마르크(Jean Baptiste Lamarck, 1744~1829)였다. 그는 1809년에 출판한 『동물 철학』에서 원시동물은 자연 발생하였으며 이로부터 구조적으로 더 복잡한 동물이 생겨 포유동물에 이르게 되었다고 주장했다. 라마르크는 두 가지 가설을 설정했다. 하나는 어느 부분이든 쓰면 쓸수록 더욱 발달되지만 반대로 쓰지 않는 부분은 퇴화되어 없어진다고 하는 용불용설이다. 다른 하나는 생명체가 생활하면서 얻은 형질, 즉 획득형질이 자손에게 유전된다는 가설이다. 라마르크는 자신이 제기한 가설을 증명하는 여러 가지 예를 들었다. 먼저 뱀의 조상은 도마뱀과 같이 몸이 짧고, 다리가 달렸을 것이라고 추정하였는데, 살아남기 위해 땅을 기고, 좁은 구멍 속으로 기어들어 가게 되자 걷는 데 필요 없는 다리가 없어지고 몸은 가늘고 길어졌다고 했다. 또한 기린의 목이 길어진 것은 기린이 높은 나무에 있는 먹이를 먹기 위해 목을 길게 늘이다 보니 목이 점점 길어져 현재와 같이 되었다고 설명했다.

하지만 라마르크의 진화론은 획득형질이 유전한다는 마땅한 증거를 제시하지 못했고, 목적론적인 요소가 있어서 기계론적인 자연관과는 상충되는 면을 가지고 있었다. 프랑스의 해부학자이며 동물학자였던 조르주 퀴비에(Georges Cuvier, 1769~1832)는 다른 종에 속하는 생명체는 서로 비교할 수 없으며 생물의 종은 변하지 않는다는 종의 불변론을 주장하고, 라마르크의 진화론을 격렬하게 반대했다. 현재 존재하는 생물의 조상 격인 화석을 연구하기도 했고, 화석 일부분으로 이미 멸종된 생명체를 재구성하기도 했던 퀴비에는 화석에 나타나는 종은 지각의 변천 과정에서 멸종된 생명체라고 주장했다.

### 자연선택이 진화의 원동력이다: 다윈

라마르크의 진화론이 사람들의 주목을 받지 못했던 것과는 달리 50년 후인 1859년에 영국의 찰스 다윈(Charles Robert Darwin, 1809~1882)이 발표한 진화론은 많은 사람들의 주목을 받았고, 격렬한 논쟁을 유발했다. 이는 자연선택을 이용하여 진화를 설명한 다윈의 진화론이 용불용설을 주장한 라마르크의 진화론보다 설득력이 있었을 뿐만 아니라, 50년 동안에 크게 발전한 세포에 대한 지식이 진화론을 받아들일 수 있는 분위기를 만들었기 때문이다. 모든 생명체를 구성하고 있는 세포들이 기본적으로 같은 구조를 가지고 있으며 같은 대사 작용을 한다는 사실은 모든 생명체가 같은 미생물에서 진화했다는 진화론을 받아들이도록 하는 데 기여했다.

라마르크가 『동물 철학』을 출판한 해인 1809년에 영국 중부 슈루즈베리에서 부유한 영주의 아들로 태어난 다윈은 슈루즈베리에 있는 학교를 졸업한 후 에든버러 대학에 진학했다. 처음에는 의사가 되기 위해 의학을 공부했지만 곧 생물학과 지질학에 관심을 갖게 되었다. 에든버러를 떠나 케임브리지로 간 다윈은 신학을 공부하기도 했다. 케임브리지에서 학위 과정을 마친 다윈은 해군학교에서 학생들을 가르쳤다. 이곳에서 다윈은 젊은 해군 장교였던 로버트 피츠로이(Robert FitzRoy, 1805~1865)를 만났다. 피츠로이의 권유를 받고 다윈이 박물학자로 비글호에 승선하여 남아메리카 대륙 탐사여행을 떠난 것은 그가 스물두 살이던 1831년 12월 27일이었다. 남아메리카에 도착한 비글호는 2년 반 동안 올세인츠베이, 살바도르, 포클랜드섬, 그리고 남아메리카 대륙의 남단인 티에라델푸에고를 오르내리며 탐사했다. 다윈은 이 탐사를 통해 많은 새로운 동식물을 발견하고 기록으로 남겼다. 항해가 끝나 갈 무렵에는 그 기록이 무려 1,700쪽을 넘었다. 여행 도중 다윈은 푼타알타만에서 거대한 포유류 넓적다리 화석을 발견하고 그것을 영국으로 보냈다. 이 화석은 오래전에 멸종된 메가테리움[44]의 화석으로 밝혀져 많은 사람들의 관심을 끌었다.

남아메리카의 서부 해안을 도는 18개월 동안의 탐사를 끝낸 비글호는 1834년 12월에 갈라파고스 제도의 채텀섬에 도착했다. 다윈은 이곳에서 그의 진화론 성립에 중요한 역할을 한 많은 생물 표본들을 수집했다. 바위투성이의 화산섬인 갈라파고스 제도에는 주민은 불과 200명 정도였지만 수많은 종류의 새와 거북이가 살고 있었다. 다윈은 후에 갈라파고스 제도에서 수집한 표본들을 분석하고 정리하는 과정에서 진화론에 대해 구상할 수 있었다. 비글호는 갈라파고스 제도에 5주간 머문 후에 타히티를 거쳐 뉴질랜드와 오스트레일리아로 갔다. 오스트레일리아를 출발하여 6개월간의 항해 끝에 비글호가 영국의 팰머스항에 도착한 것은 1836년 10월이었다. 영국에 도착했을 때 다윈은 여행 도중 보낸 자료들로 인해 인정받는 학자가 되어 있었다.

여행에서 돌아온 다윈은 우선 여행기를 정리하는 일부터 시작했다. 그의 여행기인 『비글호 여행기』가 출판된 것은 1839년이었고 이 책은 곧 베스트셀러가 되었다. 여행에서 돌아온 후 다윈은 갑자기 건강이 나빠졌다. 여행기를 출판한 후 결혼도 했지만 건강은 나아지지 않았다. 그러는 가운데서

44 신생대에 남아메리카에 서식했던 길이가 6~8m이고 무게가 3톤이나 되는 커다란 땅늘보의 한 종이다.

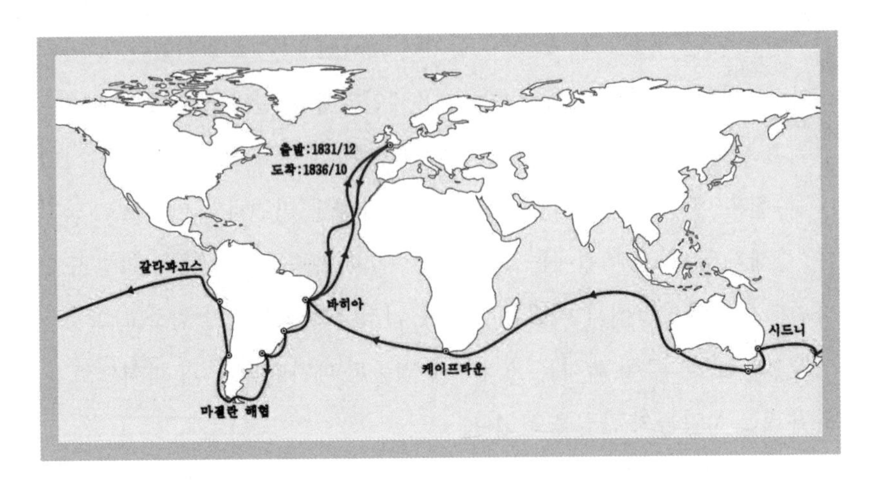


비글호의 항해 경로(1831~1836)

도 다윈은 그가 수집한 자료들을 모아 새로운 이론을 만드는 일에 착수했다. 그가 준비하고 있는 새로운 이론은 생명체가 한 종에서 다른 종으로 진화해 간다는 것이었다. 그는 탐사여행에서의 경험을 통해 한 종이 다른 종으로 변해 간다는 확신을 가지게 되었다. 그러나 무엇이 그런 변화를 가능하게 하는지를 알 수 없었다.

이 문제를 해결하는 데는 경제학자 토머스 맬서스(Thomas Robert Malthus, 1766~1834)가 1798년에 출판한 『인구론』이 중요한 역할을 했다. 맬서스는 인구는 기하급수적으로 증가하지만 식량 생산은 산술급수적으로 증가하기 때문에 아무리 식량 생산이 증가해도 식량을 차지하지 못하는 사람들이 있을 수밖에 없다고 설명했다. 다윈은 맬서스의 글을 읽고 생명체들은 환경에 적응하는 능력을 놓고 서로 경쟁하게 되고, 생존경쟁에서 승리한 개체는 살아남아 자손을 남기고 패배한 개체는 자손을 남기지 못한다는 것을 깨닫게 되었다. 따라서 세대가 거듭되면 환경에 잘 적응할 수 있는 특성을 가진 새로운 종으로 변하게 된다는 것이다.

그러나 다윈은 그의 새로운 이론을 곧바로 발표하지 않았다. 1840년대에 다윈은 진화론의 연구와는 별도로 따개비, 난초의 식생에 대한 연구를 하여 논문을 발표하기도 했고, 퇴적층이 형성되는 과정에 대한 연구를 발표하기도 했다. 이런 노력으로 1850년경에는 지질학계에서나 생물학계에서 널리 인정받는 학자가 되었다. 다른 연구자들이 그의 이론과 비슷한 이론을 발표하려 준비하고 있음을 알게 된 다윈은 자신의 이론을 출판하기로 했다. 다윈처럼 탐사여행을 했고, 다윈과 오랫동안 진화론에 대한 의견을 교환해 온 알프레드 월리스(Alfred Russel Wallace, 1823~1913)가 1858년 6월에 다윈의 진화론과 같은 내용이 담긴 논문 초안을 검토해 달라고 다윈에게 보내왔다. 다윈은 월리스와 함께 린네학회에서 진화론에 대한 논문을 공동 명의로 발표했다. 그리고는 『종의 기원』의 출판을 서둘렀다. 『종의 기원』은 다윈이 50살을 막 넘긴 1859년 11월 24일에 출판되었다. 그 책은 초판으로 인쇄된 1,250권이 출판 당일 매진될 정도로 큰 인기를 끌었다.

『종의 기원』이 출판된 후 종의 불변을 주장하는 학자들이 다윈의 이론에 강하게 반대했지만, 생물학자와 박물학자들은 열렬히 지지했다. 진화론의 지지자와 반대자들 사이에는 격렬한 토론이 계속되었다. 다윈은 그의 학설이 논란거리가 될 것이라는 것은 예상하고 있었지만 그런 논란은 생물학자들 사이의 논란으로 한정될 것이라고 생각했었다. 그러나 진화론에 대한 논쟁은 생물학계 밖으로 번져 나갔고, 결국에는 과학계를 벗어나 종교계와 일반인들이 참여하는 논란으로 확대되었다.

이러한 논란이 절정을 이룬 것은 1860년 6월 30일에 '첨단 과학을 위한 영국 협회'의 주최로 옥스퍼드 대학 박물관에서 열렸던 토론에서였다. 이 토론에는 영국 국교회의 주교였던 새뮤얼 윌버포스(Samuel Wilberforce, 1805~1873)와 동물학자로 다윈의 진화론을 널리 알리는 데 앞장섰던 토머스 헉슬리(Thomas Henry Huxley, 1825~1895)가 참여했다. 진화론을 반대하던 윌버포스 주교는 헉슬리에게 할아버지와 할머니 중 어느 쪽이 원숭이였냐고 물었고, 헉슬리는 자연으로부터 부여받은 능력과 특권을 과학적 진실을 짓밟는 데 사용하는 인간이었기보다는 차라리 원숭이였으면 좋겠다고 대답했다.

그러나 다윈은 이런 논쟁에 직접 나서지 않고 연구를 계속했다. 논쟁을 싫어했던 성격 탓이기도 했지만, 건강이 좋지 않았기 때문이기도 했다. 다윈은 1868년에는 『사육동식물의 변이』를 출판했고, 1871년에는 『인류의 기원과 성 선택』을 출판하여 자신의 진화론을 인류에게까지 적용했다. 그는 진화론 외에도 생물학상의 중요한 몇 가지 연구 결과를 남겼다. 1872년에는 『인간과 동물의 감정 표현에 대하여』를 출판했고, 1880년에는 식물의 굴성에 관한 연구 결과를 다룬 『식물의 운동력』을 출판했다. 1876년에는 『식물의 교배에 관한 연구』를, 그리고 1881년에는 『지렁이의 작용에 의한 토양의 문제』를 출판하기도 했다. 일생 동안 원인을 알 수 없는 병에 시달리던 다윈은 1882년 4월 19일에 세상을 떠났고, 웨스트민스터 사원에 묻혔다.

### 유전학의 기초를 마련하다: 멘델의 유전법칙

생명체가 가지고 있는 신비 중 하나는 자신과 같은 형질을 가진 자손을 만들어 종을 유지해 간다는 것이다. 따라서 유전의 메커니즘을 밝히는 것은 생명의 신비를 이해하기 위한 필수 과정이다. 유전과 관련된 기본적인 법칙을 알아내 20세기 유전학 연구의 기초를 마련한 사람은 오스트리아 식물학자이며, 가톨릭 교회의 사제로 아우구스티노회의 수도사였던 그레고어 멘델(Gregor Mendel, 1822~1884)이었다. 오스트리아에서 소작인의 아들로 태어나 1847년에 가톨릭 교회 사제가 된 멘델은 수도원장의 추천으로 빈 대학 겨울학기 청강생으로 입학하여 물리학, 화학, 동물학, 식물학 등 자연과학 기초 강의를 수강했다. 1853년에는 빈의 동식물학회에 가입했고, 1854년에는 완두콩의 해충에 관한 연구 결과를 학회에서 발표하기도 했다.

1856년부터 멘델은 교회에 있는 뜰에서 완두콩을 재배하면서 유전에 대한 실험을 시작했다. 멘델은 1856년부터 1863까지 7년 동안 2,900포기의 완두콩을 재배하며 실험을 하여 유전법칙을 발견했다. 멘델은 유전법칙을 1865년 브륀의 자연역사협회 정례회에서 발표했고, 다음 해에 브륀 자연역사협회 회보에 「식물의 잡종에 관한 실험」이라는 제목의 논문으로 출판했다. 멘델의 유전법칙은 우열의 법칙, 분리의 법칙, 독립의 법칙으로 이루어져 있었다. 우열의 법칙은 단성 잡종의 경우 1세대에는 대립하는 형질 가운데 우성형질만 나타난다는 것이고, 분리의 법칙은 2세대에는 우성과 열성 형질이 완전 우성인 경우에는 3:1, 불완전 우성인 경우에는 1:2:1로 분리되어 나타난다는 것이다. 독립의 법칙은 다성 잡종인 경우 각각의 형질이 독립적으로 우열의 법칙과 분리의 법칙에 따라 유전한다는 것이다.

그러나 멘델의 유전법칙은 부모의 형질이 섞여서 자손에게 전달된다고 믿고 있던 대부분의 생물학자들의 관심을 끌지 못했다. 생물학자들은 멘델이 유전법칙을 발표한 후에도 자손은 어버이의 형질의 평균을 가지게 된다고 생각했다. 그러나 1900년에 달맞이꽃의 돌연변이에 대해 연구하고 있던 네덜란드의 식물학자 휘호 더프리스(Hugo Marie de Vries, 1848~1935)가 자신이 발견한 유전법칙을 발표하기 위해 문헌을 조사하다가 자신의 연구 결과와 같은 내용을 포함하고 있는 멘델의 논문을 발견하고 자신의 연구 결과에 멘델의 논문을 첨부해서 발표했다. 독일의 식물학자 카를 코렌스(Karl Erich Correns, 1864~1933)도 옥수수와 완두콩을 이용해 얻은 자신의 연구 결과가 멘델이 발표한 결과와 같다는 것을 알고 결과 발표를 포기했다는 내용도 알려졌다. 이로 인해 멘델의 유전법칙이 널리 알려지게 되었고, 멘델은 유전학의 아버지라고 불리게 되었다. 유전 정보를 포함하고 있는 물질을 밝혀내고, 유전 정보가 어떤 과정을 통해 발현되는지를 알아내는 연구는 20세기 생물학 연구의 중심 과제가 되었다.

# 4. 전자기학의 발전

## 전류가 흐르면 자기장이 만들어진다: 전류의 자기작용

윌리엄 길버트가 전기와 자기를 구별해 놓은 이후 전기와 자기는 전혀 다른 물리현상이라고 생각해 왔다. 200년 동안 여러 학자들의 연구에 의해 전기의 성질이 많이 밝혀졌지만, 전기가 실용적으로 널리 사용될 가능성은 별로 없어 보였다. 볼타 전지를 이용하여 전기 실험에 사용할 수 있는 안정적인 전류를 만들어 낼 수 있게 되기는 했지만 실험실을 벗어나기에는 발생되는 전기의 양이 너무 적었다. 그러나 전기와 자기가 모두 전하의 작용이라는 것이 밝혀져 전기학과 자기학을 통합한 전자기학이 성립되면서 본격적인 전기 문명이 가능하게 되었다.

서로 아무런 관계가 없는 것으로 여겨지던 전기와 자기 사이에 밀접한 관계가 있다는 사실을 처음 발견한 사람은 덴마크의 물리학자 한스 외르스테드(Hans Christian Ørsted, 1777~1851)였다. 1820년에 외르스테드는 강의실에서 우연히 도선 옆에 놓아둔 나침반이 도선에 전류를 흘릴 때마다 움직이는 것을 발견했다. 전기와 자석 사이에 아무 관계가 없다면 이런 일은 일어나지 않아야 했다. 이 현상은 전류가 자석의 성질을 만들어 낸다는 것을 뜻했다. 외르스테드는 1820년 7월 21일 「전류가 자침에 미치는 영향에 관한 실험」이라는 제목의 논문을 프랑스 과학 아카데미에 보냈다.

외르스테드의 발견 소식이 알려지자 프랑스 과학자들은 실험을 통해 사실을 확인한 후 외르스테드의 실험 결과를 수학적으로 분석하고 체계화하는 일에 착수했다. 1820년 9월 4일 프랑수아 아라고(François Arago, 1786~1853)는 프랑스 과학 아카데미에서 전류의 자기작용에 대한 발표회를 열었고, 11일에는 이 실험을 재현해 보였다. 그 후 앙드레 마리 앙페르(André-Marie Ampère, 1775~1836)는 9월에서 11월 사이에 전류가 흐르는 두 평행 도선 사이에 작용하는 자기력을 실험을 통해 확인하고, 자기 작용과 관련된 현상을 수학적으로 정리하여 앙페르 법칙을 발표했다. 앙페르 법칙은 전류가 만드는 자기장의 방향과 세기를 결정해 주는 법칙이다. 그해 12월에는 장 바티스트 비오(Jean-Baptiste Biot, 1774~1862)와 펠릭스 사바르(Félix Savart, 1791~1841)가 전류가 흐르는 도선에 의해 만들어지는 자기장의 세기를 계산할 수 있는 적분식을 제인했다. 이렇게 하여 1820년 한 해 동안에 전류가 만들어 내는 자기장과 관련된 거의 모든 사실이 밝혀지게 되었다. 자석의 성질은 전기와 무관한 성질이 아니라 전하에 의해 만들어지는 성질이라는 것이 밝혀진 것이다. 좀 더 정확하게 말하면 자기력은 움직이는 전하 사이에 작용하는 힘이라는 것을 알게 된 것이다.

외르스테드

### 전압, 전류, 저항 사이의 관계를 밝히다: 옴의 법칙

도선에 흐르는 전류의 세기가 전압에 비례하고 저항에 반비례한다는 '옴의 법칙'은 전기공학이나 전자공학의 가장 기본적인 법칙이다. 옴의 법칙을 발견한 사람은 독일의 게오르크 옴(Georg Simon Ohm, 1789~1854)이다. 에르랑겐 대학에 입학했지만 학비를 마련하기가 어려워 3학기를 다닌 후 대학을 그만둔 옴은 혼자서 수학을 계속 공부해서 1811년에 에르랑겐 대학에서 수학으로 박사학위를 받았다. 학생들을 가르치면서 수학과 물리학을 공부하던 옴은 1825년에 1년 동안 다른 모든 일을 중단하고 전기에 대한 실험에 전념했다.

옴은 우선 볼타전지에 연결된 도선에 흐르는 전류의 세기를 측정하는 일부터 시작했다. 전류의 세기를 측정하기 위해서 그가 처음에 사용한 방법은 자석으로 만든 바늘이 실에 매달려 돌아가는 정도를 측정하는 것이었다. 나중에는 바늘을 비틀림 저울에 매달아 사용했다. 다음으로 그가 했던 실험은 전류의 세기와 도선의 길이 사이의 관계를 알아내기 위한 실험이었다. 이러한 실험 결과를 모아 옴은 1826년에 두 편의 논문을 발표했다. 이 논문들에는 그동안 옴이 실험을 통해 얻은 자료들이 수록되어 있었는데, 이 자료들은 옴의 법칙을 이끌어 내기에 충분한 것이었다. 도선에 흐르는 전류의 세기는 전압에 비례하고 저항에 반비례한다는 옴의 법칙은 1827년에 출판한 『수학적으로 분석한 갈바니 회로』라는 책에 들어 있었다.

그러나 옴의 법칙은 반론에 부딪혔다. 독일의 많은 과학자들은 전압과 전류는 전혀 관계없는 양이라고 생각하고 있었다. 따라서 이 두 가지가 서로 밀접하게 관계된 양이라는 것을 나타내는 옴의 법칙은 사실이 아니라고 생각했다. 그러나 옴의 연구는 외국에서부터 인정받기 시작했다. 후에 자체 유도현상을 이용해 거대한 전자석을 만들었던 미국의 조셉 헨리(Joseph Henry, 1797~1878)는 옴이 전기 회로 주변에 남아 있던 모든 혼란을 제거했다고 평가했고, 프랑스의 과학자들도 옴의 업적을 인정하기 시작했다. 1841년 영국 왕립협회는 그의 업적을 기리기 위해 코플리 메달을 수여했고, 그

게오르크 옴

를 왕립협회 외국인 회원으로 받아들였다. 그러자 독일 과학자들도 옴의 법칙을 받아들이고 그를 베를린 과학 아카데미의 회원으로 선정했다.

### 자기장이 변하면 전기장이 만들어진다: 전자기 유도법칙

외르스테드에 의해 전류가 자석의 성질을 만든다는 것이 밝혀지자, 학자들은 자석을 이용하여 전기를 발생시키는 방법을 연구하기 시작했다. 자기장의 변화가 도선에 전류가 흐르도록 한다는 전자기 유도법칙을 발견한 사람은 영국의 마이클 패러데이(Michael Faraday, 1791~1867)였다. 가난한 대장장이의 아들로 태어나 열세 살 때 학교를 그만두고 서적 판매원, 제본공으로 생활하던 패러데이는 틈틈이 읽은 책을 통해 과학에 흥미를 가지게 되었다. 열아홉 살이던 1812년에 왕립연구소에서 화학자 험프리 데이비의 강연을 들은 것이 패러데이의 인생에 커다란 전환점이 되었다. 강연이 끝난 후 패러데이는 데이비에게 자신을 조수로 채용해 달라는 편지를 썼고, 이로 인해 1813년 데이비의 실험조수가 될 수 있었다. 패러데이는 이때부터 1861년 사임할 때까지 평생 동안 왕립연구소에서 일했다.

데이비의 조수가 된 패러데이는 염화질소, 특수강, 염소의 액화, 벤젠 등과 관련된 데이비의 화학 연구를 도왔다. 1824년에 왕립연구소의 주임이 된 패러데이는 전자기학 분야에 관심을 가지고 외르스테드의 실험을 직접 확인했다. 그 후 그는 자기력을 이용하여 전류를 발생시키는 연구를 시작했다. 패러데이는 1825년에서 1828년 사이에 전자기 유도를 확인하기 위한 기초적인 실험을 했지만, 자기력을 이용하여 전류를 발생시키는 데 실패했다. 그러다가 1831년 10월에 패러데이는 오늘날의 변압기와 유사한 장치를 이용해서 전자기 유도현상을 발견하고, 11월에 왕립학회에서 그 결과를 발표했다.

패러데이는 강한 자석이 전류를 만들어 낼 것이라는 처음의 예상과는 달

패러데이

리 세기가 변하는 자기장이 전류를 만들어 낸다는 것을 알아냈다. 이 전자기 유도법칙의 발견으로 손쉽게 전류를 발생시킬 수 있게 되었다. 도선 주위에서 자석을 움직이거나, 자석 주위에서 도선을 움직이면 전류가 발생되었기 때문이다. 오늘날 우리 사회가 사용하는 많은 양의 전기를 발전하는 발전소에서 어떤 에너지를 이용하여 자석이나 도선을 회전시키느냐에 따라 수력발전소, 화력발전소, 원자력발전소로 나누고 있지만 전기를 발생시키는 기본 원리는 모두 전자기 유도법칙이다. 전자기 유도법칙은 먼 거리까지 전력을 수송하기 위해 꼭 필요한 변압기의 원리가 되기도 한다. 전자기 유도법칙이 발견되지 않았다면 많은 양의 전기를 발전하지 못했을 것이고, 따라서 오늘날 우리가 누리는 전기 문명도 가능하지 않았을 것이다.

전자기학을 완성하다: 맥스웰 방정식

쿨롱, 가우스, 앙페르 그리고 패러데이와 같은 학자들에 의해 발견된 전자기 관련 법칙들을 수학적으로 종합하여 전자기학의 통일적 체계를 만든 사람은 스코틀랜드 에든버러 출신의 물리학자 제임스 맥스웰(James Clerk Maxwell, 1831~1879)이다. 1847년에 맥스웰은 에든버러 대학에 입학하여 자연과학과 철학을 공부했다. 1854년에 케임브리지의 트리니티 칼리지를 졸업한 맥스웰은 「패러데이의 전기력선에 대하여」를 발표했다. 이 논문은 그의 첫 번째 전자기학 연구 논문이었다.

1859년에 맥스웰은 토성의 고리가 고체나 액체일 수 없다고 결론지은 「토성 고리의 안정성에 대하여」라는 제목의 논문을 발표하고 케임브리지에서 애덤스 상을 받았다. 이 논문에서 맥스웰은 토성의 고리가 수많은 작은 고체 알갱이들로 이루어졌을 때만 안정한 상태에 있을 수 있음을 보여 주었다. 1866년에 맥스웰은 루트비히 볼츠만(Ludwig Eduard Boltzmann, 1844~1906)과는 독립적으로 통계적인 방법을 이용하여 기체의 맥스웰-볼츠만 운동 이론을 만들었다. 맥스웰 분포함수라고 부르는 그의 방정식은 특정한 온도에서 특정한 속도로 움직이는 기체 분자의 비율을 나타내는 식이다. 그는 또한 분자운동 이론을 통해 온도와 열은 단지 분자의 운동에 의해서만 결정된다는 것을 밝혀냈다.

맥스웰은 1971년에는 케임브리지에 캐번디시 연구소를 설립하고 초대 캐번디시 교수가 되었다. 그는 건물 공사의 모든 단계를 감독했으며 모든 기구를 구입하는 일을 총괄했다. 캐번디시 연구소는 20세기 초 원자에 대한 연구를 주도했다. 현대 물리학 발전의 맥스웰의 과학적 업적 중 하나는 헨리 캐번디시의 연구를 모아 편집한 것이다. 그것을 통해 캐번디시가 지구의 평균 밀도, 물의 성분과 같은 문제에 대해 연구했다는 것을 알게 되었다.

맥스웰은 그의 생애 최대 업적인 『전자기론(A Treatise on Electricity and Magnetism)』을 1873년에 출판했다. 『전자기론』은 10페이지에 달하는 서문과 370가지 주제를 22장으로 나누어 기술한 본문으로 구성되어 있다. 맥스웰 전자기학의 핵심은 '맥스웰 방정식'이다. 맥스웰은 가우스, 패러데이, 앙페르와 같은 이전의 연구자들이 밝혀낸 전자기학의 법칙들을 몇 가지 미분 방정식으로 정리했다. 맥스웰 방정식은 처음에는 20개의 변수로 된 20개의 방정식이었지만 후에 네 개의 벡터 방정식으로 정리되었다. 1864년 왕립협

맥스웰

회에서 처음 발표되었던 맥스웰 방정식은 전기장과 자기장의 성질과 전기장과 자기장의 상호작용을 나타내는 식이다.

맥스웰 방정식의 첫 번째 방정식과 두 번째 방정식은 전기장과 자기장의 성질을 나타내는 방정식이다. 전기력과 자기력이 작용하는 공간을 전기장 또는 자기장이라고 부르는데, 전기장과 자기장의 방향과 세기는 전기력선과 자기력선을 이용해 나타내는 것이 편리하다. 전기력선은 플러스 전하에서 시작되어 마이너스 전하에서 끝난다. 하지만 자기력선은 항상 전류를 싸고돌기 때문에 시작점과 끝점이 없다. 다시 말해 자석에는 N극과 S극이 존재하지 않고, N극 방향과 S극 방향만 존재한다. N극과 S극으로 이루어진 자석을 반으로 나누면 한끝은 N극이 되고 반대편 끝은 S극이 되는 것은 이 때문이다. 맥스웰 방정식의 첫 두 방정식은 이런 내용을 방정식을 이용하여 나타낸 것이다. 이 두 방정식을 전기장에 관한 가우스 법칙, 자기장에 관한 가우스 법칙이라고도 부른다.

맥스웰 방정식의 세 번째 방정식은 전류가 만드는 자기장의 방향과 세기를 결정하는 '앙페르의 법칙'이다. 하지만 맥스웰은 앙페르의 법칙을 일부 수정했다. 앙페르의 법칙에서는 전류가 흐를 때만 주변에 자기장이 만들어진다고 했다. 그러나 맥스웰은 전류가 흐르지 않고 전기장의 세기만 변해도 주변에 자기장이 만들어진다는 내용을 추가했다. 전기장의 변화가 전류와 똑같은 역할을 한다는 것을 나타낸 것이다. 맥스웰 방정식의 네 번째 방정식은 패러데이의 전자기 유도법칙이다. 앞에서도 설명했지만 전자기 유도법칙은 변하는 자기장이 기전력을 발생시키는 것을 설명하는 법칙이다. 기전력이 생긴다는 것은 전기장이 만들어진다는 것과 같은 의미이다. 따라서 패러데이 전자기 유도법칙은 변해 가는 자기장이 전기장을 만들어 낸다는 것을 의미한다. 변화하는 전기장은 자기장을 만들어 내고, 반대로 변화하는 자기장은 전기장을 만들어 낸다는 것은 자연의 대칭성과 조화로움을 믿는 사람들에게 매우 아름다워 보였다. 이렇게 네 가지 법칙으로 이루어진 맥스웰 방정식을 이용하면 전자기와 관련된 모든 현상을 이해하고 설명할 수 있다.

맥스웰은 맥스웰 방정식으로부터 수학적으로 전자기파의 파동 방정식을 유도했다. 그런데 그렇게 유도한 전자기파의 속력이 그때까지 관측되었던 빛의 속력과 같은 값을 갖는다는 것이 확인되었다. 맥스웰은 이에 대해 다음과 같은 기록을 남겼다.

> 전자기파의 속력이 빛의 속력과 같다는 것을 우연의 일치라고 할 수는 없다. 이것은 빛도 전자기학 법칙에 의해 전자기장을 통해 전파되는 파동 형태의 전자기장 흔들림이라고 할 만한 충분한 이유가 된다.

빛이 전자기파의 한 종류라는 것을 밝혀낸 것은 19세기 물리학이 이룬 최대 업적 중 하나였다. 이것은 광학이라는 별도의 분야로 취급되던 빛이 전자기학의 일부로 포함되었음을 의미했다. 그러나 빛이 전자기파라고 해서 문제가 모두 해결된 것은 아니었다. 전자기파가 어떤 매질을 통해서 전파되는지를 밝혀내지 못했기 때문이었다. 오래전부터 과학자들은 우주 공간을 가득 메우고 있는 에테르라는 매질을 생각하고 있었다. 에테르라는 매질은 중력이나 전자기력과 같이 원격으로 작용하는 힘을 설명하기 위해 도입되었다. 빛도 전자기파의 일종이라고 주장한 맥스웰은 공간이 에테르라는 매질로 채워져 있다는 주장을 받아들이고, 전자기파는 에테르를 통해 전달되는 파동이라고 했다. 이로 인해 에테르를 찾아내는 일이 과학자들의 중요한 과제가 되었다.

## 전자기파를 발견하다: 헤르츠

맥스웰은 수학적 분석을 통해 전자기파의 존재를 예측했지만 전자기파를 실제로 발견한 것은 아니었다. 실험을 통해 전자기파가 실제로 존재한다는 것을 확인한 사람은 독일의 물리학자 하인리히 헤르츠(Heinrich Rudolf Hertz, 1857~1894)였다. 어려서부터 과학에 많은 관심을 보였던 헤르츠는 독일의 함부르크에서 태어나 드레스덴, 뮌헨, 베를린에서 물리학을 공부했다. 헤르츠는 고전압의 유도코일과 축전기(레이던병) 그리고 좁은 간격을 두고 떨어져 있는 지름 2cm의 금속구로 만들어진 회로에 빠르게 진동하는 전류가 흐르도록 했다. 진동수는 축전기의 용량과 유도코일을 이용하여 조정했다. 이것이 전자기파 발생 장치였다. 헤르츠는 이 전자기파 발생 장치에서 발생한 전자기파를 1mm 굵기의 구리선을 구부려 만든 지름 7.5cm의 원형 안테나를 이용하여 수신하는 데 성공했다. 헤르츠는 이 연구 결과를 1888년 「전기파: 전기 작용이 유한한 속도로 전파되는 것에 대한 연구」라는 제목의 논문으로 발표했다.

헤르츠는 전자기파가 맥스웰의 예측대로 빛과 똑같은 성질을 가진다는 것을 확인했다. 그리고 전자기파의 전파속도가 빛의 속력과 같다는 것도 확인했다. 헤르츠의 실험은 단순히 전자기파의 존재를 확인하는 데 그친 것이 아니라 전자기파의 성질을 규명한 것이었다. 헤르츠의 실험으로 맥스웰의 전자기 이론이 전지기학의 중심 이론으로 자리 잡게 되었다. 1930년에 열렸던 국제전자기술위원회(IEC)에서는 헤르츠가 전자기파를 발견한 것을 기념하기 위해 진동수의 단위를 '헤르츠(Hz)'로 하기로 결정했고, 1964년에는 국제도량형총회(CGPM)에 의해 채택되었다. 1Hz는 1초에 한 번 진동하는 것을 나타낸다.

헤르츠가 전자기파의 존재를 확인한 후 전자기파를 이용한 통신 방법이 급속히 발전하여 1899년에는 이탈리아의 굴리엘모 마르코니(Guglielmo

Marconi, 1874~1937)가 도버 해협을 건너는 무선통신에 성공했고, 1901년에 대서양을 횡단하는 무선통신에 성공했다. 헤르츠가 전자기파의 존재를 실험적으로 확인한 것은 지금으로부터 대략 120년 전쯤의 일이다. 오늘날 전자기파는 현대 문명의 가장 중요한 요소가 되었다. 120년 전에는 그런 것이 존재하는지조차 알지 못하던 것이 120년 후에는 우리 생활에서 가장 중요한 요소가 되었다는 점은 지난 100년 동안에 전자기파와 관련된 기술이 얼마나 많이 발전했는지를 단적으로 보여 주고 있다.

## 5. 광학의 발전

빛은 파동의 성질을 갖고 있다: 영의 간섭실험

17세기에는 빛에 관한 여러 가지 학설이 대립하고 있었지만 18세기에는 뉴턴이 정리한 입자설이 널리 받아들여졌다. 1789년에 라부아지에가 출판한 『화학 원론』에 실려 있는 원소표에 빛 입자도 원소의 하나로 포함되어 있었던 것은 빛이 입자라는 생각이 널리 받아들여지고 있었다는 것을 잘 나타낸다. 그러나 19세기에 들어서면서부터 입자설로는 설명할 수 없는 현상들이 발견되기 시작했다.

19세기 초에 간섭실험을 통해 입자설에 이의를 제기한 사람은 영국의 의사였던 토머스 영(Thomas Young, 1773~1829)이었다. 영은 1773년에 영국 밀버턴의 퀘이커교도 가정에서 태어났다. 열아홉 살이던 1792년에 의학을 공부하기 시작한 영은 1794년에는 에든버러로 이사했고, 1년 후에는 독일의 괴팅겐으로 옮겨 1796년에 그곳에서 의학 박사학위를 받았다. 영은 1799년에 런던에서 병원을 개업했지만 병원을 운영하는 동안에도 과학실험을 계속했다.

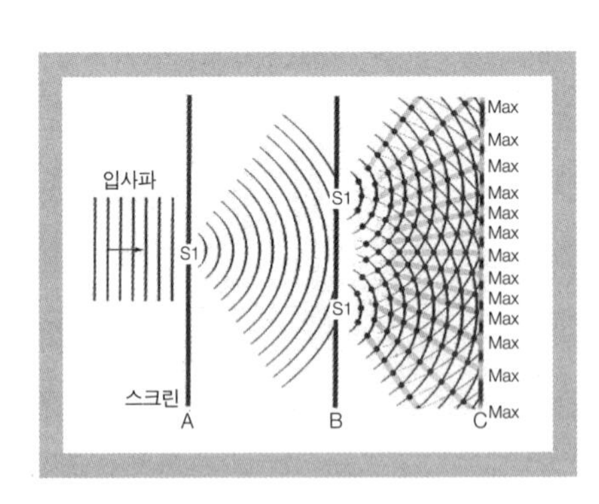


두 개의 슬릿을 이용한 간섭실험

1800년에 영은 왕립학회 『철학

회보』에 소리와 빛에 대한 실험 논문을 발표했고, 1801년부터 1803년 사이에 행한 강의와 1804년에 발간된 『철학회보』에 게재된 강의록에서도 간섭 현상을 비롯한 빛의 여러 가지 성질을 설명했다. 영은 두 개의 슬릿에 의해 만들어지는 밝고 어두운 간섭무늬가 빛이 파동을 나타내고 있다고 주장했다. 영은 근접한 두 개의 슬릿을 통과한 빛이 만들어 내는 간섭무늬를 이용하여 오늘날 사용되고 있는 것과 비슷한 회절격자를 만들기도 했다.

그는 또한 물 위에 떠 있는 비누 거품이 여러 가지 색깔을 나타내는 것과 뉴턴 링이 나타나는 원인도 빛의 간섭을 이용하여 설명했다. 그러나 입자설을 받아들이고 있던 사람들은 영의 간섭실험 결과를 받아들이려고 하지 않았다. 따라서 빛이 파동이라는 사실을 받아들여진 것은 14년 후 프랑스의 프레넬이 더욱 정교한 실험을 통해 증명해 낸 이후였다.

영의 이름이 남아 있는 또 하나의 물리법칙은 '영률(Young's modulus)'이다. 영은 물체에 힘을 가할 때 늘어나는 길이는 가해 준 힘과 물체의 길이에 비례하고 단면적에 반비례한다는 것을 알아냈다. 이때 비례상수가 영률이다. 영률은 물질의 고유한 성질 중 하나이다. 물체의 길이와 단면적이 일정한 경우에는 늘어난 길이가 가해 준 힘에 비례한다. 탄성의 한계 내에서 늘어난 길이가 가해 준 힘에 비례한다는 훅의 법칙은 영률의 특별한 경우이다. 영은 에너지의 개념을 역학에 도입한 사람 중 하나였다. 그는 또한 나폴레옹의 이집트 원정 때 발견된 로제타석을 해독하는 데도 크게 기여했다.

### 입자설의 또 다른 반증: 편광과 복굴절 현상

1808년에 복굴절을 연구하고 있던 프랑스의 에티엔 루이 말뤼스(Étienne-Louis Malus, 1775~1812)가 창문에 반사하는 빛이 편광이라는 점을 발견했다. 두 개의 편광판을 통해 물체를 보면서 한 편광판을 조금씩 돌리면 어떤 각도에서는 물체가 보이지 않게 된다. 이것은 첫 번째 편광판을 통과한 빛이 한 방향으로만 진동하는 편광이어서 직각으로 놓인 편광판을 통과할 수 없기 때문에 나타나는 현상이다. 그런데 편광판 하나를 들고 창문에서 반사되는 빛을 보면서 편광판을 돌리면 어떤 각도에서는 반사된 빛이 보이지 않는다. 창문에서 반사된 빛도 편광판을 통과한 빛과 같은 '편광'임을 나타내는 것이었다.

방해석과 같이 방향에 따라 물리적 성질이 다른 물체에 입사한 빛이 두 갈래로 갈라져 나오는 현상을 복굴절이라고 한다. 빛이 매질의 경계면을 통과할 때는 진행 방향이 바뀌는 굴절이 일어난다. 이때 진행 방향이 얼마나 많이 바뀌는지를 나타내는 것이 굴절률이다. 굴절률은 두 매질에서의 빛의 속력의 차이에 의해 결정된다. 그런데 방향에 따라 성질이 달라지는 물질에서는 굴절률이 빛이 어느 방향으로 진동하느냐에 따라서도 달라진다. 따라서 이런 물질에 모든 방향으로 진동하는 빛이 입사하면 두 갈래로 갈라져 나오는 복굴절 현상이 나타난다. 복굴절과 편광은 입자설을 이용해서는 설명할 수 없는 현상이었다. 이 현상은 빛이 진행 방향과 수직한 방향으로 진동하는 횡파여야만 설명할 수 있었다. 따라서 편광과 복굴절의 발견으로 입자설은 더 이상 설 자리를 잃어 가고 있었다.

### 빛은 파동이다: 프레넬

빛이 입자의 흐름이 아니라 파동이라는 것을 결정적으로 증명한 사람은 프랑스의 토목기사였던 오귀스탱 프레넬(Augustin-Jean Fresnel, 1788~1827)이었다. 프레넬은 1788년 프랑스의 브로이에서 토목기사의 아들로 태어났다. 에콜 폴리테크니크를 졸업한 후 토목기사로 군에 복무한 프레넬은 나폴레옹의 신도시 건설에 참여하기도 했고, 스페인에서 프랑스를 통과하여 북부 이탈리아에 이르는 도로 건설에도 참여했다. 프레넬은 군에 있는 동안에도 광학에 관심을 가지고 시간이 날 때마다 실험을 계속했다. 광학실험에 전념하기 위해 군의 토목기사 일을 그만두고 파리로 간 프레넬은 물체에 의해 만들어지는 회절무늬에 대한 실험부터 시작했다. 프레넬은 1815년 파동 이론을 이용해 회절무늬를 설명하는 첫 번째 논문을 발표했다.

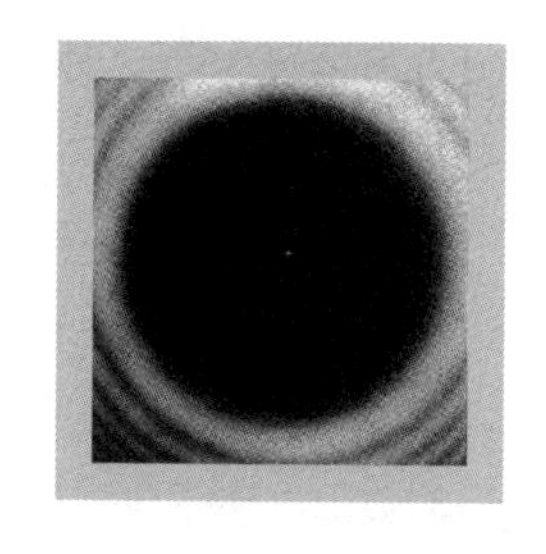

동전 그림자 한가운데 나타난 밝은 회절무늬

1819년에 프랑스 과학 아카데미가 회절현상을 설명한 사람에게 상금을 주겠다고 발표하자 프레넬은 파동설을 이용하여 회절현상을 설명한 논문을 제출했다. 1819년 프랑수아 아라고를 위원장으로 하는 과학 아카데미의 심사위원회가 프레넬이 제출한 논문을 심사했다. 위원들 다수는 빛의 파동 이론에 대해 잘 몰랐던 사람들로, 주로 입자 이론을 선호하였다. 그러나 심사위원들은 프레넬의 이론적 분석과 그것을 뒷받침하는 실험 결과에 감탄했다.

심사위원의 한 사람이었던 시메옹 푸아송(Siméon Denis Poisson, 1781~1840)은 프레넬의 이론을 이용하여 동전과 같이 불투명한 둥근 물체에 빛을 비추면 뒤쪽에 생기는 그림자 한가운데 밝은 점이 나타나야 한다는 것을 계산해 냈다. 그의 계산 결과가 옳다는 것은 곧 실험을 통해 확인되었다. 그것은 프레넬 이론이 정확하다는 증거가 되기에 충분했다. 프레넬은 아카데미가 수여하는 상을 수상했고, 이를 계기로 많은 사람들이 빛의 파동 이론을 받아들이게 되었다. 1821년에 프레넬은 빛을 횡파라고 하면 반사된 빛이 편광이 되는 현상과 복굴절을 설명할 수 있다는 것을 알아냈다. 프레넬은 그의 연구 업적을 인정받아 1823년에는 프랑스 과학 아카데미의 회원이 되었고, 1827년에는 영국 왕립협회 회원이 되었다.

프레넬의 파동설을 다시 한번 확실하게 한 사람은 전자기학을 완성한 영국의 제임스 맥스웰이었다. 앞에서 이야기한 것처럼 맥스웰은 이론적으로 전자기파의 파동 방정식을 유도한 후 전자기파의 속력을 계산했다. 이론적으로 계산한 전자기파의 속력이 실험을 통해 확인된 빛의 속력과 같다는 것을 알게 된 맥스웰은 빛이 전자기파의 한 종류라고 주장했다. 다시 말해 빛이 전자기파라는 것이 밝혀진 것이다. 후에 실험을 통해 전자기파가 발견되었고, 전자기파가 빛과 같은 성질을 가지고 있다는 것이 실험을 통해 확인되어 맥스웰의 주장이 사실이라는 것을 알게 되었다. 그러나 빛이 파동이냐 입자냐에 대한 논쟁은 이것으로 끝나지 않았다. 20세기 초에 빛이 전자와 입자로 상호작용한다는 것이 밝혀졌기 때문이다. 따라서 빛의 실체가 무엇인가 하는 논쟁은 다음 세기에 전혀 다른 양상으로 전개되었다.

### 지상에서 빛의 속력을 측정하다: 피조

갈릴레이 이후 여러 사람들이 빛의 속력을 측정하려고 시도했다. 17세기에는 뢰머가 목성의 위성인 이오의 공전 주기 변화를 이용하여 빛의 속력을 계산하는 방법을 제안했고, 18세기에는 브래들리가 별빛의 광로차를 이용하여 빛의 속력을 측정했다. 그러나 이들이 사용한 방법은 모두 천체를 이용한 것이었다. 1849년에 회전하는 톱니바퀴를 이용하여 지상에서 빛의 속력을 측정하는 데 성공한 사람은 프랑스의 아르망 피조(Armand Hippolyte Fizeau, 1819~1896)였다. 1819년 프랑스 파리에서 태어난 피조는 의사이며 교수였던 아버지로부터 많은 유산을 물려받아 별 어려움 없이 과학 연구에 전념할 수 있었다.

피조는 프랑스의 저명한 과학자로 프레넬의 논문을 심사하기도 했던 프랑수아 아라고의 권유를 받고 빛의 속력을 측정하는 실험을 시작했다. 아라고는 빛이 입자인지 파동인지를 결정할 수 있도록 물속에서 빛의 속력을 측정하고 싶어 했다. 물속에서 빛의 속력을 측정하기 위해서는 우선 지상에서의 실험을 통해 빛의 속력을 측정할 수 있어야 했다. 피조는 회전하는

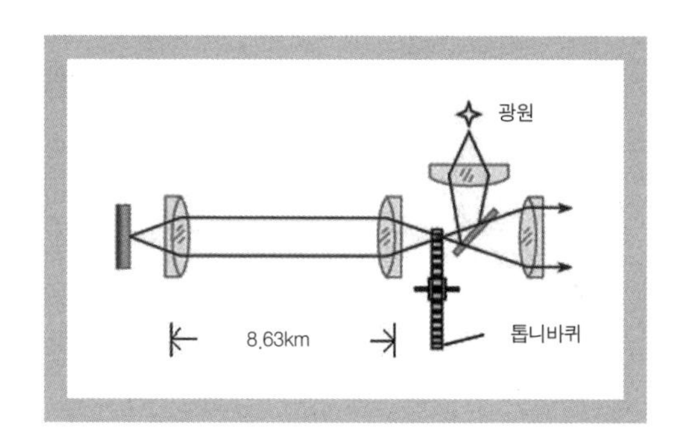


피조가 사용한 빛 속력 측정 장치를 나타내는 그림

톱니바퀴를 이용하여 빛의 속력을 측정하기로 하고, 1849년에 실험을 시작했다. 그는 회전하는 톱니바퀴의 골을 통과한 빛이 8.63km 떨어져 있는 고정된 거울에 반사되어 돌아오도록 했다. 톱니바퀴가 회전하므로 골을 통과해 나간 빛이 거울에 반사되어 돌아왔을 때는 톱니의 산에 부딪히게 된다. 따라서 톱니바퀴 뒤에서는 거울에 반사된 빛을 볼 수 없다. 그러나 회전속도를 높이면 골을 통과해 나간 빛이 거울에 반사한 다음 골을 통과할 수 있기 때문에 빛을 볼 수 있다. 이것은 톱니 하나가 지나가는 데 걸리는 시간이 빛이 거울을 왕복하는 시간과 같다는 것을 의미한다. 따라서 톱니바퀴의 회전속도를 이용하여 톱니 하나가 지나가는 시간을 알아내 빛의 속력을 계산할 수 있었다.

피조가 톱니바퀴 방법을 통해 빛의 속력이 315,000km/s라는 값을 얻은 것은 1849년 9월이었고, 그 결과를 프랑스 과학 아카데미에 보고한 것은 1850년 3월이었다. 피조가 그의 측정 결과를 보고하고 얼마 후에 푸코(Jean Léon Foucault, 1819~1868)도 회전하는 거울을 이용하여 측정한 빛의 속력을 보고했다. 피조는 빛의 속력을 측정한 공로를 인정받아 과학 아카데미로부터 1856년에 1만 프랑의 상금을 받았고, 1860년에는 과학 아카데미 회원이 되었다. 1866년에는 영국의 왕립협회로부터 럼퍼드 메달을 받았다.

## 실패한 실험으로 노벨상을 받다: 마이컬슨과 몰리

우주 공간을 가득 채우고 있는 빛을 전달해 주는 매질인 에테르를 찾아내기 위한 정밀한 실험을 한 사람은 미국의 앨버트 마이컬슨(Albert Abraham Michelson, 1852~1931)과 에드워드 몰리(Edward Williams Morley, 1838~1923)였다. 1852년에 프러시아에서 태어나 소년 시절에 가족과 함께 미국으로 이주한 마이컬슨은 미국 해군사관학교를 졸업한 후 해군에 근무했으나 물리학을 공부하기 위해 해군에서 제대하였다. 1880년대에는 미국 오하이오주 클리블랜드에 있는 케이스 대학의 응용과학 교수가 되었다.

마이컬슨은 지구가 에테르 속을 빠른 속도로 달려가고 있다면 지구 주위에는 에테르 바람이 불고 있어야 하며, 이 에테르의 바람이 빛의 속력에 영향을 미칠 것이라고 생각했다. 따라서 그는 지구의 운동 방향으로 전파되는 빛과 수직한 방향으로 전파되는 빛의 속력이 다르다는 것을 확인하여 에테르의 존재를 확인하기 위한 실험을 시작했다. 마이컬슨은 수직으로 배열된 두 개의 거울 사이를 왕복한 빛이 다시 한 점에 모여 간섭무늬를 만들어 낼 수 있도록 고안한 간섭계를 만들었다. 이 간섭계를 마이컬슨 간섭계라고 부른다. 마이컬슨 간섭계를 이용하여 두 거울을 왕복한 후 한 점에서 만난 빛이 만들어 내는 간섭무늬를 조사하면 두 방향으로 전파된 빛의 속력 차이를 알 수 있었다.

몇 번의 실험에서 기대했던 결과를 얻지 못한 마이컬슨은 실험을 더 정밀하게 하기 위해 뛰어난 실험가였던 몰리를 이 실험에 참여시켰다. 뉴저지의 뉴어크에서 1838년에 태어난 몰리는 윌리엄스 칼리지에서 공부한 후 클리블랜드에 있던 웨스턴 리저브 대학에 속해 있던 아델버트 칼리지의 화학 교수로 있었다. 그들은 마이컬슨 간섭계를 커다란 석판 위에 설치한 다음, 실험 결과에 영향을 줄 주변의 진동을 차단하기 위해 전체 실험 장치를 수은 위에 띄웠다. 그러나 관측 결과는 실망스러웠다. 두 방향으로 진행하는 빛의 속력 차이를 확인할 수 없었기 때문이다. 에테르를 찾아내려는 그들의 실험은 실패로 끝나고 말았다.

그러나 1905년에 아인슈타인은 '특수상대성이론'에서 빛의 속력은 모든 관측자에게 일정한 값으로 측정된다는 '광속불변의 원리'를 채택했다. 그것은 빛이 전파되는 데는 매질이 필요 없다는 것을 뜻했다. 따라서 빛은 매질이 없이도 공간을 통해 전파되는 파동이라는 것을 알게 되었다. 빛을 전파시키는 에테르라는 매질을 찾아내기 위한 마이컬슨과 몰리의 실험은 실패로 끝났지만, 그것은 결과적으로 에테르가 존재하지 않는다는 것을 증명한 실험이 되었다. 그들의 실패는 역사상 가장 위대한 성공으로 바뀌었다. 이 실패한 실험으로 인해 마이컬슨은 1907년 노벨상을 수상한 최초의 미국인이 되었다.

# 6. 열역학의 발전

## 열이란 무엇인가: 열소설과 에너지설

열을 이용하여 작동하는 열기관은 18세기에 이미 크게 발전했다. 그러나 열이 무엇이며, 열기관의 작동에 관계하는 물리법칙은 어떤 것인지를 밝혀내는 열역학은 19세기가 되어서야 본격적으로 시작되었다. 18세기에도 열이 '열소'라는 물질의 화학작용이라고 주장하는 열소설과 열도 에너지의 일종이라고 주장하는 에너지설에 대한 논란이 있었지만, 결정적인 증거를 찾지 못한 채 논쟁만 계속하고 있었다. 따라서 열역학이 발전하기 위해서는 우선 열이 무엇인지를 밝혀내야 했다.

열을 열소라는 물질의 화학작용이라고 생각한 것은 열기관이 작동하는 방법 때문이었다. 열기관이 작동하기 위해서는 항상 온도가 높은 부분과 온도가 낮은 부분이 있어야 했다. 초기의 열기관은 열을 이용하여 물을 끓여 수증기를 발생시킨 다음 찬물로 식혀서 작동했고, 와트의 증기기관은 보일러에서 물을 끓여 만든 수증기로 피스톤을 밀어낸 다음 수증기를 온도가 낮은 콘덴서로 빼내 식히면서 작동했다. 다시 말해 열기관이 작동하기 위해서는 열을 공급하는 높은 온도의 열원과 열을 배출하는 낮은 온도의 열 배출구가 있어야 했다. 이것은 열이 온도가 높은 곳에서 낮은 곳으로 흘러가면서 피스톤을 움직여 일한다는 것을 의미했다.

과학자들은 열기관의 작동 원리가 물레방아의 작동 원리와 같다고 생각했다. 물레방아에서는 높은 곳에 있던 물이 아래로 떨어지면서 물레방아를 돌린다. 이 과정에서 물의 양이 변하는 것이 아니라 물이 가지고 있던 위치에너지가 물레방아의 동력으로 바뀌는 것이다. 학자들은 열기관에서도 온도가 높은 곳에 있던 열소가 낮은 곳으로 흘러가면서 열소의 작용으로 피스톤이 움직이는 것이라고 생각했다. 그들은 열소는 무게가 없는 물질이며 고체의 융해나 액체의 증발도 열소의 화학작용에 의한 것이라고 설명했다. 열소설에서는 마찰할 때 열이 발생하는 것은 물질과 화학적으로 결합되어 있던 열소가 마찰에 의해 그 물질로부터 떨어져 나가기 때문이라고 설명했다. 또한 마찰에 의해 발생하는 열의 양이 마찰에 비례하는 것은 마찰에 의해 분리되는 열소의 양이 마찰에 비례하기 때문이라고 했다. 열소설을 지지했던 대표적인 학자는 열소를 자신이 만든 원소표에 포함시키기도 했으며, 열량계를 제작하기도 했던 프랑스의 앙투안 라부아지에였다.

그러나 대포의 포신을 생산하는 사업가이자 정치가이기도 했던 벤자민 톰슨 럼퍼드(Sir Benjamin Thompson, Graf von Rumford, 1753~1814)는 열이 에너지의 일종이라는 에너지설을 강력하게 주장했다. 그는 포신을 깎을 때 발생하는 열량과 깎아 낸 부스러기의 양이 비례하지 않는다는 점을 발견했다. 열소설에 의하면 부스러기가 많이 나오면 금속에 잡혀 있던 열소가 더 많이 방출되어 더 많은 열이 발생해야 하는데, 날카로운 천공기는 더 많은 부스러기를 만들어 내면서도 무딘 천공기보다 적은 열을 발생시켰다. 이를 열소설로 설명하기는 어려웠다. 그는 또한 천공기를 깎을 때 나온 부스러기를 마찰해도 열이 발생한다는 것을 보여 주기도 했다. 열소가 다 달아났다고 생각했던 부스러기에서 열이 발생한 것 역시 열소설로는 설명하기 어려운 현상이었다.

영국의 화학자 험프리 데이비도 열이 운동에너지에 의해서 발생한다는 것을 보여 주는 여러 가지 실험을 했다. 그는 얼음을 비비기만 해도 얼음이 녹는다는 사실을 실험을 통해 보여 주고, 얼음을 녹인 열은 얼음을 비비는 데 사용된 운동에너지의 일부가 바뀐 것이라고 주장했다. 데이비는 진공 속에서 두 개의 금속을 마찰시킬 때 발생하는 열로 초를 녹이는 실험을 하기도 했다. 따라서 에너지설을 주장한 이들은 열을 기계적 에너지의 한 형태로 보았다. 그러나 에너지설로는 열기관이 작동하기 위해서 높은 온도와 낮은 온도가 필요하다는 점을 설명할 수 없었다. 따라서 19세기 초에는 에너지설보다 열소설이 더 널리 받아들여졌다.

### 열기관의 열효율을 연구하다: 카르노

열이 무엇인지에 대한 논란에 결론을 내리지 못하고 있던 1820년대에 열기관의 작동 과정을 체계적으로 연구한 과학자가 나타났다. 바로 프랑스의 니콜라 사디 카르노(Nicolas Léonard Sadi Carnot, 1796~1832)였다. 카르노는 열소설을 이용하여 열기관의 작동을 분석하고, 열기관이 가질 수 있는 최대 열효율을 계산해 냈다. 또한 이런 내용을 1824년에 「열의 동력에 관한 고찰」이라는 논문을 통해 발표했다.

열과 관계된 현상 중에는 반대 방향으로도 일어날 수 있는 현상이 있고, 한 방향으로만 일어나는 현상도 있다. 예를 들면 열이 온도가 높은 곳에서 낮은 곳으로 흘러가는 현상은 한 방향으로만 일어나는 불가역적인 현상이다. 그러나 기체에 열을 가해 부피가 팽창하는 것과 같은 현상은 반대 방향으로도 일어날 수 있는 가역적인 현상이다. 한 방향으로만 일어나는 변화가 포함된 과정을 불가역 과정이라고 하고, 반대 방향으로도 일어날 수 있는 변화로만 이루어진 과정을 가역 과정이라고 한다. 가역 과정들에 의해서만 작동하는 열기관이 가역기관이다. 가역기관은 매 순간마다 평형상태를 유지하면서 천천히 작동해야 하기 때문에 실제로 사용할 수 있는 열기관이 아니라 이상적인 열기관이다.

카르노가 구상한 가역기관을 '카르노기관'이라고 한다. 카르노는 가역기관에 대한 분석을 통해 모든 열기관의 열효율은 가역기관의 열효율보다 더 높을 수 없다는 사실을 밝혀냈다. 이것은 아무리 좋은 열기관이라고 해도 열을 모두 동력으로 바꿀 수 없다는 것을 의미했다. 카르노의 연구는 열역학 발전에 중요한 계기를 제공했다. 그러나 카르노는 열소설을 이용하여 결론을 유도해 냈기 때문에 에너지설을 주장하던 사람들은 카르노가 얻은 결론을 무시했다.

카르노

카르노가 죽은 후 얼마 동안 잊혔던 그의 연구를 영국의 켈빈(William Thomson, Baron Kelvin, 1824~1907)이 다시 발견하고, 열소설을 바탕으로 하긴 했지만 그가 얻은 결론이 에너지설을 이용하여 알아낸 결론과 같다는 점에 주목했다. 후에 에너지설에서도 모든 열기관 중에서 가역기관의 열효율이 가장 크고, 가역기관의 열효율은 열기관의 종류와는 관계없이 열기관이 작동하는 두 열원의 온도의 차이에만 관계한다는 것을 유도해 냈다. 따라서 카르노가 제안한 카르노기관은 대표적인 이상기관으로, 오늘날 열역학에서도 다루고 있다. 다만 현재는 카르노기관의 작동을 카르노가 사용했던 방법이 아니라 열역학 제1법칙과 제2법칙을 이용하여 분석하고 있다.

### 에너지의 총량은 변하지 않는다: 에너지 보존법칙

고대부터 외부에서 에너지를 투입하지 않고도 끊임없이 동력을 발생시킬 수 있는 기관을 만들려는 노력이 계속되어 왔다. 이런 기관을 '제1종 영구기관'이라고 한다. 영구기관은 에너지 보존법칙에 어긋나기 때문에 존재할 수 없다. '에너지 보존법칙'을 처음 제안한 사람은 독일의 동인도 회사 소속 의사로, 자바 항로를 항해하면서 열이 운동으로 바뀌고 운동이 열로 바뀐다는 생각을 하게 된 로베르트 마이어(Robert Meyer, 1814~1878)였다. 그는 1841년에 발표한 「힘의 양적 및 질적 규정에 관하여」라는 제목의 논문에서 음식물이 몸 안으로 들어가서 열로 변하고, 이것이 몸을 움직이게 하는 역학적 에너지로 변한다고 주장했다. 그는 또한 모든 종류의 에너지들이 서로 변환 가능하지만 전체 에너지의 양은 보존된다고 주장했다. 즉 화학에너지, 열, 역학적 에너지 등이 상호 전환이 가능한 같은 종류의 물리량이며, 이들의 총합은 일정하게 유지된다고 주장한 것이다.

마이어는 이 논문을 물리 분야의 학술지인 『물리학 및 화학 연대기』에 보냈지만, 이 잡지의 편집자는 마이어의 논문이 너무 사색적일 뿐만 아니라 실험적 증거가 충분하지 않다고 출판을 거부했다. 마이어는 할 수 없이 화학 학술지인 『화학 및 약학 연대기』에 자신의 논문을 기고하여 1842년에 출판했다. 마이어는 그 후에도 「무생물계에 있어서의 힘의 고찰」, 「생명체의 운동 및 물질 대사」, 「태양빛 및 열의 발생」, 「천체 역학에 관한 기여」 등 여러 편의 논문을 통해 에너지 보존법칙을 주장했다.

마이어와 마찬가지로 독일의 의사였던 헤르만 헬름홀츠(Hermann von Helmholtz, 1821~1894)도 에너지 보존법칙을 주장했다. 프리드리히 빌헬름 의학연구소에서 공부한 후 의사가 된 헬름홀츠는 군의관으로 복무하면서 열과 에너지에 대해 연구했다. 헬름홀츠는 마이어가 1842년에 발표한 논문의 내용을 알지 못한 채 생명체의 열은 생명력에 의한 것이 아니라 음식물의 화학에너지에 의한 것이라고 주장했다. 헬름홀츠는 이런 생각이 담긴 논문을 1847년에 물리학회 강연집인 『에너지 보존법칙에 관해서』라는 소책자로 출판했다.

열과 에너지는 상호 변환이 가능하다: 줄의 실험

실험을 통해 열과 에너지가 상호 변환 가능한 양이라는 것을 밝혀내 열소설과 에너지설의 논쟁에 종지부를 찍고 에너지 보존법칙을 확립한 사람은 영국의 제임스 줄(James Prescott Joule, 1818~1889)이었다. 줄은 1818년에 영국의 부유한 양조장집 아들로 태어났다. 집에서 가정교사를 두고 공부하던 줄은 집에다 실험실을 차려 놓고 여러 가지 실험을 했다. 줄이 20대였던 1840년대에는 열, 전기, 자기, 화학 변화, 그리고 운동에너지가 서로 변환될 수 있는 에너지라는 점을 과학자들이 어느 정도 인정하기 시작하던 때였다. 하지만 이들 사이의 정확한 관계에 대해서는 아직 잘 모르고 있었다.

줄은 가족이 운영하는 양조장에서 일을 하면서 전기와 관련된 여러 가지 실험을 했다. 당시에는 전기를 이용하여 동력을 얻어 내는 전기모터가 발명되어 사용되고 있었다. 줄은 전기를 이용하여 발생시킨 열의 양을 측정하는 실험을 시작했다. 전기가 흐를 때 발생하는 열을 이용해 물을 데우면서 물의 온도를 측정하여 발생한 열의 양을 계산했다. 줄은 전류의 세기가 두 배가 되면 온도는 네 배나 높이 올라가고, 전류의 세기가 세 배가 되면 온도는 아홉 배 더 올라간다는 사실을 알아냈다. 이것은 발생하는 열의 양이 전류의 제곱에 비례한다는 것을 뜻했다.

줄이 실험에 사용한 도구들

이런 실험을 통해 열의 양을 정확하게 측정하는 방법을 익히게 된 줄은 이번에는 높은 곳에서 낮은 곳으로 떨어지는 물체가 가지고 있는 운동에너지를 이용하여 발생시킬 수 있는 열의 양이 얼마인가를 알아보는 실험을 했다. 추가 낙하할 때 추에 연결된 회전날개가 물을 휘젓도록 하고, 그때 발생하는 열량을 측정하여 열의 일당량을 결정하는 실험이었다. 이 실험을 통해 줄은 열과 일의 당량 관계를 밝혀내는 데 성공했다. 1J의 일이 열량 몇 cal에 해당하는지를 나타내는 것을 일의 열당량이라고 하고, 1cal의 열이 몇 J의 일에 해당하는지를 나타내는 것을 열의 일당량이라고 한다. 일의 열당량은 0.239cal이고, 열의 일당량은 4.184J이라는 것이 실험을 통해 밝혀졌다. 줄의 실험은 열도 에너지의 한 종류라는 것을 증명해 에너지 보존법칙을 확립했다.

그러나 에너지 보존법칙만으로는 열이 온도가 높은 곳에서 낮은 곳으로만 흘러가는 것을 설명할 수 없을 뿐만 아니라 높은 온도와 낮은 온도 사이에서만 작동하는 열기관의 작동도 설명할 수 없었다. 열이 온도가 낮은 곳에서 높은 곳으로 흘러가도 에너지 보존법칙에 어긋나지 않기 때문이었다. 열도 에너지의 일종이라는 것을 밝혀내기는 했지만, 열을 다른 형태의 에너지로 바꾸는 데 높은 온도와 낮은 온도가 필요한 이유를 알 수 없었다. 이 문제를 해결하기 위해서는 새로운 돌파구가 필요했다. 이런 문제를 해결하고 열역학을 완성한 사람은 독일의 클라우지우스였다.

### 또 하나의 열역학 법칙이 필요하다: 열역학 제2법칙

1822년 독일에서 목사의 아들로 태어난 루돌프 클라우지우스(Rudolf Julius Emanuel Clausius, 1822~1888)는 고등학교를 졸업하고 열여덟 살이던 1840년에 베를린 대학에 진학하여 수학과 물리학을 공부했다. 그는 대학을 졸업한 후 잠시 고등학교에서 물리학과 수학을 가르치기도 했지만 스물네 살이 되던 1846년에 대학원에 입학했고, 다음 해 할레 대학에서 박사학위를 받았다. 박사학위를 받고 2년 후인 1850년에 「열의 동력에 관해서」라는 제목의 열에 대한 연구 논문을 발표했다. 이 논문은 열역학 제1법칙과 제2법칙이 포함되어 있는 역사적으로 중요한 논문이었다.

클라우지우스는 이 논문에서 열역학이 봉착하고 있던 문제를 해결하는 뜻밖의 해법을 제시했다. 클라우지우스는 열이 온도가 높은 곳에서 낮은 곳으로만 흘러가는 것을 설명하는 대신 그것을 열이 가지고 있는 본성의 하나로 받아들이기로 했다. 다시 말해 열이 온도가 높은 곳에서 낮은 곳으로만 흐르는 것을 에너지 보존법칙과는 다른 또 하나의 열역학 법칙이라고 한 것이다. 따라서 에너지 보존법칙은 '열역학 제1법칙'이 되었고, 새롭게 제안된 법칙은 '열역학 제2법칙'이 되었다. 영국의 켈빈은 운동에너지는 100% 열에너지로 변환시킬 수 있지만, 열에너지는 100% 운동에너지로 바꿀 수 없는 것도 열역학 제2법칙으로 하자고 제안했다. 전혀 다른 내용으로 보이는 클라우지우스의 표현과 켈빈의 표현이 사실은 같은 내용이라는 점은 쉽게 증명할 수 있다. 따라서 열역학 제2법칙은 두 가지 형태로 나타낼 수 있다.

열역학 제2법칙의 두 가지 표현

- 클라우지우스 표현: 열은 온도가 높은 곳에서 온도가 낮은 곳으로만 흐른다.
- 켈빈의 표현: 운동에너지는 100% 열에너지로 변환될 수 있지만, 열에너지는 100% 운동에너지로 변환되지 않는다.

클라우지우스

만약 클라우지우스의 표현이 옳지 않다면 온도가 높은 열원에서 흡수한 열의 일부를 일로 바꾸고 나머지를 낮은 온도의 열원으로 흘려 보낸 다음, 이 열을 다시 온도가 높은 곳으로 흘러가도록 하면 결과적으로 열을 100% 일로 바꾼 것이 된다. 따라서 켈빈의 표현도 틀린 것이 된다. 반대로 켈빈의 표현이 옳지 않다면 낮은 온도의 열원에서 열을 흡수하여

100% 일로 바꾼 후, 이 일을 다시 온도가 높은 열원에서 열로 바꾸면 결과적으로 열을 온도가 낮은 곳에서 온도가 높은 곳으로 흘러가도록 할 수 있다. 따라서 클라우지우스의 표현도 틀리게 된다. 즉 전혀 다른 내용을 나타내고 있는 듯 보이는 두 표현은 결국 같은 내용을 나타낸다는 것을 알 수 있다.

### 열역학 제2법칙을 새롭게 설명하다: 엔트로피 증가의 법칙

1850년에 발표된 논문에서 열역학 제2법칙을 제안한 클라우지우스는 그 이후에도 열역학 제2법칙을 좀 더 단순한 형태로 나타내기 위한 연구를 계속했다. 클라우지우스가 열역학 제2법칙을 설명하기 위해 '엔트로피(entropy)'라는 개념을 도입한 것은 1865년이었다. 클라우지우스는 열량을 온도로 나눈 양[Q/T]을 엔트로피라고 정의했다. 운동에너지나 위치에너지와 같은 역학적 에너지는 엔트로피가 0이다. 그러나 열은 온도에 따라 달라지는 엔트로피를 가진다. 같은 100cal의 열량이라고 해도 1,000K에서는 엔트로피가 0.1cal/K이고, 100K에서는 1cal/K이다. 클라우지우스는 엔트로피를 이용하면 두 가지로 표현된 열역학 제2법칙을 한 가지 법칙으로 통합할 수 있음을 보여 주었다.

온도가 높은 곳에서 온도가 낮은 곳으로 열이 흘러가면 열량은 변하지 않고 온도만 낮아지므로 엔트로피가 증가한다. 따라서 열이 온도가 높은 곳에서 낮은 곳으로 흘러가는 변화는 엔트로피가 증가하는 변화이다. 또한 역학적 에너지인 일은 엔트로피가 0인 에너지이고, 열은 엔트로피를 가지고 있는 에너지이므로 일이 열로 바뀌는 것 역시 엔트로피가 증가하는 변화이다. 그러나 열이 모두 일로 변하는 것은 엔트로피가 감소하는 변화이다. 따라서 열역학 제2법칙의 두 가지 표현은 모두 엔트로피는 항상 증가해야 한다는 하나의 법칙으로 나타낼 수 있게 되었다. 열역학 제2법칙은 흔히 엔트로피 증가의 법칙이라고 하지만, 엔트로피가 증가하지 않고 일정하게 유지되는 변화도 가능하므로 실제로는 외부와 고립된 계에서 엔트로피가 감소하는 변화는 일어나지 않는다는 법칙이다.

열기관은 높은 온도에서 열을 받아 그중의 일부를 일로 바꾸고, 나머지 열을 온도가 낮은 열원으로 방출한다. 이때 엔트로피 증가의 법칙이 성립하려면 열기관이 높은 온도의 열원에서 감소시킨 엔트로피보다 더 많은 양의 엔트로피를 낮은 온도의 열원에서 증가시켜야 한다. 그러기 위해서는 일정한 양 이상의 열을 낮은 온도로 방출해야 한다. 열효율이 100%인 열기관을 만들 수 없는 것은 이 때문이다. 열효율이 가장 높은 열기관은 열기관이 작동하기 전과 작동하고 난 후의 엔트로피가 같은 열기관이다. 다시 말해 열기관의 작동으로 엔트로피가 증가하지 않는 열기관의 열효율이 가장 높다. 이런 열기관을 가역기관 또는 이상기관이라고 한다. 이상기관의 열효율은 높은 열원의 온도와 낮은 열원의 온도의 비에 의해 결정된다. 이상기관의 열효율보다 높은 열효율을 가지는 열기관을 만드는 것은 열역학 제2법칙 때문에 가능하지 않다. 이것은 카르노가 얻었던 결론과 같은 것이었다.

### 엔트로피를 새롭게 해석하다: 통계적 엔트로피

클라우지우스가 제안한 엔트로피는 열역학 제2법칙을 통합적으로 설명하는 데 유용한 개념이었지만, 열량을 온도로 나눈 엔트로피가 왜 감소하면 안 되는지를 설명할 수는 없었다. 오스트리아의 물리학자였던 루트비히 볼츠만(Ludwig Eduard Boltzmann, 1844~1906)은 엔트로피를 통계적인 방법으로 새롭게 정의하여 엔트로피 증가법칙의 물리적 의미를 좀 더 확실히 했다.

볼츠만은 엔트로피를 '어떤 상태가 얼마나 확률이 높은 상태인지를 나타내는 양'으로 정의했다. 이로 인해 엔트로피는 분자의 배열 상태가 가질 수 있는 확률의 정도를 나타내는 양으로 다시 탄생하게 되었다. 따라서 엔트로피 증가의 법칙은 확률이 낮은 상태에서 확률이 높은 상태로만 변해 간다는 것을 의미하게 되었다. 다시 말해 자연에서 일어나는 변화는 점점 복잡하게 섞이는 방향으로의 변화만 가능하다는 것을 의미하게 되었다.

새롭게 정의한 엔트로피를 이용하면 열이 온도가 높은 곳에서 온도가 낮은 곳으로만 흐르는 현상도 쉽게 설명할 수 있다. 온도가 높은 분자들은 빠르게 운동하고 있고, 온도가 낮은 분자들은 천천히 운동하고 있다. 온도가 높은 분자와 온도가 낮은 분자가 마음대로 오갈 수 있도록 하면 빠르게 운동하는 분자와 느리게 운동하는 분자들이 섞이게 된다. 섞여 있는 것이 확률이 높은 상태이고, 따라서 엔트로피가 높은 상태이기 때문이다. 이것을 밖에서 보면 열이 높은 온도에서 낮은 온도로 흘러간 것으로 관측된다.

일은 열에너지로 모두 바뀔 수 있지만, 열에너지는 일로 모두 바뀔 수 없다는 것 역시 새로운 엔트로피의 정의를 이용하면 쉽게 설명할 수 있다. 물체를 이루는 분자들이 모두 한 방향으로 운동할 때 물체가 가지는 에너지가 운동에너지이고, 분자들이 불규칙한 운동을 할 때 물체가 가지는 에너지가 열이다. 따라서 운동에너지가 열로 바뀌는 것은 분자들의 규칙적인 운동이 불규칙한 운동으로 바뀌는 것이다. 규칙적이었던 것이 불규칙하게 바뀌는 것은 확률이 낮은 상태에서 확률이 높은 상태로 변하는 것이어서 엔트로피를 증가시키는 변화이다. 열이 흐르는 방향을 설명하기 위해 도입된 엔트로피는 이제 열역학과 물리학을 넘어 교육학, 사회학에서도 사용되는 일반적인 용어로 발전했다. 물리학 밖에서 사용하는 엔트로피의 의미는 물리학에서 사용하는 엔트로피와는 조금 다르지만, 모두 변화의 방향을 제시하는 양이라는 공통점을 가지고 있다.

볼츠만

# 7. 넓어지는 우주

## 우주에서 거리를 측정하다: 연주시차

우주의 구조를 연구하는 천문학이나 천체물리학에서 가장 중요한 것은 우주에서의 거리를 측정하는 일이다. 우주의 크기와 크기의 변화를 측정하지 않고는 우주에 대해서 아무것도 이야기할 수 없기 때문이다. 별까지의 거리를 측정하는 가장 확실한 방법은 연주시차를 측정하는 것이다. 그러나 지구의 공전 궤도의 크기에 비해 별까지의 거리가 아주 멀기 때문에 연주시차가 작아 측정이 매우 어렵다. 1838년에 연주시차 측정에 성공하여 천문학을 한 차원 높여 놓은 사람은 독일의 천문학자로서 독학으로 항해술과 천문학을 배웠던 프리드리히 베셀(Friedrich Wilhelm Bessel, 1784~1846)이었다.

젊은 시절 항해사가 되고 싶어 했던 베셀은 1810년 프로이센 정부로부터 쾨니히스베르크 천문대의 건설을 위촉받아 13년 만에 이를 완성시키고, 초대 천문대장을 지냈다. 베셀은 별들의 위치를 정밀하게 결정하는 방법을 제안했으며, 그의 이름이 붙은 베셀함수에 대한 연구를 통해 수학의 발전에도 공헌했다. 그러나 그의 가장 중요한 업적은 백조자리 61번 별의 연주시차를 측정하는 데 성공하여 이 별까지의 거리를 정확히 알아낸 것이었다. 태양계 밖에 있는 천체까지의 거리를 정확하게 측정한 것은 이것이 처음이었다.

지구의 공전 궤도 반지름을 밑변으로 하고 별을 꼭짓점으로 하는 직각 삼각형을 그렸을 때 이 삼각형의 꼭지각이 연주시차이다. 지구의 공전 궤도 반지름을 알고 있으므로 꼭지각만 측정하면 간단한 계산에 의하여 별까지의 거리를 알 수 있다. 베셀은 백조자리 61번 별의 연주시차가 0.3136″라는 것을 알아냈다. 이것은 약 11광년의 거리에 해당됐다. 현재 밝혀진 이 별의 정확한 연주시차는 0.28718″이다. 연주시차를 초(″)단위로 측정한 값의 역수를 파섹(pc, parsec)이라고 하여 천문학에서 거리를 나타내는 단위로 사용하고 있다. 연주시차가 0.1″이면 10pc이고 이는 32.6광년에 해당한다.

연주시차를 이용하면 별까지의 거리를 정확하게 알 수 있지만, 별까지의 거리가 지구 궤도 반지름에 비하면 아주 멀기 때문에 연주시차를 측정해 거리를 알아낼 수 있는 대상은 태양에서 가까운 별들뿐이다. 태양계에서 가장 가까운 별인 켄타우루스자리의 프록시마의 연주시차도 겨우 0.76″밖에 안 된다. 측정 오차를 감안하면 이 방법으로 정확히 측정할 수 있는 별까지의 거리는 100pc, 즉 326광년 정도이다. 태양에서 우리 은하 중심까지의 거리가 약 3만 광년인 것을 생각하면 이는 매우 짧은 거리이다. 그러나 가까운 별들까지의 거리를 정확하게 측정하게 됨으로써 지금까지 겉보기 밝기로만 알고 있던 별들의 실제 밝기를 계산할 수 있게 되었다.

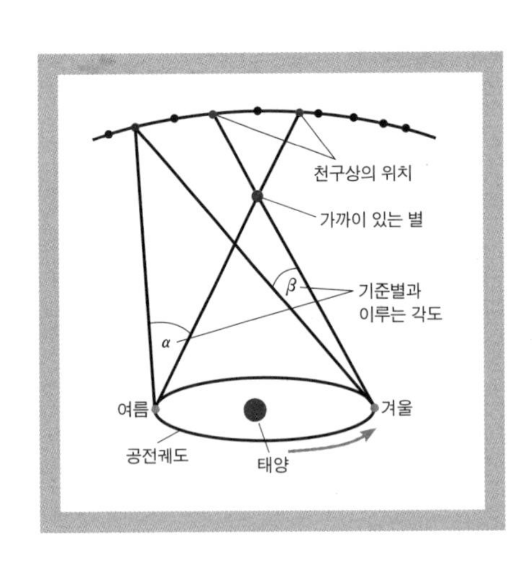


연주시차의 측정 방법

별의 밝기를 처음으로 정량적으로 다루었던 사람은 알렉산드리아 시대의 히파르코스와 프톨레마이오스였다. 그들은 별의 밝기를 6등급으로 나누고 가장 밝은 별을 1등성이라고 했으며 가장 희미하게 보이는 별을 6등성이라고 했다. 1850년 영국의 천문학자 포그슨(Norman Robert

Pogson, 1829~1891)은 망원경을 이용하여 1등성과 6등성의 밝기 차이가 100배라는 사실을 밝혀내 별의 밝기를 수량화했다. 5등급의 차이가 100배의 밝기를 나타내게 하기 위해 한 등급의 밝기 차이는 2.512배로 했다. 맨눈으로 관측이 불가능했던 별들이 망원경의 도움으로 관측이 가능해지자 별의 밝기는 이 스케일에 맞추어 높은 숫자를 가지게 되었다. 태양이나 보름달과 같이 1등성보다 밝은 별도 이 스케일에 의해 계산하면 음의 등급을 갖게 되는데, 태양은 -26.7등성이고 보름달은 -11등성에 해당된다. 태양은 1등성보다 $2.512^{26.7}$배 더 밝고, 보름달은 1등성보다 $2.512^{11}$배 더 밝다는 뜻이다. 그러나 눈에 보이는 밝기는 별의 실제 밝기가 아니다. 별의 실제 밝기를 비교하기 위해서는 별을 같은 거리에서 측정해야 한다. 별의 실제 밝기를 나타내는 절대등급은 별을 10pc의 거리에서 측정했을 때의 밝기를 말한다. 태양의 절대등급은 4.83이다.

### 새로운 행성을 발견하다: 허셜

1781년 천왕성이 발견된 후 천왕성의 운동을 자세하게 관측한 과학자들은 천왕성 바깥쪽에 다른 행성이 있어야 한다는 것을 깨달았다. 1821년 프랑스의 천문학자로 천왕성 운동에 대한 관측 자료를 책으로 출판했던 알렉시 부바르(Alexis Bouvard, 1767~1843)는 뉴턴의 역학법칙을 이용해 천왕성의 위치를 예측했다. 그러나 천왕성이 예측과는 다르게 운동한다는 것을 알게 된 부바르는 천왕성의 운동에 영향을 주는 다른 행성이 있을 것이라고 추정했다.

아직 대학원생이던 영국의 존 애덤스(John Couch Adams, 1819~1892)는 1843년에 천왕성 운동에 대한 관측 자료와 뉴턴역학을 이용해 아직 알려지지 않은 행성의 질량과 위치, 그리고 궤도를 계산해 냈다. 애덤스는 그의 계산 결과를 그리니치에 있던 왕립천문대의 조지 에어리(George Biddell Airy,

1801~1892)에게 전달했다. 에어리는 애덤스에게 좀 더 자세한 계산 과정을 보내 달라고 했다. 애덤스는 자세한 계산 과정을 준비하기는 했지만 에어리에게 보내지는 않았고, 해왕성 문제를 적극적으로 다루지도 않았다. 따라서 애덤스의 계산 결과는 해왕성의 발견으로 연결되지 못했다.

1845년과 1846년 사이에 프랑스의 수학자이자 천문학자였던 위르뱅 르베리에(Urbain Jean Joseph Le Verrier, 1811~1877)는 애덤스와 같은 방식으로 해왕성의 위치와 질량에 대해 계산하였고, 그것을 프랑스 과학 아카데미에 보고했다. 르베리에는 베를린 천문대의 요한 갈레(Johann Gottfried Galle, 1812~1910)에게 해왕성을 찾아보도록 요청했다. 르베리에가 예측했던 부분의 자세한 성도를 가지고 있던 갈레는 르베리에의 편지를 받은 날인 1846년 9월 23일 저녁, 르베리에가 예측했던 지점과 1° 정도 떨어진 지점에서 해왕성을 발견했다. 해왕성이 발견된 후 영국과 프랑스는 해왕성 발견의 우선권을 놓고 논쟁을 벌였다. 그러나 애덤스와 르베리에가 독립적으로 해왕성의 위치를 계산해 낸 것으로 인정받게 되었다. 갈릴레이도 1612년 12월 28일 목성을 관측하면서 가까이 있던 해왕성을 관측했었다는 사실이 그가 그린 관측 도면을 통해 밝혀졌다. 그러나 그는 해왕성을 행성이 아니라 별이라고 생각했다. 마침 퇴행운동기에 접어들고 있던 해왕성이 거의 정지해 있는 것처럼 보였기 때문이다.

해왕성이 발견된 후 해왕성의 운동을 조사한 과학자들은 해왕성의 운동에 영향을 주고 있는 다른 행성이 있을 것이라고 생각했다. 그러나 아홉 번째 행성을 찾는 작업은 20세기가 되어서야 성과를 거두었다. 아홉 번째 행성을 찾는 일에 시간과 재산을 바친 사람은 우리나라와도 깊은 인연이 있는 미국의 퍼시벌 로웰(Percival Lowell, 1855~1916)이다. 로웰은 여행과 여행기를 쓰는 일에 오랜 시간을 바친 사람으로 특히 극동 지방을 여행하고 『조선(Chosun)』(1886)과 『노토(Noto)』(1891), 『신비한 일본(Occult Japan)』(1895)이라는 여행기를 출판하기도 했고, 주미 한국 특명공사의 고문으로 활약하기도 했다. 그는 말년에 천문학에 관심을 갖게 되어 전 재산과 노력을 천문관측소를 세우고 행성의 운동을 관측하고 연구하는 데 바쳤다.

로웰은 새로운 행성의 존재를 가정하면 해왕성의 운동을 더욱 잘 설명할 수 있다는 사실을 알고 새 행성을 찾는 일에 착수했다. 그러나 그 일은 그의 생애에 완성되지 못하고 그가 세운 로웰 천문대에서 클라이드 톰보(Clyde W. Tombaugh, 1906~1997)가 이루어 냈다. 톰보는 황도면을 따라 하늘의 사진을 찍어서 2, 3일 간격으로 움직인 천체가 있는지를 조사했다. 그렇게 해서 1930년 3월 12일 그는 새로운 행성을 발견하는 데 성공했다. 새로운 행성은 명왕성이라고 명명되었다. 그러나 2006년 8월, 국제천문연맹(IAU)의 결정으로 명왕성은 왜소행성으로 강등되어, 왜소행성 '134340 명왕성'이 되었다. 명왕성이 행성에서 제외된 이유는 명왕성이 자기 궤도 가까이에 있는 카이퍼 띠의 천체들을 끌어들일 만큼 충분한 중력을 가지고 있지 않기 때문이었다.

### 우주의 사진을 찍다: 다게레오타이프

먼 곳에 있는 천체로부터 오는 빛은 매우 약하다. 따라서 천체를 자세하게 관측하기 위해서는 많은 빛을 모아야 한다. 구경이 큰 망원경을 만들려는 것은 더 많은 빛을 모으기 위해서이다. 그러나 작은 망원경으로도 많은 빛을 모을 방법이 있다. 오랫동안 빛을 모으면 된다. 우리 눈은 긴 시간 동안 모은 빛을 이용해 상을 만들어 낼 수 없지만, 사진을 이용하면 가능하다. 따라서 사진기술을 천문학에 도입한 것은 천체 관측기술을 한 단계 발전시킨 중요한 사건이었다. 화가이자 물리학자였던 루이 다게르(Louis-Jacques-Mandé Daguerre, 1789~1851)는 1839년에 새로운 사진기술인 '다게레오타이프(Daguerrotype)'를 발명했다.

다게레오타이프를 천문학에 최초로 이용한 사람은 윌리엄 허셜의 아들인 존 허셜(John Herschel, 1792~1871)이었다. 다게르가 새로운 사진기술을 발표하고 몇 주 후 다게레오타이프를 이용하여 아버지 허셜이 만든 가장 큰 망원경의 모습을 사진으로 찍은 아들 허셜은 사진기술 발전에도 크게 이바지했다. 양화, 음화, 사진, 속사와 같은 사진 용어들을 만들어 낸 것도 그였다. 아들 허셜은 사진을 천체 관측에 이용하기 시작했다. 천체 관측에 사진기술을 사용하자 모호한 용어를 훨씬 더 객관적이고 정확한 사진으로 대체할 수 있게 되었다. 그러나 사진의 이러한 장점에도 불구하고 초기에는 사진기술을 천문학에 이용하는 것을 염려하는 사람들이 많았다. 관측 결과를 손으로 그려 온 천문학자들은 사진기술이 단지 화학 반응으로 만들어진 점을 새로운 천체라고 생각하게 할지 모른다고 염려했기 때문이다. 따라서 모든 관측 보고서에는 시각적 관측인지 사진인지를 표시하도록 했다.

그러나 사진기술이 널리 사용되면서 손으로 그린 관측 자료보다 사진기술을 이용한 관측 자료가 더 정확하고 객관적이라는 것을 알게 되었다. 전에는 관측할 수 없었던 천체를 관측할 수 있게 한다는 점 또한 사진의 장점이었다. 사진기술의 사용으로 인간의 천체 관측 능력은 현저히 향상되었다. 망원경으로도 관측할 수 없었던 희미한 천체들도 노출 시간을 길게 하자 선명한 모습을 드러냈다. 망원경이나 사진기술이 인간의 관측 능력을 얼마나 향상시켰는지를 보여 주는 단적인

맨눈으로도 쉽게 관측할 수 있는 황소자리의 플레이아데스성단

예가 황소자리에서 관측되는 산개성단인 플레이아데스성단의 관측 결과이다. 플레이아데스성단은 맨눈으로 보면 일곱 개의 별로 보이기 때문에 오랫동안 7자매별이라고 불렸다. 그러나 망원경을 이용했던 갈릴레이는 47개의 별을 볼 수 있었고, 1880년대 말에는 오랫동안 노출하여 찍은 사진을 통해 2,326개의 별을 관측할 수 있었다.

### 분광학으로 우주를 분석하다: 허긴스 부부

멀리 있는 별에서 오는 별빛에는 그 별에 관한 많은 정보가 포함되어 있다. 우리가 오늘날 별이나 은하, 그리고 우주 전체에 대해 많은 것을 알게 된 것은 멀리 있는 천체에서 오는 빛을 분석하여 빛에 포함된 정보를 알아낼 수 있었기 때문이다. 빛을 분석하는 분광학을 별빛에 적용하여 별이 다가오거나 멀어지는 속력(시선 방향 속력)과 별의 구성 성분을 처음 알아낸 사람은 윌리엄 허긴스(William Huggins, 1824~1910)와 마거릿 허긴스(Margaret Lindsay Huggins, 1848~1915) 부부였다. 윌리엄 허긴스보다 스물네 살이나 나이가 어렸던 마거릿 허긴스는 남편의 훌륭한 조력자였으며 뛰어난 천문학자였다. 허긴스 부부는 런던 교외에 있는 툴스 언덕에 천문관측소를 세우고 별빛의 분광학적 연구를 시작했다. 구경 20cm짜리 망원경과 스펙트럼 분석 장치를 갖춘 허긴스는 1863년 별빛에서 흡수 스펙트럼을 발견하고, 별들도 지구에 존재하는 원자들로 이루어져 있다는 것을 확인했다. 그는 오리온자리의 알파별인 베텔게우스의 스펙트럼에서도 소듐, 마그네슘, 칼슘, 철, 그리고 비스무트와 같은 원자들에 의한 흡수선을 찾아냈다.

모든 원소들은 높은 온도에서는 특성 스펙트럼을 내고 낮은 온도에서는 같은 스펙트럼을 흡수한다. 그런데 원소가 내는 스펙트럼은 도플러 효과에 의해 별들이 우리에게 다가오고 있을 때는 파장이 짧은 쪽으로 이동하는 청색편이를 나타내고, 멀어지고 있을 때는 파장이 길어지는 적색편이를 나타낸다. 따라서 도플러 효과를 측정하면 별의 시선 방향 속력을 알 수 있다. 1868년 허긴스 부부는 큰개자리의 알파별인 시리우스의 스펙트럼이 모두 파장이 0.15% 정도 긴 쪽으로 이동해 있는 것을 발견했다. 이것으로부터 허긴스는 시리우스가 45km/s의 속력으로 멀어지고 있다는 것을 알아냈다. 따라서 별이나 성운에서 오는 빛의 도플러 효과를 측정하기만 하면 그 천체의 시선 방향 속력을 알 수 있게 되었다.

20세기 초에 은하에서 오는 스펙트럼의 도플러 효과를 측정하여 은하까지의 거리를 결정하는 '허블 법칙'이 발견되어 도플러 효과는 우주의 구조를 밝혀내는 가장 효과적이고 강력한 수단이 되었다. 윌리엄 허긴스는 1900년부터 1905년까지 왕립협회 회장을 지냈으며, 왕립협회가 주는 코플리 메달을 비롯하여 많은 상을 수상했다. 1935년에는 달의 크레이터와 화성의 크레이터에 그의 이름이 붙었고, 소행성 2635번에도 그의 이름이 붙었다.

# 8. 엑스선, 방사선, 그리고 전자의 발견

## 새로운 발견의 산실이 되다: 음극선관

20세기에 전개될 현대 과학 시대를 준비라도 하는 것처럼 1895년부터 1900년까지 5년 동안에 새로운 발견들이 집중적으로 이루어졌다. 엑스선 발견을 시작으로 하여, 방사선과 전자의 발견, 그리고 방사선에 대한 자세한 연구는 19세기를 마감하고 원자보다 작은 세계를 탐구하는 현대 과학 시대로 들어가는 발판이 되었다. 20세기 과학에서 매우 중요한 역할을 한 엑스선과 전자의 발견은 음극선관을 이용한 연구를 통해 이루어졌다. 음극선관을 처음 만든 사람은 마이클 패러데이였다. 패러데이는 유리관의 양 끝에 전기를 연결하면 (-)극에서 무언가가 나와 (+)극으로 흘러가는 현상을 발견하고 이것을 음극선이라고 불렀다. 그런데 유리관 안에 공기가 들어 있으면 (-)극에서 나오는 음극선이 공기의 방해를 받아 잘 흐르지 못하므로 유리관 안을 진공으로 만들어 음극선이 잘 흐르도록 한 것이 '음극선관'이다.

크룩스관

진공기술이 좋지 않았던 초기에는 음극선관의 성능이 좋지 않았다. 그러나 독일의 유리 기구 제작자이며 엔지니어였던 요한 가이슬러(Johann Heinrich Wilhelm Geißler, 1814~1879)가 1859년에 진공도를 높인 가이슬러관을 만든 후 음극선 연구가 크게 진전되었다. 그리고 영국의 물리학자로 분광학적 방법을 통해 1861년 탈륨을 발견하기도 했던 윌리엄 크룩스(William Crookes, 1832~1919)도 1970년대에 '크룩스관'을 개발하여 음극선에 대한 여러 가지 실험을 할 수 있었다. 엑스선의 발견이나 전자의 발견은 모두 크룩스관을 이용한 실험을 통해 이루어졌다.

### 엑스선을 발견하다: 뢴트겐

독일에서 태어나 네덜란드와 스위스에서 공부했고 스트라스부르 대학과 기센 대학, 그리고 뷔르츠부르크 대학에서 물리학 교수를 지낸 빌헬름 뢴트겐(Wilhelm Conrad Röntgen, 1845~1923)은 음극선의 성질을 연구하는 실험을 하다가 우연히 엑스선을 발견했다. 뢴트겐이 엑스선을 발견한 것은 뷔르츠부르크 대학에서였다. 뢴트겐은 1895년 11월 음극선관에 낸 얇은 알루미늄 창 가까이에 형광물질을 바른 판을 놓아두고 창을 통과한 음극선이 만들어 내는 형광을 조사하고 있었다. 뢴트겐은 알루미늄 창을 보호하기 위해 빛을 차단할 수 있는 두꺼운 종이로 음극선관을 씌워도 창 가까이 놓아둔 형광판에 형광이 발생한다는 점을 관찰했다. 뢴트겐은 크룩스관을 이용하여 이 실험을 반복해 보았다. 그는 음극선관에서 1m 이상 떨어진 곳에 놓아두었던 형광판에서 희미하게 빛이 나오는 것을 확인했다.

뢴트겐

이 빛은 음극선으로 인한 것이 아니었다. 음극선이 공기 중에서 그렇게 멀리까지 갈 수 없다는 것은 이미 잘 알려져 있었다. 그렇다면 이것은 음극선과는 다른 복사선에 의한 것이 확실했다. 음극선관에서 음극선 외에 두꺼운 종이를 통과할 수 있는 새로운 형태의 복사선이 나오고 있었던 것이다. 그는 주말 내내 이 실험을 반복하고 자신이 새로운 복사선을 발견했음을 깨달았다. 그 뒤 몇 주 동안 실험실에서 먹고 자면서 이 복사선의 성질을 알아내기 위한 실험을 한 뢴트겐은 정체를 알 수 없는 이 복사선을 수학에서 미지수를 나타내는 데 사용하는 알파벳 X에서 이름을 따 '엑스선'이라고 불렀다. 뢴트겐은 엑스선을 이용하여 자신의 아내 안나(Anna Bertha)의 손 사진을 찍었다. 이것이 최초의 엑스선 사진이었다.

그동안의 실험 내용이 정리된 「새로운 종류의 복사선에 대하여」라는 제목의 논문은 1895년 12월 28일에 뷔르츠부르크 물리의학 학회지에 제출되었다. 엑스선 발견 소식은 1896년 1월 4일에 열렸던 독일 물리학회 창립 50주년 기념 학회를 통해 독일 과학자들에게 알려졌고, 곧 많은 신문에 보도되었다. 1912년에 독일의 라우에(Max von Laue, 1879~1960)가 엑스선이 황산구리 결정격자의 회절무늬를 만든다는 것을 알아내 엑스선이 파장이 짧은 전자기파라는 사실을 밝혀냈다. 라우에의 실험은 결정격자의 존재를 실험적으로 확인하였다는 점에서도 중요한 실험이었다. 이 실험으로 여러 가지 물질이나 분자의 구조를 엑스선을 이용하여 분석하는 길이 열렸다.

### 원자에서 방사선이 나온다: 베크렐

1895년 말에 있었던 뢴트겐의 엑스선 발견으로 전 유럽 과학계가 들떠 있던 1896년 초에 프랑스의 앙투안 베크렐(Antoine Henri Becquerel, 1852~1908)은 원자가 내는 방사선을 발견하는 또 다른 중요한 역사적 사건을 만들었다. 할아버지와 아버지가 모두 과학자였던 과학자 집안 출신의 베크렐은 에콜 폴리테크니크에서 과학을 공부하고, 1895년에 그곳에서 물리학 교수가 되었다. 베크렐은 인광(phosphorescence)에 관심이 많았다. 물체에 빛을 쪼여 주었을 때 쪼여 준 빛보다 파장이 긴 빛이 나오는 것을 형광이라고 하고, 빛을 제거한

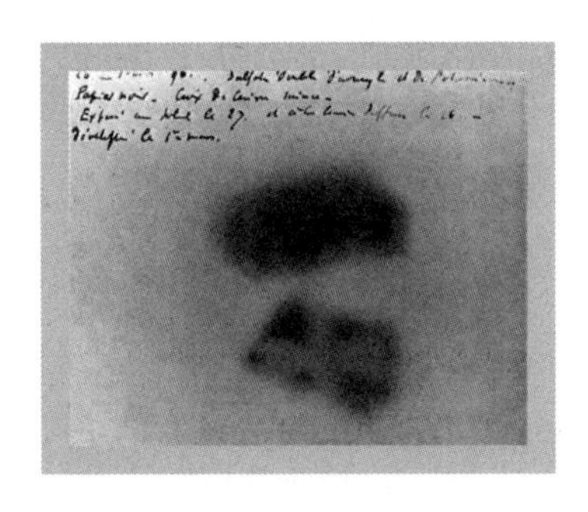

우라늄염에서 나오는 방사선에 노출된 베크렐의 사진 감광지

후에도 한동안 빛을 내는 것을 인광이라고 한다. 뢴트겐의 엑스선 발견 소식을 전해 들은 베크렐은 우라늄염과 같은 인광을 내는 물질에 햇빛을 비추었을 때도 엑스선처럼 투과성이 강한 복사선이 나올지 모른다는 생각을 하게 되었다.

베크렐은 즉시 그의 생각을 확인하기 위한 실험을 시작했다. 사진 감광지를 빛이 들어가지 못하도록 두꺼운 종이로 싼 다음 그 위에 인광물질인 우라늄염을 올려놓고 빛을 쪼여 주었다. 사진 감광지와 우라늄염 사이에 동전이나 금속 조각을 놓아 보기도 했다. 그런 후에 두꺼운 종이로 싸여 있던 감광지를 현상하자 우라늄염의 형상이 나타났고, 금속 조각의 모양도 나타났다. 빛을 쪼인 우라늄염에서 두꺼운 종이를 투과하는 엑스선과 비슷한 복사선이 나오는 것이 틀림없다고 생각한 베크렐은 이 실험 결과를 1896년 2월 24일에 프랑스 과학 아카데미에서 발표했다. 베크렐은 이 현상을 더 자세하게 관측하기 위해 몇 개의 샘플을 더 준비했지만, 날씨가 좋지 않아 제대로 된 실험을 할 수 없었다. 그는 두꺼운 종이에 싼 감광지를 우라늄염과 함께 어두운 서랍 안에 넣어 두었는데, 며칠 동안 좋지 않은 날씨가 이어지자 그대로 감광지를 현상해 보기로 했다. 그는 제대로 빛을 쪼여 주지 않았으므로 매우 흐릿한 영상이 나타날 것이라고 생각했다. 그러나 예상했던 것과 달리 선명한 영상이 나타났다. 우라늄염에서 나오는 복사선이 외부에서 쪼여 준 빛과 관계가 없음을 뜻하는 것이었다. 베크렐은 이 실험 결과를 1896년 3월 2일에 발표했다. 우라늄염을 이용하여 여러 가지 실험을 한 베크렐은 1896년 5월에 투과성이 강한 이 복사선이 외부의 빛과는 관계없이 우라늄 원소에서 나온다고 결론지었다.

## 전자를 발견하다: 톰슨

1897년에 있었던 전자의 발견은 현대 과학의 발전 과정에 한 획을 긋는 중요한 사건이었다. 전자는 음극선관에 흐르는 음극선에 대한 연구를 통해 발견되었다. 음극선에 대한 연구를 통해 음극선이 바로 전자의 흐름이라는 것을 밝혀낸 사람은 영국의 조지프 톰슨(Joseph John Thomson, 1856~1940)이었다. 톰슨은 영국 맨체스터의 치덤 힐에서 태어나, 지금의 맨체스터 대학인 오웬스 칼리지에서 공학을 공부했다. 이후에 케임브리지 대학의 트리니티 칼리지로 옮겨 수학 학사학위와 석사학위를 받고 캐번디시 연구소의 물리학 교수가 되었다. 톰슨은 전자를 발견하고 원자 모형을 제시하여 원자의 구조를 밝히는 일에 크게 공헌했을 뿐만 아니라 많은 제자들을 길러 낸 사람으로도 널리 알려져 있다. 톰슨의 제자나 조수 중에서 일곱 명이나 노벨상을 수상했으며, 톰슨의 아들인 조지 패짓 톰(George Paget Thomson, 1892~1975)은 전자의 파동성을 증명하는 실험으로 1937년에 노벨 물리학상을 수상했다.

톰슨은 음극선의 정체를 규명하기 위해 세 가지 실험을 했다. 첫 번째 실험은 음극선에 (-)전하를 띤 입자들 외에 다른 입자들도 포함되어 있는지를 알아보는 실험이었다. 톰슨은 음극선관 주위에 자기장을 걸어 음극선을 휘게 하면 똑바로 진행하는 것이 아무것도 없다는 것을 알게 되었다. 그것은 음극선에는 (-)전하를 띠지 않은 입자가 포함되어 있지 않음을 뜻했다. 두 번째 실험은 음극선에 전기장을 걸어 주었을 때 음극선이 휘는 것을 조사하는 실험이었다. 전에도 이런 실험을 한 사람들이 있었지만, 성공하지 못했다. 실패 요인이 음극선관 안에 남아 있던 기체 때문이었을 것이라고 생각한

J. J. 톰슨

톰슨은 관 안의 진공도를 훨씬 높인 다음 실험을 다시 해 보았다. 예상했던 대로 음극선이 (+)극 쪽으로 휘어졌다. 그것은 음극선이 (-)전하를 띤 입자의 흐름이라는 것을 확실히 하는 것이었다.

마지막 실험은 전기장 안에서 음극선이 휘어지는 정도를 측정하여 음극선을 이루는 알갱이의 전하와 질량의 비(e/m)를 결정하는 실험이었다. 톰슨이 측정한 음극선 입자의 e/m 값은 수소이온의 e/m 값보다 1,840배나 큰 값이었다. 그것은 이 입자가 (-)전하를 띠고 있으며 질량에 비해 큰 전하량을 가진 입자라는 것을 뜻했다. 톰슨은 이 입자를 '미립자(corpuscles)'라고 불렀다.

1897년 4월 30일에 영국 왕립연구소에서 톰슨은 4개월간에 걸친 음극선에 대한 실험 결과를 발표했다. 톰슨은 이 미립자가 (-)극을 이루고 있는 물질을 이루고 있는 원자에서 나온다고 주장했다. 그것은 원자가 더 이상 쪼개지지 않는 가장 작은 알갱이가 아님을 뜻하는 것이었다. 톰슨이 미립자라고 부른 이 입자를 과학자들은 톰슨이 전자를 발견하기 전인 1894년에 조지 스토니(George Johnstone Stoney, 1826~1911)가 제안한 '전자(electron)'라는 이름으로 부르기 시작했다. 원자가 가지고 있는 전하량을 계산했던 스토니는 전하량의 기본 단위를 나타내기 위해 1894년에 전자라는 말을 최초로 사용했다.

### 새로운 방사성 원소를 발견하다: 퀴리 부부

마리 퀴리(Marie Skłodowska Curie, 1867~1934)는 전 세계 어린이들에게 가장 인기 있는 과학자이다. 마리 퀴리가 이런 인기를 누리게 된 것은 그녀의 이름 앞에 최초라는 수식어가 아주 많이 붙어 있기 때문이다. 마리 퀴리는 최초의 여성 노벨상 수상자이고, 최초로 두 개의 다른 과학 분야에서 노벨상을 받은 사람이며, 최초로 박사학위를 받은 여성이고, 파리 대학 최초의 여성 교수였다. 마리 퀴리는 폴란드 바르샤바에서 교육자의 딸로 태어났지만 어려운 가정 형편 때문에 가정교사로 일하며 공부를 해야 했다. 1891년에는 프랑스 파리로 유학하여 소르본 대학에서 물리학과 수학을 공부했다. 1894년 대학 강사로 있던 피에르 퀴리(Pierre Curie, 1859~1906)를 만나 이듬해 결혼했고, 1897년에는 후에 노벨 화학상을 받는 딸 이렌이 태어났다.

피에르 퀴리와 마리 퀴리 부부

마리 퀴리가 박사학위 논문을 위해 연구 주제를 고심하고 있을 때, 그녀의 관심을 끈 것이 1895년에 뢴트겐이 발견한 엑스선과 1896년에 베크렐이 우라늄염에서 발견한 방사선이었다. 마리 퀴리는 우라늄염에서 나오는 방사선의 성질을 자세하게 밝혀내는 것을 박사학위 연구 주제로 정했다. 마리 퀴리는 남편이 발명한 전하를 정밀하게 측정할 수 있는 전위차계를 이용하여 기본적인 조사를 진행했다. 우라늄에서 나오는 방사선이 주변의 공기를 이온화시키는 정도를 조사한 그녀는 우라늄 화합물에서 나오는 방사선의 세기가 우라늄 화합물에 포함된 우라늄 원소의 양에 따라 달라진다는 점을 알아냈다.

마리 퀴리는 전위차계를 이용하여 우라늄 광석인 피치블렌드(pitchblende)를 조사했다. 그런데 놀랍게도 피치블렌드에서는 우라늄염에서보다 네 배나 더 강한 방사선이 나오고 있었다. 방사선의 세기가 우라늄 원소의 양에 의해서만 결정되는 것이라면 우라늄을 소량 포함하고 있는 광석에서는 우라늄염에서보다 더 강한 방사선이 나올 수 없었다. 마리는 우라늄 광석이 우라늄염보다 더 강한 방사선을 내는 것은 광석에 우라늄보다 더 강한 방사선을 내는 다른 원소가 포함되어 있기 때문이라고 생각했다. 그녀는 방사선을 내는 물질에 대한 체계적인 조사를 통해 토륨도 우라늄과 마찬가지로 방사선을 낸다는 점을 알아냈다. 그러나 이 사실을 밝혀낸 건 이미 두 달 전에 독일의 게하르트 슈미트(Gerhard Carl Schmidt, 1865~1949)가 동일한 내용을 발표한 뒤였다. 결국 마리는 토륨이 방사선을 낸다는 점을 발견한 영예를 다른 사람에게 내줄 수밖에 없었다.

1898년 중반에 마리 퀴리의 연구에 흥미를 느낀 남편 피에르 퀴리도 자신이 하던 연구를 중단하고 마리 퀴리의 연구에 동참했다. 남편의 의견을 참고하기는 했지만 연구의 기본적인 아이디어는 마리 퀴리가 생각해 낸 것이고, 마리는 이 점을 분명하게 했다. 여성은 창의적인 일을 할 수 없다고 생각하던 당시 사람들의 편견을 의식했기 때문이었다. 퀴리 부부는 우라늄 광석에 포함된 새로운 원소를 찾는 작업을 시작했다. 그들은 수 톤의 우라늄 광석을 용해시킨 다음 분별 결정법[45]을 이용해 새로운 원소가 포함된 소량의 화합물을 분리해 냈다. 퀴리 부부는 새로운 원소가 비스무트 화합물과 바륨 화합물에 포함되어 있음을 확인했다. 그리고, 1898년 7월에 마리 퀴리의 고국인 폴란드의 이름을 따라 '폴로늄'이라고 이름 붙인 새로운 원소를 발견했다고 발표했다. 뒤이어 1898년 12월 26일에는 '라듐'을 발견했다고 발표했다. 그러나 새로운 원소를 순수한 형태로 분리해 내는 일이 아직 남아 있었다. 퀴리 부부는 1902년에 염화라듐을 분리해 내는 데 성공했고, 1910년에는 순수한 라듐을 분리해 냈다.

방사선에 대한 연구와 새로운 원소의 발견으로 마리 퀴리는 1903년 6월에 박사학위를 받았다. 이로 인해 마리 퀴리는 박사학위를 받은 최초의 여성이 되었다. 1903년 12월에는 스웨덴 왕립협회가 베크렐과 피에르 퀴리 그리고 마리 퀴리에게 방사선에 대해 연구한 공로로 노벨 물리학상을 수여했다. 그러나 퀴리 부부는 건강상의 이유로 12월 스톡홀름에서 열린 노벨

45 석출되는 온도가 다른 것을 이용하여 화합물을 분리해 내는 방법을 말한다.

상 수상식에 참석하지 못했고, 1905년 6월이 되어서야 스톡홀름을 방문해 노벨상 수상 연설을 할 수 있었다. 이때도 여성이라는 이유로 마리 퀴리의 연설은 허용되지 않아 피에르 퀴리만 수상 연설을 할 수 있었다.

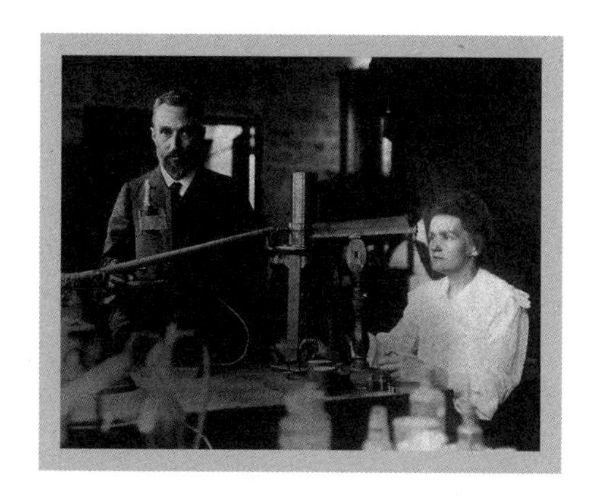

실험 중인 퀴리 부부

1903년에 퀴리 부부가 받은 노벨상의 수상 업적에는 폴로늄과 라듐의 발견이 제외되어 있었다. 새로운 원소의 발견에는 물리학상이 아니라 화학상을 수여해야 한다는 화학회의 반대 때문이었다. 따라서 마리 퀴리는 폴로늄과 라듐을 발견한 공로로 1911년 노벨 화학상을 받을 수 있었다. 이로 인해 마리 퀴리는 물리학과 화학 두 분야에서 노벨상을 받은 유일한 사람이 되었다. 피에르 퀴리가 노벨 화학상을 공동으로 수상하지 못한 것은 1906년 4월 19일 비가 많이 오는 길에서 마차에 치이는 사고로 목숨을 잃은 후였기 때문이었다.

마리 퀴리는 1906년 5월 13일 피에르 퀴리의 뒤를 이어 파리 대학 물리학 교수가 되었다. 그해 마리 퀴리는 남편의 전기 『피에르 퀴리』를 출판했다. 마리 퀴리의 방사선 연구와 후진 양성을 위한 활동은 그녀가 죽던 1934년까지 계속되었다. 퀴리 부부의 연구는 딸과 사위에게로 이어져 딸 이렌 졸리오퀴리(Irène Joliot-Curie, 1897~1956)와 사위 프레데리크 졸리오퀴리(Frédéric Joliot-Curie, 1900~1958)가 1934년 1월 인공방사성 동위원소를 발견하고 1935년에 노벨 화학상을 공동으로 수상했다. 딸과 사위 부부는 나란히 서서 노벨상 수상 연설을 할 수 있었다.

## 원소도 변할 수 있다: 러더퍼드

원자의 구조를 밝혀내는 연구에서 가장 뚜렷한 업적을 남긴 사람 중 한 사람은 뉴질랜드 출신으로 영국에서 활동한 어니스트 러더퍼드(Ernest Rutherford, 1871~1937)였다. 영국에서 뉴질랜드로 이민 온 농부의 아들로 태어나 뉴질랜드 대학에서 학사학위와 석사학위를 받고 2년 동안 연구원으로 일하면서 전파 안테나를 개발하기도 했던 러더퍼드는 1895년 영국으로 가서 전자를 발견한 조셉 톰슨이 소장으로 있던 캐번디시 연구소에서 연구를 시작했다.

케임브리지에서 러더퍼드는 톰슨의 지도하에 엑스선이 기체를 이온화하는 현상에 대한 연구를 시작했지만, 베크렐이 우라늄에서 방사선을 발견했다는 소식을 듣고는 방사선에 대한 연구를 시작했다. 러더퍼드는 방사선이 엑스선과는 투과력이 다른 두 가지 복사선으로 이루어졌다는 점을 알아냈다. 그러나 방사선에 대한 러더퍼드의 본격적인 연구는 캐나다 맥길 대학에서 이루어졌다. 1898년 톰슨은 러더퍼드에게 캐나다 몬트리올에 있는 맥길 대학의 물리학 교수직을 주선해 주었다. 맥길 대학에서도 캐번디시 연구소에서 했던 방사선에 관한 연구를 계속한 러더퍼드는 1899년에 두 가지 방사선에 '알파선'과 '베타선'이라는 이름을 붙였다.

러더퍼드

1900년부터 1903년까지 러더퍼드는 맥길 대학의 젊은 화학자 프레데릭 소디(Frederick Soddy, 1877~1956)와 함께 토륨이 붕괴할 때 나오는 방사성 물질의 정체를 규명하는 연구를 했다. 소디는 이 기체가 불활성 기체의 하나라는 점을 밝혀내고 토론(thoron)이라고 부를 것을 제안했지만, 후에 라돈의 동위원소라는 사실이 밝혀졌다. 1902년 러더퍼드와 소디는 그들의 실험 결과를 설명하기 위해 방사성 붕괴를 통해 한 원소가 다른 원소로 변환한다는 원자 분열 이론을 제안했다. 그때까지는 원자가 복잡한 내부구조를 가지고 있을지도 모른다는 많은 실험 결과에도 불구하고 원자를 물질의 가장 작은 단위라고 생각하고 있었다. 따라서 러더퍼드와 소디가 방사성 원소가 방사선을 내고 다른 종류의 원소로 변환한다고 주장한 점은 급진적이고 새로웠다. 러더퍼드와 소디는 방사성 원소가 자발적인 붕괴를 통해 방사선을 내고 다른 원소로 바뀌는 것을 실험을 통해 보여 주었다.

러더퍼드는 또한 라돈 기체의 반이 붕괴하는 데 걸리는 시간이 원소의 물리화학적 상태와 관계없이 항상 일정하다는 점을 발견했다. 방사성 원소의 반이 붕괴하는 데 걸리는 시간을 '반감기'라고 한다. 1903년에는 방사선에 알파선이나 베타선보다 투과력이 큰 또 다른 복사선이 포함되어 있음을 발견하고 이를 '감마선'이라고 불렀다.

1907년 영국 맨체스터 대학으로 자리를 옮긴 후에도 러더퍼드는 알파선에 관한 연구를 계속했다. 조수였던 한스 가이거(Johannes Hans Wilhelm Geiger, 1882~1945)의 도움으로 가이거 계수기를 만들어 방사선에 포함된 입자의 수와 전하량을 측정할 수 있도록 했다. 이를 통해 러더퍼드는 아보가드로수(어떤 물질의 1mol에 해당하는 양에 담겨 있는 입자의 개수)의 정확한 값을 알아낼 수 있었다. 러더퍼드는 1908년에 그의 학생이었던 토머스 로이스(Thomas D. Royds, 1884~1955)와 함께 알파선이 헬륨 원자핵이라는 사실을 실험을 통해 증명했다. 원자의 붕괴현상에 대해 연구한 공로로 러더퍼드는 1908년 노벨 화학상을 수상했다. 그러나 원자핵을 발견하여 원자의 내부구조를 밝혀내는 데 크게 기여한 그의 핵심적 실험연구는 그가 노벨상을 수상한 후인 1909년에 이루어졌다.

# 9. 독일의 관념철학

## 정신이 물질을 지배한다: 관념론

19세기에 유럽을 풍미했던 대표적인 철학 사상은 독일을 중심으로 발전했던 관념론이었다. 관념론이라는 말은 독일어의 'Idealismus'(영어 idealism)를 번역한 말이다. 한마디로 관념론은 물질에 대한 정신의 우위를 주장하는 세계관이다. 관념론은 인식의 대상이 인식의 주체와 관계없이 실제로 존재한다는 실재론이나 물질과 자연의 두 실체가 존재한다고 설명하는 이원론을 반대하고, 정신이 물질세계를 형성하는 근원이라고 주장한다. 관념론에서는 세상을 정신이 만들어 낸 환영이라고 설명하기도 한다. 관념론 사상은 19세기 독일에서 처음 시작된 것이 아니다. 인류 역사에 나타났던 철학 사상과 종교적 교의에는 관념론적 성격을 띤 것이 많았다. 물질에 대하여 정신의 우위를 주장한 힌두교의 우파니샤드 철학, 불교 화엄종의 유식설, 유교의 성리학, 피타고라스학파의 영혼 불멸설, 플라톤의 이데아론, 기독교 신학, 신플라톤주의 같은 사상들은 모두 관념론으로 분류할 수 있다.

관념론은 현실세계를 초월한 이데아 또는 본원적인 정신의 존재를 인정하는 객관적 관념론과 개인의 주관을 중요시하는 주관적 관념론으로 나눌 수 있다. 주자학이나 플라톤, 신학과 같은 철학이 객관적 관념론이다. 반면에 사물은 개인의 주관적인 의식 작용에서 의해서만 존재한다고 주장한 영국의 조지 버클리와 독일 관념론 철학자 중 한 사람인 피히테의 생각은 주관적 관념론에 속한다. 관념론에 의하면 자연법칙은 경험적이고 관습적인 것 이상의 의미를 가질 수 없다.

### 자아와 비아를 정립하는 것은 자아다: 피히테

독일 관념론을 대표하는 철학자 중 한 사람으로 칸트가 분리해 놓은 인식이성과 실천이성을 자아(Ich)를 이용하여 통일하려고 시도했던 요한 고틀리프 피히테(Johann Gottlieb Fichte, 1762~1814)는 대학에서 처음에는 신학을 공부했지만 스피노자의 『윤리학』을 읽은 후 철학으로 전공을 바꿨다. 스물여덟 살이던 1790년에 읽은 칸트의 『실천이성비판』과 『판단력비판』, 그리고 『순수이성비판』은 그의 나머지 인생에 많은 영향을 미쳤다. 1793년 취리히로 간 피히테는 교육자이며 사회비평가였던 요한 페스탈로치(Johann Heinrich Pestalozzi, 1746~1827)와의 교제를 통해 교육철학에 많은 영향을 받았다. 취리히에 1년 정도 머문 피히테는 1794년에 예나 대학의 철학 교수가 되었다.

그러나 피히테는 1799년에 있었던 무신론 논쟁[46]으로 예나 대학을 떠나 베를린으로 갔다. 프랑스와의 전쟁이 발발하자 베를린을 떠났던 피히테는 1807년 평화조약이 체결된 후 베를린으로 돌아와 『독일 국민에게 고함』(1808)이라는[47] 책을 출판했다. 이 책에서 피히테는 독일을 패망에 이르게 한 근본적 원인은 이기심이므로 새로운 국민 교육을 통해 이를 타파해야 한다고 주장했다. 피히테는 또한 주체적인 정신 활동을 중요시하는 페스탈로치의 교육 사상을 본받아야 하며, 이러한 교육에 의해 독일에 참된 민족의식이 각성될 때, 독일 국민은 잃어버린 독립을 되찾을 수 있을 것이라고 역설했다.

46 피히테가 『철학 잡지』에 실은 「신의 세계 통치에 대한 우리들의 믿음의 근거」와 피히테의 제자가 쓴 「종교 개념의 발견」을 근거로 피히테를 무신론자라고 고발하여 야기된 논쟁을 말한다.
47 피히테, 황문수 옮김, 『독일 국민에게 고함』, 범우사, 1997.

피히테의 자아는 데카르트의 자아처럼 단순히 생각만 하는 존재가 아니라 적극적으로 행동하는 자아였다. 끊임없이 자신을 드러내는 역동적인 활동이 자아의 본질이다. 다시 말해 세상은 나와 내가 아닌 것으로 구성되어 있는데, 나와 내가 아닌 것을 규정하는 것은 다른 누구도 아닌 나라는 것이다. 피히테가 대문자로 나타낸 자아(Ich)는 나 개인의 자아만을 의미하는 것이 아니라 인류라는 자아까지도 의미하는 것이었다.

피히테는 『모든 지식학의 기초』에서 자아의 활동을 세 가지 단계로 구분했다. 첫 번째 단계는 자아가 스스로의 활동을 통해 자기 자신의 존재를 정립하는 단계이다. '나'라는 개념은 외부가 아니라 나 자신의 정신적 활동을 통해 만들어진다는 것이다. 그런데 내가 존재하기 위해서는 내가 아닌 것이 존재해야 한다. 따라서 두 번째 단계는 자아의 활동에 의해 비아가 반정립되는 단계이다. 여기서 이야기하는 자아는 개인으로서의 나만을 의미하는 것이 아니라 우리, 민족, 인류, 우리 우주와 같이 나를 포함하고 있는 모든 것을 뜻한다. 이런 자아는 무제약적인 자아이다. 무제약적인 자아와 비자아의 구분은 절대자에 이르면 의미가 없어진다. 따라서 세상은 절대자를 통해 무제약적인 자아로 통일된다.

그러나 이런 통일에도 불구하고 자연의 일부밖에 알 수 없으며, 인식과 실천이 완전히 일치하지 않는 '나'라는 존재는 아직도 존재하고 있다. 따라서 세 번째 단계는 무제약적인 자아가 자신 안에 가분적 자아와 가분적 비아를 반정립하는 단계이다. 비아는 자아를 한정하고 자아의 활동을 방해하지만, 이를 통해 오히려 자아의 자기실현을 가능하게 한다. 이 세 가지 단계를 한마디로 요약하면 처음에는 스스로를 정립하는 활동적인 자아가 있고, 다음에 이 자아의 활동에 의해 자아의 대상이 되는 비아가 있게 되고, 마지막으로 자아 자체에 제한된 자아와 제한된 비아가 있게 된다. 이처럼 피히테의 철학은 능동적으로 활동하는 자아의 변증법적 발전과정을 통해 통일적 체계를 만드는 것이었다.

### 자아와 비아는 동일하다: 본 셸링

피히테, 헤겔과 함께 독일 관념론의 한 축을 이루고 있는 철학자로 평가받고 있는 프리드리히 셸링(Friedrich Wilhelm Joseph von Schelling, 1775~1854)은 독일 뷔르텐베르크주 레온베르크에서 루터파 목사의 아들로 태어났다. 열다섯 살이던 1790년에 셸링은 튀빙겐 대학의 신학교에 입학하여 5년 동안 신학을 공부하다가 철학 공부를 시작했다. 객관적 관념론이라고 부르기도 하는 셸링의 철학은 피히테의 자아에 대한 비판에서부터 시작했다. 피히테가 무제약적인 자아의 활동을 이용하여 칸트가 제시한 인식이성과 실천이성의 분열을 해결하려고 했다면, 셸링은 정신과 자연, 즉 주체와 객체가 본질적으로 동일하다는 것을 보여서 칸트의 모순을 해결하려고 했다.

셸링은 피히테가 세상이 나(자아)와 나가 아닌 것(비아)으로 이루어졌다는 이분법적 생각을 반대하고, 자아와 비아는 대립하는 관계가 아니라고 주장했다. 절대자는 다른 사물과 구분되는 것이 아니어서 세계가 바로 절대자이며, 세계에는 무차별자인 절대자만이 존재한다. 즉 주관과 객관, 또는 정신과 자연이 실제로는 동일한 것이고, 세계는 무차별성이라는 특성을 가진 절대자의 세계이다. 정신과 자연이 동일하다는 셸링의 주장은 스피노자의 범신론과 유사한 면이 있다. 스피노자는 신이 세상에 보편적으로 깃들어 있다고 주장했다. 그러나 셸링은 자아의 활동 안에서 정신과 자연, 즉 주관과 객관이 같은 것이라는 점을 발견했다. 다시 말해 셸링의 철학은 자아에 비중을 둔 범신론이라고 할 수 있다.

### 세계사를 이끌어 가는 세계정신을 강조한 헤겔의 절대적 관념론

독일 관념철학을 완성한 사람으로 인정받고 있는 게오르크 헤겔(Georg

Wilhelm Friedrich Hegel, 1770~1831)은 피히테의 주관적 관념론과 셸링의 객관적 관념론을 종합한 자신의 철학을 절대적 관념론이라고 했다. 헤겔은 세상의 모든 것에 대한 원리를 포함하는 통일적인 지식 체계를 만들려고 했다. 그가 추구했던 것은 개인에 국한되는 주관적이고 부분적인 지식이 아니라 모든 사람에게 통용되는 객관적인 지식 체계였다. 헤겔은 우리의 의식, 즉 정신이 발전해 나가는 과정을 분석하는 것에서부터 이 일을 시작했다.

헤겔은 세상이 끊임없이 발전하는 과정에 있다고 보고, 변증법적 발전 과정을 통해 이를 설명하려고 했다. 원래의 상태를 정(正)이라 하면, 정의 상태가 안고 있는 모순을 발견하여 정의 상태를 부정하는 것이 반(反)이다. 세상은 이 모순을 해결하는 방향으로 발전하여 새로운 합(合)의 상태에 도달한다. 그러나 이 합의 상태는 다시 다음 단계의 출발점이 된다. 이러한 발전 과정은 최고의 상태에 도달할 때까지 계속된다. 이것이 헤겔 철학을 대표하는 변증법적 발전 단계이며, 변증법적 운동이다.

헤겔은 진리 또는 참된 것은 특정한 철학자가 독립적으로 생각해 낸 것이 아니라 세계사라고 하는 인류 전체의 경험의 산물이라고 생각했다. 헤겔은 세계사에 의해 도달하는 최고의 상태를 '절대정신'이라고 불렀다. 절대정신이란 자연과 대립하는 정신이 아니라 자연을 자신의 일부로 받아들이는 정신이다. 절대정신은 변증법적 발전 과정을 통해 도달할 수 있는 최고의 상태, 즉 더 이상 변화될 필요가 없는 상태를 나타낸다. 헤겔은 세계사 속에서 나타나는 절대정신을 세계정신이라고 불렀다. 세계사를 세계정신이 변증법적 운동을 통해 자유의식을 발전시켜 가는 과정이라고 본 것이다. 세계사

게오르크 헤겔

의 큰 흐름에서 보면 개인의 운명은 부분적인 것으로, 세계사가 완성되어 가는 데 필요한 요소에 불과하다. 개인들에게 일어나는 일들이 부조리하고 불공평하게 보여도 세계사는 그것을 통해 세계정신을 실현시켜 간다. 이것을 헤겔은 역사의 간지(奸智)라고 불렀다. 세계사가 개인을 속이면서 자신의 목적을 달성시켜 나가는 것이 역사의 간지이다. 역사의 간지는 헤겔이 본 세계사의 중요한 성격 중 하나였다.

관념의 세계에 사로잡혀 있던 헤겔은 자연에 대해서는 큰 관심을 보이지 않았다. 그는 당시 눈부시게 발전하고 있던 과학적 성과들에 주목하기보다 관념론적인 틀 안에서 자연을 파악하려고 했다. 따라서 헤겔에게 자연은 세계정신이 자신을 실현해 가는 무대에 불과했다. 데카르트에서 시작된 근대 철학은 헤겔에 의해 완성되었으며, 헤겔의 철학을 비판하면서 현대 철학이 등장했다고 말하기도 한다.

헤겔학파는 데이비드 슈트라우스(David Friedrich Strauss, 1808~1874)가 신약성경에 나타난 기적은 실제 있었던 사건이 아니라 초대 교회에서 예수를 메시아로 만들기 위해 덧붙인 것이라고 주장한 『예수의 생애』를 출판한 것을 계기로 좌파와 우파로 나뉘었다. 좌파가 정치와 종교적인 면에서 진보적이고도 급진적인 성향을 보였다면, 우파는 기존 질서에 정당성을 부여하려고 하는 보수적 성향을 나타냈다.

제8장

# 현대 과학 시대를 연 20세기

## 1. 인류 문명의 전환점

### 과학기술이 인류 문명을 주도하다

19세기에 있었던 산업혁명 이후 과학기술은 현학적 학문에서 주도적으로 세상을 바꾸어 놓은 실용적 학문이 되었다. 과학과 기술이 크게 발전하여 100년 동안에 인류가 과거 350만 년 동안에 이루어 놓은 문명의 발전보다 더 큰 발전을 이룩한 20세기에는 이러한 경향이 더욱 심화되어 과학과 기술이 인류 문명의 주역이 되었다. 20세기 전기 문명의 발전을 주도한 것은 19세기에 완성된 전자기학이었다. 19세기 초반에 발견된 전류의 자기작용과 전자기 유도현상은 공장과 가정에서 사용할 수 있는 많은 양의 전기를 손쉽게 생산하고 전송하는 것을 가능케 했다. 따라서 전기를 사용하는 다양한 기술의 발전이 가능해졌고, 이로 인해 인류의 생활 방법을 크게 바꾸어 놓은 전기 문명이 빠르게 발전할 수 있었다.

20세기 초에 등장한 상대성이론은 시간과 공간, 물질과 에너지에 대한 기존의 생각을 크게 바꾸어 놓았고, 원자폭탄과 원자핵 에너지의 사용을 가능하여 세계정치질서를 재편하고, 경제 발전의 원동력을 제공했다. 상대성이론은 또한 우리가 감각을 통해 경험하는 세상이 가지는 의미를 바꾸어 놓았고, 이는 경험을 통해 축적한 자연에 대한 우리의 지식의 의미와 한계를 새롭게 인식하도록 했다.

원자의 내부구조와 원자보다 작은 세계에서 일어나는 일들을 이해할 수 있도록 한 양자역학은 물리학은 물론 화학과 생물학이 한 단계 발전할 수 있는 바탕을 제공했다. 원자보다 작은 세계는 크기가 작을 뿐만 아니라 적용되는 물리법칙도 다른 새로운 세상이라는 점을 알게 되면서 우리가 '안다'는 것이 무엇을 의미하는지 다시 생각해 보아야 했다. 그리고 양자역학은 고체 안에서 전자들의 행동을 이해할 수 있도록 하여 재료공학과 반도체공학의 발전을 가능하게 했고, 이는 컴퓨터의 발전으로 이어졌다. 컴퓨터는 20세기에 이루어진 과학기술의 발전에서는 물론 정치사회적 변화에서도 핵심적 역할을 했다.

20세기 초에 개발된 기술 중에는 지구상에 살아갈 수 있는 사람들의 수를 크게 늘린 기술도 있었다. 식물이 성장하기 위해서는 탄소와 수소, 그리고 질소가 필요하다. 이 중에 탄소와 수소는 공기 중 이산화탄소와 물을 태양에너지를 이용하여 분해해 충분히 확보할 수 있으므로 문제가 되지 않는다. 그러나 공기 중에 포함되어 있는 질소 분자는 강하게 결합되어 있어 태양에너지를 이용하여 분해할 수 없다. 따라서 콩과식물의 뿌리혹박테리아나 천둥, 번개가 토양에 공급하는 질소의 양이 지구에서 생산할 수 있는 식량의 양을 결정한다. 지구상에서 생산하는 식량으로 살아갈 수 있는 사람의 수는 약 40억 명 정도이다. 20세기 초에 독일의 프리츠 하버(Fritz Haber, 1868~1934)가 화학 반응을 통해 질소를 고정하는 방법을 알아냈다.[48] 이로 인해 지구상에서 생산할 수 있는 식량의 양이 대폭 증가했고, 따라서 20세기 말 지구는 70억 명에 달하는 인구를 지탱할 수 있게 되었다. 이는 과학기술의 발전이 생활을 편리하게 만드는 것보다 훨씬 중요한 일을 할 수 있음을 의미했다.

이처럼 20세기에 과학과 기술이 인류 문명을 주도하게 되면서 과학은 철

48 공기 중에 포함되어 있는 질소를 암모니아와 같이 식물이 이용할 수 있는 질소 화합물로 바꾸는 것을 질소를 고정시킨다고 한다.

학의 주요 관심사가 되었다. 철학자들 중에는 실험이나 관찰을 통해 확인이 불가능한 논란을 철학에서 추방하고 그 대신 과학 연구과정이나 그 결과에 대한 논의가 철학의 주제가 되어야 한다고 주장하는 사람들이 나타났다. 이런 철학자들을 중심으로 하여 발전한 과학철학은 철학 발전에 큰 영향을 끼쳤고, 과학과 기술에 대해 심도 있는 철학적 고찰을 가능케 했다. 이것은 뉴턴역학 이후 멀어져 가던 과학과 철학이 다시 가까워지는 계기를 제공했다. 과학기술이 인류 문명의 모든 부분에 큰 영향을 끼치게 되면서 철학자나 과학자 모두 과학과 기술에 대한 철학적 논의가 필요하다는 것을 깨닫게 되었기 때문이다.

### 가장 많은 나라들이 가장 참혹하게 싸우다

20세기 초반에 있었던 두 번의 세계대전과 그 후 오랫동안 계속된 냉전 체제도 20세기 과학기술과 인류 문명의 비약적인 발전에 중요한 역할을 했다. 인류 역사상 가장 많은 나라가 참여하여 가장 참혹하게 싸웠던 두 번의 세계대전 동안 적국보다 우월한 위치를 차지하기 위해 모든 나라들이 국력의 거의 전부를 과학기술 발전에 투입했다. 이로 인해 가장 파괴적이었던 두 번에 세계대전이 과학기술을 기반으로 하는 인류 문명의 발전을 촉진시키는 결과를 가져오기도 했다.

두 번의 세계대전은 국제 질서를 크게 바꿔 놓았다. 영국, 프랑스, 러시아의 삼국협상을 주축으로 하는 연합국과 독일, 오스트리아-헝가리 제국[49]을 주축으로 하는 동맹국 사이의 전쟁이었던 제1차 세계대전(1914~1918)이 연

49 1867년 오스트리아가 마자르족의 헝가리 왕국 건설을 허락하고 오스트리아 황제가 헝가리 왕국의 국왕을 겸해 한 명의 왕이 별개의 의회와 정부를 가지는 두 나라를 통치하는 체제가 만들어졌다.

합국 측의 승리로 끝난 후 미국의 우드로 윌슨(Woodrow Wilson, 1856~1924) 대통령이 민족자결주의를 제창하였고, 이로 인해 많은 국가들이 독립했다. 그리고 그는 또한 전쟁의 방지와 세계평화를 위한 국제기구를 설립할 것을 제안하여 국제연맹을 탄생시켰다.

그러나 제1차 세계대전 후 설립된 국제연맹을 통한 평화체제는 불완전한 것이었다. 국제연맹의 설립을 주도했던 미국이 의회의 반대로 가입하지 않았을 뿐만 아니라 군사적 강제력을 가지지 못했던 국제연맹은 국가들 사이의 분쟁을 해결하는 역할을 제대로 할 수 없었다. 일본이 만주를 지배하기 만주국을 세웠을 때 중국이 국제연맹에 호소하자 일본은 국제연맹을 탈퇴해 버렸다. 그럼에도 국제연맹이 할 수 있는 것은 아무것도 없었다. 이런 불완전한 국제질서 속에서 또 한 번의 세계대전이 잉태되었다.

독일의 나치 정권, 이탈리아의 파시스트 정권, 일본의 제국주의 정권의 세계 정복 야욕에 대항하여 세계 많은 나라들이 참전하여 싸웠던 제2차 세계대전은 인류 역사상 가장 많은 사람들이 희생당한 가장 참혹한 전쟁이었다. 제2차 세계대전 동안 양쪽 진영의 전사자는 약 2500만 명이나 되었고, 민간인 희생자도 약 3000만 명에 달했다.

전쟁이 계속되는 동안에는 모든 국가들의 역량이 전쟁에서 이기기 위한 노력에 집중되었다. 그 결과 전쟁 수행과 관련된 기술이 크게 발전했다. 특히 제공권 장악을 위해 필요했던 항공기 제작기술, 레이더에 사용되는 전자기파 관련 기술, 로켓기술, 원자폭탄의 개발과 관련된 기술이 비약적으로 발전했다. 전쟁 중 개발된 이런 기술들은 20세기 후반에 급속하게 발전한 기술 문명의 토대가 되었다.

제2차 세계대전은 세계 여러 나라에 흩어져 있던 과학자들과 기술자들을 미국과 소련으로 불러 모으는 역할을 했다. 20세기 초에 있었던 상대성이론, 양자역학, 질소 고정기술과 같은 과학과 기술 분야의 위대한 발견들은 대부분 유럽에서 이루어졌다. 현대 과학과 기술발전의 중추적 역할을 했던 과학자들 중 많은 사람들이 제2차 세계대전 동안에 나치를 피해 미국으로 이주했거나, 전쟁이 끝난 후에 새로운 과학기술의 중심지가 된 미국이나 소련으로 이주했다. 이것은 인류 역사에 있었던 가장 큰 규모의 두뇌 이동이었다. 이렇게 이동한 과학자들과 기술자들은 제2차 세계대전 후 진행된 냉전체제하에서의 기술 경쟁에서 중요한 역할을 했다.

제2차 세계대전이 끝난 후 오랫동안 미국을 주축으로 하는 자본주의 국가와 소련을 주축으로 한 공산주의 국가 사이의 냉전이 계속되었다. 냉전 동안에는 실제로 전투를 하지 않는 대신 상대 진영을 압도할 수 있는 새로운 무기와 과학기술을 개발하기 위한 무한 경쟁을 벌였다. 1950년대부터 시작되었던 미국과 소련의 우주 개발 경쟁은 냉전 시대에 있었던 기술 개발 경쟁의 양상을 가장 잘 보여 준다. 우주 개발 경쟁에서 초기에는 소련이 앞섰지만, 미국이 본격적으로 이 경쟁에 뛰어들면서 1969년 달에 최초로 사람을 보내는 성과를 올렸다. 그 후에도 태양계 행성 탐사에서 우위를 차지하려는 두 나라의 경쟁이 계속되었고, 이는 다양한 분야의 기술발전을 견인하는 결과를 가져왔다.

## 2. 시간과 공간을 새롭게 해석한 상대성이론

### 아인슈타인이 세 가지 논문을 제출하다

현대 과학은 상대성이론과 양자역학을 바탕으로 하고 있다. 이 두 가지 이론은 자연에 대한 사람들의 생각을 크게 바꾸어 놓았고, 사람의 감각으로 경험할 수 없는 아주 빠른 세계와 아주 작은 세계를 이해할 수 있도록 하여 우주에 대한 이해의 지평을 크게 넓혔다. 오랫동안 사람들은 우리가 감각경험을 통해 알아낸 자연에 대한 지식이 우리의 감각경험 너머에 있는 세상에도 그대로 적용될 것이라고 생각했다. 그러나 실제로 아주 빠른 세상에서나 아주 작은 세상에서는 우리의 감각경험과는 전혀 다른 일들이 일어난다. 따라서 이런 세상을 이해하기 위해서는 감각경험을 바탕으로 형성된 우리의 상식을 버려야 한다. 상대성이론이나 양자역학이 많은 사람들에게 어렵게 느껴지는 것은 상식으로는 이해할 수 없는 현상을 다루기 때문이다.

우리의 상식과는 다른 일들이 벌어지고 있는 아주 빠른 세상과 중력이 아주 강한 세상에서 일어나는 일들을 설명하는 상대성이론을 제안한 사람은 독일 출신 물리학자 알베르트 아인슈타인(Albert Einstein, 1879~1955)이었다. 아인슈타인은 1879년에 독일 남부에 있는 울름이라는 도시에서 태어났다. 아인슈타인이 열 살 때부터 5년 동안 탈무드(Max Talmud)라는 폴란드에서 온 가난한 의대생이 매주 아인슈타인의 집을 방문했다.[50] 그는 아인슈타인

50 당시 유대인 가정에서는 가난한 학생을 정기적으로 초대해 식사를 제공하는 관습이 있었다.

에게 과학, 수학, 철학에 관한 책들을 선물했다. 칸트의 『순수이성비판』, 유클리드의 『기하학 원론』 등의 책들을 읽은 아인슈타인은 종교의 권위에 의심을 품게 되었다. 아인슈타인은 후에 열한 살 때 있었던 이 경험이 모든 종류의 권위에 대한 의심으로 발전했으며, 모든 종류의 확신을 회의적으로 대하게 되었다고 회상했다.

젊은 시절의 아인슈타인

1894년 아인슈타인의 부모는 전기회사를 시작하기 위해 이탈리아로 이주했다. 그동안 아인슈타인은 김나지움 공부를 마치기 위해 뮌헨에 있는 친척집에 남아 있었다. 그러나 군대식 교육을 하는 학교 생활에 적응하지 못했던 아인슈타인은 1894년 12월 예고도 없이 이탈리아에 있는 부모님을 찾아가 독일 시민권을 포기하겠다고 했다. 그러나 가족들은 공부를 계속하도록 아인슈타인을 설득했다. 우리나라의 고등학교에 해당하는 김나지움의 졸업장이 없었던 아인슈타인은 1895년 10월 졸업장을 요구하지 않는 스위스의 취리히 연방공과대학에 진학하기 위해 입학시험을 쳤다. 이 시험에서 수학과 물리의 성적은 좋았지만 어학, 동물학, 식물학 등 다른 과목 성적은 좋지 않았다. 아인슈타인은 교수의 권유로 스위스의 아르가우 칸톤 학교에 1년 동안 다녔다.

1896년 9월 아인슈타인은 취리히 공과대학 물리교육 학위 과정에 입학했다. 아인슈타인은 그의 첫 번째 부인이 되는 밀레바 마리치(Mileva Marić, 1875~1948)를 이곳에서 만났다. 밀레바 마리치는 물리교육 학위 과정의 유일한 여학생이었다. 대학을 졸업한 후 대학원 진학이나 대학 내의 일자리를 구하는 데 필요한 교수의 추천서를 받을 수 없었던 아인슈타인은 직장

1921년 노벨상을 받던 해의 아인슈타인

을 구하지 못하고 학생들을 모아 가르치면서 1년 정도를 보냈다. 대학 내에서 물리학과 관련된 직장을 구하기 위해 노력하던 아인슈타인은 결국 그런 희망을 포기하고, 취리히 공과대학 동기였던 그로스만(Marcel Grossmann, 1878~1936)에게 취직을 부탁하여 그로스만의 친척 소개로 베른에 있는 특허 사무소에 취직했다.

아인슈타인이 베른에 있는 특허 사무소에 3급 검사관으로 취직한 것은 1902년 6월이었다. 아인슈타인은 이후 7년 동안 특허 사무소에서 일했다. 아인슈타인은 특허 사무소에서 일하면서도 연구와 공부를 계속했다. 그러나 1904년까지는 전문 학술지에 실릴 정도의 논문 네 편을 썼을 뿐, 1905년에 이룬 역사적 발견의 징후는 보이지 않았다.

아인슈타인은 '아인슈타인의 기적의 해'라고 불리는 1905년에 세 편의 놀라운 논문을 『물리학 연대기』에 발표했다. 6월 9일에 발표한 첫 번째 논문은 빛을 금속에 쪼였을 때 전자가 튀어나오는 광전 효과를 광량자의 개념을 도입하여 새롭게 분석한 것이었다. 아인슈타인이 1921년에 노벨 물리학상을 수상한 것은 이 논문 때문이었다. 두 번째 논문은 7월 18일에 발표한 브라운 운동(Brownian motion)을 분석하여 물질이 원자와 분자로 이루어졌다는 것을 논증한 논문이었고, 9월 26일 발표한 세 번째 논문은 '특수상대성이론'을 제안한 논문이었다. 11월 21일에는 「질량은 포함하고 있는 에너지의 양에 따라 달라지는가?」라는 제목의 논문을 발표했다. 그러나 질량과 에너지가 상호 변환될 수 있다는 것을 밝힌 이 논문은 특수상대성이론의 결과 중 하나를 다룬 논문이어서 흔히 아인슈타인은 이해 세 편을 논문을 발표했다고 이야기한다.

### 시간과 공간을 새롭게 발견하다: 특수상대성이론

특수상대성이론을 제안한 논문의 제목은 「운동하는 물체의 전기역학에 대하여(Zur Elektrodynamik bewegter Körper)」였다. 이 논문은 1905년 6월 30일에 제출되었고, 9월 26일 자 『물리학 연대기』에 실렸다. 이 논문은 물리학의 가장 중요한 이론인 뉴턴역학과 전자기학이 빛의 속력에 대해 서로 모순된 설명을 하고 있는 문제를 해결하는 새로운 방법을 제안한 논문이었다. 아인슈타인 이전에도 뉴턴역학과 전자기학 사이의 모순을 해결하기 위한 여러 가지 해결책들이 제안되었지만, 만족할 만한 해결책을 제시하지는 못하고 있었다. 그러나 아인슈타인이 제안한 특수상대성이론은 뉴턴역학과 전자기학 사이의 문제들을 모순 없이 모두 설명할 수 있었다.

아인슈타인의 특수상대성이론은 빛의 속력은 모든 관측자에게 일정하다는 광속불변의 원리와 등속도로 운동하는 계에서는 모두 같은 물리법칙이 성립되어야 한다는 상대성원리를 바탕으로 하고 있는 이론이다. 아인슈타인은 모든 관성계에서 빛의 속력이 일정하고, 상대성원리가 성립하기 위해서는 관성계의 상대속력에 따라 물리량이 다르게 측정되어야 한다고 했다. 이것은 모든 관성계에서 측정한 물리법칙과 물리량이 같아야 한다고 했던 뉴턴역학의 설명과는 다른 것이었다.

아인슈타인은 두 다른 관성계에서 측정한 물리량 사이의 관계를 나타내는 식을 제안했다. 이 식이 '로렌츠 변환식'이다. 관성계에서 측정한 물리량이 상대속력에 따라 어떻게 달라지는지 알아보기 위해서는 로렌츠 변환식을 이용해 환산해 보아야 한다. 로렌츠 변환식을 이용하면 측정하고자 하는 대상에 대해 정지해 있는 관측자가 측정한 물리량을 $v$의 속력으로 달리고 있는 관측자가 측정한 물리량으로 환산할 수 있고, 반대로 $v$의 속력으로 달리고 있는 관측자가 측정한 물리량을 정지한 관측자가 측정한 물리량으로 환산할 수 있다.

O(x, y, z, t) 좌표계에서 측정한 어떤 점의 좌표를 (x, y, z, t)라고 하고, 이 좌표계에 대하여 x방향으로 V의 속도로 달리고 있는 O′(x′, y′, z′, t′) 좌표계에서 측정한 같은 점의 좌표를 (x′, y′, z′, t′)라고 할 때, 두 좌표 사이의 관계를 나타내는 로렌츠 변환식은 다음과 같다.

$$x' = \frac{x-Vt}{\sqrt{1-V^2/c^2}}, \quad y' = y, \quad z' = z, \quad t' = \frac{t-Vx/c^2}{\sqrt{1-V^2/c^2}}$$

여기서 c는 빛의 속력을 가리킨다. 로렌츠 변환식을 이용하여 변환하면 두 좌표계의 물리법칙이 같은 식으로 나타나고 빛의 속력이 같아진다.

로렌츠 변환식을 이용하면 관측자에 대해 달리고 있는 물체의 길이는 정지해 있을 때보다 짧아진다. 이것을 길이의 수축이라고 한다. 우리가 일상생활에서 길이의 수축을 경험하지 못하는 것은 일상생활에서 우리가 경험하는 속력이 빛의 속력에 비해 매우 느리기 때문이다. 빠르게 달리면 길이가 수축한다는 것도 쉽게 받아들이기 어려운 사람들에게 더욱 충격적인 사실은 로렌츠 변환식에 의하면 빠르게 달리면 시간도 천천히 흐른다는 것이었다. 우리는 항상 일정하게 흐르고 있는 시간 안에서 여러 가지 사건이 일어난다고 생각해 왔다. 그런데 특수상대성이론에서는 시간마저도 관측자의 상대속력에 따라 달라지는 상대적인 양이라고 설명했다.

모든 관성계에서는 같은 물리법칙이 성립된다는 상대성원리에 따라 두 물체가 충돌하는 경우 정지해 있는 관측자가 볼 때도 운동량 보존법칙이 성립해야 하고, $v$의 속력으로 달리고 있는 관측자가 볼 때도 운동량 보존법칙이 성립해야 한다. 운동량 보존법칙이 모든 관성계에서 성립하기 위해서는 질량이 물체의 속력이 빨라짐에 따라 증가해야 한다. 뉴턴역학에서는 물체에 일을 해 주면 속력이 증가해 운동에너지가 증가한다고 설명했다. 그러나 특수상대성이론에서는 물체에 해 준 일은 속력을 증가시키는 데도 쓰이고, 물체의 질량을 증가시키는 데도 사용된다. 속력이 느릴 때는 대부분의 일이 속력을 증가시키는 데 사용되지만, 속력이 빨라지면 질량을 증가시키는 데 더 많이 사용된다. 따라서 빛의 속력에 다가가면 물체의 질량이 무한대가 된다. 따라서 아무리 큰 힘을 가해도 빛의 속력보다 더 빠른 속력으로 달리게 할 수는 없다. 빛의 속력으로 달릴 수 있는 것은 질량을 가지고 있지 않은 빛과 같은 입자들뿐이다.

물체에 해 준 일이 물체의 질량을 증가시킨다는 것은 에너지가 질량으로 변한다는 것을 의미한다. 따라서 질량도 에너지로 변할 수 있어야 한다. 특수상대성이론에 의하면 에너지와 질량 사이에는 $E=mc^2$라는 식으로 나타내지는 관계가 있다. 이 식은 특수상대성이론을 나타내는 대표적인 식이 되었다. 특수상대성이론은 단순히 새로운 물리 이론이 아니라 우리가 가지고 있던 공간과 시간에 대한 생각을 근본적으로 바꾸어 놓은 새로운 이론이었다. 특수상대성이론이 등장하기 전에는 우주라는 무대 위에서 일정하게 흐르는 시간에 따라 여러 가지 사건이 일어난다고 생각했다. 그러나 특수상대성이론은 우주 공간과 시간마저도 우주와 함께 시작된, 상대적인 양이라는 것을 알게 해 주었다.

### 새로운 중력이론이 등장하다: 일반상대성이론

1905년 특수상대성이론을 발표한 후 곧 아인슈타인은 가속도를 가지고 달리는 좌표계에서 측정된 물리량을 다루는 새로운 이론을 구상하기 시작했다. 아인슈타인은 1907년에 자유 낙하하는 관측자에 대한 사고실험을 시작으로 8년 동안의 연구 끝에 새로운 중력 이론인 '일반상대성이론'을 이끌어 냈다. 수많은 시행착오와 고통스러운 계산 과정을 거친 후 아인슈타인은 1915년 11월 25일 프러시아 과학 아카데미에 일반상대성이론이 담긴 「중력장 방정식(The Field Equation of Gravitation)」이라는 제목의 논문을 제출했다. 4쪽 분량의 이 논문은 1916년 3월 20일 자 『물리학 연대기』에 실렸다.

아인슈타인은 중력이 작용하는 공간과 중력 가속도와 같은 가속도로 가속되고 있는 공간은 물리적으로 동등하다는 '등가의 원리'와 특수상대성이론을 결합하여 일반상대성이론을 이끌어 냈다. 우주 공간에 고립되어 있는 우주선 안에 있는 사람은 우주선이 앞으로 가속되고 있는지 아니면 우주선 아래 커다란 천체가 중력을 작용하고 있는지를 우주선 안에서 하는 실험을 통해서는 구별해 낼 수 없다는 것이 등가의 원리이다.

우주선이 정지해 있는 경우 우주선에 나 있는 한쪽 창문을 통해 들어온 빛은 같은 높이에 있는 반대편 창문을 통해 우주선 밖으로 나갈 것이다. 그러나 우주선이 앞쪽으로 가속되고 있는 경우에는 한쪽 창문으로 들어온 빛이 휘어진 경로를 따라 진행한 후 들어온 창문보다 아래쪽에 있는 반대편 창문을 통해 우주선 밖으로 나갈 것이다. 등가의 원리에 의하면 우주선이 가속하지 않고 우주선 아래 있는 천체가 중력을 작용하고 있는 경우에도 빛이 휘어져 진행해야 한다. 아인슈타인은 이것을 중력이 작용하는 공간이 휘어져 있기 때문이라고 해석했다. 두 물체 사이에 작용하는 중력은 바로 이 휘어진 공간에 의한 것이라고 했다.

특수상대성이론에 의해 시간과 공간은 서로 불가분의 관계를 가지고 있어서 우리가 살고 있는 공간은 3차원 공간이 아니라 4차원의 시공간이라는 것이 밝혀졌다. 일반상대성이론에서는 중력이 이 4차원 시공간의 곡률에 의해 발생한다고 설명했다. 시공간이 휘어진 정도를 나타내는 곡률이 물체에 얼마나 큰 중력이 작용하는지를 결정한다. 시공간이 많이 휘어져 있어 곡률이 크면 강한 중력이 작용하고, 완만하게 휘어져 있어 곡률이 작으면 약한 중력이 작용한다. 따라서 우리가 측정하는 중력은 휘어진 공간과 물체 사이의 상호작용이다. 중력의 세기가 그리 크지 않은 경우 뉴턴의 중력 이론과 아인슈타인의 중력 이론은 모두 정확하게 물체의 행동을 기술할 수 있다. 따라서 아인슈타인의 일반상대성이론이 뉴턴의 중력 이론보다 우월하다고 주장할 수 없다. 그러나 중력이 아주 큰 곳에서는 새로운 중력 이론과 뉴턴의 중력 이론이 서로 다른 결과를 나타낸다. 따라서 일반상대성이론이 옳다는 것을 증명하기 위해서는 중력이 강한 곳을 찾아내 실험을 해 보는 수밖에 없다.

아인슈타인은 일반상대성이론을 검증할 수 있는 세 가지 실험을 제안했다. 첫 번째는 수성의 근일점이 100년에 43″만큼 궤도상에서 이동한다는 것이었다. 가까운 곳에서 태양을 돌고 있는 수성은 매우 큰 중력의 영향 아래서 운동하고 있다. 수성의 근일점이 100년마다 574초씩 이동해 간다는 것은 19세기 중반 프랑스의 천문학자 위르뱅 르베리에가 관측했다. 다른 행성들의 영향을 고려해도 531초의 위치 변화밖에는 설명해 낼 수 없었다. 아인슈타인은 자신의 새로운 중력 이론인 일반상대성이론을 이용해 43″의 문제를 해결하는 데 성공했다.

일반상대성이론을 검증할 수 있는 두 번째 시험은 강한 중력장에서 빛이 휘어져 진행하는 것을 확인하는 것이었다. 1919년 일식 관측을 통해 태양 부근을 지나온 별빛이 휘어 온다는 것을 증명한 사람은 영국의 아서 에딩턴(Arthur Stanley Eddington, 1882~1944)

중력은 시공간의 곡률에 의해 작용한다.

이었다. 케임브리지 천체연구소 소장이었던 에딩턴은 종교적인 이유로 군에 입대하기를 거부하여 양심적 병역 거부자로 수용소에 갈 수밖에 없는 처지가 되었다. 그러자 천문학자였던 프랭크 다이슨(Frank Watson Dyson, 1868~1939)이 에딩턴을 수용소에 보내는 대신 1919년 3월 29일에 있을 개기일식을 관측하는 임무를 맡기자고 정부에 제안하여 허락을 받았다.

1919년 3월 8일 에딩턴의 관측팀은 두 그룹으로 나뉘어 한 그룹은 브라질의 소브라우로 향했고, 에딩턴이 이끄는 두 번째 그룹은 서부 아프리카의 적도 기니 해변으로부터 조금 떨어져 있는 프린시페섬으로 향했다. 프린시페팀이 찍은 16장의 사진 대부분은 구름이 별들을 가려 쓸모가 없었다. 그러나 구름이 없어지는 아주 짧은 순간에 중요한 의미를 가지는 한 장의 사진을 찍을 수 있었다. 사진에 나타난 별들은 정상적인 위치로부터 1″ 정도 위치가 달라져 있었다. 에딩턴은 이 결과를 이용하여 태양 가까이에 있는 별들의 위치 변화가 1.61″ 정도라는 것을 알 수 있었고 여러 가지 원인에 의한 오차는 0.3″ 정도라는 계산이 나왔다. 따라서 그가 얻은 태양의 중력에 의한 위치 변화는 1.61±0.3″였다. 아인슈타인은 이 값이 1.74″라고 예상했었다. 이것은 아인슈타인의 예상이 실제 측정값과 일치함을 뜻하는 것이었다.

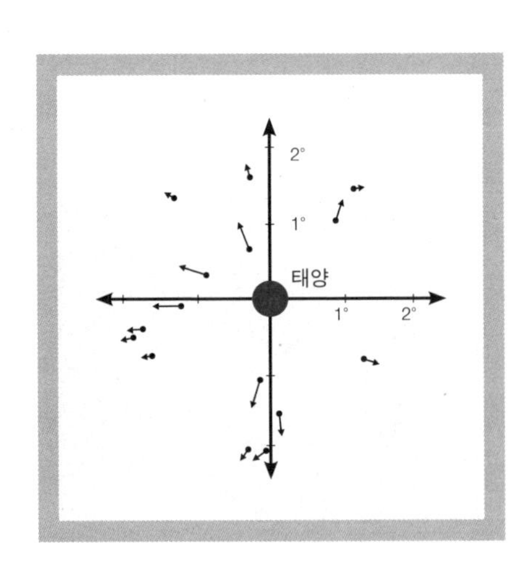

태양 중력에 의한 주변 별들의 위치 변화

소브라우에서도 마지막 순간에 날씨가 좋아져 일식이 일어나는 동안 태양 주위의 별 사진을 찍는 데 성공했다. 소브라우에서 찍은 사진을 분석한 결과 태양 부근에 있는 별들의 최대 위치 변화는 1.94″였다. 이것은 아인슈타인의 예상치보다 더 큰 값이지만 오차 한계 안에서 아인슈타인의 예상과 일치했다. 이것은 프린시페팀의 결과를 확인하는 것이었다.

에딩턴은 이 관측 결과를 1919년 11월 6일 왕립천문학회와 왕립협회가 공동으로 주관한 회의에서 발표했다. 에딩턴은 이 발표에서 자신의 관측 결과를 설명하고 이 관측 결과가 가지는 놀라운 의미를 설명했다. 중력을 새롭게 해석한 아인슈타인의 중력이론은 우주의 구조를 분석하는 데 필수적인 이론이 되었다. 아인슈타인이 제안한 특수상대성이론과 일반상대성이론은 시간과 공간에 대한 사람들의 생각을 크게 바꾸어 놓았다. 그것은 인류가 새로운 시대로 진입했음을 의미하는 것이었다.

# 3. 원자의 세계로 안내하는 양자역학

## 원자도 내부구조를 가지고 있다

원자에서 나오는 방사선을 연구한 마리 퀴리, 러더퍼드, 소디 같은 과학자들의 노력으로 원자는 더 이상 물질을 이루는 가장 작은 알갱이가 아니라는 사실이 밝혀졌다. 따라서 1900년대 초부터 원자의 내부구조를 알아내기 위한 본격적인 연구가 시작되었다. 직접 확인할 방법이 없는 원자 내부구조를 알아내기 위해서는 모형을 이용해야 한다. 알려진 원자의 성질을 설명할 수 있는 원자 모형을 만들고, 이 모형으로 설명할 수 없는 새로운 성질이 밝혀지면 그 성질까지를 설명할 수 있는 새로운 모형을 만드는 것이다. 20세기 초에 과학자들은 여러 가지 원자 모형을 만들었다.

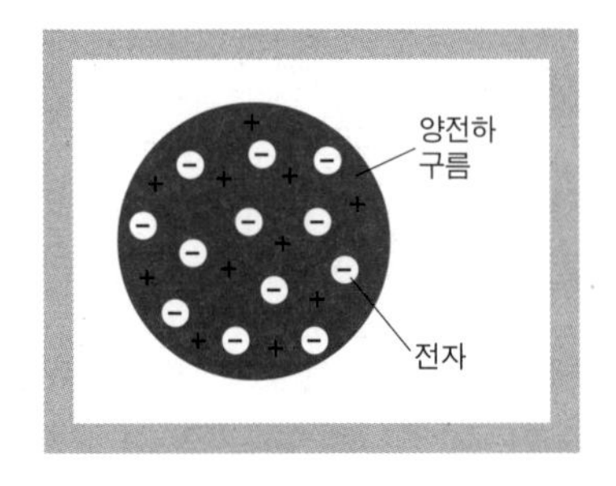

플럼푸딩 원자 모형

최초로 원자 모형을 만든 사람은 전자를 발견한 톰슨이었다. 방사선에 대한 연구를 통해 원자에서 (-)전하를 띤 베타선(전자)과 (+)전하를 띤 알파선이 방출된다는 사실이 알려져 있었으므로, 원자가 (-)전하를 띤 전자와 (+)전하를 띤 부분으로 이루어졌다고 가정하는 것은 매우 자연스러운 일이었다. 따라서 톰슨은 (+)전하를 띤 물질이 균일하게 분포되어 있고, 거기에 (-)전하를 띤 전자가 여기저기 박혀 있는 원자 모형을 제안했다. 이런 원자는 마치 크리스마스에 먹는 건포도가 여기저기 박혀 있는 플럼푸딩을 닮았다 하여 '플럼푸딩 모형'이라고 부르게 되었다. 플럼푸딩 원자 모형이 포함된 논문은 당시 영국에서 발행된 『철학회보』 1904년 3월호에 실렸다.

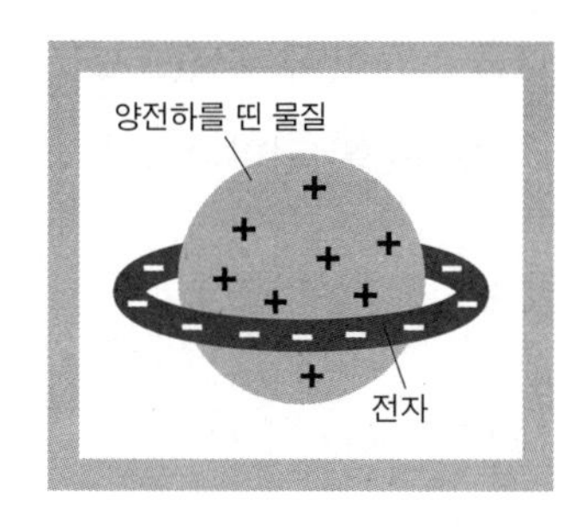


토성 모형

톰슨이 플럼푸딩 원자 모형을 제안한 1904년에 일본의 나가오카 한타로(長岡半太郎, 1865~1950)는 토성 모형을 제안했다. 일본 나가사키에서 태어나 도쿄 대학에서 공부했으며 일본에 와 있던 외국 과학자들과 함께 액체 니켈의 자기변형에 대해 연구하기도 했던 한타로는 1893년에 유럽으로 건너가 베를린, 빈 등지에서 공부했다. 이때 그는 토성의 고리가 작은 입자들로 이루어졌다는 맥스웰이론과 볼츠만이 기초를 닦은 통계물리학을 배웠다. 1901년에 일본으로 돌아와 1925년까지 도쿄 대학 물리학 교수로 재직했던 한타로는 1904년에 (+)전하를 띤 물질을 중심으로 여러 개의 전자들이 고리를 이루어 돌고 있는 원자 모형을 제안했다. 원자 중심을 전자들이 고리를 이루어 도는 모양이 토성과 닮았다 하여 이 원자 모형을 토성 모형이라고 불렀다. 그러나 (-)전하를 띤 전자로 이루어진 고리는 전기적 반발력으로 인해 안정한 상태로 유지될 수 없었다. 따라서 1908년에 한타로는 자신이 제안한 토성 모형을 폐기했다.

### 원자핵을 발견하다: 러더퍼드 원자 모형

1907년 캐나다 맥길 대학에서 영국 맨체스터 대학으로 자리를 옮긴 러더퍼드는 1908년 노벨 화학상을 수상한 직후인 1909년에 그의 가장 중요한 과학적 업적이라고 할 수 있는 원자핵을 발견한 실험을 시작했다. 이 실험은 그의 학생이었던 한스 가이거와 어니스트 마스든(Ernest Marsden,

1889~1970)이 주로 했으므로 '가이거-마스든 실험'이라고도 부른다. 가이거와 마스든은 러더퍼드의 지도 아래, 알파선을 얇은 금박에 입사시켜 금박에 의해 어떻게 휘어지는지 알아보는 실험을 했다. 금박을 통과한 알파선이 황화아연(ZnS)을 바른 형광판에 도달하면 작은 불꽃을 만들어 냈기 때문에 이 불꽃의 위치와 개수를 세어 알파입자가 어떻게 금박을 통과했는지를 알아보는 실험이었다.

어느 날 러더퍼드는 금박 앞쪽이 아니라 뒤쪽에도 형광판을 놓아 보자고 제안했다. 그 결과는 놀라웠다. 적은 수이기는 했지만 뒤쪽으로 되튀어 나오는 알파입자가 있었던 것이다. 알파입자가 뒤로 튀어 나왔다는 것은 알파입자가 알파입자보다 훨씬 질량이 큰 입자에 부딪혔음을 뜻했다. 톰슨의 플럼푸딩 원자 모형에 의하면 원자는 아주 작은 질량을 가지는 전자와 원자 전체에 퍼져 있는 (+)전하를 띤 물질로 이루어져 있었다. 이런 원자에서는 알파입자를 뒤로 튕겨낼 만한 것이 있을 수 없었다. 이 실험 결과에 대해 러더퍼드는 "얇은 종이를 향해 포탄을 발사했는데, 포탄이 종이에 의해 튀어 나온 것과 같은 놀라운 결과였다"라고 말했다.

러더퍼드는 이 실험 결과를 설명할 수 있는 새로운 원자 모형을 만들어 1911년에 발표했다. 러더퍼드의 원자 모형에서는 질량의 대부분을 가지고 있는 (+)전하를 띤 작은 원자핵이 원자의 중심에 자리 잡고 있고 가벼운 전자들이 원자핵을 돌고 있었다. 원자 질량의 대부분을 가지고 있는 원자핵의 지름은 원자 지름의 약 10만 분의 1밖에 안 되었기 때문에 원자는 텅 빈 공간이나 마찬가지였다. 원자를 커다란 체육관이라고 할 때 원자핵은 체육관 중앙에 매달려 있는 작은 구슬에 지나지 않았다. 그리고 넓은 체육관에는 먼지 같은 전자들이 몇 개 날아다닐 뿐이었다.

전자기학 이론에 의하면 가속운동을 하는 전하를 띤 입자는 전자기파를 방출하고 에너지를 잃어야 한다. 따라서 원자핵 주위를 돌고 있는 전자

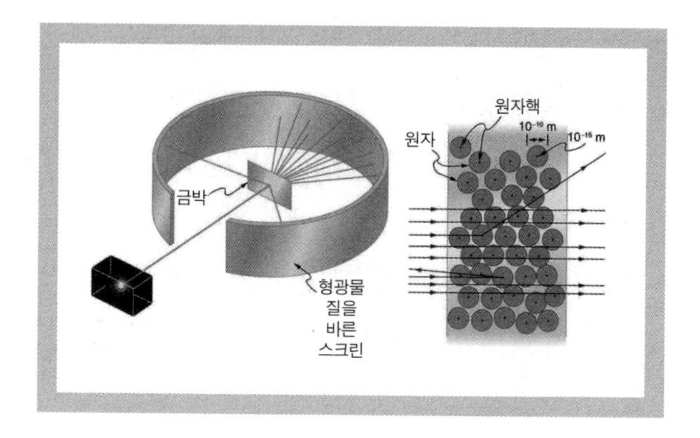


원자핵을 발견한 러더퍼드의 금박실험

는 전자기파를 방출하면서 에너지를 잃고 원자핵 속으로 끌려 들어가야 하기 때문에 러더퍼드 원자 모형에 의한 원자는 안정한 상태로 존재할 수 없었다. 또한 원자핵을 돌면서 전자기파를 방출하고 에너지를 잃으면 전자의 궤도운동 주기가 달라지기 때문에 방출하는 전자기파의 진동수도 달라져야 한다. 그렇게 되면 전자는 특정한 진동수만 가지는 선 스펙트럼이 아니라 진동수가 연속적으로 변하는 연속 스펙트럼을 내야 한다. 그러나 관측에 의하면 원자는 고유한 선 스펙트럼을 낸다. 따라서 원자핵 주위를 전자가 돌고 있는 러더퍼드의 원자 모형은 기존의 물리법칙에 의하면 존재할 수 없는 모형이었다.

### 물리량이 양자화되어 있다: 양자화 가설

원자가 원자핵과 그 주변을 돌고 있는 전자들로 이루어졌다는 러더퍼드의 원자 모형은 원자의 구조를 이해하기 위한 중요한 진전이었다. 그러나 러더퍼드의 원자 모형은 기존의 물리법칙으로 설명할 수 없는 문제들을 가지고 있었다. 따라서 원자의 구조를 이해하기 위해서는 새로운 접근 방법이 필요하게 되었다. 원자구조에 대한 새로운 접근 방법은 원자와는 관련이 없어 보이는 흑체복사의 문제를 해결하는 과정에서 얻어졌다. 흑체복사의 문제란 물체가 방출하는 복사선의 파장과 세기가 물체의 온도에 따라 달라지는 현상을 설명하는 문제였다. 온도가 높은 물체는 파장이 짧은 전자기파를 주로 내고, 온도가 낮은 물체는 파장이 긴 전자기파를 낸다. 물체가 내는 전자기파의 파장에 따른 세기는 특정 파장에서 최대가 되고, 그보다 파장이 길어지거나 짧아지면 세기가 약해진다. 19세기 말에 많은 과학자들이 전자기학법칙을 이용해 흑체복사 곡선을 설명하려고 시도했지만, 성공하지 못하고 있었다.

흑체복사(black body vadiation)의 문제를 해결한 사람은 베를린 대학의 교수였던 막스 플랑크(Max Karl Ernst Ludwig Planck, 1858~1947)였다. 1900년 12월 14일 플랑크는 독일 물리학회에서 전자기파 에너지는 플랑크상수에 진동수를 곱한 값의 정수배로만 흡수되거나 방출되어야 한다는 양자화 가설을 통해 흑체복사 문제를 해결했다. 양자라는 말은 에너지의 덩어리 또는 에너지의 단위를 뜻한다. 따라서 양자화되었다는 말은 물리량이 연속적인 값을 가지는 것이 아니라 특정한 양의 정수배로만 존재하고 주고받을 수 있음을 의미한다. 에너지의 가장 작은 단위를 나타내는 플랑크상수의 크기는

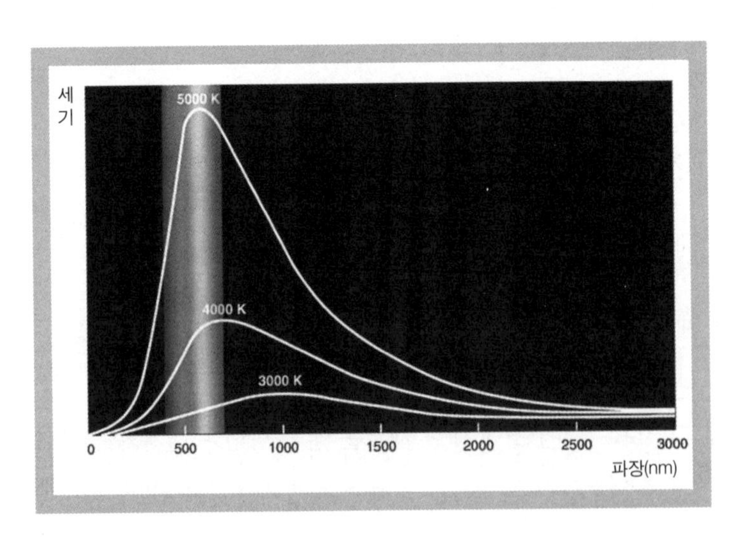


흑체복사 곡선

$6.6 \times 10^{-34}$J · sec이다.

### 빛은 입자로 전자와 상호작용한다: 아인슈타인의 광량자설

전자기파의 에너지가 양자화되어 있다는 것은 광전 효과를 설명하는 과정에서 다시 한번 밝혀졌다. 물질에 가시광선이나 자외선과 같은 전자기파를 비췄을 때 전자가 튀어나오는 현상을 '광전 효과'라 한다. 광전 효과는 1800년대 초에 이미 발견되었지만 광전 효과를 자세하게 연구하기 시작한 것은 1800년대 말부터였다. 1902년 독일의 필리프 레나르트(Philipp Eduard Anton von Lenard, 1862~1947)는 비춰 준 빛의 진동수가 커지면 튀어나오는 전자의 에너지가 커진다는 점을 발견했다. 레나르트는 광전자의 에너지가 빛의 세기와는 관계없이 빛의 색깔에 따라 달라진다는 점을 발견한 것이다. 이것은 전자기학 이론으로는 설명할 수 없는 현상이었다. 전자기학 이론에 의하면 광전자의 에너지는 빛의 진동수가 아니라 빛의 세기에 따라 달라져야 했다.

광전 효과의 문제를 해결한 사람은 아인슈타인이었다. 1905년 3월 아인슈타인은 플랑크의 양자설을 이용하여 광전 효과를 성공적으로 설명한 논문을 발표했다. 아인슈타인은 전자기파가 전자와 상호작용할 때 특정한 진동수에 의해 결정되는 에너지를 가지고 있는 입자로 상호작용한다고 설명했다. 빛이 금속이나 원자 속에 들어 있는 전자를 떼어 낼 때는 빛 입자와 전자가 일대일 충돌을 통해 전자에 에너지를 전달한다는 것이다. 따라서 에너지가 큰 빛 입자는 전자를 떼어 낼 수 있지만 에너지가 작은 빛 입자는 아무리 많아도 전자를 떼어 낼 수 없다. 이것으로 진동수가 작은 붉은 빛은 아무리 강하게 빛을 비추어도 광전자가 나오지 않지만, 진동수가 큰 푸른 빛이나 자외선은 약하게 비춰 주어도 전자가 튀어나오는 현상을 설명할 수 있었다.

또한 광량자설을 이용하면 같은 색의 빛을 비춰 주었을 때는 세기와 관계 없이 광전자의 에너지가 모두 같은 현상도 설명할 수 있었다. 같은 색의 빛은 같은 에너지를 가지는 빛 알갱이로 이루어졌으므로 전자와의 충돌 시에 전자에 전달하는 에너지가 같다. 광전 효과는 빛이 파동의 성질과 함께 입자의 성질도 가지고 있다는 것을 뜻했다. 우리의 경험세계에서는 입자의 성질과 파동의 성질을 동시에 갖는 것이 가능하지 않다. 따라서 빛의 이중성은 빛이나 전자와 같이 작은 세계에서는 우리의 경험세계에서 일어나는 것과는 전혀 다른 일이 일어날 수 있다는 것을 뜻한다.

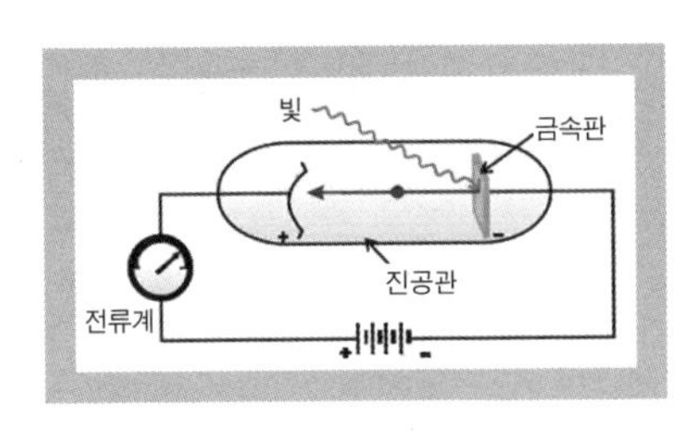

광전 효과 실험

## 양자 가설을 원자에 도입하다: 보어의 원자 모형

에너지를 비롯한 물리량이 양자화되어 있다는 양자화 가설을 이용하여 러더퍼드의 원자 모형이 가지고 있는 문제점을 해결한 새로운 모형을 제시한 사람은 덴마크의 닐스 보어(Niels Henrik David Bohr, 1885~1962)였다. 보어는 코펜하겐 대학에서 1911년에 금속 내에서의 전자의 행동에 대한 연구로 박사학위를 받은 후 전자를 발견한 톰슨의 지도를 받기 위해 박사후 연구생으로 케임브리지 대학의 캐번디시 연구소로 갔다. 케임브리지에서 보어는 맨체스터 대학에 있으면서 자주 케임브리지를 방문하던 러더퍼드

닐스 보어

를 만났다. 러더퍼드는 맨체스터 대학에서 함께 원자의 구조를 연구하자고 보어를 초청했다. 사려 깊고, 집중력이 좋았던 보어는 뛰어난 실험물리학자였으며 명랑하고 활발한 성격이었던 러더퍼드와 좋은 연구 파트너가 되었다.

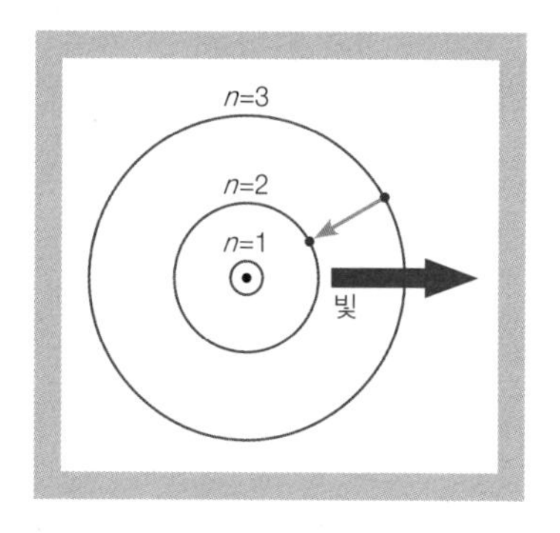


보어의 원자 모형

보어는 러더퍼드의 불안정한 원자를 안정하게 유지할 수 있는 방법을 알아내려고 시도했다. 보어는 플랑크와 아인슈타인이 제안했던 양자화 가설을 원자핵 주위를 도는 전자에 적용하기로 했다. 보어는 원자가 안정한 상태에 있고, 특정한 파장의 선 스펙트럼을 내는 것을 설명하기 위해 두 가지를 가정했다. 첫째, 전자는 특정한 궤도에서만 원자핵을 돌 수 있고, 이 궤도에서 원자핵을 도는 동안에는 전자기파를 방출하지 않는다. 둘째, 전자가 한 궤도에서 다른 궤도로 건너뛸 때만 전자기파를 방출하거나 흡수한다.

보어의 이러한 착상은 여러 측면에서 놀라웠다. 우선 전자가 특정한 궤도 위에서만 원자핵을 돌아야 한다는 가정은 뉴턴역학이나 맥스웰의 전자기학 이론으로는 설명할 수 없는 새로운 발상이었다. 그러나 보어는 원자를 안정한 상태로 유지하기 위해 과감하게 기존 물리학의 경계를 뛰어넘었다. 전자가 같은 궤도 위에서 원자핵을 돌 때는 에너지를 잃지 않고 한 궤도에서 다른 궤도로 건너뛸 때만 에너지를 얻거나 잃는다는 것 역시 기존의 물리학으로는 설명할 수 없는 현상이었다. 원자핵을 도는 궤도운동은 가속운동이므로 전자기파를 방출해야 한다는 것이 전자기학이론의 설명이지만, 보어는 거기에 구애받지 않았다. 고전 물리학으로는 설명할 수 없는 보어의 원자 모형은 수소가 내는 선 스펙트럼을 성공적으로 설명했다.

### 양자조건을 제안하다: 조머펠트

1914년에 제1차 세계대전이 발발하자 많은 과학자들이 전쟁에 참가하여 정상적인 과학 활동이 사실상 중단되었다. 이 기간 동안에 보어의 원자 모형은 시간적 여유를 가지고 보완될 수 있었다. 보어의 원자 모형을 보완하는 데 중요한 역할을 한 사람은 아르놀트 조머펠트(Arnold Johannes Wilhelm Sommerfeld, 1868~1951)였다. 1915년과 1916년 사이에 조머펠트는 주기운동을 하는 경우 한 주기 동안에 운동량을 적분한 값이 플랑크상수의 정수배가 되는 운동만 가능하다는 고전 양자역학을 제안했다. 고전 양자역학을 수소 원자에 적용하면 원자핵 주위를 돌고 있는 전자는 한 주기 동안 각운동량을 적분한 값이 플랑크상수의 정수배가 되는 궤도운동만 할 수 있었다.

고전 양자역학은 전자가 왜 특정한 궤도에서만 원자핵을 돌아야 하는지를 설명해 주었다. 조머펠트의 고전 양자역학으로 보어의 원자 모형이 좀 더 설득력을 가지게 되자 많은 사람들이 이론을 받아들였다. 보어의 원자 모형은 수소 원자가 내는 스펙트럼을 설명하는 데는 성공했지만, 스펙트럼의 세기를 설명할 수도 없었고, 전기장이나 자기장 안에서 스펙트럼이 여러 개의 선으로 갈라지는 현상을 설명할 수도 없었다.[51] 따라서 보어의 모형은 완성된 원자 모형이라고 할 수 없었다. 보어의 모형을 개선한 새로운 원자 모형을 만들기 위해서는 새로운 돌파구가 필요했다. 그러한 돌파구를 제공한 사람은 프랑스의 귀족 출신 물리학자 드브로이였다.

51 스펙트럼이 자기장 안에서 여러 개의 선으로 갈라지는 현상을 제만 효과(Zeeman effect)라고 하고, 전기장에서 여러 개의 선으로 갈라지는 현상을 스타르크 효과(Stark effect)라고 하는데, 이런 현상 역시 원자 모형이 설명해야 할 일 중 하나였다.

### 입자도 파동의 성질을 가지고 있다: 드브로이의 물질

원자의 구조를 이해하는 데 필요한 물질과 이론을 제안한 사람은 프랑스의 루이 드브로이(Louis Victor Pierre Raymond, 7th duc de Broglie, 1892~1987)였다. 프랑스 귀족 집안의 둘째 아들로 태어난 그는 대학에서 역사학을 공부했지만 물리학에도 관심이 많았다. 드브로이가 물리학에 관심을 가지기 시작했을 때에는 빛이 파동과 입자의 이중성을 가진다는 점이 이미 알려져 있었다. 드브로이는 빛이 파동과 입자의 이중성을 가지고 있다면 전자와 같은 입자도 두 가지 성질을 모두 가지는 것은 아닐까 하는 생각을 하게 되었다.

파리의 소르본 대학에 제출된 박사학위 논문에서 드브로이는 전자를 비롯한 모든 입자가 파동의 성질을 가져야 한다고 주장하고, 전자와 같은 입자의 파장은 플랑크상수를 운동량으로 나눈 값과 같다고 제안했다. 1927년 3월 미국의 물리학자 클린턴 데이비슨(Clinton Joseph Davisson, 1881~1958)과 레스터 거머(Lester Halbert Germer, 1896~1971)가 니켈 단결정을 이용한 실험을 통해 전자가 회절무늬를 만들며, 이때 전자의 파장이 드브로이가 제안한 식으로 계산한 값과 같음을 확인했다. 이로써 전자와 같은 입자도 파동의 성질을 갖는다는 드브로이의 물질파 이론이 사실로 밝혀졌다. 드브로이는 물질파 이론으로 1929년 노벨 물리학상을 받았다.

### 양자역학을 완성하다: 슈뢰딩거 방정식

양자역학의 핵심이라고 할 수 있는 슈뢰딩거 방정식을 제안한 사람은 취리히 대학의 물리학 교수였던 에르빈 슈뢰딩거(Erwin Schrödinger, 1887~1961)였다. 1924년에 발표된 드브로이의 물질파 이론을 알게 된 슈뢰딩거는 파동이 전자의 실체이며 입자의 성질은 부수적인 것이라고 생각하고 전자의 상태를 나타내는 파동함수를 구할 방법을 찾기 시작했다. 슈뢰딩거는 주어진 조건하에서 입자의 운동 상태를 나타내는 물리량을 포함하고 있는 파동함

슈뢰딩거

수를 구할 수 있는 미분방정식인 '슈뢰딩거 방정식'을 찾아냈다. 슈뢰딩거는 슈뢰딩거 방정식이 포함된 논문을 1926년 1월에 발표했다.

슈뢰딩거는 전자가 한 점에 질량이 모여 있는 입자가 아니라 질량이 파동처럼 공간에 퍼져 있는 밀도 파동이라고 주장했다. 주어진 조건을 대입하고 슈뢰딩거 방정식을 풀어 전자의 파동함수를 구하면 이 파동함수로부터 전자가 가질 수 있는 에너지나 각운동량과 같은 물리량들을 구할 수 있었고, 이렇게 구한 물리량들은 원자 모형이 가지고 있던 모든 문제들을 해결해 주었다.

그러나 보어와 함께 새로운 원자 모형을 연구하고 있던 독일 괴팅겐 대학의 막스 보른(Max Born, 1882~1970)은 슈뢰딩거의 파동함수가 전자의 파동을 나타내는 것이 아니라 전자가 특정한 위치에서 발견될 확률을 나타낸다고 새롭게 해석했다. 보른이 파동함수를 확률함수로 해석하게 된 것은 전자를 이용한 이중슬릿 실험을 자세하게 관찰한 결과였다. 파동함수를 확률함수로 해석한 보른의 해석은 양자역학의 기본적인 해석으로 받아들여졌다. 그러나 슈뢰딩거는 파동함수를 확률함수로 해석하는 것에 반대했다. 따라서 양자역학의 핵심이 되는 방정식을 발견한 슈뢰딩거는 양자물리학의 가장 격렬한 반대자가 되었다.

### 측정에는 한계가 있다: 불확정성원리

1927년 베르너 하이젠베르크(Werner Karl Heisenberg, 1901~1976)가 '불확정성원리'를 발견한 것은 보어가 소장으로 있던 코펜하겐의 이론물리학연구소에서였다. 하이젠베르크는 전자를 파속으로 나타내는 것에서부터 시작했다. 여기서 파속이란 파장이 다른 여러 파동의 합을 말한다. 파장이 다른 여러 파동을 합해서 파속을 만든다는 것은 운동량이 다른 여러 파동을 합해서 파속을 만든다는 것을 의미했다. 그런데 파장이 다른 여러 파동을 합해서 만든 파속도 파동이므로 정확하게 위치를 결정할 수 있는 것이 아니라 어느 정도의 너비가 있다. 이 파속의 너비가 전자의 위치의 오차를 나타낸다. 전자의 정확한 위치는 이 너비 안의 어느 지점이 되겠지만, 정확하게 어느 지점인지는 알 수 없다.

그런데 파장이 다른 더 많은 파동을 합하여 만든 파속은 너비가 좁고, 적은 수의 파동을 합하여 만든 파속은 너비가 넓다. 다시 말해 더 넓은 범위의 운동량을 가지는 파동을 합해 만든 파속의 너비, 즉 위치의 오차는 작고, 반대로 좁은 범위의 운동량을 가지는 파동을 합해서 만든 파속의 너비, 즉 위치의 오차는 커진다. 이것은 입자가 파동의 성질을 가지고 있는 한 운동량과 위치를 동시에 정확하게 측정하는 데 한계가 있음을 나타낸다.

운동량과 위치의 측정값 사이에 적용되는 불확정성원리는 에너지와 시간의 측정값 사이에도 적용된다. 측정값보다 오차가 클 경우 측정이 아무런 의미를 가지지 못한다. 따라서 불확정성원리는 우리가 측정할 수 있는 한계를 나타내고 동시에 물리량이 존재할 수 있는 한계를 나타낸다. 물리량이 존재하지 않으면 물리량 사이의 관계를 나타내는 물리법칙도 존재할 수 없다. 따라서 아주 작은 세계에서는 에너지 보존법칙과 같은 기본적인 물리법칙도 성립되지 않는다. 시간 간격이 아주 짧은 경우에는 에너지 보존법칙이 성립하지 않아 아주 큰 에너지 요동이 발생할 수도 있다. 이것은 블랙홀이나 빅뱅 초기의 상태를 설명하는 데 매우 중요한 원리가 되고 있다.

### 양자역학의 주류 이론이 되다: 코펜하겐 해석

1927년 9월 알렉산드로 볼타 서거 100주년을 기념하기 위하여 이탈리아의 코모에서 열렸던 학회에서 보어는 양자역학에 대한 코펜하겐 해석을 설명했다. 1927년 10월 브뤼셀에서 열렸던 제5차 솔베이 회의와 1930년에 열렸던 제6차 솔베이 회의에서도 보어는 양자역학의 해석을 물리학자들에게 설명했다. 많은 반론과 새로운 해석이 존재함에도 불구하고 코펜하겐 해석은 양자역학의 주류 이론으로 자리 잡았다. 이 해석을 코펜하겐 해석이라고 하는 것은 코펜하겐에 있던 이론물리학연구소에서 연구하던 보어를 중심으로 한 젊은 학자들이 만들었기 때문이다. 코펜하겐 해석의 주요 내용은 다음과 같다.

첫째, 양자역학으로 나타낼 수 있는 입자의 상태는 파동함수에 의해 결정되며, 파동함수의 제곱은 특정한 위치에서 입자가 측정될 확률을 나타낸다.

둘째, 측정된 물리량과 측정 작용을 완전히 분리할 수 없다. 측정된 물리량은 측정 작용과 관계없는 객관적인 값이 아니라 측정 작용의 영향을 받는 값이다.

셋째, 서로 관계를 가지는 물리량들은 하이젠베르크가 제안한 불확정성원리에 의해 동시에 정확하게 측정하는 것이 불가능하다.

넷째, 양자역학으로 나타내지는 계에서는 입자의 성질과 파동의 성질이 상보적이다. 입자의 성질과 파동의 성질이 상보적이라는 것은 입자와 파동의 성질을 모두 가지고 있지만, 두 가지 성질이 동시에 관측되는 것이 아니라, 어떤 실험에서는 입자의 성질만 관측되고, 다른 실험에서는 파동의 성질만 관측된다는 것을 뜻한다.

다섯째, 양자 도약이 가능하다. 한 상태에서 다른 상태로 변해 갈 때는 중간 상태를 거쳐 연속적으로 변해 가는 것이 아니라 한 상태에서 사라지고 동시에 다른 상태에서 나타나는 양자 도약을 통해 변해 간다.

여섯째, 양자역학 상태의 극한은 고전역학적 상태로 수렴한다. 다시 말해 양자역학은 고전역학을 포함하고 있다.

아인슈타인과 슈뢰딩거는 코펜하겐 해석에 대해 비판적이었다. 아인슈타인은 특히 양자역학의 확률적 해석과 불확정성의 원리를 받아들일 수 없다고 했다. 아인슈타인은 그의 오랜 친구로 파동함수를 확률적으로 해석한 막스 보른에게 보낸 편지에서 다음과 같이 말했다.

> 양자물리학은 확실히 인상적입니다. 그러나 내 생각에 그것은 아직 사실이 아닌 것 같습니다. 이 이론은 많은 것을 이야기하고 있지만 신의 비밀에 가까이 다가간 것 같지는 않습니다. 나는 신이 주사위놀이를 하고 있지 않다고 확신합니다.

### 확률 구름으로 나타내다: 양자역학적 원자 모형

슈뢰딩거 방정식이 해를 가지기 위한 조건으로부터 전자의 상태를 나타내는 양자수가 어떤 값을 가져야 하는지를 유도해 낼 수 있다. 양자수에는 에너지의 크기를 나타내는 양자수(주양자수), 각운동량의 크기를 나타내는 양자수(궤도 양자수), 각운동량의 한 성분의 크기를 나타내는 양자수(자기 양자수), 스핀을 나타내는 양자수(스핀 양자수)의 네 가지가 있다.

같은 양자수를 가지는 상태, 즉 같은 양자역학적 상태에는 한 개의 전자만 들어가야 한다는 '파울리의 배타원리'를 적용하면 주양자수가 1인 에너지 상태에는 두 개의 전자가 들어갈 수 있으며, 주양자수가 2인 에너지 상태에는 8개의 전자가 들어갈 수 있으며, 주양자수가 3인 에너지 상태에는 18개의 전자가 들어갈 수 있다는 것을 알 수 있다. 따라서 아래부터 차례로 전자를 채워 가면 원자의 화학적 성질을 결정하는 가장 바깥쪽 궤도에 들어가는 전자의 수가 주기적으로 변한다. 원소들이 주기율표에 배열되는 것은 이 때문이었다. 전자가 가질 수 있는 물리량들이 밝혀짐에 따라 원자가 내는 스펙트럼과 주기율표를 성공적으로 설명할 수 있었다.

그러나 파동함수는 확률함수이기 때문에 전자가 어디에 있는지를 정확

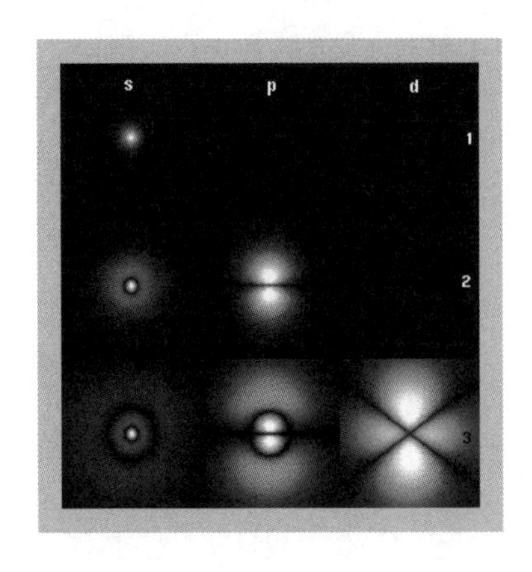


전자의 확률 구름의 모습은 양자수에 따라 달라진다. 여기서 1, 2, 3은 주양자수를 나타내고 s, p, d는 궤도양자수를 나타낸다.

하게 알 수는 없다. 따라서 전자의 궤도 같은 것은 더 이상 존재하지 않게 되었다. 전자가 가질 수 있는 에너지나 각운동량과 같은 물리량은 정해져 있지만, 위치는 정해져 있지 않기 때문이다. 양자역학에서는 특정한 물리량을 가지는 전자가 특정한 지점에서 관측될 확률만을 알 수 있다. 전자가 존재할 확률이 큰 점은 짙게 표시하고, 확률이 적은 점은 옅은 색으로 나타내면 원자핵을 둘러싼 구름 모양의 확률분포를 얻을 수 있다. 이런 것을 보고 전자가 구름처럼 원자핵을 둘러싸고 있다고 말하기도 한다. 그러나 전자가 실제로 구름처럼 퍼져 있는 것은 아니다. 확률밀도함수는 어디까지나 전자가 특정한 지점에서 발견될 확률을 나타낸다.

전자의 확률밀도함수는 양자수가 커질수록 더 복잡한 모양을 하고 있다. 과학자들은 원자핵 주위를 돌고 있는 전자들의 확률밀도함수는 물론 분자 내의 전자들의 확률밀도함수도 알아내 화학 결합을 설명하는 데 이용하고 있다. 쉽게 이해할 수 있는 원자 모형을 기대하던 사람들에게 확률밀도함수로 나타내어지는 복잡한 양자역학적 원자 모형은 실망스러울 수도 있다. 하지만 양자역학적 원자 모형은 원자의 성질을 성공적으로 설명하여 현대 과학의 기초를 마련했다. 자연에 대해 인류가 알아낸 지식 중에서 가장 위대한 지식은 원자를 이해한 것이라고 할 수 있다. 현대 과학은 원자에 대한 이해를 바탕으로 하고 있으며, 원자는 양자역학을 통해서만 이해할 수 있다. 따라서 현대 과학은 양자역학을 바탕으로 하고 있다고 할 수 있다.

# 4. 원자핵과 소립자의 세계

원자핵 안에 중성자가 들어 있다

1911년 러더퍼드는 원자의 중심에 원자핵이 자리 잡고 있다는 사실을 밝혀냈다. 원자가 전기적으로 중성이기 위해서 원자핵은 전자가 가지는 (-)전하와 같은 양의 (+)전하를 가지고 있어야 한다. 그러나 원자핵을 이루고 있는 입자들이 어떤 입자들인지에 대해서는 잘 모르고 있었다. 1919년에 러더퍼드는 질소 원자에 알파 입자를 충돌시키는 실험을 통해 양성자를 발견했다. 질소 원자에 알파 입자를 충돌시키자 질소 원자가 산소의 동위원소로 변하면서 수소 원자핵이 나왔다.

질소 원자핵 + 헬륨 원자핵 → 산소 동위원소 원자핵 + 수소 원자핵

$$(N_7^{14} + He_2^4 \rightarrow O_8^{17} + p_1^1)$$

이 실험은 인공적인 방법으로 원자를 다른 원자로 바꾼 최초의 실험이었으며, 수소 원자핵이 질소 원자핵의 구성 요소라는 것을 밝혀낸 실험이기도 했다. 러더퍼드는 이로부터 수소 원자핵이 질소 원자핵뿐만 아니라 모든 원자핵의 구성 요소라고 결론짓고 수소 원자핵을 '양성자(proton)'라고 이름 붙였다. 그러나 원자핵의 질량, 즉 원자량은 양성자들의 질량을 합한 것보다 컸다. 따라서 러더퍼드는 원자핵에 양성자 외에 전하를 띠지 않은 입자도 들어 있어야 한다고 생각했다.

전하를 띠지 않은 중성자를 발견한 사람은 러더퍼드의 제자였던 영국의 제임스 채드윅(James Chadwick, 1891~1974)이었다. 채드윅은 1932년에 전하를 가지고 있지 않지만 양성자와 비슷한 질량을 가지고 있는 중성자를 발견했다. 중성자의 발견으로 원자핵이 양성자와 중성자로 이루어졌다는 것을 알게 되었다. 원자번호는 원자핵 속에 들어 있는 양성자의 수이고, 원자량은 양성자의 수와 중성자의 수를 더한 값이다. 원자의 화학적 성질은 양성자 수에 의해 결정되므로 양성자의 수가 같으면 같은 원소이다. 그러나 양성자의 수는 같고 중성자 수가 다르면, 원자번호는 같고 원자량은 다르게 되는데, 이러한 원소들을 동위원소라고 부른다. 영국의 물리학자 프랜시스 애스턴(Francis William Aston, 1877~1945)은 1909년에 최초로 네온이 두 가지 동위원소를 가지고 있음을 발견했고, 제1차 세계대전이 끝난 1919년부터는 캐번디시 연구소에서 질량분석기를 개발하여 대부분의 원소들이 여러 개의 동위원소를 가지고 있음을 알아냈다. 애스턴은 동위원소를 발견한 공로로 1922년 노벨 화학상을 받았다.

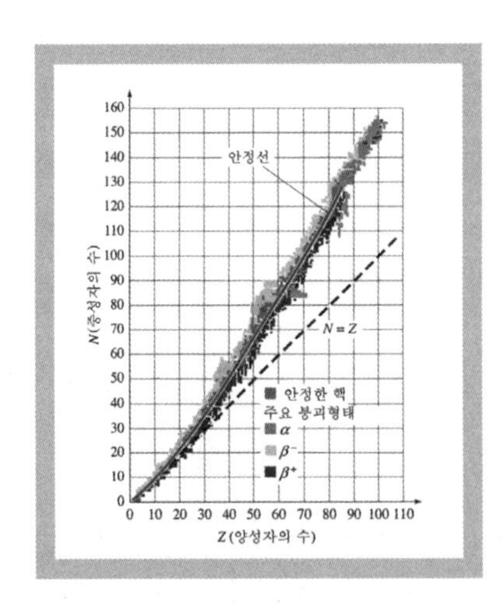


원자핵에 포함된 양성자와 중성자의 수 α는 알파붕괴, β+는 양전자를 방출하는 베타붕괴, β-는 전자를 방출하는 베타붕괴를 나타낸다.

동위원소 중에는 안정해서 쉽게 분해되지 않는 동위원소도 있고 불안정해서 스스로 붕괴하는 동위원소도 있다. 불안정한 동위원소는 방사선을 내고 붕괴하여 안정한 동위원소로 바뀐다. 자연에 존재하는 이런 불안정한 동위원소를 천연 방사성 원소라고 부른다. 원자핵에 포함된 양성자 수와 중성자의 수가 적당한 비율을 이루면 안정한 원자핵이 되고, 이 비율에서 조금 벗어나면 불안정한 원자핵이 되며, 이 비율에서 많이 벗어나면 아예 원자핵이 만들어지지 않는다. 과학자들은 자연에 존재하는 원자핵에 들어 있는 양성자의 수와 중성자의 수를 조사해서 어떤 범위에서는 안정한 원자핵이 되고 어떤 범위에서는 불안정한 원자핵이 되는지 알아냈다. 원자핵 안에 포함된 양성자 수와 중성자 수를 나타내는 그래프를 보면 원자번호가 작은 원자일 때는 양성자 수와 중성자 수가 같을 때 안정한 원자핵이 된다. 그러나 원자번호가 큰 원소의 원자핵에는 양성자의 수보다 중성자의 수가 많을 때 안정한 원자핵이 된다. 가장 안정한 원자핵인 철의 원자핵에는 양성자가 26개 들어 있고, 중성자가 30개 들어 있다. 우라늄의 원자핵에는 92개의 양성자가 들어 있고, 146개의 중성자가 들어 있다.

### 핵자의 결합에너지에는 최댓값이 있다

원자핵을 이루는 양성자와 중성자는 얼마나 강하게 결합되어 있을까? 원자핵을 이루는 양성자와 중성자를 통틀어 핵자(nucleon)라고 부르기도 한다. 핵자들을 모두 멀리 떼어 놓는 데 필요한 전체 에너지를 핵자의 수로 나눈 값을 핵자당 평균 결합에너지라고 한다. 핵자당 결합에너지가 크다는 것은 핵자들이 단단히 결합되어 있다는 것을 뜻하고, 핵자당 결합에너지가 작다는 것은 비교적 느슨하게 결합되어 있다는 것을 뜻한다. 과학자들은 실험을 통해 핵자당 결합에너지는 원자핵에 포함되어 있는 핵자의 수에 따라 달라진다는 점을 알아냈다.

원자핵을 이루고 있는 핵자당 평균 결합에너지는 핵자 수가 증가함에 따라 증가하지만, 일정한 핵자 수에서 최댓값을 갖고 그 이상 핵자의 수가 증가하면 오히려 감소한다. 결합에너지가 최대가 되는 핵자의 수는 56으로, 원자번호 26인 철(Fe)의 원자핵이 여기에 해당한다. 원자핵을 이루는 핵자의 수가 56보다 큰 원소는 핵자의 일부를 방출하면 더 안정한 상태의 핵으

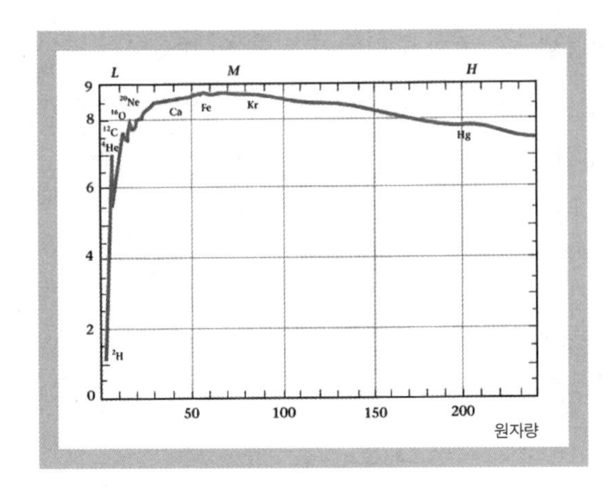


핵자 수에 따른 핵자당 결합 에너지의 변화, 핵자당 결합 에너지는 철(Fe) 원자핵에서 최대가 된다.

로 변할 수 있고, 핵자의 수가 56보다 작은 원소들은 원자핵이 결합하여 핵자의 수를 늘리면 더 안정한 핵이 될 수 있다. 작은 원자핵이 결합하여 더 크고 안정한 원자핵으로 변해 가는 것을 핵융합이라고 하고 큰 원자핵이 분열하여 작고 안정한 원자핵으로 변환되는 것을 핵분열이라고 한다. 핵융합이나 핵분열을 통해 더 안정한 원자핵으로 변환할 때는 에너지를 방출한다. 별 내부에서 일어나는 핵융합 반응으로는 철보다 더 무거운 원소가 만들어지지 않는 것은 이 때문이다. 철보다 더 무거운 원소는 초신성 폭발과 같이 엄청난 에너지가 제공되는 경우에 만들어진다.

### 세상을 이루고 있는 입자들이 모습을 드러내다

20세기에 들어서자 더 이상 쪼개지지 않는 가장 작은 알갱이라고 생각했던 원자가 양성자, 중성자, 전자와 같이 더 작은 알갱이로 구성되어 있다는 것이 밝혀졌다. 그러나 실험 방법이 발전하면서 수많은 새로운 입자들이 발견되자 양성자, 중성자, 전자도 가장 작은 알갱이가 아닐지 모른다는 생각을 하는 사람들이 나타나기 시작했다. 그래서 과학자들은 더 작은 세계에 숨어 있는 새로운 입자들을 찾아 나섰다.

새로운 입자의 탐험에서 가장 먼저 모습을 드러낸 입자는 양전자였다. 양전자는 실제로 발견되기 전에 이미 그 존재가 예측되어 있었다. 영국의 폴 디랙(Paul Adrien Dirac, 1902~1984)은 1928년 이론적으로 질량이나 전하량은 전자와 같지만 전하의 부호가 반대인 양전자가 있을 것이라고 예측했다. 디랙이 예측한 양전자를 실제로 발견한 사람은 미국의 칼 앤더슨(Carl David Anderson, 1905~1991)이었다. 앤더슨은 1933년에 우주에서 오는 우주선(cosmic rays)을 안개상자로 조사하다가 전자와 질량은 같지만 반대 부호의 전하를 갖는 입자가 섞여 있는 것을 발견했다.

중성미자도 양전자와 마찬가지로 실제로 발견되기 이전에 이미 그 존재가 예측되어 있었다. 중성미자는 방사성 원소의 베타 붕괴를 연구하는 과정에서 이탈리아의 엔리코 페르미(Enrico Fermi, 1901~1954)가 처음으로 그 존재를 예측했다. 1956년에 중성미자와 전자, 양성자가 반응하여 중성자가 되는 반응을 발견함으로써 중성미자의 존재가 실제로 확인되었다. 일본의 유카와 히데키(湯川秀樹, 1907~1981)는 1934년에 (+)전하를 가지고 있는 양성자들이 전기적 반발력을 이기고 원자핵을 형성하는 현상을 설명하기 위해 핵자들 사이에 핵력이 작용하도록 하는 중간자라는 입자가 존재할 것이라고 예측했다. 유카와가 예측한 중간자가 실험을 통해 확인된 것은 1947년 영국의 세실 파월(Cecil Frank Powell, 1903~1969)에 의해서였다.

양전자와 중간자, 그리고 중성미자의 발견은 더 많은 새로운 입자의 등장을 예고하는 신호탄과 같은 것이었다. 이들 입자가 발견된 후 우주복사선의 분석과 입자 가속기를 이용한 실험을 통해서 수많은 새로운 입자들이 발견되었다. 이렇게 하여 1960년대까지 발견된 소립자의 수는 수백 가지에 이르게 되었다.

## 표준모델이 입자의 세상을 소개하다

수많은 입자들이 발견된 후에 이 입자들은 경입자, 중간자, 중립자의 세 가지 종류로 분류되었다. 질량이 작은 입자들이 속해 있는 경입자에는 전자, 전자 중성미자, 뮤온, 뮤온 중성미자, 타우온, 타우 중성미자의 여섯 가지가 있다. '경입자'에 속하는 여섯 가지 입자들은 더 이상 작은 입자로 쪼개지지 않는 가장 작은 입자들이다. 두 번째 그룹에 속하는 입자들은 '중입자'들이다. 중입자에는 양성자, 중성자와 이보다 무거운 입자들이 속한다. 양성자와 중성자를 합쳐 '핵자'라고 부르고, 핵자들보다 무거운 입자들은 '초핵자'라고 부르기도 한다. 람다 입자, 시그마 입자, 크사이 입자들과 같은 중입자들이 초핵자들이다. 세 번째 그룹에 속하는 입자들은 중간자이다. 최초로 발견된 중간자인 '파이(π) 중간자'의 질량이 경입자와 중입자의 중간 정도여서 중간자라는 이름이 붙게 되었다. 중입자와 중간자를 통틀어 '강입자'라고 부르기도 한다.

1964년에 미국의 머리 겔만(Murray Gell-Mann, 1929~2019)과 조지 츠바이크(George Zweig, 1937~ )는 독립적으로 중입자와 중간자를 구성하는 더 작은 입자인 '쿼크'가 존재한다고 주장했다. 그들은 세 가지 쿼크를 제안하고 이들을 u, d, s 쿼크라고 불렀다. 중간자는 두 개의 쿼크로 이루어졌으며 중입자는 세 개의 쿼크로 이루어졌다고 했다. 중입자에 속하는 양성자는 u쿼크 두 개와 d쿼크 하나로 이루어졌으며, 중성자는 u쿼크 하나와 d쿼크 두 개로 이루어졌다. 이러한 쿼크 모형은 당시까지

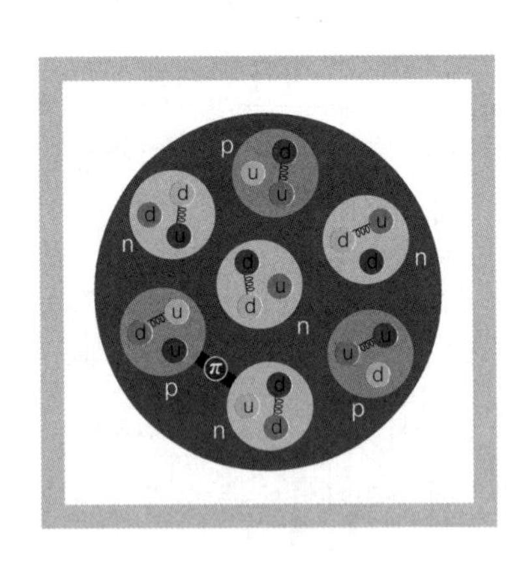

원자핵과 쿼크. 원자핵은 양성자(p)와 중성자(n)로 이루어졌고, 양성자와 중성자는 u쿼크와 d쿼크로 이루어졌다.

알려졌던 중간자와 중입자들의 구성을 설명하는 데 효과적임이 밝혀졌다.

그러나 겔만이 제안한 세 가지 쿼크만으로는 새롭게 발견되는 입자들의 구성을 설명할 수 없었다. 1974년에 '제이프사이(J/ψ) 입자'가 발견된 후 과학자들은 제이프사이 입자를 쿼크 모형을 이용해서 설명하려면 새로운 쿼크가 필요하다는 점을 알게 되었다. 그래서 네 번째 쿼크인 c쿼크가 추가되었다. 그런데 1977년 미국의 페르미 연구소에서 리언 레더먼(Leon Lederman, 1922~2018)이 이끄는 연구팀이 '입실런(γ) 입자'를 발견했다. 따라서 다섯 번째 쿼크인 b쿼크가 필요하게 되었다. 이제 과학자들은 b쿼크와 짝을 이룰 t 쿼크를 찾기 시작했다. t쿼크는 1994년 미국의 페르미 연구소에서 발견되었다. 따라서 자연을 구성하는 여섯 개의 쿼크가 모두 그 모습을 드러내게 되었다.

이렇게 해서 자연을 이루는 가장 작은 입자인 여섯 가지 경입자와 여섯 가지 쿼크가 모두 발견되었다. 그러나 이들 입자들만 있어서는 자연을 이루는 물질들이 만들어지지 않는다. 이 입자들이 상호작용하도록 하는 입자들이 필요하다. 이런 입자들을 '보존(boson) 입자'들이라고 한다. 현재까지 발견된 보존 입자에는 네 가지가 있다. 따라서 세상을 만들고 있는 입자는 전부 16개라고 할 수 있다. 이렇게 16가지 입자로 세상의 모든 물질이 만들어지는 것을 설명하는 것을 표준모델이라고 한다. 표준모델은 인류가 지금까지 밝혀낸 물질은 무엇으로 이루어졌을까 하는 질문에 대한 답이다.

그러나 표준모델에 속해 있는 16가지의 입자들만으로 모든 것을 설명할 수 있는 것은 아니다. 표준모델에 포함되어 있는 입자들은 제각기 다른 질량을 가지고 있다. 제각기 다른 질량들로 인해 표준모델의 입자들 사이에는 대칭성이 깨진다. 과학자들은 대칭성은 자연이 가지고 있는 가장 기본적인 원리 중의 하나로 생각하고 있다. 입자들 사이에 대칭성이 깨지는 것이 또 다른 보존 입자와의 상호작용 때문이라고 생각하게 되었다. 이렇게

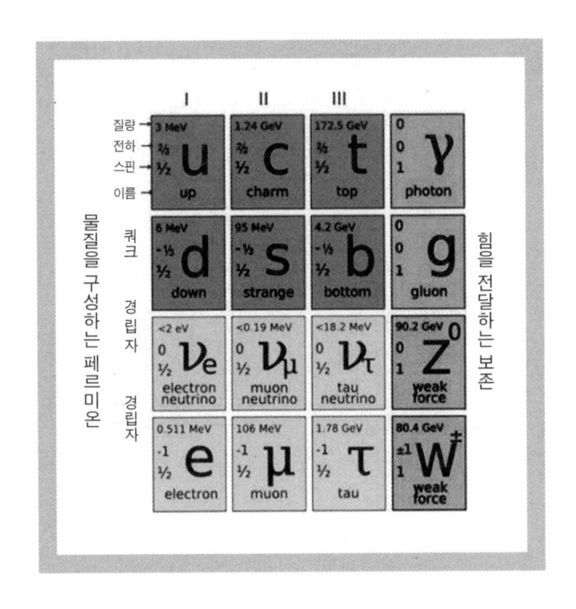


표준모델

우주 공간에 가득 차 있으면서 입자들과의 상호작용을 통해 입자들에게 질량을 부여하여 대칭성이 깨지도록 하는 입자를 '힉스 입자'라고 한다. 힉스 입자는 모든 입자에 질량을 부여하는 입자라고 해서 신의 입자라고 불리기도 한다. 유럽원자핵연구소(CERN)는 2012년 7월 4일 대형강입자충돌기(LHC)를 이용한 실험에서 힉스 입자를 발견했다고 발표했다.[52]

그러나 물리학자들은 힉스 입자의 발견으로 물질을 이루는 모든 입자들이 발견되었다고 생각하지 않고 있다. 물리학자 중에는 물질을 이루는 기본 단위가 입자가 아니라 끈이라고 주장하는 사람들도 있다. 10차원 또는 11차원의 공간에서 끈의 진동이 다양한 입자들을 만들어 낸다는 끈 이론은 한때 많은 사람들의 주목을 받았지만, 그들의 주장은 아직까지 실험을 통해 확인되지 않았다. 세상이 무엇으로 이루어졌는지를 밝혀내기 위한 과학자들의 노력은 앞으로도 계속될 것이다.

52 리언 레더먼·크리스토퍼 힐, 곽영직 옮김, 『힉스 입자 그리고 그 너머』, 지브레인, 2014.

### 네 가지 힘이 세상을 만들어 간다

과학자들은 자연에 존재하는 힘에는 네 가지가 있다는 점을 알아냈다. '중력'은 질량 사이에 작용하는 힘이고, '전자기력'은 전하 사이에 작용하는 힘이다. 질량 사이에 작용하는 중력은 네 가지 힘들 중에서 가장 약한 힘이다. 그러나 중력은 항상 인력으로만 작용하기 때문에 질량이 커지면 중력도 이에 비례해서 커진다. 전자기력은 아주 강한 힘으로 우리 주변의 물질을 만드는 힘이다. 그러나 전자기력에는 인력과 척력이 있어서 서로 상쇄될 수 있다. 원자에는 같은 수의 양성자와 전자가 들어 있어서 전기적으로 중성이다. 따라서 수많은 양성자와 전자로 이루어진 큰 물체 사이에는 전자기력이 작용하지 않는다. 전자기력이 강한 힘이면서도 별이나 행성과 같이 큰 천체로 이루어진 우주에서는 아무런 역할을 하지 못하는 것은 이 때문이다.

그러나 중력과 전자기력만으로는 원자핵을 이루는 핵자들의 결합을 설명할 수 없다. 핵자들 사이에는 전자기적 반발력을 이길 수 있는 강력한 핵력이 작용해야 한다. 핵자들 사이에 작용하는 핵력에는 '약한 상호작용'(약력)과 '강한 상호작용'(강력)이 있다는 사실이 밝혀졌다. 경입자들 사이에는 약력만 작용한다. 그러나 쿼크로 이루어진 강입자들 사이에는 강력과 약력이 모두 작용한다.

입자물리학에서는 네 가지 상호작용이 입자의 교환을 통해 작용한다고 설명한다. 힘의 작용을 입자의 교환에 의한 것으로 설명하기 위해서는 힘을 전달해 주는 입자들이 필요하다. 전자기력은 전하가 광자를 교환해서 발생하는 힘이다. 약력을 매개하는 입자에는 'W입자'와 'Z입자'가 있다. 전자기력을 전달하는 입자인 광자는 질량이 0이고, 전하를 띠지 않은 입자인 데 반해, 약력을 매개하는 W입자와 Z입자는 큰 질량을 가졌으며 전하를 띠고 있다. 과학자들은 전자기력과 약력을 통합하려는 시도를 했다. 두 힘을 하나의 원리로 설명하려는 것이다. 전자기력과 약력을 통일한 이론을 '전약이론'이라고 한다. 전약이론은 1967년 셸던 글래쇼(Sheldon Lee Glashow, 1932~ ), 압두스 살람(Abdus Salam, 1926~1996), 그리고 스티븐 와인버그(Steven Weinberg, 1933~ )에 의해 완성되었다.

쿼크로 이루어진 강입자 사이에는 강력이 작용한다. 강력을 매개하는 입자는 글루온이다. 글루온은 광자와 같이 질량이 0인 입자지만 도달 거리가 아주 짧아 원자핵 안에서만 작용한다. 따라서 우리가 살아가는 세상에서는 강한 핵력을 느끼거나 글루온을 발견할 수는 없다. 힘을 전달하는 입자들을 보존 입자라고 하는데, 광자, W, Z, 글루온은 앞에서 이야기한 표준모델 안에 포함되어 있다. 과학자들은 전자기력과 약한 상호작용을 통일한 것과 같이 강력도 하나의 원리로 통합하려고 시도하고 있다. 이러한 통일을 대통일이라고 하는데, 아직 완전히 성공하지 못하고 있다. 힘의 통합을 연구하는 과학자들의 최종 목표는 네 가지 힘을 모두 통합하여 하나의 원리로 설명하는 것이다. 네 가지 힘을 통일하여 물질세계를 더 완전하게 이해하기 위해서는 아직 발견되지 않은 중력자가 발견되어 중력도 통일 이론 안에 포함시킬 수 있어야 한다.

# 5. 우주에 대한 이해의 발전

## 우주의 거리를 측정하는 표준촛대를 찾아내다: 세페이드 변광성

하버드 천문대 대장이었던 에드워드 피커링(Edward Charles Pickering, 1846~1919)은 10년 동안 50만 장의 별 사진을 찍었다. 피커링은 여성으로 구성된 분석 팀을 만들어 이 사진들을 분석했다. 이 분석팀에서 일했던 애니 캐넌(Annie Jump Cannon, 1863~1941)은 1911년에서 1915년까지 별의 색깔과 밝기, 그리고 위치를 측정하여 5,000개의 별 목록을 작성했다. 그녀는 이 경험을 토대로 별들을 색깔에 따라 일곱 개의 종류(O, B, A, F, G, K, M)로 나누는 분류 체계를 만들었다. 1925년에 캐넌은 이러한 업적을 인정받아 옥스퍼드 대학에서 명예박사학위를 받은 최초의 여성이 되었다.

피커링의 분석팀에서 일했던 여성들 중 가장 중요한 천문학적 업적을 이룬 사람은 헨리에타 레빗(Henrietta Swan Leavitt, 1868~1921)이었다. 매사추세츠주의 랭커스터에서 목사의 딸로 태어난 레빗은 1892년에 하버드 대학의 래드클리프 칼리지를 졸업한 후 2년 동안 청각을 잃게 한 뇌막염을 치료하였다. 건강이 회복되자 그녀는 피커링의 분석 팀에서 자원봉사자로 일했다. 그녀는 다양한 형태의 변광성 중에서 '세페이드 변광성(Cepheid variable)'에 특히 관심을 가지게 되었다.

여러 달 동안 세페이드 변광성을 측정하여 목록을 작성한 그녀는 세페이드형 변광성의 주기와 밝기 사이의 관계를 알아내는 연구를 시작했다. 레빗은 소마젤란성운에서 25개의 세페이드 변광성을 찾아냈다. 소마젤란성

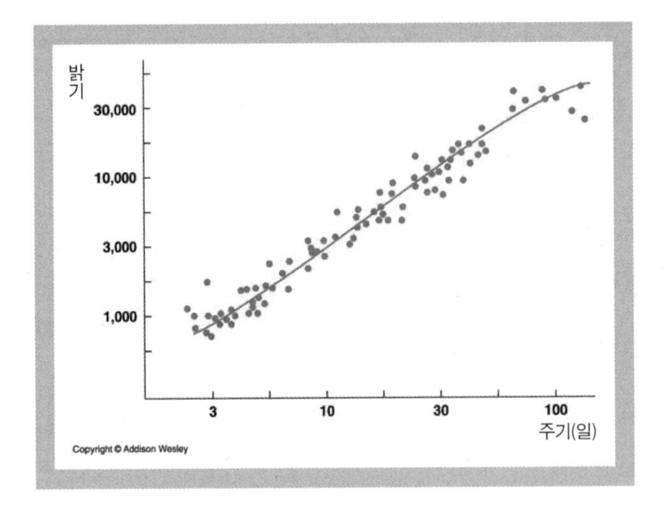


세페이드 변광성의 주기와 밝기의 관계를 나타내는 그래프

운에서 발견한 25개의 세페이드 변광성들이 지구로부터 대략적으로 같은 거리에 있다고 가정하고, 이 변광성들의 밝기와 밝기 변화의 주기를 그래프로 그려 보았다. 그 결과 주기와 밝기 사이에 비례하는 관계가 있다는 것을 알게 되었다. 레빗은 1912년에 이 내용을 「소마젤란성운의 25개 변광성의 주기」라는 제목의 논문으로 발표했다.

레빗의 발견은 우주에서 거리를 측정하는 새로운 방법을 제공했다. 세페이드 변광성의 주기를 측정하면 레빗이 발견한 주기와 밝기 사이의 관계로부터 실제 밝기를 알아낼 수 있으므로 이 별의 겉보기 밝기를 관측하여 비교하면 별까지의 거리를 알 수 있다. 우주에서의 거리 측정에 기본이 되는 연주시차를 이용하는 방법은 가까이 있는 별들까지의 거리를 측정하는 데만 사용될 수 있다. 그런데 이제 외부 은하까지의 거리도 측정할 수 있는 세페이드 변광성법이라는 또 하나의 자를 갖게 된 것이다.

## 우주 팽창을 막아야 한다: 우주상수

자신이 제안한 일반상대성이론을 이용하여 우주의 구조를 연구한 아인슈타인은 우주가 정적인 상태가 아니라 팽창하거나 수축하는 것과 같은 동적인 상태에 있어야 한다는 점을 알게 되었다. 그러나 우주가 영원하며 시작과 끝이 있을 수 없다는 생각을 가지고 있었던 그는 자신의 방정식에 우주가 정적인 상태에 있을 수 있도록 우주상수 항을 추가했다. 우주상수는 중력에 대항하는 반중력과 같은 것을 나타내는 항이었다. 아인슈타인 같이 혁명적인 과학 이론을 제안한 과학자도 우주가 팽창하고 있다는 사실을 받아들이기 어려웠던 것이다. 그러나 과학자들 중에는 우주가 팽창하고 있다고 주장하는 사람들이 나타났다.

제1차 세계대전과 1917년에 있었던 러시아 혁명으로 인해 오랫동안 대학을 떠나 있었던 러시아의 알렉산드르 프리드만(Alexander Friedmann, 1888~1925)은 아인슈타인의 우주상수를 모른 채 일반상대성이론을 이용하여 우주가 팽창하고 있어야 한다는 결론을 이끌어 내고, 이를 1922년 『물리학 잡지』에 발표했다. 이를 본 아인슈타인은 프리드만의 계산과 우주론이 모두 틀렸다고 지적했다. 프리드만은 이에 대해 반론을 제기했다. 아인슈타인은 프리드만의 계산은 틀리지 않았다는 것은 인정했지만, 우주가 팽창하고 있다는 주장은 받아들일 수 없다고 했다. 프리드만은 1925년에 서른일곱 살의 나이로 일찍 죽었기 때문에 더 이상 팽창하는 우주론을 발전시키지 못했다.

알렉산드르 프리드만

그러나 우주가 팽창하고 있다고 주장하는 사람이 다시 나타났다. 1894년 벨기에의 찰러로이에서 태어나 이론 물리학과 신학을 동시에 공부하고 가톨릭교회 사제와 물리학자의 길을 걷고 있던 조르주 르메트르(Georges Henri Joseph Édouard Lemaître, 1894~1966)가 팽창하는 우주 모델을 다시 제안했다. 르메트르는 우주가 초기에 하나의 커다란 원자였으며, 이 원자가 방사성 붕괴를 하면서 오늘날의 우주가 시작되었다고 주장했다. 그는 아인슈타인의 일반상대성이론에서 출발하여 팽창하는 우주 모델을 만들어 내고, 그것을 원자의 방사성 붕괴 현상과 결합했던 것이다. 르메트르는 1927년에 그의 논문 「원시 원자 가설」을 발표한 직후 브뤼셀에서 열렸던 솔베이 회의에서 아인슈타인을 만났다. 아인슈타인은 르메트르가 제시한 팽창하는 우주 모형은 물리적으로 의미 없는 우주 모형이라며 무시했다.

### 우주가 팽창하고 있다: 허블법칙

20세기 초 천문학계에서는 안드로메다성운이 우리 은하 안에 있는 천체인지 아니면 우리 은하 밖에 있는 또 다른 은하인지에 대해 열띤 토론을 벌였다. 그것은 우주에 우리 은하만 있느냐, 아니면 우주가 수많은 은하들로 이루어졌느냐에 대한 토론이었다. 안드로메다성운이 우리 은하 밖에 있는 또 다른 은하라는 점을 밝혀내 위대한 토론이라고 부른 이 논쟁을 끝낸 사람은 미국의 에드윈 허블(Edwin Powell Hubble, 1889~1953)이었다. 1924년 허블은 안드로메다성운에서 세페이드 변광성을 찾아내고, 주기를 측정하여 안드로메다성운까지의 거리가 90만 광년이라고 발표했다.

실제 안드로메다성운까지의 거리는 이보다 훨씬 멀어 약 240만 광년이나 되지만, 당시에는 세페이드 변광성에 두 가지 종류가 있다는 점을 몰랐기 때문에 이런 결론을 얻었다. 우리 은하의 지름은 약 10만 광년 정도이므로 이 결과만으로도 안드로메다성운이 우리 은하 밖에 있는 외부 은하라는 것을 알 수 있었다. 허블은 1924년 2월에 이 결과를 발표했다. 허블의 발견으로 안드로메다성운은 안드로메다은하라는 것이 밝혀졌고, 우주는 수없이 많은 은하를 포함하는 거대한 우주로 커지게 되었다.

에드윈 허블

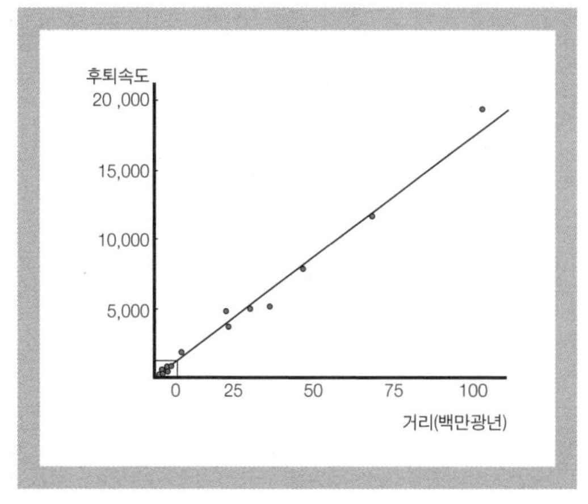

허블이 1931년에 발표한 관측 자료

외교관이었다가 천문학자가 된 미국의 베스토 슬라이퍼(Vesto Melvin Slipher, 1875~1969)는 1912년 로웰 천문대의 구경 60cm짜리 굴절 망원경을 사용하여 은하 스펙트럼의 도플러 효과를 분석하여 은하들의 속도를 측정했다. 1917년까지 슬라이퍼가 관측한 25개의 은하 가운데 21개의 은하는 멀어지고 있었고, 4개의 은하만이 다가오고 있었다.[53] 다음 10년 동안 20개의 은하들이 목록에 추가되었는데, 이번에는 모든 은하들이 멀어지고 있었다.

허블은 대부분의 은하들이 적색편이를 나타낸다는 슬라이퍼의 관측 결과를 확인해 보기로 했다. 허블은 윌슨산 천문대 호텔에서 일하다가 천체 관측에 참여하게 된 밀턴 휴메이슨(Milton Humason, 1891~1972)과 함께 은하들의 스펙트럼을 분석하기 시작했다. 휴메이슨은 은하들의 도플러 효과를 측정했고, 허블은 세페이드 변광성을 이용하여 은하까지의 거리를 알아냈다.

53 우주의 팽창으로 인해 대부분의 은하들이 멀어지고 있지만 우리 은하의 이웃 은하들은 중력 작용으로 인해 가까이 다가오기도 한다.

1929년까지 허블과 휴메이슨은 46개 은하의 적색편이와 거리를 측정하여 한 축은 속력을 나타내고, 다른 축은 거리를 나타내는 그래프 위에 나타내 보았다. 허블은 이 그래프로부터 은하가 멀어지는 속력이 지구로부터의 거리에 비례한다는 것을 알 수 있었다. 이것은 우주가 팽창하고 있음을 나타내는 것이었다. 허블은 이 관측 결과를 1929년에 발표했다. 그리고 다시 2년 동안 허블과 휴메이슨은 1929년 논문에 포함했던 은하보다 20배 먼 거리에 있는 은하들의 거리와 속력을 측정하여 1931년에 새로운 관측 결과를 포함한 또 다른 논문을 발표했다. 이 자료는 허블법칙을 더욱 명확하게 보여 주었다. 허블은 천문학 역사상 가장 위대한 발견을 해낸 것이었다.

은하들이 멀어지는 속도(v)가 거리(d)에 비례한다는 허블법칙은 $v=H_0\times d$과 같이 간단한 방정식으로 나타낼 수 있다. 이 식의 비례상수 $H_0$를 '허블상수'라고 한다. 허블상수는 1Mpc 떨어져 있는 은하가 멀어지는 속도를 나타낸다. 만약 우주의 팽창속도가 일정하다고 가정하면 허블상수의 역수를 계산하여 우주의 나이를 알 수 있다. 1931년 1월 부인과 함께 허블이 천체 관측을 하고 있던 윌슨산 천문대를 방문하여 관측시설을 둘러본 아인슈타인은 윌슨산 천문대 도서관에 모인 기자들에게 우주가 팽창하고 있다는 사실을 받아들인다고 선언했다. 아인슈타인은 후에 자신이 우주상수를 도입했던 것이 생애의 가장 큰 실수였다고 말했다.

### 태어나고 죽어가는 별의 일생

20세기 초에 천체물리학자들은 별의 일생을 밝혀내는 연구에서 커다란 진전을 이루어 냈다. 100억 년이나 되는 별의 일생을 연구하는 가장 좋은 방법은 다양한 별을 관측한 후 나이 순서대로 배열해 보는 것이다. 이 일을 처음 한 사람은 덴마크의 천문학자 헤르츠스프룽(Ejnar Hertzsprung, 1873~1967)과 미국의 천문학자 헨리 러셀(Henry Norris Russell, 1877~1957)이었다. 헤르츠스프룽과 러셀은 관측된 별들을, 한 축은 절대등급을 나타내고 한 축은 색깔, 즉 표면 온도를 나타내는 그래프 위에 정리해 보았다. 이런 그래프를 두 사람 이름의 머리글자를 따서 'H-R도'라고 부른다. H-R도 위의 별들은 주계열성, 적색거성, 백색왜성과 같은 몇 개의 그룹으로 나눌 수 있었다. 우리 은하의 별들뿐만 아니라 다른 은하를 구성하고 있는 별들의 H-R도까지 조사한 천문학자들은, 태어날 때는 주계열성으로 태어나지만 포함하고 있는 질량의 크기에 따라 각기 다른 진화 과정을 거친다는 점을 알아냈다.

태양을 수십억 년 동안 빛나게 하는 에너지가 핵융합 반응에 의해 공급되고 있다는 것을 처음 밝혀낸 사람은 독일의 프리츠 후터만스(Fritz Houtermans, 1903~1966)와 영국의 로버트 앳킨슨(Robert d'Escourt Atkinson, 1898~1982)이었다. 두 사람은 1929년에 『물리학 저널』에 공동으로 발표한 논문에서 별을 빛나게 하는 에너지는 수소가 헬륨으로 바뀌는 핵융합 반응에 의해 공급되고 있으며, 핵융합 반응에 의해 별 내부에는 무거운 원자핵들이 쌓이게 될 것이라고 주장했다. 1930년대에 앳킨슨은 밝은 별들의 일생은 어두운 별들보다 짧다는 것과 우주에서 발견되는 무거운 원소들은 별 내부의 핵융합 반응에 의해 만들어졌다고 주장하는 논문을 발표하기도 했다. 그는 백색왜성은 더 이상 핵융합 반응에 의해 에너지가 공급되지 않는 별이라고 설명하기도 했다.

후터만스와 앳킨슨의 연구를 완성한 사람은 독일 태생으로 미국에서 활동했던 한스 베테(Hans Albrecht Bethe, 1906~2005)였다. 나치가 정권을 잡은 독일을 떠나 미국 코넬 대학의 교수로 있으면서 원자폭탄을 개발한 맨해튼 프로젝트에서 일하기도 했던 베테는 제2차 세계대전이 끝난 후에는 별 내부에서 일어나는 핵융합 반응에 대해 연구했다. 베테는 수소가 헬륨으로 변환되는 핵융합 반응이 일어나는 과정을 밝혀냈다.

별의 일생이 별의 질량에 따라 달라진다는 연구를 처음 시작한 사람은 인도 출신으로 영국과 미국에서 활동했던 수브라마니안 찬드라세카르(Subrahmanyan Chandrasekhar, 1910~1995)였다. '라만 효과'를 발견하여 노벨 물리학상을 수상한 찬드라세카르 라만의 조카였던 찬드라세카르는 영국으로 유학 가는 배 안에서 계산을 통해 태양 질량의 1.4배가 넘는 질량을 가진 별은 백색왜성이 될 수 없다는 것을 알아냈고, 영국에서는 이에 대한 연구를 계속해 질량에 따라 별의 일생이 어떻게 달라지는지를 설명하는 논문을 1930년에 발표했다.

그러나 당시 주도적인 천문학자로 일식 관측을 통해 일반상대성이론이 옳다는 것을 밝혀낸 아서 에딩턴의 반대에 부딪혀 그의 연구는 사람들의 주목을 받지 못했다. 크게 실망한 찬드라세카르는 다른 일을 할 생각도 했지만 미국으로 이주해 시카고 대학과 시카고 부근에 있는 여키스 천문대에서 천문학 연구를 계속했다. 그 후 많은 학자들의 연구와 중성자성을 비롯한 많은 새로운 천체들의 발견으로 찬드라세카르의 예측이 옳았다는 것이 밝혀졌다. 찬드라세카르는 백색왜성에 대한 연구 결과를 발표하고 53년이 지난 1983년에 노벨 물리학상을 수상했다.

일생의 마지막 단계에서 많은 질량을 우주 공간으로 날려 보내고 남은 질량이, 태양 질량의 1.4배보다 작은 별은, 일생의 마지막을 백색왜성으로 마치게 된다. 백색왜성은 더 이상 핵융합 반응이 일어나지 않고 서서히 식어가는 밀도가 높은 별이다. 태양 질량의 1.4배를 찬드라세카르의 한계라고 한다. 찬드라세카르의 한계보다 많은 질량을 가지고 있는 별은 중력에 의한 붕괴를 견디지 못하고 초신성 폭발을 하게 된다. 초신성 폭발 시에는 별이 일생 동안 핵융합 반응을 통해 방출한 에너지보다 더 많은 에너지가 한꺼번에 방출되어 철보다 더 무거운 원소들을 만들어 내고, 일생 동안 만들어 놓은 무거운 원소들과 함께 우주 공간으로 흩어 놓는다.

초신성 폭발에 의해 별의 중심에는 밀도가 아주 높은 중성자성이 만들어진다. 그러나 질량이 태양 질량의 2.5배가 넘으면 중성자성도 중력 붕괴를 견딜 수 없게 된다. 그렇게 되면 중력에 의한 응축이 계속되어 빛도 빠져나올 수 없는 천체인 블랙홀이 된다. 관측을 통해 중성자성과 블랙홀 후보가 많이 발견되면서 별의 일생에 대한 이런 설명이 설득력을 가지게 되었다. 후에 과학자들의 연구를 통해 블랙홀에는 별의 마지막 단계에 만들어지는 블랙홀 외에 은하 중심에 있는 거대한 블랙홀도 있다는 것이 밝혀졌다.

관측에 의하면 성간운에서 만들어지는 대부분의 천체는 질량이 충분히 크지 않아 핵융합 반응이 일어날 수 있는 온도와 압력에 도달하지 못해 별이 되지 못하고 식어 가는 갈색왜성이다. 핵융합 반응을 통해 스스로 빛을 내는 별들은 질량에 따라 백색왜성이나 중성자성, 또는 블랙홀로 일생을 마감한다. 모든 천체 중에서는 큰 천체에 속하지만 별들 중에서는 작은 별에 속하는 태양의 일생은 100억 년 정도 될 것으로 보인다. 큰 별들의 일생은 이보다 훨씬 짧아 수억 년밖에 안 된다.

### 모든 것이 한 점에서 시작되다: 빅뱅이론

허블법칙의 발견으로 우주가 팽창하고 있다는 것을 알게 된 과학자들은 우주의 기원에 대해 연구하기 시작했다. 우주가 과거 특정한 시점에 한 점에서 빠르게 팽창하면서 시작되었다는 '빅뱅이론'은 1948년 4월 1일 조지 가모브(George Gamow, 1904~1968)와 한스 베테,[54] 그리고 랠프 앨퍼(Ralph Asher Alpher, 1921~2007)의 이름으로 발표된 「화학 원소의 기원」이라는 논문을 통해 처음 제안되었다. 1904년 우크라이나 지방의 오데사에서 태어난 가모브는 오데사 노보로시아 대학에서 장래가 촉망받는 젊은 물리학자로 이름을

54 빅뱅 연구에 참여하지 않은 베테가 저자의 한 사람으로 이름을 올린 것은 이 논문이 알파-베타-감마 논문이라고 불리게 하고 싶었던 가모브의 유머 감각 때문이었다.

날렸고, 1923년에는 레닌그라드 대학으로 옮긴 다음에는 알파 붕괴에 대한 연구로 세계 물리학계에 이름을 알렸다. 그러나 정치적 이념이 과학을 좌지우지하는 소련을 탈출하는 데 성공한 가모브는 미국 조지워싱턴 대학에서 빅뱅 우주 모델을 발전시키는 연구를 시작했다.[55] 가모브는 빅뱅 과정에서 있었던 원자핵 합성에 흥미를 가지고 원자핵 물리학 이론을 이용하여 현재 관측되는 우주의 조성을 설명하려고 시도했다.

관측에 의하면 우주에는 1만 개의 수소 원자에 대해 대략 1,000개 정도의 헬륨 원자와 6개 정도의 산소 원자, 그리고 1개 정도의 탄소 원자가 존재한다. 다른 원소들은 모두 합쳐도 탄소 원자의 수보다 적다. 가모브는 우주의 조성은 우주 초기의 물리적 상태와 관련이 있을 것이라고 생각하고, 우주 초기의 원자핵 합성 과정을 알아내기 위해 현재 우주에서 시작해서 시계를 거꾸로 돌려 보았다. 우주가 시작점에 가까워지자 우주의 밀도와 온도가 엄청나게 커졌다. 이 일은 매우 복잡한 계산을 필요로 했다.

1945년 가모브는 랠프 앨퍼가 뛰어난 수학적 재능을 가지고 있다는 것을 알고 박사 과정 학생으로 받아들여 초기 우주에 있었던 원자핵 합성 문제를 연구하도록 했다. 앨퍼는 빅뱅 후 몇 분 만에 수소와 헬륨이 형성되는 빅뱅이론을 완성했다. 또한 원자핵 합성이 끝날 즈음에는 대략 10개의 수소 원자핵에 1개꼴로 헬륨 원자핵이 만들어졌다는 결론을 얻었다. 가모브와 앨퍼는 그들의 계산 결과를 「화학 원소의 기원」이라는 제목의 논문으로 정리하여 『피지컬 리뷰』지에 보냈다. 이 논문은 1948년 4월 1일에 출판되었고, 이 내용이 포함된 앨퍼의 박사학위 논문은 1948년 봄에 신문 기자들을 포함하여 300명이나 되는 관중들 앞에서 발표되었다.

가모브와 앨퍼는 로버트 허먼(Robert Herman, 1914~1997)을 새로운 연구원

55 사이먼 싱, 곽영직 옮김, 『사이먼 싱의 빅뱅』, 영림카디널, 2006.

으로 받아들여 팽창하는 우주의 다른 면을 연구하기 시작했다. 앨퍼와 허먼은 우주 초기로 돌아가 우주의 진화 과정을 다시 추적했다. 최초의 우주는 온도와 밀도가 너무 높아 모든 물질은 기본 입자로 분리되어 있었다. 다음 몇 분 동안은 헬륨과 다른 가벼운 원소가 합성되기에 적당한 온도였다. 그 후 우주는 더 이상의 핵융합이 일어나기에는 너무 온도가 낮아졌다. 핵융합이 일어나기에는 너무 낮은 온도였지만, 우주의 온도는 아직도 수백만 도가 넘을 정도로 높았다. 이렇게 높은 온도에서는 전자와 원자핵이 결합하지 못해 우주는 전자와 원자핵으로 이루어진 플라스마 수프 상태에 있게 된다. 이런 우주에서는 빛 입자들은 전자와의 충돌로 인해 앞으로 나갈 수 없었기 때문에 우주는 불투명했다.

우주의 나이가 30만 년[56]이 되자 우주의 온도가 3,000K까지 내려가 전자들이 원자핵과 결합하여 중성 원자인 수소와 헬륨을 형성했다. 그러자 빛이 더 이상 전자의 방해를 받지 않고 우주를 마음대로 달릴 수 있게 되어 우주가 투명하게 되었다. 앨퍼와 허먼은 자신들의 계산이 옳다면 중성 원자가 만들어지던 시점에 존재했던 빛이 우주의 모든 방향에서 우리를 향해 오고 있어야 한다고 주장했다. 알파-베타-감마 논문이 출판된 후 몇 달 만에 앨퍼와 허먼이 이 연구를 완성했다.

앨퍼와 허먼은 중성 원자가 만들어지는 순간에 방출된 빛의 파장이 대략 0.1mm 정도일 것이라고 예측했다. 이 파장은 플라스마 안개가 걷힐 때의 우주 온도인 3,000K의 물체가 내는 흑체복사선의 파장이었다. 그러나 그 후 계속된 우주의 팽창으로 이 빛의 파장은 현재 대략 3K의 온도인 물체가 내는 복사선의 파장인 1mm 정도 될 것이라고 예측했다. 이 파장은 인간의 눈에는 보이지 않는 마이크로파 영역에 속한다. 만약 이 우주배경복사를 관측할 수

56 현재는 38만 년이라고 알려져 있음.

있다면 이들의 우주론이 옳다는 것을 증명할 수 있을 것이다. 그러나 그 당시에는 이런 파장의 전자기파를 정밀하게 관측하는 것이 가능하지 않았다.

영국의 프레드 호일(Fred Hoyle, 1915~2001)은 1949년에 토머스 골드(Thomas Gold, 1920~2004), 허먼 본디(Hermann Bondi, 1919~2005)와 함께 빅뱅이론을 반대하고 우주가 팽창하여 만들어지는 공간에 물질이 생성되어 채워지기 때문에 우주 전체의 모습은 변하지 않는다는 '정상우주론'을 제안했다. 호일이 정상우주론을 제안한 후 과학자들은 빅뱅이론과 정상우주론을 지지하는 많은 증거를 제시하며 열띤 논쟁을 벌였다. 그러나 빅뱅이론이나 정상우주론을 지지해 줄 결정적인 증거를 찾아내지 못하고 1950년 중엽에 가모브와 호일이 연구팀을 해체하면서 우주론 논쟁이 막을 내리는 것처럼 보였다. 하지만 빅뱅이론의 결정적인 증거인 우주배경복사가 1964년 우연히 발견되면서 우주의 시작을 설명하는 우주론은 새로운 국면을 맞이하게 되었다.

빅뱅이론의 가장 강력한 증거인 우주배경복사가 발견된 후에도 빅뱅이론을 받아들이지 않았던 호일은 빅뱅이론의 발전에 두 가지 큰 공헌을 했다. 하나는 빅뱅이론이라는 이름을 지어 준 것이었다. 1950년 영국 BBC 방송 라디오 프로그램에 출연하여 우주론을 설명하는 다섯 번의 강연을 하는 도중 당시 '역동적으로 진화하는 모델'이라고 불리던 가모브의 우주론을 '빅뱅이론'이라고 불렀다. 호일은 가모브의 우주론을 경멸하기 위해 의성어인 빅뱅(big-bang)이라는 말을 사용했지만, 이것은 곧 많은 사람들이 사용하는 이 우주론의 명칭이 되었다.

호일이 빅뱅이론에 공헌한 다른 한 가지는 이름을 지어 준 것보다 훨씬 더 중요한 것이었다. 빅뱅이론은 빅뱅 초기에 90%의 수소, 10%의 헬륨, 그리고 약간의 리튬이 만들어졌다는 것을 성공적으로 설명했다. 수소가 핵융합을 통해 헬륨을 만드는 과정은 알파-베타-감마 논문의 저자 중 한 사람으로 등록된 한스 베테가 밝혀냈다. 그러나 헬륨 원자의 핵융합 반응을 통해 더 무거운 원소가 만들어지는 과정은 설명하지 못하고 있었다.

호일은 1953년에 미국의 물리학자 윌리엄 앨프리드 파울러(William Alfred Fowler, 1911~1995)와 공동 연구를 통해 헬륨 원자핵 두 개가 융합하여 베릴륨 원자핵을 만들고 여기에 헬륨 원자핵 하나가 더 첨가되어 탄소 원자를 만드는 과정을 밝혀냈다. 탄소의 합성 과정을 밝혀낸 것은 호일이 제안한 정상우주론에서도 필요한 것이었기 때문에 이 연구가 빅뱅이론만을 위한 것은 아니었다. 그러나 결과적으로 빅뱅이론이 우주를 이루고 있는 무거운 원소가 만들어지는 과정을 설명할 수 있도록 하는 데 크게 기여했다.

탄소의 합성 과정을 밝혀낸 후에도 별 내부에서 무거운 원자핵이 합성되는 수십 단계의 핵융합 반응에 대한 연구가 계속되었다. 이 연구에는 호일과 파울러 외에 마거릿 버비지(Margaret Burbidge, 1919~2020)와 제프리 버비지(Geoffrey Ronald Burbidge, 1925~2010) 부부도 참여했다. 1957년에 네 사람은 공동 명의로 「별 내부에서의 원소 합성(Synthesis of the Elements in Stars)」이라는 제목의 104쪽이나 되는 긴 논문을 발표했다. 이 논문에는 헬륨에서 우라늄에 이르는 모든 원소가 합성되는 과정이 설명되어 있었다. 저자들 이름의 머리글자를 따서 '$B^2FH$ 논문'이라고도 알려져 있는 이 논문은 20세기에 발표된 가장 중요한 논문 중 하나로 평가받고 있다. 파울러는 이 연구로 찬드라세카르와 함께 1983년에 노벨 물리학상을 받았다.

### 빅뱅이론의 증거가 발견된다: 우주배경복사

빅뱅이론의 결정적 증거인 우주배경복사를 발견한 사람들은 벨 연구소의 연구원이었던 아르노 펜지어스(Arno Allan Penzias, 1933~ )와 로버트 윌슨(Robert Woodrow Wilson, 1936~ )이었다. 펜지어스와 윌슨은 마이크로파 통신에 이용하기 위해 설치한 나팔 모양의 전파 안테나에 모든 방향에서 오는 잡음이 잡히는 것을 발견했다. 그들은 잡음을 없애기 위해 가능한 모든 조치를 취

펜지어스와 윌슨이 우주배경복사를 발견하는 데 사용한 안테나

했지만 잡음을 없앨 수 없었다.

1963년 말에 펜지어스는 몬트리올에서 열린 천문학회에 참석했고, 그곳에서 만난 매사추세츠 공과대학의 천문학자 버나드 버크(Bernard Burke, 1928~2018)에게 잡음 문제를 이야기했다. 몇 달이 지난 후 버크가 그에게 전화를 걸어왔다. 그는 그들을 귀찮게 했던 잡음이 프린스턴 대학의 천문학자들이 찾고 있는 우주배경복사일 것이라고 알려 주었다. 이렇게 하여 가모브, 앨퍼, 그리고 허먼이 최초로 예측했던 우주배경복사가 마침내 발견되었다. 우주배경복사의 발견으로 빅뱅우주론은 널리 받아들여지는 우주론이 되었다.

## 본격적인 태양계 탐사가 시작되다

20세기에는 우주론의 발전과 함께 탐사선을 이용한 태양계 탐사도 활발하게 진행되었다. 최초로 액체 연료를 이용하여 로켓 엔진을 개발한 사람은 미국의 로버트 고더드(Robert Hutchings Goddard, 1882~1945)였다. 고더드는 1926년에 액체 연료를 연소시킬 때 나오는 기체를 뒤로 분사시키면서 앞으로 나아가는 로켓 엔진을 발명했다. 그 후 1942년에는 폰 브라운(Wernher von Braun, 1912~1977)이 이끄는 독일의 과학자들이 고더드가 개발한 로켓을 개량하여 알코올과 액체산소를 추진제로 사용하는 'V-2 로켓'을 개발하여 전쟁에 사용했다.

제2차 세계대전이 끝난 후 독일의 로켓기술과 기술자들을 확보한 미국과 소련은 냉전 체제하에서 본격적인 우주 개발 경쟁에 돌입했다. 지구 궤도에 처음으로 비행 물체를 올려놓은 것은 소련이었다. 소련은 1957년 10월 최초로 스푸트니크호를 지구 궤도에 올려놓는 데 성공했다. 소련의 성공에 자극을 받은 미국도 로켓 개발에 박차를 가해 1958년에는 익스플로러 1호를 지구 궤도에 올려놓았다. 익스플로러 1호는 가이거 계수관을 이용하여 방사능을 측정하여 지구 주위를 둘러싼 고에너지 하전입자들로 이루어진 '반알렌(Van Allen)대'가 있다는 사실을 확인하는 성과를 올리기도 했다.

초반 태양계 탐사에서는 언제나 소련이 앞서 나갔다. 1959년 소련의 루나 1호가 최초로 태양 궤도를 돌았고, 이어서 발사된 루나 2호는 달에 충돌함으로써 인간이 만든 물체가 지구를 벗어나 다른 천체에 도달하는 최초의 기록을 남겼다. 1959년 10월에 발사된 루나 3호는 달 뒷면 사진을 처음으로 전송해 왔다. 달은 항상 한 면만 지구 쪽을 향하고 있으므로 달의 뒷면을 본 것은 또 하나의 역사적 사건이었다. 1961년 소련은 최초의 우주인 유리 가가린(Yuri Gagarin, 1934~1968)을 보스톡 1호에 태워 지구 궤도를 돌게 하는 데 성공했다. 1962년 2월 미국도 존 글렌(John Herschel Glenn Jr., 1921~2016)을 프렌드십 7호에 태워 261km 고도에서 지구를 세 바퀴 도는 데 성공했다.

태양계 탐사에서 항상 소련에게 선두를 내주던 미국은 1960년대 안에 인간을 달에 보내기 위한 '아폴로 프로젝트'를 시작했다. 머큐리 계획과 제미니 계획을 통해 우주선의 도킹실험, 달 궤도 진입과 귀환실험 등 인간을 우주에 보내는 데 필요한 전 단계의 실험을 끝낸 미국은 1968년 10월 11일 세 명의 우주인을 태운 아폴로 7호를 163회나 지구 궤도를 선회하고 무사히 귀환시킴으로써 본격적인 아폴로 계획을 시작했다. 이어서 유인 우주선이었던 아폴로 8호가 달 궤도를 일주하고 귀환했으며, 아폴로 9호는 사령선과 착륙선의 도킹에 성공했고, 아폴로 10호는 달 궤도를 31회나 돌고 귀환했다.

이로써 모든 준비를 끝낸 미국항공우주국은 1969년 7월 16일 아폴로 11

아폴로 11호 승무원들. 왼쪽부터 닐 암스트롱, 마이클 콜린스, 버즈 올드린

호를 달 궤도에 진입시켜, 착륙선 이글호를 달 표면의 고요의 바다에 착륙시키는 데 성공했다. 육중한 우주복을 입은 닐 암스트롱(Neil Alden Armstrong, 1930~2012)이 착륙선에서 천천히 계단을 내려와 달에 첫발을 디딘 것은 우리나라 시간으로 1969년 7월 21일 11시 56분 20초였다. 이 장면은 전 세계에 생중계되었고, 사람들은 숨을 죽이고 이 광경을 지켜보았다.

그 후 아폴로 17호를 마지막으로 아폴로 계획이 끝날 때까지 여섯 차례에 걸쳐 인간을 달에 보냈다. 달을 방문한 우주인들은 달의 표본을 채취하는 한편, 여러 가지 관측 장비를 달 표면에 설치해 놓았다. 1971년에 달에 착륙했던 아폴로 15호 우주 비행사들은 월면차를 이용하여 넓은 지역을 조사했다. 1972년에 달에 착륙했던 아폴로 17호도 비슷한 월면차를 이용하여 35km나 이동하면서 달 표면을 조사하고 표본을 채취하여 돌아왔다. 1970년 4월 11일에 발사된 아폴로 13호는 세 번째로 달에 착륙할 예정이었으나, 고장으로 인해 달을 선회만 하고 4월 17일 무사히 지구로 귀환했다. 아폴로 13호가 지구로 귀환하는 이야기는 영화로도 만들어졌다.

아폴로 계획이 성공을 거둔 후 태양계 탐사는 더욱 활발하게 전개되어 금성, 화성, 수성을 근접 비행하거나 이들의 궤도를 돌면서 표면 상태를 조사하는 탐사선을 여러 번 보냈고, 행성들에 직접 착륙하여 물리화학적 조사를 진행한 무인 탐사선도 다수 보냈다. 그런가 하면 목성, 토성, 천왕성, 해왕성과 같이 멀리 있는 행성들에 대한 탐사도 여러 차례 실시했다. 1972년 3월에 발사된 미국의 탐사선 파이어니어 10호는 목성을 지나면서 목성과 그 위성들의 사진을 지구로 전송했으며, 1974년 12월에 발사된 파이어니어 11호는 토성의 생생한 사진을 전송했고, 새로운 위성과 고리를 발견했다. 1977년 9월에 발사된 보이저 1호와 1977년 8월에 발사된 보이저 2호는 목성, 토성, 천왕성, 해왕성에 접근하여 수많은 자료와 사진을 지구에 송신하여 베일에 가려져 있던 이 행성들의 상태를 자세히 알 수 있게 했다.

### 우주에 어둠이 있다: 암흑물질

20세기에 눈부신 발전을 거듭한 천문학은 우주에 대해 많은 것을 이해할 수 있도록 했지만, 해결해야 할 새로운 의문도 만들어 냈다. 20세기에 새롭게 주목을 받기 시작한 것은 '암흑물질'과 '암흑에너지'였다. 암흑물질은 1930년대에 스위스 출신 천문학자로 캘리포니아 공대에서 연구하던 프리츠 츠비키(Fritz Zwicky, 1898~1974)에 의해 처음 제기되었다. 츠비키는 은하단에 속한 은하들의 운동을 관측하고 은하들이 매우 빠르게 운동하고 있음을 알게 되었다. 이런 운동이 가능하려면 은하단이 관측된 질량보다 훨씬 더 많은 질량을 가지고 있어야 했다. 츠비키는 관측되지 않은 질량을 '사라진 질량'이라고 했다.

츠비키가 제안한 사라진 질량의 존재를 다시 확인한 사람은 미국의 여성 천문학자 베라 루빈(Vera Rubin, 1928~2016)이었다. 바사르 칼리지에서 천문학을 공부한 루빈은 코넬 대학에서 한스 베테와 리처드 파인먼(Richard Phillips Feynman, 1918~1988)에게 배웠고, 조지타운 대학에서 조지 가모브의 지도를 받아 박사학위를 받았다. 박사학위를 받은 후 루빈은 애리조나에 있는 키트피크 천문대에서 은하의 운동을 연구하기 시작했다.

은하 중심을 돌고 있는 별들의 운동을 조사하던 루빈은 놀라운 사실을 발견했다. 나선은하의 가장자리에 있는 별들과 수소기체 구름이, 은하 중심부에 있는 별들이 도는 속력과 거의 같은 빠른 속력으로 은하를 돌고 있었던 것이다. 케플러의 행성운동법칙에 의하면 행성의 회전속력은 태양에서 멀어질수록 느려져야 한다. 중력은 은하에서도 똑같이 적용되는 힘이므로 은하의 별들도 중심에서 멀어지면 천천히 회전해야 한다.

그러나 관측 결과는 그렇지 않았다. 은하 중심에 가까이 있는 별들과 은하 중심에서 멀리 떨어져 있는 별들의 회전속력이 비슷했다. 만약 중력이 약한 은하의 가장자리에서 별들이 이렇게 빨리 돌고 있다면, 그 별들은 은하에서 멀리 달아나야 했다. 별들이 달아나지 않는다는 것은 이들을 잡아주고 있는 무엇이 있다는 것을 뜻했다. 루빈은 200개가 넘는 은하 주위의 별들의 운동을 측정하고 츠비키가 제안했던 사라진 질량이 있어야 한다는 것을 알게 되었다. 그러나 이 물질이 어떤 물질인지 알 수 없었으므로 암흑물질이라고 부르게 되었다.

빛은 중력에 의해 휘어 간다. 따라서 많은 질량은 렌즈처럼 빛을 휘게 하여 여러 가지 상을 만들어 낼 수 있다. 많은 질량을 가진 은하들이 중력렌즈 작용을 통해 뒤에 있는 은하의 상을 만들어 내는 것이 관측되었다. 중력렌즈 현상의 관측을 통해서도 은하가 보통물질보다 훨씬 많은 양의 암흑물질을 포함하고 있다는 것이 확인되었다. 최근에는 중력렌즈 현상을 정밀하게 측정하여 은하나 은하단 내에 암흑물질이 어떻게 분포하는지도 알아냈다.

그러나 아직 암흑물질이 무엇인지를 규명해 내지는 못하고 있다. 암흑물질의 후보 중 하나는 행성이나 갈색왜성, 블랙홀과 같이 보통물질로 이루어진 천체지만, 빛을 내지 않아서 관측이 불가능한 '마초(Massive Astrophysical Compact Halo Objects, MACHOs)'이다. 그러나 이런 천체가 우리가 관측할 수 있는 천체들보다 더 많을 가능성은 크지 않다. 암흑물질의 또 다른 후보는 '약하게 상호작용하는 무거운 입자(Weakly Interacting Massive Particles)'라는 말의 머리글자를 따서 '윔프스(WIMPs)'라고 부르는 입자이다. 그러나 많은 과학자들의 노력에도 불구하고 이런 입자는 아직 발견되지 않았다. 암흑물질이 무엇인지를 밝혀내는 것은 현대 천문학계가 해결해야 할 가장 중요한 과제이다.

### 우주에 더 큰 어둠이 있다: 암흑에너지

우주는 팽창을 시작하면서부터 중력 작용으로 팽창속도가 느려져 왔을 것이라고 생각했다. 그래서 만약 감속률이 어느 정도 이상이면 팽창을 멈추고 다시 한 점으로 돌아가는 빅크런치가 있을 것이고, 감속률이 어느 정도 이하이면 우주는 영원히 팽창하는 열린 우주가 될 것이라고 생각했다. 그러나 1990년대 이후의 관측 결과는 이런 예상과 전혀 달랐다. 1998년에 브라이언 슈밋(Brian Schmidt, 1967~ )을 주축으로 하는 하이-Z(high-Z)팀과 솔 펄머터(Saul Perlmutter, 1959~ )를 중심으로 하는 초신성 우주 프로젝트(SCP) 연구팀은 $I_a$형 초신성[57]을 이용한 연구를 통해 우주의 팽창속도가 빨라지고 있다는 사실을 밝혀냈다.

알래스카에서 어린 시절을 보내고 애리조나 대학과 하버드 대학에서 공부한 브라이언 슈밋은 오스트레일리아로 가서 여러 나라에서 온 20명의 정열적인 천문학자들로 구성된 하이-Z 초신성 연구팀을 이끌게 되었다. 그들의 컴퓨터는 높은 산 정상에 위치한 망원경들은 물론 지구 궤도를 돌고 있는 허블 망원경과도 연결되어 있었다. 그들은 우주 팽창속도의 변화를 확인하기 위해 멀리 있는 초신성과 가까이 있는 초신성이 멀어지는 속도를 비교해 보기로 했다.

로렌스 버클리 국립연구소에서는 펄머터가 초신성 우주론 프로젝트(SCP)

57 백색왜성에 물질이 쌓여 일정한 질량에 이르면 폭발하는 초신성을 $I_a$형 초신성이라고 한다. 이런 초신성은 밝기가 일정하기 때문에 우주의 거리를 재는 기준으로 사용할 수 있다.

라고 알려진 천문학자 그룹을 이끌고 있었다. 하이-Z팀과 마찬가지로 그들도 초신성을 연구하여 우주 팽창속도의 변화를 확인하려고 했다.

$I_a$형 초신성을 이용하여 과거 우주의 팽창속도를 조사한 두 연구팀은 놀라운 결과를 얻었다. 그들의 관측 결과에 의하면 오늘날의 팽창속도가 70억 년 전의 팽창속도보다 15%나 빨랐다. 두 연구팀은 자신들의 연구 결과를 검토하고, 상대방의 자료도 확인했지만, 어떤 오류도 찾을 수 없었다. 이 결과는 전체 우주의 물질을 밀어내고 있는 알 수 없는 형태의 에너지가 작용하고 있음을 의미하는 것이었다. 알 수 없는 이 에너지에는 암흑에너지라는 이름이 붙었다.

암흑에너지에 대한 확실한 것을 아직 밝혀지지 않았지만, 매사추세츠 공과대학(MIT)의 우주학자인 막스 테그마크(Max Tegmark, 1967~ )는 암흑에너지가 우주의 총 에너지의 74%를 차지한다는 계산 결과를 내놓았다. 2006년에 만들어진 초단파 우주배경복사의 자세한 지도는 이런 결론을 지지해주었다. 우주배경복사에 대한 연구를 통해 우주의 나이가 약 138억 년이라는 점을 알게 되었고, 우주의 팽창이 가속되고 있다는 점도 다시 확인했다. 그러나 아직 우리는 암흑에너지가 무엇인지 모르고 있다. 현재까지의 관측 결과에 의하면 우주를 구성하고 있는 에너지와 질량의 74%는 암흑에너지이고, 22%는 암흑물질이며, 나머지 4%가 우리가 알고 있는 보통물질이다. 4%의 보통물질의 대부분은 우주 공간에 흩어져 있는 성간물질이다. 따라서 별과 행성 그리고 생명체를 이루고 있는 물질은 우주 전체 물질과 에너지의 1%에 불과하다.

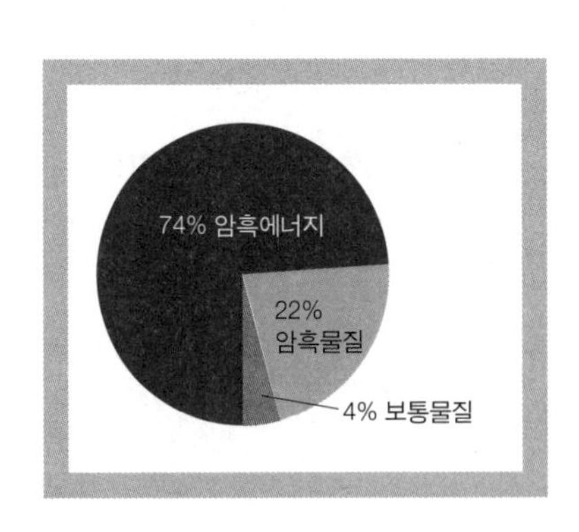


우주의 구성

## 6. 유전공학의 발전

### 유전 정보는 어디에 들어 있을까

20세기에는 전자 현미경의 등장으로 분자 단위에서의 물리화학적 반응으로 생명현상을 이해하려는 분자생물학이 크게 발전했다. 신경전달 과정에 관여하는 신경전달물질의 작용을 이해할 수 있게 되고, 근육의 수축과 이완 과정에서 여러 가지 이온이 어떤 작용을 하는지 이해하게 된 것은 모두 분자생물학의 성과였다. 그러나 분자생물학이 가장 큰 성공을 거둔 분야는 유전과 관련된 분야였다. 유전공학은 유전 정보를 포함하고 있는 DNA 분자의 구조를 밝혀내고, 유전 정보를 해독했으며, 유전자 조작을 통해 생명체의 형질을 바꿀 수 있는 단계까지 도달했다.

자손에게 유전 정보를 전달하고, 전달받은 유전자를 발현하는 과정은 생명 현상 중에서 가장 신비한 부분이다. 따라서 과학자들은 유전자가 어디에 어떤 형태로 저장되어 있는지, 그리고 그것이 어떤 경로를 통해 자손에게 전달되어 발현되는지를 밝혀내기 위해 많은 노력을 해 왔다. 세포핵에서 염색체를 발견한 과학자들은 염색체가 유전에서 중요한 역할을 한다는 점을 알아냈다. 미국의 생물학자 토머스 모건(Thomas Hunt Morgan, 1866~1945)은 1900년대 초, 초파리를 이용한 실험을 통해 유전자가 염색체에 포함되어 있다는 사실을 확인했다. 그러나 염색체를 구성하고 있는 여러 가지 물질 중 유전물질을 포함하고 있는 물질이 무엇인지는 알지 못하고 있었다.

염색체를 구성하고 있는 물질 중에서 가장 중요한 성분은 단백질이다. 그러나 19세기 말에는 염색체에 단백질 외에 다른 물질도 포함되어 있다는 점이 밝혀졌다. 스위스의 생화학자 요하네스 미셔(Johannes Friedrich Miescher, 1844~1895)는 1869년 환자의 고름 세포 염색체에서 단백질이 아닌 다른 물질을 추출하고 이를 '뉴클레인'이라고 불렀다. 독일의 생화학자 루트비히 코셀(Ludwig Karl Martin Leonhard Albrecht Kossel, 1853~1927)은 1880년 뉴클레인의 구조가 단백질과 다르다는 것을 밝혀내고, 뉴클레인에 아데닌, 구아닌, 사이토신, 티민, 우라실이라는 다섯 종류의 염기가 포함되어 있다는 것을 밝혀냈다. 그 후 많은 학자들의 연구로 뉴클레인에는 RNA와 DNA가 있음이 밝혀졌고, 이들을 '핵산'이라고 부르게 되었다.

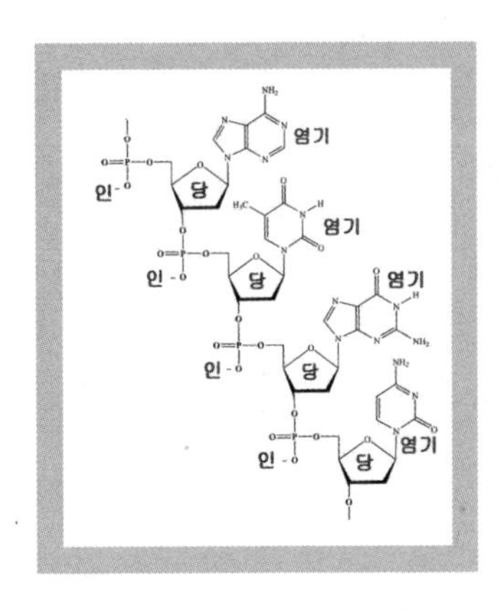

핵산의 구조

DNA와 RNA는 포함하고 있는 당의 종류가 다르다. DNA에는 '디옥시리보오스'라는 당이 들어 있고, RNA에는 '리보오스'라는 당이 들어 있다. 과학자들은 핵산이 인과 당, 그리고 염기로 이루어진 '뉴클레오티드'라는 단위가 인을 통해 길게 연결되어 만들어진 물질이라는 점을 밝혀냈다. 이제 유전 정보를 포함하고 있을 가능성이 있는 물질이 두 가지가 되었다. 하나는 단백질이고, 하나는 새로 발견된 핵산이었다.

유전 정보가 단백질이 아니라 DNA에 들어 있다는 사실을 밝혀낸 사람은 영국의 의사였던 프레더릭 그리피스(Frederick Griffith, 1879~1941)와 미국의 생화학자 오즈월드 에이버리(Oswald Theodore Avery, 1877~1955)였다. 폐렴균에는 생쥐에 폐렴을 일으키는 S형 폐렴균과 폐렴을 일으키지 않는 R형 폐렴균이 있다. 그리피스는 열을 가해 죽인 S형 폐렴균을 생쥐에 주입하면 폐렴에 걸리지 않는다는 점을 확인했다. 그러나 열로 죽인 S형 폐렴균과 살아 있는 R형 폐렴균을 함께 주입하면 생쥐가 폐렴에 걸렸다. 이것은 살아 있는 R형 폐렴균이 죽은 S형 폐렴균에 포함된 어떤 물질의 영향을 받아 폐렴을 일으키는 균으로 바뀐다는 것을 뜻했다. R형 폐렴균을 바꾼 것은 어떤 물질이었을까?

그리피스의 연구를 알게 된 에이버리는 R형 폐렴균을 바꾼 물질이 무엇인지 알기 위해 S형 폐렴균에서 여러 가지 물질을 채취하여 R형 폐렴균에 주입해 보았다. 1944년 에이버리는 S형 폐렴균에서 DNA를 추출하여 R형 폐렴균에 주입했을 때 폐렴을 일으키지 않는 R형 폐렴균이 폐렴을 일으키는 S형 폐렴균으로 바뀐다는 사실을 발견했다. 에이버리는 이런 현상이 생기는 것은 S형 폐렴균의 DNA가 가지고 있던 유전 정보가 R형 폐렴균에 전달되었기 때문이라고 설명하고, DNA가 유전 정보를 포함하고 있는 유전물질이라고 주장했다. 에이버리의 실험으로 DNA에 관심을 가지는 사람들이 늘어났다. 그들은 이제 단백질보다 DNA가 유전 정보를 가지고 있는 유력한 용의자라고 생각했지만, 좀 더 확실한 증거가 밝혀지기를 바라고 있었다.

DNA가 유전 정보를 포함하고 있다는 더 확실한 증거를 찾아낸 사람은 카네기 유전학 실험실에서 연구하고 있던 앨프리드 허시(Alfred Day Hershey, 1908~1997)와 마사 체이스(Martha Cowles Chase, 1927~2003)였다. 허시와 체이스는 1952년 바이러스를 이용하여 DNA가 유전물질이라는 것을 밝혀내는 체계적인 실험을 했다. 단백질과 DNA로 이루어진 바이러스는 세포보다 더 작은 생명체로, 스스로 증식하지 못하고 다른 세포 속에서만 증식할 수 있다. 허시와 체이스는 대장균을 숙주로 증식하는 바이러스인 '박테리오파지'를 실험에 이용했다.

박테리오파지의 핵산에는 인(P)이 포함되어 있고, 단백질에는 황(S)이 포함되어 있다. 그들은 박테리오파지를 P-32와 S-35 방사성 동위원소를 포함

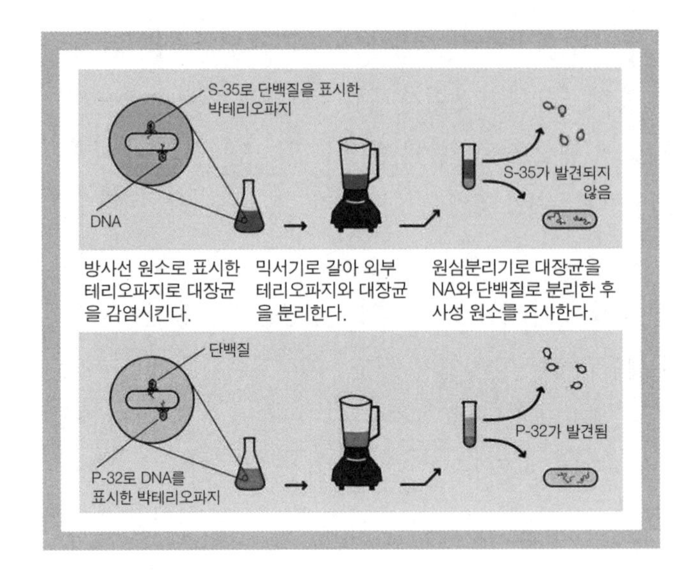


DNA가 유전 정보를 포함하고 있는 유전물질임을 밝혀낸 허시와 체이스의 실험

하고 있는 배지에 배양하여 박테리아의 DNA와 단백질을 표시했다. 그들은 방사성 동위원소로 표시한 박테리오파지로 대장균을 감염시킨 후 믹서로 갈아 대장균에 침투하지 못한 박테리오파지와 대장균을 분리했다. 그런 다음 대장균을 배양한 후 대장균에 P-32와 S-35 중 어느 원소가 들어 있는지 조사했다. 허시와 체이스는 이 실험을 통해 인(P)을 포함한 DNA만이 세포 내로 침입하여 바이러스 증식에 관여한다는 사실을 확인했다. 이것은 DNA가 유전 정보를 가지고 있는 유전물질임을 증명하는 결정적인 증거가 되었다. 허시는 이 연구로 1969년 노벨 생리의학상을 수상했다.

### DNA의 분자구조를 밝혀내다

DNA구조를 밝혀낸 제임스 왓슨(James Dewey Watson, 1928~ )은 미국 시카고에서 태어나 인디애나 대학에서 동물학으로 박사학위를 받았다. 그는 1946년 양자역학 발전에 크게 공헌한 물리학자인 에르빈 슈뢰딩거가 쓴 『생명은 무엇인가?(What is life?)』를 읽고 유전학에 관심을 가지게 되었다. 1950년 박사학위 과정을 마친 왓슨은 코펜하겐 대학에서 박사후 연구원으로 세균학과 미생물학을 1년 정도 연구했다. 왓슨은 코펜하겐에서 연구하는 동안 이탈리아에서 열렸던 학술회의에 참석하여 DNA의 엑스선 회절 연구에 대한 영국의 생물학자 모리스 윌킨스(Maurice Hugh Frederick Wilkins, 1916~2004)의 강연을 들었다. 이 강연은 그의 진로를 바꾸어 놓는 계기가 되었다. 윌킨스는 이 강연에서 단백질이 아닌 DNA가 유전 정보를 전달하는 것이 확실하다고 강조했으며, 초보적인 DNA의 엑스선 회절 사진을 보여 주었다. 이 엑스선 회절 사진에는 DNA의 규칙적이고 질서 정연한 구조가 나타나 있었다.

왓슨은 곧 케임브리지 대학의 캐번디시 연구소로 옮겼다. 그리고 그곳에서 DNA구조를 함께 밝혀낸 프랜시스 크릭(Francis Harry Compton Crick, 1916~2004)을 만났다. 이때 크릭은 엑스선을 이용하여 단백질의 구조를 다룬 박사학위 논문을 제출하기 위해 마지막 정리를 하고 있었다. 크릭은 영국 태생으로 런던의 유니버시티 칼리지에서 물리학을 공부하고 대학원에 진학하여 고온에서의 물의 점성에 관한 연구를 시작했지만, 제2차 세계대전으로 학업을 중단하고 군복무를 했다. 군에 근무하는 동안에 그는 슈뢰딩거가 쓴 『생명이란 무엇인가?』라는 책을 읽은 것이 계기가 되어 생물학에 관심을 가지게 되었고, 군복무를 마친 후에는 케임브리지에서 단백질 구조 연구에 참여했다.

1951년에 처음으로 케임브리지에서 만난 왓슨과 크릭은 곧 DNA의 구조를 규명해 보자는 데 의견의 일치를 보았다. 두 사람은 위대한 과학적 업적을 이루어 내겠다는 열정 하나로 다른 사람들의 연구 결과들을 모아 DNA 분자 모형을 만들기 시작했다. 당시에는 미국 캘리포니아 공과대학의 라이너스 폴링(Linus Carl Pauling, 1901~1994)을 비롯한 많은 사람들이 DNA의 구조를 규명하기 위한 연구를 하고 있었다. 헤모글로빈을 연구하여 산소를 받을 때와 잃을 때 헤모글로빈의 분자구조가 변한다는 것을 알아내기도 했던

제임스 왓슨

프렌시스 크릭

폴링은 엑스선 회절 방법을 이용하여 단백질 구조를 규명하는 연구를 했다. 1954년에 그에게 노벨 화학상을 받게 해 준 단백질의 알파 나선구조를 밝혀내는 데 성공한 폴링은 DNA의 구조에 관심을 가지기 시작했다. 폴링은 DNA가 삼중나선으로 이루어졌을 것이라고 추정했다.

폴링이 DNA구조에 대해 연구하기 시작했다는 소식이 이 분야의 과학자들에게 전해졌고, 왓슨과 크릭도 그 소식을 들었다. 그것은 그들이 연구를 빨리 진행해야 할 중요한 이유가 되었다. 왓슨과 크릭이 폴링의 연구에 관심을 기울이는 사이 정작 가까운 곳에 있던 킹스 칼리지의 모리스 윌킨스와 로절린드 프랭클린(Rosalind Elsie Franklin, 1920~1958)이 DNA 구조를 밝히는 연구에서 한발 앞서 나가고 있었다. 윌킨스는 엑스선을 이용한 분자구조 연구에 뛰어난 재능을 가지고 있었다. 그가 이끄는 연구팀의 연구원이었던 프랭클린은 케임브리지를 졸업하고 프랑스에서 엑스선 회절을 이용하여 결정구조를 분석하는 방법을 배운 후 킹스 칼리지에서 연구를 시작했다.

DNA의 구조를 밝혀내기 위하여 연구를 시작한 왓슨과 크릭은 그때까지 알려졌던 사실들을 토대로 DNA가 염기, 당, 인산으로 이루어진 뉴클레오티드가 길게 연결된 사슬 모양의 구조일 것이라고 생각했다. 윌킨스와의 토론을 통해 DNA분자가 매우 가늘고 길다는 것도 알고 있었다. 그것은 DNA구조가 몇 개의 긴 사슬로 이루어졌음을 뜻하는 것이었다. 그들은 뉴클레오티드에는 어떤 염기들이 포함되어 있는지, 그리고 뉴클레오티드들은 어떻게 연결되어 사슬을 형성하는지, 사슬은 몇 개이며, 염기들이 안쪽을 향하고 있는지 아니면 밖을 향하고 있는지를 밝혀내야 했다. 이 과정에서 킹스 칼리지의 윌킨스와 프랭클린은 왓슨과 크릭의 연구에 많은 도움을 주었다.

윌킨스는 DNA가 나선구조를 하고 있음이 틀림없다는 이야기를 해 주었고, 엑스선 회절 사진을 보여 주기도 했다. 프랭클린은 DNA에서 네 가지 염기와 뉴클레오티드의 사슬, 인산과 당, 수분의 존재를 엑스선 회절을 통해 확인했으며, DNA가 최대 네 개의 사슬을 가진 나선구조로 되어 있으며 염기는 사슬 사이에서 사슬들을 연결하고 있고, 전체 구조의 안쪽에 위치한다는 것을 알려 주었다. 이러한 정보를 바탕으로 왓슨과 크릭은 DNA의 '삼중나선구조' 모형을 만들었다. 왓슨과 크릭은 자신들이 만든 구조 모형을 윌킨스와 프랭클린에게 보여 주었다. 프랭클린은 이들이 만든 모형의 잘못된 점을 지적해 주었다.

그러나 왓슨과 크릭의 연구는 뜻하지 않은 일로 중단되었다. 같은 재단으로부터 후원을 받는 두 연구팀이 같은 연구를 한다는 것은 낭비라고 생각한 케임브리지와 킹스 칼리지는 DNA구조에 대한 연구를 킹스 칼리지의 윌킨스와 프랭클린에게 맡기기로 했다. 엑스선 회절을 이용하여 결정구조를 알아내는 방법을 발견한 공로로 25세였던 1915년에 아버지와 함께 노벨 물리학상을 받은 윌리엄 브래그(William Lawrence Bragg, 1890~1971)가 케임브리지 대학의 캐번디시 연구소장으로 있었다. 브래그는 왓슨과 크릭에게 DNA 연구에서 손을 떼고 DNA 모형도 킹스 칼리지에 넘기라고 지시했다.[58] 왓슨과 크릭은 공식적으로는 DNA의 구조에 대한 연구를 중단했지만, DNA구

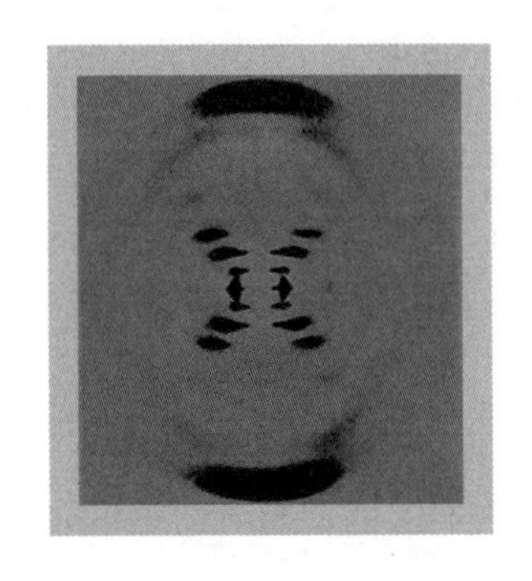

프랭클린이 찍은 엑스선 회절 사진

로절린드 프랭클린

조에 대한 토론은 계속했다. 1951년 겨울, 크릭은 헤모글로빈의 특성에 대해 연구했고, 왓슨은 담배 모자이크 바이러스를 연구했다. 이 연구를 통해 두 사람은 DNA구조 연구를 위한 기초적인 내용을 익힐 수 있었다.

1952년 초에 프랭클린은 DNA의 가장 선명한 엑스선 회절 사진을 찍는 데 성공했다. 이 사진에는 DNA의 나선형 구조가 잘 나타나 있었다. 프랭클린은 가장 선명한 사진에 51번이라는 라벨을 붙여 보관했다. 윌킨스와 사이가 좋지 않았던 프랭클린은 이 사진을 윌킨스에게 보여 주지 않았다. 그러나 이 사진은 8개월 후인 1953년 1월 프랭클린의 연구원이었던 레이먼드 고슬링(Raymond Gosling, 1926~2015)에 의해 윌킨스에게 전해졌다. 윌킨스는 그 사진을 보관하고 있었다.

이때 왓슨과 크릭은 DNA의 구조가 이중나선이라는 생각을 하게 되었지만, 자신들의 생각을 증명할 실험 결과가 없었다. 왓슨은 이중나선구조를 증명할 자료를 구할 생각으로 킹스 칼리지를 자주 방문했다. 1953년 1월 30일에도 왓슨은 킹스 칼리지의 프랭클린을 방문했다. 이 날의 사건은 후에 왓슨이 쓴 『이중나선(The Double Helix: A Personal Account of the Discovery of the Structure of DNA)』과 매독스(Brenda Maddox, 1932~2019)가 쓴 『로절린드 프랭클린과 DNA』에 자

58 브렌다 매독스, 나도선 · 진우기 옮김, 『로절린드 프랭클린과 DNA』, 양문, 2004.

세하게 기록되어 있다. 『이중나선』과 『로절린드 프랭클린과 DNA』에 실려 있는 내용을 바탕으로 그날의 사건을 재구성해 보면 다음과 같다.[59]

프랭클린의 방문이 소리도 없이 열리면서 왓슨이 들어왔다. 방문이 조금 열려 있었기 때문에 왓슨이 노크도 없이 문을 밀고 들어간 것이다. 프랭클린은 엑스선 사진을 관찰하느라 불이 켜진 책상 위에 몸을 구부리고 있었다. 갑작스런 왓슨의 등장에 프랭클린은 놀랐지만 곧 침착성을 되찾고 왓슨의 얼굴을 똑바로 주시했다. 그녀의 눈은 불청객이라면 적어도 노크 정도는 할 줄 알아야 하는 것 아니냐고 말하고 있었다. 왓슨은 그녀에게 폴링의 논문을 보고 싶으냐고 물었다. 하지만 프랭클린이 아무런 대답을 하지 않자 왓슨은 서둘러 폴링의 실수를 지적하고 DNA의 구조가 이중나선구조일 거라고 이야기했다. 그녀는 나선구조는 전혀 증명되지 않았다고 강하게 반박했다. 왓슨은 윌킨스로부터 프랭클린이 나선구조에 반대한다는 이야기를 들은 적이 있었다. 그러나 왓슨은 프랭클린이 자신이 얻은 자료를 충분히 이해하지 못하고 있다고 생각하고, 자신이 그녀의 자료에 대해 더 잘 알고 있다고 생각했다. 왓슨은 프랭클린의 엑스선 해석에 문제가 있다고 이야기했다. 이 이야기를 한 왓슨은 갑자기 그녀가 후려칠지도 모른다는 생각에 서둘러 폴링의 논문을 집어 들고 밖으로 나왔다. 프랭클린의 방을 나온 왓슨은 윌킨스의 방으로 갔고 두 사람은 함께 프랭클린에 대한 불만을 토로했다. 그러다가 윌킨스는 보관하고 있던 프랭클린의 51번 엑스선 회절 사진을 보여 주었다. 당시 킹스 칼리지에는 엑스선 회절 사진이 많이 있었다. 따라서 윌킨스는 이 사진에 특별한 의미를 부여하지 않고 있었다. 이 사진은 많은 사진들 중 상태가 좋은 사진일 뿐이었다. 하지만 이 사진은 왓슨이 생각하고 있는 이중나선구조를 확신하게 해 주었다.

59 브렌다 매독스, 앞의 책, 2004.

프랭클린의 엑스선 회절 사진으로 자신들의 생각에 확신을 가지게 된 왓슨과 크릭은 즉시 브래그 소장을 면담하고 DNA구조에 대한 연구를 재개할 수 있도록 허가해 줄 것을 요청했다. 그들은 빨리 연구를 진척시키지 않을 경우 폴링이 먼저 DNA구조를 밝혀낼 것이라고 이야기했다. 브래그는 단백질의 구조를 규명하는 폴링과의 경쟁에서 진 것을 무척 애석하게 생각하고 있었다. 브래그는 킹스 칼리지와의 신사협정보다도 폴링과의 경쟁을 더욱 중요하게 생각했다. 그는 왓슨과 크릭의 연구를 허가했을 뿐만 아니라 전폭적인 지원을 약속하기도 했다.

왓슨과 크릭은 킹스 칼리지에서 얻은 엑스선 회절 사진을 바탕으로 1953년 2월 4일부터 DNA 모형을 제작하기 시작했다. 2월 중순에는 기본적인 '이중나선구조' 모형이 만들어졌다. 이때쯤 왓슨과 크릭은 윌킨스에게 자신들이 DNA 모형을 만들겠다고 통보하고 양해를 얻어 냈다. 이것으로 킹스 칼리지와의 윤리적인 문제도 해결되었다. 그러나 염기의 배열과 결합의 문제가 남아 있었다. 이 문제를 해결하는 데는 미국의 생화학자 에르빈 샤가프(Erwin Chargaff, 1905~2002)가 발견한 '샤가프의 법칙'이 도움을 주었다. 샤가프는 1949년부터 크로마토그래피 방법으로 DNA에 들어 있는 염기를 정량적으로 분석하여 아데닌과 티민, 그리고 구아닌과 사이토신이 각각 1:1의 비율로 들어 있다는 샤가프의 법칙을 발견했다. 왓슨과 크릭은 샤가프의 법칙으로부터 수소 결합으로 DNA의 두 사슬을 연결하는 염기는 아데닌과 티민 그리고 구아닌과 사이토신 염기쌍만이 결합한다고 가정할 수 있었다.

왓슨과 크릭이 모든 문제를 해결한 것은 1953년 2월 28일이었다. 그들은 곧 모형 제작에 필요한 부품을 구입하고 모형 제작을 시작했다. 일주일 후인 3월 7일 모형이 완성되었다. 왓슨과 크릭이 만든 DNA 모형에는 수많은 뉴클레오티드가 사슬 모양으로 길게 연결되어 있었으며, 반복되어 배열된 당과 인산이 DNA 분자의 골격을 이루고 있었다. 염기는 가지처럼 뻗어 나와 다른 DNA에서 나온 염기들과 결합하여 있었고, 염기로 연결된 두 개의 사슬은 꼬여서 이중나선구조를 하고 있었다.

왓슨과 크릭은 자신들이 만든 모델을 곧바로 킹스 칼리지의 윌킨스와 프랭클린에게 보여 주었다. 킹스 칼리지가 이 모델의 정당성을 증명해 줄 엑스선 회절 사진을 가지고 있었기 때문이었다. 그때까지 이중나선구조를 반대하던 프랭클린은 쉽게 그들의 모형을 받아들였다. 그녀는 그때 윌킨스가 있는 불편한 킹스 칼리지를 떠날 준비를 거의 마친 때였다. 따라서 DNA구조의 문제보다 킹스 칼리지를 떠나는 것에 더 관심이 많았다. 왓슨과 크릭은 윌킨스에게 이 발견을 공동명의로 하자고 제안했지만, 윌킨스는 거절했다. 그 대신 이 연구에서의 자신들의 공헌을 인정받을 수 있는 논문을 왓슨과 크릭의 논문과 함께 발표하겠다고 했다. 이렇게 해서 20세기 생물학에서 가장 중요한 의미를 지니는 세 편의 논문이 1953년 4월 25일 자 『네이처』 171호에 실렸다.

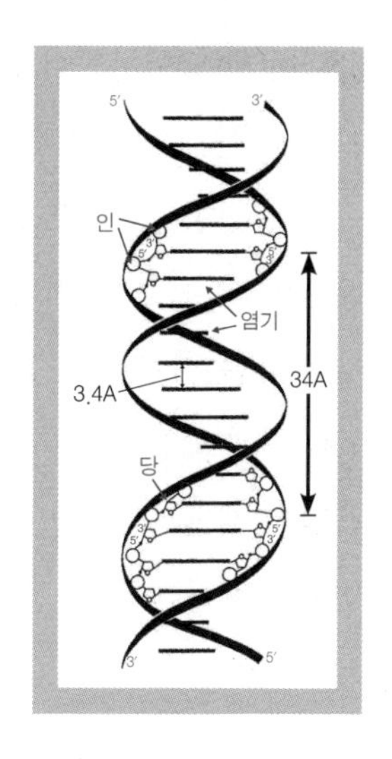


DNA 이중나선구조

「DNA의 구조(A Structure for Deoxyribose Nucleic Acid)」라는 제목의 크릭과 왓슨의 논문은 900단어 길이였고, 첨부된 그림도 하나뿐인 짧은 논문이었다. 윌킨스와 스토크스(Alexander Rawson Stokes, 1919~2003), 그리고 윌슨(Herbert R. Wilson, 1929~2008)의 이름으로 발표된 논문의 제목은 「디옥시펜토스 핵산의 분자구조」였으며, 프랭클린과 고슬링의 이름으로 발표된 논문의 제목은 「티모핵산소듐의 분자구조」였다. 이렇게 해서 DNA의 구조는 규명되었다. 후에 과학자들이 왓슨과 크릭이 발표되지 않은 프랭클린의 엑스선 회절 사진을 허락 없이 이용한 것을 두고 윤리 논쟁을 벌이기도 했다. 그러나 이의를 제기했어야 할 당사자였던 윌킨스와 프랭클린은 아무런 이의를 제기하지 않았으므로 이 문제는 과학사학자들과 전기 작가들의 논쟁거리로만 남게 되었다.

직접 실험을 하지도 않았고 이 분야의 전문가도 아니었던 왓슨과 크릭은 집념과 집중력 하나로 연구를 시작한 지 불과 3년 만에 이런 큰일을 해냈다. 왓슨과 크릭은 DNA구조를 규명한 업적을 인정받아 윌킨스와 함께 1962년에 노벨상을 수상했다. 이해에 이들과 경쟁했던 미국의 폴링은 원자폭탄의 개발과 사용 반대운동을 통해 세계평화에 이바지한 공로로 그의 두 번째 노벨상인 노벨 평화상을 수상했다. 나선구조를 증명하는 엑스선 사진을 제공하고도 DNA 분자구조가 나선구조가 아니라고 주장했던 프랭클린은 1958년에 암으로 사망했다. 많은 사람들은 프랭클린이 그때까지 살아 있었다면 그녀가 노벨상을 공동 수상했을 것이라고 말했다. 프랭클린이 그때까지 살아 있었다면 세 명까지만 공동으로 수상할 수 있는 노벨상의 세 번째 공동 수상자를 정하는 일이 쉽지 않았을 것이다.

1968년 왓슨이 출판한 『이중나선』은 세계적인 베스트셀러가 되었다. 이 책에는 자신들이 규명한 DNA구조에 대한 설명은 물론 앞에서 인용한 DNA 구조 발견과 관련된 사람들의 개인적인 이야기들도 실려 있다. 특히 왓슨은 이 책에서 프랭클린을 매우 차가우면서도 독단적인 성격을 가졌던 사람으로 묘사했으며, 스스로 얻은 엑스선 회절 사진을 제대로 이해하지 못했다고 주장했다. 그러나 책의 말미에 실려 있는 에필로그에서는 자신들이 DNA구조를 규명하는 데 프랭클린의 도움이 컸음을 인정했다. 이에 대해 프랭클린의 자서전을 쓴 매독스는 프랭클린의 사후에 그녀를 부정적으로 묘사한 것은 정당하지 않다고 왓슨을 비판했다.

### 유전학이 크게 발전하다

DNA의 분자구조가 밝혀진 후 DNA 분자에 어떤 형태로 유전 정보가 저장되어 있으며 어떻게 발현되느냐에 대한 연구가 진행되었다. 1961년 크릭과 시드니 브레너(Sydney Brenner, 1927~2019)는 세 개의 염기배열이 하나의 아미노산을 지정한다는 사실을 밝혀냈다. 생명체는 수많은 종류의 단백질로 이루어져 있다. 가장 단순한 대장균도 2,000종 이상의 단백질을 합성하고, 사람은 수만 종의 효소, 구조 단백질, 호르몬, 운반 단백질, 면역 단백질, 리셉터(receptor) 등을 합성한다. 그러나 이러한 수많은 종류의 단백질은 모두 20가지 아미노산으로 이루어져 있다. DNA에는 이 아미노산의 결합 순서를 지정하여 특정 단백질을 합성하는 정보가 들어 있다는 것이 밝혀졌다.

2001년에는 '인간게놈지도'가 완성되어 발표되었다. 한 생물의 유전 정보를 모두 포함하는 염색체 세트를 게놈이라고 한다. 인간게놈지도가 완성되었다는 것은 인간의 유전 정보 전체를 읽어 냈다는 것을 뜻한다. 이보다 앞선 2000년 6월 26일에는 인간게놈프로젝트(HGP)라고 하는 국제 공공 연구 컨소시엄과 셀레라 제노믹스(Celera Genomics)라는 생명공학 벤처기업이 공동으로 인간게놈지도의 초안을 발표했다. 인간게놈프로젝트에서는 인간게놈지도의 완성본과 이에 대한 분석 결과를 2001년 2월 15일에 영국의 과학 전문지 『네이처』에 발표했으며, 셀레라 제노믹스는 2월 16일에 미국의 과학 전문지 『사이언스』에 그 결과를 발표했다.

인간의 게놈지도는 완성되었지만, 아직 넘어야 할 산이 많이 남아 있다. 인간게놈지도를 완성한 것은 약 30억 염기쌍의 서열을 밝힌 것일 뿐이다. 이 염기서열 속에 들어 있는 개개 유전자의 기능이 무엇인지를 밝히는 일은 아직 그대로 남아 있다. 그 일에는 염기서열을 알아내는 것보다 훨씬 더 많은 시간이 걸릴 것이다. 따라서 이제부터 정말 중요한 일이 시작된다고 할 수 있다. 전 세계 과학자들과 제약회사들은 이미 이런 것들을 밝혀내기 위해 무한 경쟁에 돌입했다. 우리는 이런 경쟁이 인류의 행복을 위해 기여하는 방향으로 전개되기만을 바랄 뿐이다.

# 7. 지구에 대한 새로운 이해

## 대륙이 움직인다: 베게너

물리학에서 아인슈타인이 상대성이론을 발표하여 물리학 혁명을 이끌고 있는 동안 지질학에서도 혁명이 진행되고 있었다. 1915년 독일의 지질학자 알프레트 베게너(Alfred Lothar Wegener, 1880~1930)가 『대륙과 해양의 기원』이라는 책을 통해 '대륙이동설'을 제안한 것이다. 대륙이 이동한다고 주장했던 과학자들은 베게너 이전에도 있었다. 벨기에 태생으로 플랑드르 지방에서 활동했던 지도 제작자 아브라함 오르텔리우스(Abraham Ortelius, 1527~1598)가 1587년에 출판한 『지리학 사전』에서 대륙이 이동하고 있다고 주장했고, 1620년에는 프랜시스 베이컨이 대서양 양안의 해안선이 서로 잘 들어맞는다고 지적하면서 대륙이 이동되었다고 주장했다. 1880년대에도 많은 과학자들이 대륙 이동과 관련된 여러 가지 이론을 제안했다. 그러나 지질학적 증거를 바탕으로 대륙이동설을 제안했던 베게너가 대륙이동설을 처음 제안한 사람으로 인정받고 있다.

베게너는 여러 대륙에 분포하는 글로소프테리스라고 부르는 양치식물의 화석, 남극 대륙에서 발견된 석탄, 인도, 아프리카, 오스트레일리아의 열대 지방에서 발견된 빙하 침식, 아프리카와 남아메리카 해안의 일치와 같은 많은 관측 결과를 대륙이동설의 근거로 제시했다. 베게너는 대륙들이 한때 '판게아'라는 거대한 초대륙으로 결합되어 있었으며, 주변에는 하나의 큰 대양인 '판탈라사'가 둘러싸고 있었다고 주장했다. 판게아(Pangea)라는 말은 모든 땅이라는 뜻이다. 베게너는 판게아가 2억 년 전에 분리되어 로라시아(Laurasia)는 북쪽으로 이동하고, 곤드와나(Gondwana)는 남쪽으로 이동했다고 주장했다.

그러나 초기에는 대륙이동설이 널리 받아들여지지 않았다. 베게너는 기상학자로 알려져 있어 지질학자들이 그의 주장에 관심을 갖지 않았을 뿐만 아니라 대륙의 이동을 설명하는 역학적 메커니즘을 제시하지 못했기 때문이었다. 베게너가 50세에 그린란드에서 구조 임무를 수행하던 도중 사망하고, 30년이 지난 1960년대가 되어서야 베게너의 대륙이동설이 인정받기 시작했다.

과학자들은 대륙이 이동하고 있다는 많은 증거를 수집했다. 1965년 영국 출신으로 미국에서 활동한 지질학자 에드워드 불러드(Edward Bullard, 1907~1980)는 대륙의 실제 가장자리라고 할 수 있는 깊이 2,000m의 대륙사면을 비교하여 대륙의 가장자리가 서로 잘 들어맞는다는 점을 확인했다. 다른 과학자들은 대양의 양안을 지질학적으로 비교했다. 예를 들면 애팔래치아산맥과 칼레도니아산맥은 지질학적으로 볼 때 비교적 유사하고, 남아메리카와 아르헨티나의 퇴적 분지 역시 유사점을 가지고 있다.

대륙의 이동을 증명하는 또 다른 방법은 특정한 대륙에서 발견된 화석의 유사점과 차이점을 이용하는 고생물학적 방법이다. 과학자들이 중생대에는 하나의 대륙으로 결합되어 있었다고 믿고 있는 북아메리카와 유럽에서는 중생대에 번성했던 유사한 파충류 화석들이 발견된다. 그리고 남아메리카, 아프리카, 남극, 오스트레일리아, 그리고 인도에서는 석탄기와 페름기의 유사한 식물과 동물의 화석들이 발견된다. 이와는 대조적으로 이 대륙들이 멀리 떨어진 후인 신생대 생명체들은 대륙별로 매우 다양하다.

암석에 포함된 자성 광물의 극성 변화를 조사해도 대륙 이동과 이동속도를 알아낼 수 있다. 전 세계의 고자기학 자료를 수집한 과학자들은 지구 자기장의 극이 달라졌음을 발견했다. 이 자료는 또한 지구 자기장의 극이 지리적인 극에서 20° 이상 멀어진 적이 없다는 것도 알려 주었다. 고자기 관측 자료를 정밀하게 분석한 과학자들은 지구에는 항상 한 개의 북극과 남극만이 존재했다는 점도 밝혀냈다. 대륙 이동에 대한 베게너의 이론은 현대 지질학의 기초가 된 '판구조론'으로 발전했다.

### 대륙을 움직이는 메커니즘을 밝혀내다: 맨틀대류설과 해저 확장

유동성이 있는 고체로 이루어진 맨틀에서 밀도 차이에 따른 대류가 일어나고 있다. 그 대류가 대륙을 이동시킨다고 설명하는 이론이 '맨틀대류설'이다. 맨틀대류설을 제안한 사람은 영국의 지질학자 아서 홈스(Arthur Holmes, 1890~1965)였다. 홈스는 1911년 방사성 원소의 붕괴열에 의해 지각이 융해된다고 주장했으며, 1929년에는 맨틀의 대류에 의해 지각이 이동한다고 설명하는 맨틀대류설을 제안했다.

온도가 높은 암석권[60] 맨틀이 표면으로 올라와 옆으로 벌어지면서 해양과 대륙을 이동시키는 것을 해저 확장이라고 부른다. 해저 확장은 프린스턴 대학의 지질학자이며 미국 해군 소장이었던 해리 헤스(Harry Hess, 1906~1969)와 미국 해안 측지측량국의 과학자였던 로버트 디에츠(Robert Deitz, 1914~1995)가 각각 제안했다. 1962년 헤스는 충분한 증거를 제시하지 못한 채 해저확장이론을 제안했다. 헤스가 그의 가설을 수식으로 정리하고 있는 동안 디에츠도 독립적으로 비슷한 모델을 제안했다. 디에츠 모델의 다른 점은 미끄러지는 표면의 바닥이 지각의 바닥이 아니라 암석권의 바닥이라고 한 것이다.

헤스와 디에츠의 이론을 지지하는 증거가 1년도 안 되어 발견되었다. 영

60 암석으로 이루어진 부분으로 지각과 상부 맨틀의 일부를 포함한다.

국의 지질학자 프레더릭 바인(Frederick John Vine, 1939~ )과 드러먼드 매슈스(Drummond Matthews, 1931~1997)가 지각에서의 주기적인 자기반전을 발견한 것이다. 해저 확장이 일어나고 있는 대서양 중앙해령에서 수집한 자료를 이용하여 바인은 자성 광물의 자기장 방향이 반전되었다는 것을 알아냈다.

지구 자기장의 방향은 지난 8000만 년 동안에 170번 반전되었다. 바인과 매튜는 해저 확장 중심에서 바깥쪽으로 가면서 반복해서 자기장의 역전이 나타남을 확인했다. 그리고 이러한 자기장의 역전은 확장 중심의 양쪽에서 똑같이 관측되었다. 확장 중심이 계속 자라나면서 새로운 자기 반전층이 만들어지고, 오래된 층을 양쪽으로 밀어냈다. 따라서 이 자기장의 띠는 지각판의 이동과 해저 확장의 증거가 되었다. 해저 지반이 확장되는 속도는 지역에 따라 달라 대서양 중앙해령에서는 매년 1.54cm씩 확장되고 있으며, 태평양 중앙에서는 매년 15cm씩 확장되고 있다.

### 여러 조각으로 나누어져 있는 지각

판구조론은 베게너의 대륙이동설과 맨틀대류설, 그리고 해저 확장을 결합한 이론이다. 판구조론의 증거를 발견한 사람은 캐나다 지질학자 존 윌슨(John Tuzo Wilson, 1908~1993)이다. 1965년에 그는 캘리포니아 샌프란시스코 부근에 있는 샌앤드리어스 단층의 기원이 지각판의 경계인 변환 단층이라는 것을 알아냈다. 1968년에는 프랑스의 지질학자 그자비에 르피숑(Xavier Le Pichon, 1937~ )이 지구 표면을 이루는 중요한 여섯 지각판의 운동을 정량적으로 설명하는 모델을 만들었다. 1973년에 그는 판구조론에 대한 첫 번째 교과서를 출판했다.

미국의 지질학자 윌리엄 모건(William Jason Morgan, 1935~ )은 1968년에 여러 지각판들의 운동을 설명한 중요한 논문을 발표했다. 그는 또한 하와이 제도와 같이 일렬로 배열된 화산섬을 만들어 내는 지각판 중앙에 있는 열

점의 중요성을 알아냈다. 판구조론을 정교하게 다듬는 데 지진학을 이용한 미국의 지질학자 린 사이크스(Lynn R. Sykes, 1937~ )는 대서양 중앙해령에서의 변환 단층과 판의 운동 사이의 관계를 알아냈다. 그는 또한 1968년에 이미 수집된 지진 자료를 판구조론을 이용하여 설명한 『지진학과 새로운 지구 판구조론(Seismology and the new global tectonics)』을 출판했다.

판구조론은 지각과 지구 내부에 대한 연구에 혁명적인 변화를 가져왔으며, 산맥, 화산, 해양분지, 대서양 중앙해령, 심해 해구와 같은 지형의 형성과정을 이해하고, 지진과 화산이 발생하는 메커니즘을 이해할 수 있도록 했다. 판구조론은 또한 기후와 생명체가 어떻게 진화해 왔는지에 대해서도 심도 있는 연구를 할 수 있도록 했다. 판구조론에 의하면 지구 표면은 대륙지각과 해양 지각 그리고 맨틀의 일부를 포함하고 있는 십여 개의 중요한 지각판으로 이루어져 있다. 모든 지각판은 지표면을 이동하면서 경계에서 다른 지각판과 상호작용한다. 지각판의 경계는 지각판이 상호작용하는 방법에 따라 발산 경계, 수렴 경계, 변환 경계, 판 경계 지역으로 나눈다.

발산 경계는 두 판이 서로 멀어지면서 새로운 지각을 형성하고 있는 경계이다. 해저 확장은 이러한 발산 경계에서 일어난다.

수렴 경계를 따라 발생하는 지진은 얕거나 깊고 이 지역의 지각은 발산 경계의 지각보다 오래되었다. 수렴 경계는 다시 마리아나해구와 같이 아래로 내려가는 판 위에 화산섬들이 만들어지는 해양 경계, 남아메리카의 안데스산맥과 같이 대륙 지각이 섭입이 일어나기에는 너무 얇아 대륙의 가장자리를 따라 화산들이 나타나는 해양-대륙 경계, 인도판과 유라시아판이 충돌하는 히말라야에서와 같이 두 개의 대륙판이 충돌하여 지각의 두께가 두 배로 두꺼워지는 대륙-대륙 경계의 세 종류로 나눌 수 있다.

변환 경계는 두 판이 서로 옆으로 이동하는 경계로, 새로운 물질이 만들어지지 않는 경계이다. 예를 들면 캘리포니아의 샌앤드리어스 단층은 북아

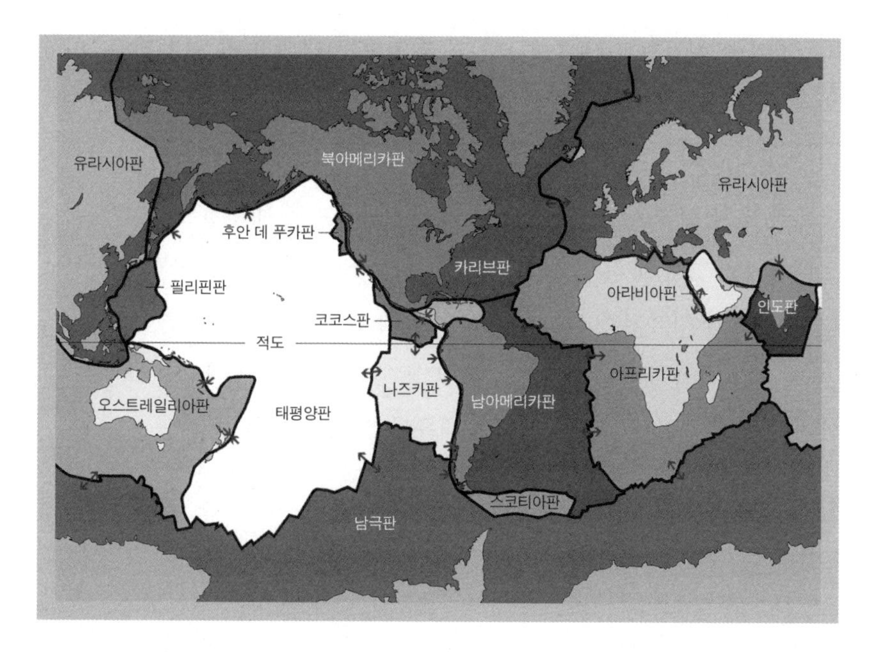


지구의 주요 지각판

메리카판과 태평양판이 서로 옆으로 미끄러지는 변환 경계이다. 경계 지역은 아직 정의되지 않은 채로 남아 있는 지역이다. 판 경계 지역에서의 판들의 상호작용은 매우 복잡해 아직 충분히 이해하지 못하고 있다. 예를 들면 아프리카판과 유라시아판 사이에 있는 지중해-알프스 지역이 그런 지역이다. 큰 지각판 사이에 있는 이 지역에는 여러 개의 작은 판들이 있다. 이로 인해 이 지역의 지질학적 구조나 지진의 형태는 매우 복잡하다.

지각판의 이동속도는 판에 따라 다르다. 예를 들면 가장 빠르게 이동하는 오스트레일리아판은 북쪽으로 매년 17cm씩 이동한다. 대서양 동쪽에 있는 유라시아판과, 서쪽에 있는 북아메리카판은 매년 1~2.54cm씩 이동한다. 이 속도는 대부분의 판의 이동속도와 비슷하다. 실제로 대서양은 1492년 콜럼버스가 항해한 이래 10m 더 넓어졌다.

지각판의 이동으로 대륙의 모양과 위치가 시대에 따라 달라졌다. 지구의 역사에서는 작은 대륙들이 모여 커다란 하나의 대륙이 형성된 후, 대륙이 분리되고 다시 합쳐지는 일이 여러 번 반복되었다. 과학자들은 최초의 초대륙이 약 31억 년 이전에 처음 형성된 후 2억 년 내지 3억 년을 주기로 초대륙의 형성과 분리가 반복되었다는 것을 나타내는 많은 증거를 찾아냈다. 고생대가 시작되기 전인 약 6억 년 전에 형성되었던 초대륙인 파노티아(Pannotia)와 중생대가 시작되던 2억 5000만 년 전에 만들어졌던 초대륙 판게아는 현재 우리가 살아가고 있는 대륙의 기초가 되었다.

공룡들이 지구를 지배하고 있던 약 1억 7000만 년 전에 판게아가 유라시아와 북아메리카를 포함하는 로라시아 대륙과 남아메리카, 아프리카, 남극, 오스트레일리아를 포함하는 곤드와나 대륙으로 분리되기 시작했다. 중생대 말기인 약 1억 5000만 년 전부터는 로라시아 대륙이 다시 북아메리카와 유라시아로 분리되기 시작했고, 곤드와나 대륙은 아프리카, 남아메리카, 오스트레일리아, 남극 대륙, 인도 아대륙으로 분리되기 시작했다. 곤드와나에서 분리된 인도 아대륙은 북상하여 유라시아 대륙과 충돌하면서 히말라야산맥을 만들고 유라시아 대륙의 일부가 되었다. 오늘날에도 계속되고 있는 인도 아대륙과 유라시아 대륙의 충돌은 신생대 3기인 3500만 년 전부터 시작되었다. 현재도 이동을 계속하고 있는 대륙들은 미래에 다시 하나로 합쳐져 초대륙을 형성할 것이다.

## 8. 전자공학이 이룩한 현대 사회

### 전자공학의 시대를 열다

18세기부터 시작된 과학기술의 발전으로 인류는 그 이전과 전혀 다른 세상에 살게 되었다. 특히 지난 100년 동안에 이루어진 변화는 이전까지 인류 역사를 통해 겪어 온 변화보다도 훨씬 컸다. 이러한 변화와 발전을 견인한 것은 전자공학이었다. 전자공학은 19세기에 확립된 전자기학 이론과 20세기 초에 성립된 양자역학을 바탕으로 우리 생활을 완전히 바꾸어 놓을 만큼 큰 발전을 이룩했다. 20세기에 이루어진 전자공학의 발전에는 몇 가지 기술혁신이 중요한 역할을 했다.

전자공학 분야에서 이루어진 최초의 기술혁신은 '이극 진공관'과 '삼극 진공관'의 발명이었다. 전자공학은 전기 소자들로 이루어진, 다양한 기능을 하는 회로를 연구하는 분야이다. 전자회로에는 수많은 소자들이 사용되는데, 이 소자들은 크게 두 종류로 나눌 수 있다. 하나는 '선형 소자'이고, 다른 하나는 '비선형 소자'이다. 선형 소자에는 저항, 축전기, 코일 등이 속하는데, 이들 선형 소자에 흐르는 전류는 그 소자에 걸리는 전압의 변화에 따라 연속적으로 변한다. 그러나 비선형 소자에 흐르는 전류는 가해 준 전압의 크기에 의해 결정되는 것이 아니라 전압의 방향에 따라 불연속적으로 변하거나, 소자의 구조 특성에 따라 달라지는 전류가 흐른다. 이극 진공관과 삼극 진공관이 대표적인 비선형소자이다. 전자공학은 이극 진공관과 삼극 진공관이 발명되면서 시작되었다. 가장 먼저 발명된 비선형 소자는 1904년에

여러 가지 모양의 진공관

영국의 존 플레밍(John Ambrose Fleming, 1849~1945)[61]이 발명한 이극 진공관이다. 이극 진공관은 진공관 안에 음극과 양극을 설치한 다음 음극을 가열해 발생시킨 열전자에 의해 전류가 흐르도록 한 장치였다. 이극 진공관은 한 방향으로만 전류가 흐르도록 했으므로 교류를 직류로 바꾸는 정류 작용을 할 수 있었고, 전압의 방향에 따라 전류를 흐르게 하거나 차단하는 스위치 역할도 할 수 있었다.

이극 진공관 다음으로 발명된 비선형 소자는 1907년 미국의 리 디포리스트(Lee de Forest, 1873~1961)가 발명한 삼극 진공관이었다. 이극 진공관으로 실험을 하던 디포리스트는 양극과 음극 사이에 그리드를 넣으면 그리드의 작은 신호를 커다란 신호로 증폭할 수 있다는 것을 알게 되었다. 이것을 디포리스트는 '오디온(Audion)'이라는 이름으로 특허를 받았다. 이극 진공관과 삼극 진공관의 발명으로 전자공학이 전기학에서 분리되어 독립된 학문 분야가 되었다. 이것은 이극 진공관과 삼극 진공관이 전자공학기술의 핵심을 이루고 있다는 것을 나타낸다. 이극 진공관과 삼극 진공관의 사용으로 라

61 자기장 안에서 움직이는 도선에 흐르는 전류의 방향이나 자기장 안에서 전류가 흐르는 도선이 받는 힘의 방향을 결정하는 데 사용되는 플레밍의 오른손법칙과 왼손법칙은 플레밍이 전자기 유도법칙을 알기 쉽게 나타낸 것이다.

디오, 전축, 텔레비전과 같은 전자제품이 실용화되었다. 이들 전자제품이 우리 생활에서 차지하는 비중을 생각해 보면 이극 진공관과 삼극 진공관의 발명이 가지는 중요성을 실감할 수 있을 것이다. 그러나 진공관은 여러 가지 문제점을 가지고 있었다. 진공관은 필라멘트를 가열할 때 나오는 열전자를 이용하여 작동하므로 전력 소비가 컸고, 수명도 짧았으며, 가격도 비쌌다. 그러나 그보다 더 중요한 문제점은 진공관은 크기가 커서 크기가 작은 전자제품을 만들기가 어려웠다는 점이다. 이극 진공관과 삼극 진공관을 발명한 것이 전자공학 분야의 첫 번째 기술혁신이었다면, 두 번째 기술혁신은 이극 진공관이나 삼극 진공관과 똑같은 일을 하면서도 진공관이 가지고 있는 문제점을 모두 해결한 반도체 소자를 발명한 것이다.

전기 저항이 도체와 부도체의 중간 정도인 물질이 '반도체'이다. 도체도 부도체도 아닌 반도체는 전기적으로 쓸모가 없는 물질로 여겨졌다. 그러나 반도체에 약간의 불순물을 첨가하면 p-형 반도체와 n-형 반도체를 만들 수 있다. p-형 반도체와 n-형 반도체를 접합한 것이 이극 진공관이 하던 정류작용을 할 수 있는 '다이오드'이다. 독일의 지멘스사가 1941년에 게르마늄 다이오드를 처음 만들었다. 삼극 진공관이 하던 기능을 하는 트랜지스터는 미국의 벨 연구소에서 1948년에 윌리엄 쇼클리(William Bradford Shockley, 1910~1989), 월터 브래튼(Walter Houser Brattain, 1902~1987), 존 바딘(John Bardeen, 1908~1991)이 개발했다. 세 사람은 트랜지스터를 개발한 공로로 1956년 노벨 물리학상을 공동으로 수상했다.[62] 트랜지스터는 두 개의 n-형 반도체 가운데 p-형 반도체를 끼워 넣거나(npn), 두 개의 p-형 반도체 가운데 n-형 반도체를 끼워 넣어(pnp) 만들었다.

62 존 바딘은 초전도이론을 완성한 공로로 1972년 또 하나의 노벨상을 받아 노벨 물리학상을 두 번 받은 사람이 되었다.

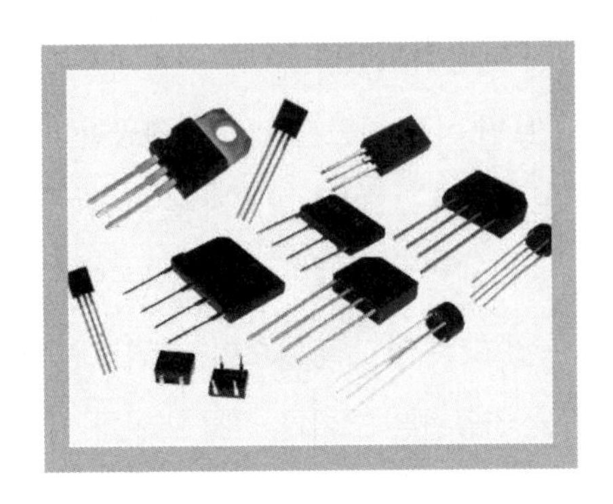

트랜지스터

다이오드나 트랜지스터와 같은 반도체 소자는 진공관에 비해서 많은 장점을 가지고 있었다. 반도체 소자는 수명이 반영구적이어서 전자제품의 수명을 획기적으로 늘려 놓았고, 진공관에 비해 전력 소모가 매우 적어 경제적이었다. 또한 반도체 소자는 지구에 가장 흔하게 분포되어 있는 규소를 원료로 하여 제작되므로 제작비가 저렴해 전자제품이 널리 보급되도록 했다. 부피가 작다는 것도 반도체 소자의 장점 중 하나였다. 손 안에 들어오거나 몸에 부착할 수 있는 작은 크기의 전자제품이 만들어질 수 있었던 데는 크기를 얼마든지 작게 만들 수 있는 반도체 소자의 역할이 컸다.

그러나 반도체 소자는 열에 약하다는 단점을 가지고 있다. 높은 온도에서는 반도체가 반도체의 성질을 잃고 도체와 비슷하게 되기 때문이다. 따라서 반도체 소자를 사용하는 전자제품에는 온도를 낮게 유지하기 위한 장치가 필요하다. 그럼에도 20세기 후반에 이루어진 전자공학의 비약적인 발전은 반도체 소자를 사용함으로써 가능했다고 할 수 있다.

반도체 소자와 함께 전자공학을 크게 발전시키는 데 공헌한 또 하나의 기술혁신은 신호 체계를 아날로그에서 디지털로 바꾼 것이었다. 자연에서 발생하는 신호는 대부분 세기가 연속적으로 변하는 아날로그 신호이다. 처음에는 전자공학에서도 연속적으로 변하는 전압이나 전류의 세기를 신호의 내용으로 하는 아날로그 신호를 사용했다. 그러나 아날로그 신호를 사용하면 신호의 내용이 조금씩 다르게 읽힐 가능성이 있다. 소리나 영상과 같이 연속적으로 변하는 신호를 다루는 경우에는 이것이 큰 문제가 되지 않았지만, 정확한 수치를 다루는 데는 적당하지 못했다. 이런 문제를 해결한 것이 디지털 신호였다. 디지털 신호에서는 전류나 전압의 세기가 신호의 내용이 되는 것이 아니라 전압이 있느냐(5 volt) 없느냐(0 volt)가 신호의 내용이 되므로 정확한 정보 전달이 가능하다.

그러나 디지털 신호를 이용해서 정보를 전달하기 위해서는 선이 여러 개 있어야 한다. 한 선으로는 두 가지(0, 1) 신호만 주고받을 수 있다. 그러나 두 개의 선이 있으면 네 가지(00, 01, 10, 11), 세 개의 선이 있으면 여덟 가지(000, 001, 010, 100, 011, 101, 110, 111)의 신호를 주고받을 수 있다. 하나하나의 전선이 하나의 '비트(bit)'에 해당된다. 여러 개의 비트가 합쳐져서 하나의 정보가 이루어지는데, 이것을 '바이트(byte)'라고 한다. 따라서 8비트 신호 체계에서는 1바이트가 8개의 비트로 이루어져 있다. 8비트 신호 체계에서는 이론상 $2^8$가지 정보를 교환할 수 있으며 16개의 선을 한 묶음으로 한 16비트 디지털 신호 체계에서는 $2^{16}$가지의 정보를 교환할 수 있다. 더 많은 신호를 주고받아야 하는 최신 컴퓨터에서 비트 수가 더 많은 디지털 신호를 사용하는 것은 이 때문이다.

전자공학에서 디지털 신호를 널리 사용하게 되자 최근에는 아날로그를 주로 사용하던 음성 신호나 TV의 영상 신호도 디지털 신호로 바꾸어 전송하거나 저장하고 있다. 연속적으로 변하는 음성 신호나 영상 신호를 디지털 신호로 바꾸기 위해서는 신호를 아주 짧은 구간으로 나누어 디지털 신호화한 다음 재생시킬 때는 짧은 구간으로 나누어진 신호를 부드럽게 연결한다. 그러나 디지털 신호방식이 가장 큰 위력을 발휘하는 곳은 숫자를 다루는 분야이다. 디지털 신호방식을 이용하면 숫자를 정확하게 다룰 수 있다. 디지털 신호를 이용한 숫자 처리 능력의 향상은 인간의 계산 능력을 획기적으로 증대시킨 컴퓨터의 발전을 가져오게 했다. 컴퓨터의 사용은 사회 각 분야는 물론 과학 연구에도 획기적인 변화를 가져왔다.

여러 가지 모양의 IC칩

작은 반도체 안에 수많은 반도체 소자를 내장한 '집적회로(IC)'의 개발은 재료공학 분야의 도움으로 이루어진 전자공학의 기술혁신이었다. 집적회로를 처음 발명한 사람은 미국 텍사스 인스트루먼트 반도체 회사에 근무하던 잭 킬비(Jack Kilby, 1923~2005)였다. 킬비는 1957년에 집적회로에 대한 아이디어를 제시했고, 1958년 9월에 실제로 작동하는 집적회로를 제작했다. 집적 회로의 발명으로 킬비는 2000년에 노벨 물리학상을 수상했다. 그 후 집적기술의 발전으로 IC칩 하나가 복잡한 일을 처리할 수 있는 능력을 갖게 되어 전자제품은 소형화되고, 다기능화되었다. 그런가 하면 엄청난 양의 정보를 아주 작은 칩 속에 보관할 수 있고, 쉽게 찾아 볼 수 있게 되었다.

페어차일드 반도체 회사와 인텔사를 공동으로 창업한 고든 무어(Gordon Moore, 1929~ )는 1965년에 IC칩에 내장되는 소자의 수가 매년 두 배로 증가할 것이라는 '무어의 법칙'을 제시했다. 후에 이 법칙은 2년에 두 배로 늘어나는 것으로 수정되었다. 그러나 많은 자료에서는 18개월에 두 배로 증가하는 것으로 이야기하고 있다. 인텔사의 데이비드 하우스(David House, 1946~ )가 칩에 내장되는 트랜지스터 수의 증가와 함께 수행속도가 빨라지는 것을 감안하여 18개월마다 집적회로의 수행 능력이 두 배가 된다고 수정했기 때문이다. 무어의 법칙은 자연법칙이 아니라 기술 발전의 경향을 나타내는 것이어서 그대로 지켜질 수는 없다. 그러나 이 법칙은 2012년까지의 집적기술의 발전을 대체적으로 잘 반영했다. 그것은 이 법칙이 집적기술 개발을 주도하는 회사들의 개발 목표를 제시했기 때문이기도 했다.

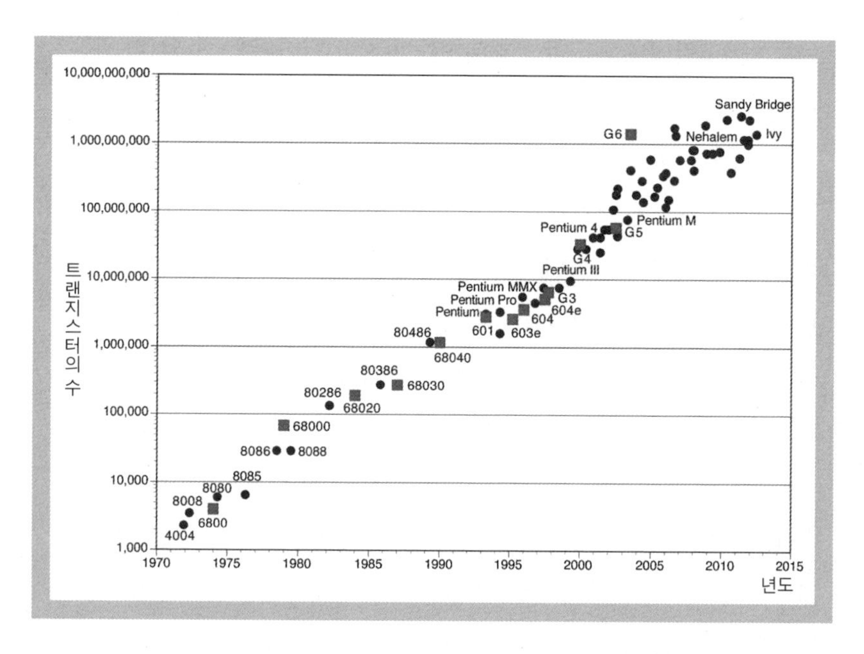


실제 집적도의 발전은 무어의 법칙에서 예측했던 것과 대체로 일치했다.

## 컴퓨터가 세상을 바꾸다

전자공학과 전자공학 주변 기술의 발달은 20세기를 컴퓨터의 시대로 만들었다. 대단한 생산 설비를 갖춘 공장이나, 정밀한 실험을 필요로 하는 연구실에서는 물론 가정에서도 컴퓨터의 사용은 이제 보편화되었다. 우리가 일상생활에서 사용하는 대부분의 장비가 컴퓨터를 이용하여 작동하고 있다. 이렇게 컴퓨터가 폭넓게 사용되고 있지만 컴퓨터의 역사는 의외로 짧다. 고대에도 주판과 같은 여러 가지 계산기를 만들어 사용했지만, 그것을 컴퓨터의 전신이라고는 할 수 없다. 그러나 19세기에 만들어진 정교한 자동계산기들 중에는 컴퓨터의 전신이라고 할 만한 것들이 많았다. 영국 출신의 찰스 배비지(Charles Babbage, 1792~1871)가 1833년에 만든 자동계산기는 이런 종류의 기계 중에서는 가장 우수한 것이었다. 그러나 전 재산을 쏟아

부은 그의 노력에도 불구하고 배비지는 완전한 계산기를 제작하는 데는 실패했다.

한때 세계의 컴퓨터 시장에서 가장 중요한 자리를 차지했던 미국의 IBM사도 자동계산기의 제작으로 많은 돈을 벌었고, 그것이 이 회사의 모체가 되었다. IBM사의 창업자인 허먼 홀러리스(Herman Hollerith, 1860~1929)는 전기로 작동하는 자동계산기를 이용하여 1890년 미국에서 실시한 인구조사 결과를 집계했다. 이 기계를 이용한 덕분에 불과 6주 만에 미국의 인구가 6262만 2250명이라는 결과를 얻었다. 이 결과에 고무되어 미국에서 수많은 통계 자료 처리 요청이 들어왔고, 홀러리스는 워싱턴에 '타뷸레이팅 머신(Tabulating Machine)'이라는 회사를 세웠다. 이것이 후에 IBM으로 성장했다.

그 후에도 IBM은 자동계산기의 성능을 개선하여 1936년에는 100만 개의 부품이 들어가고 제작 기간이 5년이나 걸린 거대한 자동계산기를 만들기도 했다. 이 기계는 제2차 세계대전 중에는 해군에서 사용했고, 전쟁이 끝난 후 일반에 공개되었다. 이 자동계산기는 속도가 매우 느렸지만 당시로서는 획기적인 기계였으므로 IBM은 충분한 이익을 남길 수 있었다. 1940년대에는 영국에서 암호 해독용으로 진공관을 이용한 디지털 컴퓨터를 만들었다. 그러나 이 컴퓨터는 다른 용도로는 사용할 수 없었다. 범용성이 있는 컴퓨터를 만들려는 노력은 그 후에도 계속되었다. 그 결과 1946년 미국의 존 모클리(John W. Mauchly, 1907~1980)와 존 에커트(John Presper Eckert Jr., 1919~1995)가 이끄는 연구진이 에버든 병기 시험장에서 탄도표, 일기예보, 원자에너지 등의 연구에 쓰이는 컴퓨터를 만드는 데 성공했다. '에니악(ENIAC)'이라고 부른 이 컴퓨터는 1만 8000개의 진공관과 6,000여 개의 스위치를 연결하여 만들었다. 이 컴퓨터는 다른 연산을 수행할 때마다 스위치와 전선을 새로 연결해야 했고, 엄청난 전력을 소모하였지만, 훌륭하게 기능을 수행했다.

1945년 존 폰 노이만(John von Neumann, 1903~1957)이 프로그램 내장방식을

최초의 범용 컴퓨터였던 에니악

제안하고 컴퓨터 명령어를 숫자의 형태로 주기억 장치에 기억시킬 것을 제안하여 컴퓨터를 한 단계 발전시키는 데 공헌했다. 1951년에는 노이만이 이 방식을 채택한 '에드박(EDVAC)'을 개발했다. 노이만은 자신이 개발한 프로그램 기능을 가진 컴퓨터가 세상을 바꾸어 놓을 것이라고 예상했다. 그는 컴퓨터가 과학과 산업, 그리고 정부에서 널리 사용될 것이며, 컴퓨터 성능이 좋아짐에 따라 크기가 커지고 점점 더 비싸질 것이라고 예상했다. 따라서 거대한 산업체나 정부 기관에서 컴퓨터를 널리 사용하겠지만 개인들은 사용할 수는 없을 것이라고 생각했다. 컴퓨터에 대한 그의 예측은 반은 맞았고, 반은 틀렸다. 컴퓨터가 널리 사용될 것이라는 그의 예측은 맞았지만, 점점 커지고 비싸져 개인은 사용하지 못할 것이라는 예측은 빗나갔다. 컴퓨터가 발전함에 따라 크기는 점점 작아졌고, 가격도 내려갔기 때문이다.[63]

진공관이 반도체 소자로 대치된 전자공학의 기술혁신은 컴퓨터에도 영향을 미쳐 진공관 대신 반도체 소자를 사용한 컴퓨터가 만들어지기 시작

63 프리먼 다이슨, 곽영직 옮김, 『그들은 어디에 있는가』, 이파르, 2008.

했다. 반도체 소자를 사용하기 시작하면서 컴퓨터는 눈부신 속도로 발전했다. 1954년 벨 연구소는 트랜지스터를 사용한 소형이면서도 전력 소모가 적고, 작동속도가 빠른 컴퓨터를 만들었다. 이 컴퓨터는 800여 개의 트랜지스터를 사용한 것이었다. 1955년에는 트랜지스터를 사용한 '유니박-2(UNIVAC-II)'가 만들어졌고, 1960년에는 IBM 7070, 7090 시스템이 발표되어 트랜지스터만 사용한 제2세대 컴퓨터의 막이 올랐다. 그러나 컴퓨터에 집적회로가 사용되면서 컴퓨터는 다시 한번 크게 발전할 수 있었다. 1964년 4월 7일 IBM사는 IC칩을 내장한 'IBM 시스템/360'을 개발했다. 이로써 제3세대 컴퓨터 시대를 맞이하게 되었다. 그 후 더 작은 칩 속에 더 많은 기능과 더 많은 정보를 저장할 수 있도록 한 집적회로의 개발로 컴퓨터는 하루가 다르게 변화해 갔다.

컴퓨터의 발전 과정에서 몇 가지 일관적으로 추구해 온 방향이 있었다. 그중에 하나는 컴퓨터를 가능하면 작게 만들려는 소형화의 방향이다. 최초의 컴퓨터는 진공관과 전선으로 연결되어 있어서 간단한 기능을 수행하는 컴퓨터도 엄청나게 클 수밖에 없었다. 그러나 집적기술의 발달이 컴퓨터를 소형화하는 데 크게 기여하여 최근에는 손 안에 들어올 정도로 작은 컴퓨터도 나오게 되었다. 오늘날 널리 사용되고 있는 스마트폰이 바로 그러한 작은 컴퓨터이다. 컴퓨터 발전의 또 다른 방향은 고속화이다. 컴퓨터가 많이 쓰이면서 컴퓨터는 점점 복잡한 기능을 수행하게 되었다. 복잡한 기능을 수행하는 데 가장 중요한 요소가 컴퓨터의 수행 속도이다. 따라서 컴퓨터의 실행 속도를 높이려는 노력이 계속되어 왔고, 그런 노력은 상당한 성공을 거두어 이제는 개인이 쓰는 컴퓨터도 예전에 대형 컴퓨터가 하던 일을 대신할 수 있을 정도로 수행 속도가 빨라졌다.

컴퓨터 발전 방향의 또 다른 목표는 저가화이다. 컴퓨터의 기능이 복잡해지고 실행 속도는 빨라졌지만, 가격은 오히려 점점 저렴해진 것은 컴퓨터의 저가화 목표가 잘 달성된 결과라고 할 수 있다. 이러한 목표를 향해 하루가 다르게 발전하는 컴퓨터는 통신 방법의 발달과 함께 세계를 하나로 연결해 놓았다. 이러한 컴퓨터의 발달은 사회생활에서 가정생활에 이르기까지 모든 인류의 생활 방법을 크게 바꾸어 놓았다. 그러나 컴퓨터의 발전은 아직도 계속되고 있다.

# 9. 과학을 철학의 중심으로 옮겨 놓은 과학철학

## 감각 경험만이 진리다: 마흐

17세기에 뉴턴역학이 등장한 이후 이루어진 눈부신 과학의 발전과 20세기 초에 이루어진 상대성이론과 양자역학 혁명은 자연에 대한 사람들의 생각을 바꾸어 놓기에 충분했다. 그것은 인류로 하여금 불과 300년 동안에 과거 수백만 년 동안에 경험한 것보다 더 큰 변화를 경험하도록 했다. 그동안 과학은 철학이 정해 주는 옹색한 영역 안에서 자연을 탐구하는 것에 만족했고, 자연 탐구의 결과에 대한 해석도 철학에 맡겨 놓고 있었다. 그러나 자연과학이 사람들의 생활과 생각을 크게 바꿔 놓게 되자 더 이상 철학이 마련해 준 좁은 영역에 만족하지 않고, 스스로 자신의 자리를 마련하고, 과학적이지 않은 것들을 철학의 울타리 밖으로 밀어내려고 시도하게 되었다. 이 일에 앞장선 사람이 에른스트 마흐(Ernst Mach, 1838~1916)였다.

물리학자이자 철학자로 과학철학의 토대를 다지는 일에 앞장섰던 마흐는 당시에는 오스트리아 영토였고 현재는 체코 공화국의 영토인 모라비아에서 태어났다. 열네 살에 김나지움에 입학하여 3년 동안 공부한 마흐는 열일곱 살에 빈 대학에 입학하여 물리학과 생리학을 공부했고, 스물두 살이었던 1860년에 전기실험에 관한 논문을 제출하고 박사학위를 받은 후에는 빛과 소리의 도플러 효과와 관련된 실험연구를 했다. 사진을 이용하여 비행물체가 내는 충격파를 연구하던 마흐는 음속보다 빠른 속도로 날아가는 총알이 만들어 내는 충격파의 사진을 찍는 데 성공했다.[64] 마흐는 물리학에서뿐만 아니라 생리학과 심리학 분야의 발전에도 큰 공헌을 했다. 귀가 소리를 듣는 일뿐만 아니라 신체의 평형을 유지하는 작용도 한다는 점을 밝혀낸 사람 역시 마흐였다.

에른스트 마흐

마흐는 물리학자로서보다 감각된 것만을 실재라고 믿었던 실증주의적 신념에 철저했던 과학철학자로 더 널리 알려져 있다. 마흐는 감각기관을 통해 확인되지 않은 것의 실재성을 인정하지 않았다. 마흐는 직접 볼 수 없는 원자나 분자의 존재를 부정했고, 열역학 제2법칙도 인정하지 않았으며, 에너지 보존법칙도 사람이 만들어 낸 관습에 불과하다고 주장했다. 실험물리학자였던 마흐는 실험을 통해 확인된 사실만을 인정하고, 이론적 분석을 통해 얻어진 결론은 받아들이지 않았다. 마흐는 물리학 이론에 경제성 원리를 도입했다. 서로 다른 두 가지 이론이 모두 실험 결과를 설명할 수 있을 때, 더 간단하게 설명하는 이론을 선택하면 된다는 것이 경제성 원리이다. 경험과 관찰만을 믿을 수 있다고 주장한 마흐의 실증주의적 신념은 논리실증주의 과학철학의 모태가 된 빈 서클에 많은 영향을 주었다. 빈 서클은 마흐 협회(Mach Society)를 조직하여 운영하기도 했다.

감각을 통해 직접 확인할 수 없는 원자나 분자의 존재를 인정하지 않았던 마흐는 원자와 분자의 존재를 전제로 통계물리학의 기초를 닦은 루트비히 볼츠만과 오랫동안 격렬한 논쟁을 벌였다. 두 사람 사이의 적대감은 상

64 마흐의 업적을 기념하기 위해 소리의 속도보다 몇 배 빠른지를 나타내는 속도의 단위는 그의 이름을 따서 마하라고 부른다.

당하였는데, 마흐가 1895년에 빈 대학의 과학철학 주임교수가 되어 강의를 시작하자 볼츠만이 이 대학의 이론물리학 주임교수직을 사직하고 라이프니츠로 옮겨 갈 정도였다. 1901년에 마흐가 과학철학 주임교수직을 사직한 후에야 볼츠만은 빈으로 돌아왔다. 볼츠만은 기체 분자들의 행동은 통계적으로 취급했을 때만 물리법칙에 따른다고 주장했다. 볼츠만은 고립된 물리계는 시간이 흐름에 따라 최대의 엔트로피 상태를 향해 변해 간다는 통계적인 열역학 제2법칙을 제안했다. 자연과학에서 수학적 분석 방법의 중요성을 잘 알고 있었던 볼츠만은 수학적 분석을 통해 단순한 감각경험만으로는 알아내기 힘든 새로운 통찰력을 얻을 수 있다고 생각했다.

그러나 감각된 것이 아니면 그 실체를 인정하지 않으려고 했던 마흐는 원자나 분자의 존재를 받아들이지 않았다. 따라서 원자가 물리적 실체인가 아니면 물리학자들이 필요에 의해 만들어 낸 가상적인 존재인가에 대한 마흐와 볼츠만의 논쟁이 격렬하게 진행되었다. 뛰어난 논쟁가가 아니었던 볼츠만은 주로 출판물을 통해 자신의 주장을 피력했다. 그러나 마흐는 볼츠만과의 논쟁에 좀 더 적극적이었다. 1897년에 빈 대학에서 볼츠만의 발표가 끝난 후 마흐가 일어나서 "나는 원자가 존재한다는 것을 믿지 않는다"고 선언한 일도 있었다.[65] 여러 해에 걸친 마흐와의 논쟁에 지친 볼츠만은 1906년 휴가 동안에 이탈리아 트리에스테만에 있는 두이노 해변에서 부인과 딸이 수영을 하는 사이에 목을 매 자살하고 말았다. 볼츠만의 죽음이 마흐 때문이라고 단정할 수는 없지만, 마흐와의 논쟁으로 그의 우울증이 심해진 것은 사실이었다.

마흐는 절대공간 역시 관측할 수 없다는 이유로 강하게 부정했다. 뉴턴역학에서는 절대공간의 존재를 인정하고, 관성질량은 물체의 고유한 성질

65 팰레 유어그라우, 곽영직·오채환 옮김, 『괴델과 아인슈타인』, 지호, 2005.

이라고 했다. 뉴턴역학에서는 또한 물이 들어 있는 양동이를 돌리면 가장자리의 수면이 위로 올라가는 것은 양동이가 절대공간에 대해 회전하기 때문이라고 설명했다. 그러나 마흐는 관성질량은 물질의 고유한 양이 아니라 우주를 이루고 있는 다른 모든 물질과의 상호작용의 결과이며, 회전하는 양동이의 가장자리 수면이 높아지는 것 역시 양동이와 전체 우주물질과의 상호작용 때문이라고 주장했다. 따라서 우주에 아무것도 존재하지 않는다면, 관성질량도 존재하지 않고 양동이가 회전하더라도 수면이 변하지 않을 것이라고 했다.

인식의 기초로서 인간의 감각을 강조한 마흐는 1886년에 출판된 『감각의 분석』에서 우리가 세상에 대해 가지고 있는 지각과 지식은 물리적, 생리적, 심리적 감각 요소들의 복합체로 구성된다고 보았다. 때문에 마흐는 우리가 감각할 수 없는 물자체가 존재한다는 것을 부정했다. 색깔, 소리, 온도뿐만 아니라 외부에 존재하는 대상 모두가 감각 요소들의 복합체에 불과하다고 생각했던 마흐는 외부 세계를 구성하는 감각 요소들이 인간의 심리적인 감각 요소들을 자극하기도 하지만, 심리적 감각 요소들에 의해서 감각이 변형되기도 한다고 주장했다. 마흐의 이러한 주장을 가장 심하게 비판한 사람은 철학자가 아니라 러시아 혁명가였던 블라디미르 레닌(Vladimir Lenin, 1870~1924)이었다. 러시아 공산당을 창설한 레닌은 1909년에 출판된 『유물론과 경험비판론』에서 지식이 감각경험의 총체라는 마흐의 주장을 비판하고, 외부의 세계는 우리의 감각과는 무관하게 존재하는 것이며, 우리의 지각은 외부 세계에 대한 이미지라고 주장했다.

### 증명 가능한 명제가 과학적 명제다: 논리실증주의

우리나라에서는 빈 서클을 빈 학단이나 빈 학파라는 이름으로 부르기도 한다. 하지만 다양한 학문적 배경을 가진 30여 명의 학자들이 모여 여러 가지 철학적 문제에 대해 토론을 진행하던 빈 서클을 한 가지 생각을 공유하는 '학파'라고 보기는 어렵다. 따라서 굳이 우리말로 번역하지 말고 그냥 빈 서클이라고 부르는 것이 이 모임의 성격을 전달하는 데 더 적절할 것이다. 빈 서클의 중심 인물은 물리학으로 박사학위를 받은 후 철학을 공부한 모리츠 슐리크(Moritz Schlick, 1882~1936)였다. 빈 서클은 1922년에 슐리크가 빈 대학의 자연철학 교수로 부임한 것을 계기로 전환점을 맞이했다. 일반적으로는 슐리크가 빈으로 온 이후 빈에 있었던 학술토론 모임을 빈 서클이라고 부른다. 그러나 빈 서클의 모태가 되는 독서토론 모임은 그 이전부터 있었다.

수학을 공부했으며, 정치학 및 통계학과에서 박사학위를 받은 철학자 겸 사회학자였던 오토 노이라트(Otto Neurath, 1882~1945)의 주도로 물리학자 겸 철학자였던 필립 프랑크(Philipp Frank, 1884~1966)와 수학자였던 한스 한(Hans Hahn, 1879~1934)이 중심이 되어 과학철학에 대해 활발하게 토론을 벌이던 모임이 1900년경부터 존재했는데, 이 토론 모임을 1차 빈 서클이라고 부르고, 슐리크가 빈에 온 이후의 토론 모임을 2차 빈 서클이라고 부르기도 한다. 1차 빈 서클의 정신적인 지주는 과학 연구는 철저하게 감각경험을 바탕으로 해야 한다고 주장했던 에른스트 마흐였다.

1차 빈 서클에서는 철학자들의 저술을 읽고 이에 대한 토론을 통해 20세기 초에 이루어진 과학 분야에서의 발전이 지니고 있는 철학적 의미에 대해 탐구했다. 제1차 빈 서클은 프랑크가 이론물리학과 교수로 부임하기 위해 프라하로 떠난 후 활동이 정지되었다. 한은 제1차 세계대전이 발발한 1914년에 빈을 떠났다가 1921년에 다시 빈으로 돌아왔다.

1921년 빈으로 돌아온 한은 수학자였던 쿠르트 라이데마이스터(Kurt Reidemeister, 1893~1971)와 함께 비트겐슈타인의 『논리철학 논고』와 러셀과 화이트헤드의 『수학 원리』에 대해 토론하는 세미나를 조직했다. 한의 도움으로 빈 대학 자연철학 교수가 된 슐리크는 빈에 도착한 직후 한이 조직한 세미나에 참석하던 수학자들을 중심으로 토론 모임을 조직했다. 이 모임은 1924년 겨울학기부터 정기적인 토론 모임으로 발전했다. 이 모임에는 슐리크가 개인적으로 초청한 인사들이 참여했는데, 참석자들 중에는 저명한 과학자, 수학자, 철학자도 있었지만 젊은 학생들도 있었다.

1928년에는 슐리크를 회장으로 하는 마흐 협회가 창립되었는데, 이 학회의 목적은 대중을 대상으로 하는 강연을 통해 과학적인 세계관을 확산시키는 것이었다. 1929년에 카르나프(Rudolf Carnap, 1891~1970), 한, 노이라트의 이름으로 발표된 「세계에 대한 과학적 파악: 빈 서클」이라는 선언적 글에서 빈 서클이라는 명칭이 처음 사용되었다. 이 선언서를 통해 이들은 경험에 근거하지 않고 본질에 대해 무의미한 논쟁을 일삼는 형이상학을 반대하고, 과학 지식에 기반을 둔 철학을 옹호한다고 선언했다.

빈 서클은 독일에서 파시즘이 대두되면서 빠르게 활동이 위축되었고, 오스트리아가 독일의 영향력 아래 들어가자 대부분의 빈 서클 참가자들이 정치적 이유나 유대인이라는 이유로 빈을 떠나거나 세상을 떠나면서 빠르게 해체되었다. 그러나 영국이나 미국으로 이주한 빈 서클에 속해 있던 인사들에 의해 논리 실증주의의 국제화가 진행되었고, 이는 현대 분석철학 발전에 큰 영향을 주었다. 미국에서 이들의 생각은 널리 받아들여진 견해라는 뜻으로 '수용된 견해(received view)'라고 불렸다. 미국의 과학사학자 토마스 쿤의 과학혁명 이론은 수용된 견해에 대한 반론이라고 할 수 있다.

빈 서클에 속했던 학자들의 공통 관심사는 과학 분야에서 이루어진 혁신적 변화를 반영하는 과학철학을 확립하는 것이었다. 이들이 추구했던 논리 실증주의는 에른스트 마흐의 감각적 경험론과 러셀과 프레게(Gottlob Frege, 1848~1925) 그리고 비트겐슈타인에 의해 체계화된 논리학의 영향을 많이 받았다. 논리실증주의의 핵심 내용은 "명제의 의미는 그 명제를 검증하는 방법과 동일하다"라는 말에 잘 나타나 있다. 이것을 검증 가능성 원리라고 부른다. 검증 가능성 원리에 의하면 참일 조건과 거짓일 조건이 명확하지 않은 명제는 그 명제가 의미하는 것이 확실하지 않고, 의미가 명확하지 않은 명제는 무의미한 명제이다. 예를 들면 "신은 존재한다"라는 명제는 참인지 거짓인지를 검증할 방법이 없으므로 무의미한 명제이다. 윤리적 명제 역시 참인지 거짓인지를 검증할 방법이 없으므로 사실의 명제가 아니라 행위의 명제라고 보았다.

논리실증주의자들은 감각경험을 통해 검증될 수 있는 명제만을 다루는 과학과 검증이 가능하지 않은 무의미한 명제를 다루는 형이상학을 구별하고 형이상학에 대한 논의를 철학에서 배제하려고 했다. 논리실증주의자들이 형이상학을 부정한 것은 형이상학이 잘못되었기 때문이 아니라, 무의미한 명제를 다루고 있기 때문이었다. 마흐의 영향을 많이 받았던 초기 논리실증주의는 인식의 직접적인 원천은 물체가 아니라 감각이라는 입장을 견지했다. 그러나 이렇게 되면 과학적 진리가 보편적인 진리가 아니라 개인적인 것이 된다. 이에 불만을 품은 노이라트는 과학의 명제는 감각언어가 아니라 사람 이름, 물건 이름, 장소, 시간과 같은 사물언어로 구성되어 있어 검증이 가능한 명제여야 한다고 주장했다.

### 과학 활동은 가설의 반증을 찾아내는 것이다: 포퍼의 반증주의

과학철학자 중에서 과학자들에게 가장 널리 알려진 사람은 오스트리아 출신으로 영국에서 활동했던 칼 포퍼(Karl Raimund Popper, 1902~1994)일 것이다. 1902년에 오스트리아 빈에서 유대인 변호사의 아들로 태어난 포퍼는 1918년부터는 빈 대학에서, 그리고 1925년부터는 빈 교육연구소에서 철학, 수학, 물리학, 심리학을 공부하고 1928년에 철학 박사학위를 받았다. 대학을 졸업하고 고등학교에서 수학과 물리학을 가르치던 포퍼는 1935년에

『탐구의 논리』를 발표했다. 후에 『과학적 발견의 논리』라는 제목으로 영국과 미국에서 다시 출판되어 널리 읽힌 이 책은 포퍼 자신도 예상하지 못했던 큰 주목을 받았다. 이 책에서 포퍼는 심리학, 귀납주의, 논리실증주의를 비판하고, 과학과 비과학을 구분하는 기준으로 반증 가능성을 제시했다.

칼 포퍼

나치즘이 세력을 확장하자 1937년에 오스트리아를 떠난 포퍼는 뉴질랜드의 캔터베리 대학에서 철학을 가르치면서 정치철학 분야에 큰 영향을 준 『열린 사회와 그 적들』을 저술했다. 제2차 세계대전이 끝난 1946년에 포퍼는 런던 정경대학의 논리학 및 과학 방법론 교수로 부임했다가 3년 후인 1949년에 런던 대학의 동일한 전공의 교수로 옮겨 1969년 은퇴할 때까지 그곳에서 학생들을 가르쳤다.

포퍼는 마르크스주의와 정신분석학에 대한 젊은 시절의 경험을 통해 과학적 태도와 그렇지 못한 태도의 차이를 실감하게 되었고, 이는 그의 과학철학의 핵심인 반증주의를 탄생시키는 토대가 되었다. 포퍼는 빈 대학에 재학 중이던 1919년에 사회주의 학생동맹에 가입하여 마르크스주의자로서 활동했지만, 오래지 않아 탈퇴했다. 포퍼는 마르크스주의자들이 파시즘을 공산주의로 이행해 가는 단계로 보고 이를 용인하는 듯한 태도를 보인 점에 크게 실망했다. 포퍼가 마르크스주의에 실망한 또 하나는 공산혁명이 자본주의의 문제점이 크게 부각되는 자본주의가 발달한 나라에서 일어날 것이라는 마르크스주의자들의 예측과는 달리, 자본주의가 아직 발달하지 않은 러시아에서 최초의 공산주의 혁명이 일어난 것이었다. 예측에 실패한 마르크스주의자들은 자신들의 이론에 문제가 있다는 것을 인정하고 새로운 이론을 개발하는 대신 기존 이론을 적당히 수정해 문제를 무마하려 했다. 포퍼에게는 이러한 태도가 비과학적으로 보였다.

포퍼는 한때 정신분석학의 창시자인 지크문트 프로이트(Sigmund Freud, 1856~1939)와 알프레드 아들러(Alfred Adler, 1870~1937)의 심리학에 심취하기도 했다. 그러나 모호한 말로 무엇이든 설명하려고 하는 정신분석학 이론에 실망했다. 포퍼가 보기에 정신분석학 이론은 어떤 경험적 사실로도 결코 무너트릴 수 없는 난공불락의 요새 같았다. 경험적으로 서로 상반되는 두 가지 다른 현상과 일치하는 이론은 무엇이든 설명할 수 있는 만능 이론처럼 보이지만, 사실은 과학적 주장과는 다른 모호한 주장에 불과할 뿐이다. 이로 인해 포퍼는 마르크스주의와 정신분석학 이론을 과학과 비슷해 보이지만 과학이 아닌 '유사 과학'의 대표적인 본보기라고 생각하게 되었다.

포퍼는 마르크스주의나 심리학과는 달리 아인슈타인의 상대성이론은 과학 이론이 갖추어야 할 특징을 잘 갖추고 있다고 보았다. 아인슈타인의 상대성이론은 뉴턴역학과는 다른 시공간 이론을 제안했고, 이는 실험을 통해 검증이 가능한 것이었다. 아인슈타인은 아직 검증이 이루어지지 않은 단계에서 자신의 이론이 맞을 경우에 예상되는 결과를 예측했다. 아인슈타인의 이런 태도는 편법을 이용하여 경험적 반증으로부터 자신들의 이론을 지키려고 했던 마르크스주의나 정신분석학과 크게 다른 것이었다.

포퍼는 한때 빈 서클에 속한 학자들과도 교류했다. 그러나 포퍼는 논리실증주의자들이 경험적 사실의 축적을 통해 과학이 진보한다고 주장하는 것에 반대했다. 포퍼도 경험이 지식의 근원이라는 것은 인정했지만, 경험적 사실의 축적을 통해 일반 원리를 귀납해 나가는 방법으로는 과학이 진보할 수 없다고 믿었다. 아무리 많은 경험적 사실이 축적된다고 해도 그것으로부터 일반적인 원리를 유도해 내는 것이 가능하지 않다고 생각한 것이다. 경험적 실증 가능성을 과학적 명제의 기준으로 제시했던 논리실증주의에 대한 이런 비판으로 인해 포퍼는 빈 서클의 주요 멤버였던 노이라트로부터 빈 서클에 대한 공식적 반대자라는 비난을 듣기도 했다.

포퍼는 과학적 진보는 과학자들이 창의적인 추론을 통해 가설을 제안하고, 이 가설이 옳지 않다는 경험적 반증을 찾아내는 방법을 통해 진보한다는 '반증주의'를 주장했다. 다시 말해 "중력이 물체 사이의 거리에 반비례한다"는 것은 추론에 의한 가설이고, 과학자들은 끊임없이 이 가설이 옳지 않다는 반증을 찾아내기 위해 연구한다는 것이다. 반증이 발견되기 전까지는 이 가설이 사실로 받아들여지지만, 일단 반증이 발견되면 이 가설은 폐기되고 중력을 설명하는 다른 대안을 찾아야 한다. 경험적 사실이 아무리 많아도 과학 법칙의 정당성을 증명할 수는 없지만, 단 하나의 반증만으로 가설이 옳지 않다는 것을 증명하는 데 충분하다는 것이다. 포퍼는 과학적 주장과 비과학적 주장을 구별하는 기준은 검증 가능성이 아니라 반증 가능성이라고 주장했다. 어떤 가설이 실험이나 경험을 통해 반증 가능하면 과학적 주장이지만, 반증이 가능하지 않은 주장은 비과학적 주장이라고 했다.

포퍼는 기존 이론의 문제점을 발견하기 위해 지속적으로 노력하다가 문제점이 발견되면 즉각 기존 이론을 폐기하고 새로운 대안을 찾는 연구 태도를 '비판적 연구'라고 규정했다. 포퍼에 따르면 비판적 연구 태도는 과학적 연구 방법의 가장 큰 특징이다. 비판적인 태도를 견지하는 과학자는 모든 편견으로부터 자유롭게 경험적 사실과 그로부터 연역될 수 있는 논리적 추론을 통해 과학 연구를 수행한다. 포퍼는 비판적인 태도로 진리를 탐구하는 과학자의 삶에 일종의 도덕적 숭고함까지 부여하려고 했다. 많은 과학자들이 포퍼의 과학관에 호의적인 것은 이 때문이다.

포퍼는 과학 이론이란 참이냐 거짓이냐에 의해 평가되는 것이 아니라 기구나 도구를 이용하여 자연의 변화를 올바로 예상하는 데 유용한가에 의해 평가되어야 한다는 닐스 보어의 도구주의에도 반대했다. 덴마크의 물리학자로 양자물리학에 관한 코펜하겐 해석을 이끌어 내 양자물리학을 완성시킨 보어는 과학 이론을 미래의 자연현상을 예측하는 도구로 보았다. 포퍼는 사물, 구조, 메커니즘으로 이루어진 실재가 존재하며, 과학의 목적은 그것을 밝혀내는 것이라고 주장했던 아인슈타인의 실재론을 지지했다. 아인슈타인은 원자 단위에서 일어나는 현상을 확률을 이용해 설명하는 양자역학을 끝까지 받아들이지 않았다.

포퍼는 과학철학뿐만 아니라 정치철학 분야에도 많은 영향을 끼쳤다. 포퍼는 전체주의와 역사주의를 비판하고 사회를 구성하는 개개인의 자발적 선택을 바탕으로 한 '열린 사회'가 바람직한 사회라고 주장했다. 전체주의자들은 미래의 정치적 발전 양상을 과학적으로 예측하고, 그러한 예측을 바탕으로 바람직한 미래사회를 위한 정책을 정부 주도로 수립하여 시행해야 한다고 주장했다. 포퍼는 전체주의가 근본적으로 잘못된 전제를 바탕으로 하고 있다고 비판했다. 역사주의는 역사적 사실을 정확하게 분석하면 역사에 적용되는 일반적인 법칙을 발견할 수 있다는 생각을 바탕으로 하고 있다. 그러나 포퍼는 미래사회에 영향을 주는 변수가 매우 많고, 이런 변수들의 조합 역시 매우 다양하기 때문에 미래 예측이 가능하지 않다고 주장했다. 포퍼는 미래사회는 개인들이 하는 수많은 결정들이 복잡하게 상호작용하여 이루어지는 것으로, 이는 과학자들이 다양한 가설을 경험적 증거를 이용하여 반증하면서 계속적으로 대안을 추구해 가는 과정과 비슷하다고 했다.

개인들의 자발적 참여를 바탕으로 사회제도를 조심스럽게 시험하는 방식으로 미래사회를 만들어 나가는 사회를 포퍼는 열린 사회라고 불렀고, 이를 소수의 정치 지도자들이 설정한 구도에 따라 일률적으로 미래를 만들어 나가는 '닫힌 사회'와 비교했다. 포퍼는 전체주의와 역사주의라는 잘못된 전제에 기반을 둔 소련의 사회주의는 비판과 반증이 자유로운 과학보다는 비과학에 가깝고, 개인들의 자유로운 결정에 기반을 둔 열린 사회라기보다는 닫힌 사회라고 비판했다. 열린 사회에 대한 포퍼의 정치철학은 반증 가능성을 과학적 명제의 기준으로 본 그의 과학철학과 밀접한 연관을 가지고 있다.

### 과학은 혁명적 과정을 통해 발전하다: 쿤의 과학혁명

패러다임과 과학혁명이라는 새로운 개념을 바탕으로 과학 발전 과정을 새롭게 설명한 미국의 과학사학자 토머스 쿤(Thomas Samuel Kuhn, 1922~1996)은 미국 오하이오주 신시내티에서 태어났다. 고등학교 시절에 사회주의 운동에 참여하기도 했던 쿤은 하버드 대학에 진학하여 물리학을 공부했고, 1919년에 고체의 성질에 대한 연구로 박사학위를 받았다. 박사학위 논문을 준비하면서 과학사에 흥미를 느끼게 된 쿤은 당시 널리 받아들여지던 논리실증주의의 과학 발전 과정에 대한 설명이 실제의 과학 발전 과정을 제대로 반영하지 못하고 있다는 것을 알게 되었다. 1947년 쿤은 화학자이면서 교육학자로 당시 하버드 대학 총장이었던 제임스 코난트(James B. Conant, 1893~1978)가 개설한 비자연계 학생을 위한 자연과학개론 강의를 돕게 되었다. 강의를 준비하는 과정에서 아리스토텔레스의 『자연학』을 읽게 된 쿤은 다른 분야에서는 날카로운 이론을 전개한 아리스토텔레스가 운동에 대해서는 매우 잘못된 설명을 하고 있음을 알고 놀라게 되었다. 쿤은 아리스토텔레스와 뉴턴이 역학에 관한 가장 기본적인 개념을 다르게 사용했다는 것을 알게 되었다. 다시 말해 그들이 역학적 현상을 설명하기 위해 사용한 용어는 그 의미가 전혀 달랐던 것이다.

이를 계기로 그는 과학사를 본격적으로 공부하기 시작했다. 1948년부터 1951년까지 쿤은 하버드 대학의 연구원인 주니어 펠로우(junior fellow)로 선정되어 과학사를 중심으로 철학, 언어학, 사회학, 심리학 등의 인접 분야에 관한 자료를 조사하고 연구했다. 이를 통해 그는 물리학뿐만 아니라, 인문학과 사회과학 분야까지 관심을 넓힐 수 있었다. 후에 그는 『과학혁명의 구조(The Structure of Scientific Revolutions)』 2판의 머리말에서 하버드 대학에서 주니어 펠로우로 있던 3년이 그가 물리학에서 과학사와 과학철학으로 전공을 바꾸게 하는 데 결정적인 역할을 했다고 회고했다. 그 후 쿤은 1956년까지 하버드 대학의 교양 과정 및 과학사 조교수로 학생들을 가르쳤다. 이 시기에 쿤은 코페르니쿠스에 대한 연구를 통해 과학 발전 과정에 대한 자신의 생각을 더욱 정교하게 가다듬었다. 쿤은 1957년에 코페르니쿠스가 새로운 천문 체계를 정립하는 과정에서 보여 주는 혁명적인 모습과 보수적인 모습에 대한 분석을 담은 그의 첫 번째 저서 『코페르니쿠스 혁명(The Copernican Revolution)』을 출판하여 물리학자가 아니라 과학사학자로 학계의 주목을 받게 되었다.

쿤은 『코페르니쿠스 혁명』을 출판하기 한 해 전인 1956년에 버클리 대학으로 옮겨 철학과와 사학과에서 강의했고, 1961년에 버클리 대학의 과학사 교수가 되었다. 과학 발전 과정을 새롭게 조명하는 과학혁명 이론을 정립한 것은 버클리 대학에 있던 1958년에서 1959년 사이였다. 과학의 발전 과정을 패러다임과 과학혁명을 이용하여 설명한 그의 『과학혁명의 구조』[66]는 1962년에 영국에서 빈 서클의 일원이었던 노이라트가 출판을 주관했던 '통합과학 국제 백과사전' 시리즈의 일부로 처음 출판되었고, 시카고 대학 출판부의 의해서도 출판되었다. 혁신적인 내용을 담은 『과학혁명의 구조』는 과학사와 과학철학 분야에 큰 충격을 주었다. 책이 출간되고 얼마 되지 않아 이 책의 내용을 주제로 한 학회가 여러 곳에서 열렸다는 것만 보아도 이 책이 준 충격을 짐작할 수 있다.

66 토머스 S. 쿤, 김명자 · 홍성욱 옮김, 『과학혁명의 구조』, 까치, 2013.

『과학혁명의 구조』를 출판하여 명성을 쌓은 쿤은 1964년부터 1979년까지 프린스턴 대학의 과학사 교수를 역임하면서 1972년부터 1979년까지는 프린스턴 대학 구내에 있던 프린스턴 고등연구소의 연구원을 겸임하기도 했다. 『과학혁명의 구조』에서는 주로 20세기 이전의 과학 발전 과정을 사례로 들었기 때문에 현대 과학의 발전 과정을 설명하는 데는 미흡한 감이 있었다. 이를 보완하기 위해 쿤은 프린스턴에 있던 시기에 에너지 양자 개념을 도입한 독일 물리학자 막스 플랑크를 중심으로 양자역학의 형성 과정을 연구하고 1978년에 『흑체이론과 양자적 불연속(Black Body Theory and the Quantum Discontinuity)』을 출판했다. 프린스턴에 있던 시기인 1977년에 쿤은 과학사와 과학철학에 대해 보다 이론적인 수준에서 써 두었던 글들을 모아 『본질적 긴장(Essential Tension)』이라는 제목으로 출판했다.

쿤은 1962년에 출판한 『과학혁명의 구조』에서 과학은 지식의 축적을 통해 점진적으로 발전하는 것이 아니라 그가 '패러다임의 전환'이라고도 부른 혁명적 과정을 통해 발전한다고 주장했다. 쿤의 과학혁명 이론에서 핵심적인 역할을 하는 말은 패러다임(paradigm)이다. 패러다임은 사례, 예제, 실례 등을 뜻하는 그리스어 'paradeigma'에서 따온 말로, 쿤은 한 시대의 과학자 사회에 널리 받아들여지는 이론, 관습, 관념, 가치관 등이 결합된 개념을 통칭하는 말로 사용했다. 다시 말해 과학자 집단이 받아들이는 모범적인 틀이 패러다임이다. 쿤의 과학혁명 이론을 비판하는 사람들은 쿤이 패러다임이라는 말을 너무 광범위하게 정의하여 그 의미가 모호하다고 지적했다.

쿤은 과학의 발전을 몇 가지 단계로 나누어 설명했다. 대다수의 과학자들이 받아들이는 패러다임이 아직 존재하지 않는 시기를 쿤은 과학 전 단계라고 했다. 예를 들면 '빛의 본질이 무엇인가'를 놓고 논쟁을 벌이던 뉴턴 이전 시기가 광학에서의 과학 전 단계이다. 이 단계에서는 빛의 본질을 입자로 보는 입자설과 파동으로 보는 파동설, 액체로 보는 광액이론 등이 서로 경쟁하게 된다. 과학 전 단계 다음에는 지배적인 패러다임이 등장해서 대부분의 과학자들이 이 패러다임의 테두리 안에서 연구 활동을 하게 되는데, 이런 단계가 정상과학 시기이다. 주도적 패러다임이 존재하는 정상과학 시기에는 패러다임 자체에 대한 검증이나 반증에 대한 연구는 배제되고, 패러다임을 정교하게 하거나 패러다임의 응용 범위를 넓히는 것과 같은 연구에 집중하게 된다. 따라서 정상과학 시기의 연구에는 기존 패러다임에 대한 도전 정신이 희박하다. 이것은 과학을 과감한 추론에 의한 가설과 그 가설에 대한 반증의 연속으로 파악했던 포퍼의 반증론과는 크게 다른 것이었다. 따라서 포퍼는 정상과학 시기에 행해지는 과학 연구에 대한 쿤의 이런 설명을 과학에 대한 모독이라고까지 생각했다.

쿤은 정상과학 안에서 이루어지는 연구는 그림 조각을 맞추어 전체 그림을 완성해 가는 퍼즐 풀이와 비슷하다고 설명했다. 주어진 규칙을 이용하여 미리 정해진 그림을 맞추어 가는 퍼즐 풀이와 주어진 패러다임의 테두리 안에서 예상된 해답을 찾아가는 과학 연구가 유사하다고 본 것이다. 퍼즐 풀이를 하는 사람들이 그 문제에 답이 있고, 노력하면 그 답을 찾을 수 있을 것이라는 사실 때문에 더 재미를 느끼는 것처럼, 정상과학 시기에 연구를 수행하는 과학자들도 패러다임의 태두리 안에서 예상했던 답을 얻을 수 있을 것이라는 확신 때문에 더욱 과학 연구에 매진하게 된다는 것이다.

정상과학 시기에도 일반적으로 받아들여지는 패러다임에 모순되는 변칙(anomaly)이 발견되지만, 연구자들은 이러한 변칙을 패러다임에 대한 반증으로 인정하지 않으려고 한다. 어떤 패러다임도 모든 자연현상을 설명할 수 없으므로 변칙이 발견될 때마다 과학자 사회의 기반이 되는 패러다임을 포기할 수는 없기 때문이다. 실제로 변칙이라고 생각했던 문제들이 후에 패러다임 안에서 해결된 예도 많았다. 그럼에도 불구하고 발견되는 변칙의 수가 증가하면 일부 과학자들을 중심으로 새로운 패러다임을 모색하게 되는데, 이 시기를 쿤은 정상과학의 위기라고 설명했다. 위기의 단계에서는 전통적 패러다임과 새로운 패러다임이 경쟁하게 되는데, 이때 새로운 패러다임이 더 많은 지지를 획득하게 되면 새로운 정상과학이 탄생하는 과학혁명이 성공을 거두게 된다. 다시 말해 과학혁명은 하나의 패러다임이 다른 패러다임으로 전환되면서 완성된다. 따라서 과학혁명은 패러다임의 전환이라고도 할 수 있다.

쿤은 『과학혁명의 구조』에서, 경쟁하는 패러다임 중에서 과학자 사회가 하나의 패러다임을 선택하게 되는 과정에 대해서도 자세하게 다루었다. 쿤에 의하면 서로 경쟁하는 패러다임들은 어떤 패러다임이 다른 패러다임에 비해 우수한지를 따질 공통 기준을 가지고 있지 않다. 패러다임 사이의 이런 특징을 '공약 불가능성(incommensurate)'이라고 한다. 공약 불가능성으로 인해 두 패러다임 사이에 합리적인 의사소통이 불가능하고, 두 패러다임을 같은 척도로 비교할 수도 없다. 패러다임 사이의 공약 불가능성은 패러다임이 단순히 주어진 문제들을 어떻게 풀 것인가에 대한 방법론만을 제시하는 것이 아니라, 자연현상을 이해하는 방식, 그런 이해를 바탕으로 문제를 구성하는 방식, 문제에 대한 해답의 형태 등에 대해 포괄적으로 규정하고 있기 때문에 발생한다.

쿤은 경쟁하는 두 패러다임의 공약 불가능성으로 인해 둘 중 하나의 패러다임을 선택하는 과정은 논리적이라기보다는 오히려 종교적 개종과 유사한 면이 있다고 주장했다. 패러다임의 선택에는 철학적, 제도적, 사상적 요소들과 같은 과학 외적인 요소들도 중요한 역할을 한다는 것이다. 패러다임 선택 과정에 대한 이러한 설명으로 인해 쿤은 과학의 합리성을 무시한 상대주의자라는 비난을 받았으며, 과학 이론의 선택을 군중심리 정도로 비하했다는 비난도 들어야 했다. 쿤은 이러한 비판에 대해 패러다임의 선택이 항상 비합리적인 과정이 아니라 정확도, 일관성, 포괄하는 범위, 단순성,

그리고 풍부함과 같은 기준에 의해서 이루어지는데, 이 기준이 과학자들의 주관에 따라서 다른 의미를 갖는다고 설명했다.

과학 발전 과정에 대한 새로운 관점을 제시한 쿤은 과학 교육에서 사용하는 교과서들이 과학 연구의 본질에 대한 올바른 이해를 방해할 수 있다는 점을 지적하기도 했다. 교과서에서는 정리된 상태의 개념을 학습자에게 제시하려고 할 뿐 과학 연구가 역사적으로 어떻게 진행되어 왔는지에 대해서는 정확히 설명하지 않는 경우가 많다는 것이다. 예를 들어 A라는 연구가 이루어진 후에 수많은 시행착오적 연구들이 진행되다가 B라는 의미 있는 연구가 이루어진 경우 교과서에서는 A 연구 다음에 이를 이어받아 B 연구가 이루어진 것으로 서술하는 경우가 많다는 것이다. 이런 방식으로 서술된 교과서는 연구가 이루어지는 방법을 잘못 이해하게 할 가능성이 많다. 대부분의 과학 연구는 연구 방법에 대한 다양한 의견이 존재하는 가운데 이루어진다. 이런 다양한 문제 제기의 가능성과 연구의 복잡성을 무시하면, 과학 연구는 창조성이 결여된 기계적인 작업처럼 보일 수 있다는 것이다. 쿤은 교과서에서 사용되는 서술방식이 과학지식을 전달하는 데는 유용하고 효율적이라는 점은 인정하면서도 과학 연구의 본질에 대해서는 잘못된 생각을 갖게 할 수 있다고 경고했다.

# 후기 우주 시대의 인류 문명

인류가 처음 등장한 곳은 아프리카였다. 그러나 인류는 아프리카를 벗어나 지구의 곳곳으로 진출하기 시작했다. 과학자들은 DNA에 포함되어 있는 유전 정보를 분석해 아프리카를 벗어난 인류가 전 지구로 퍼져 나간 경로를 밝혀냈다. 생명체의 설계도라고 할 수 있는 DNA 분자의 유전 정보는 부모에게서 자손에게 전달된다. 유전자의 반은 아버지에게서 물려받고 나머지 반은 어머니에게서 물려받는다. 그러나 부모에게서 물려받은 유전 정보가 그대로 자손에게 전달되는 것이 아니라 전달 과정에서 유전자 일부에 변이가 일어난다. 변이는 생명체가 활동하는 환경 조건에 의해서도 일어나고, 불완전한 유전자 복제에 의해서도 일어난다. 작고 큰 변이가 오랫동안 누적되면 한 조상에서 시작한 자손들도 다양한 형질을 가진 자손들로 갈라져 나간다.

현재 지구상에 살고 있는 모든 사람들은 최초의 공통 조상으로부터 물려받은 DNA와 변이에 의해 만들어진 변형된 유전자를 가지고 있다. 따라서 세계 곳곳에 살고 있는 사람들의 DNA를 조사하면 아프리카에서 태어난 인류가 지구의 곳곳으로 진출한 경로를 알 수 있다. 내셔널 지오그래픽 소사이어티와 IBM 등이 경비를 지원하고 미국의 유전학자 스펜서 웰스(Spencer Wells, 1969~ )가 주도해 2005년부터 2015년까지 실시한 유전자 인류학 프로젝트는 전 세계 곳곳에 살고 있는 원주민 7만 명의 DNA를 조사하여 인류의 이주 과정을 나타내는 지도를 작성하는 데 성공했다.

이 연구 결과에 의하면 현생 인류인 호모 사피엔스는 6만 년 전에서 9만 전 사이에 아프리카에 살았던 인류의 자손이다. 현생 인류가 아프리카를 떠나 중앙아시아로 진출한 것은 약 6만 5000년 전이었다. 5만 년 전쯤에는 중국 남부와 오스트레일리아까지 이르렀고, 4만 년 전에는 유럽 전체에 퍼졌다. 약 1만 6000년 전에는 마지막 빙하기로 인해 해수면 위로 드러난 통로를 통해 베링 해협을 건넜다. 이들은 약 3,000년 후에 캘리포니아 남부에 도달했고, 수천 년 후에는 남아메리카 대륙의 가장 남쪽까지 도달했다.

인류가 처음 태어난 아프리카에서만 살지 않고 지구 모든 곳에 퍼져 살게 된 가장 중요한 원인은 생존 경쟁이었을 것이다. 한 지역이 지탱할 수 없을 정도로 인구가 늘어나면 누군가는 살아남기 위해 새로운 세상을 개척해야 했을 것이다. 그러나 인류의 이주는 생존 경쟁만으로 설명할 수 없는 부분이 많다. 인류는 살아가기에 적당한 미개척지가 주변에 많이 남아 있었음에도 불구하고 얼음으로 뒤덮인 베링 해협을 건너는 모험을 감행하여 아메리카로 진출했다. 그리고 아프리카를 떠난 인류가 남아메리카의 파타고니아에 이르는 과정은 생존 경쟁만으로는 설명할 수 없을 정도로 빠르게 진행되었다. 유전자를 통한 연구에서도 인류의 이주 원인이 생존 경쟁만이 아닐 수 있다는 증거가 발견되었다.

과학자들은 신경전달물질을 통제하는 데 핵심적인 역할을 하는 특정한 유전자에 관심을 가지고 있다. DRD4는 행동에 영향을 주는 신경전달물질인 도파민을 통제하는 유전자 중 하나이다. 이 유전자가 변이된 7R 유전자를 가지고 있는 사람들은 위험을 감수하기를 좋아하고, 새로운 것을 찾아 나서는 모험적인 성향을 가지고 있으며, 외향적이고 매우 활동적이라는 것이 밝혀졌다. 대략 다섯 사람 중 한 명은 7R 형태의 DRD4 유전자를 가지고 있다. 흥미로운 것은 7R 돌연변이가 인류가 아프리카를 탈출하여 아시아와 유럽으로 진출하기 시작한 직후인 약 4만 년 전에 처음 나타났다는 것이다.

또 다른 연구 역시 인류의 아프리카 탈출을 7R 유전자와 연결시키고 있다. 캘리포니아 대학 어바인 캠퍼스에서 실시한 추안성 첸(Chuan Sheng Chen, 1963~ )의 연구 결과에 의하면 아시아에 정착하여 살고 있는 주민들 중에는 1%만이 7R 유전자를 가지고 있다. 그러나 약 1만 6000년 전에 시작하여 아시아에서부터 남아메리카까지 엄청난 거리를 이동했던 남아메리카인들 중에는 60%가 이 유전자를 가지고 있다. 이런 사실들은 인류가 지구 구석구석까지 퍼져 살게 된 것은 살아남기 위한 전략 외에도 인간이 가지고 있는 모험과 탐험을 좋아하는 유전자가 중요한 역할을 했다는 것을 나타낸다.

인류가 지구에 살고 있는 다른 동물과 달리 문명을 발전시키고, 과학이라는 지식 체계를 만들어 낸 것은 인간이 모험과 탐험을 좋아하는 유전자를 가지고 있기 때문이다. 인간이 가지고 있는 지적 호기심도 탐험심의 또 다른 형태이기 때문이다. 인류는 17세기에 근대 과학을 시작한 이래 매우 빠른 속도로 과학과 기술을 발전시켰다. 20세기 초 양자역학을 바탕으로 원자보다 작은 세계를 이해하게 된 이후에는 과학기술과 인류 문명의 발전속도가 더욱 빨라졌다. 지난 100년 동안에 현대 과학이 이루어 낸 변화와 발전은 인류가 350만 년 동안 이루어 냈던 변화보다 훨씬 컸다. 인류는 발전된 과학기술을 이용하여 지구 구석구석까지 탐험했고, 45억 년의 지구의 역사를 밝혀냈으며, 우주의 구조와 진화 과정에 대한 많은 지식을 축적했다.

그리고 20세기에 인류는 발전된 과학기술을 바탕으로 지구 중력장을 벗어나는 모험을 시작했다. 인류가 지구 중력장 밖으로 인공 구조물을 처음 내보낸 것은 1957년이었으며, 인간이 지구 중력장을 벗어난 것은 1961년이었고, 지구 밖 천체에 처음 발을 디딘 것은 1969년의 일이었다. 그 후 이루어진 인류의 우주 진출이 기대보다 느리다고 실망하는 사람들도 있지만, 인류는 지난 100년 동안 우주를 향한 발걸음을 멈추지 않았다.

인류가 우주로 진출하는 것 역시 아프리카를 떠난 인류가 지구 곳곳으로 이주했던 것과 마찬가지로 살아남기 위한 필요성, 그리고 탐험과 모험을 좋아하는 유전자 때문이다. 지구는 인류 문명을 영원히 존속시킬 수 있는 안전한 장소가 아니라는 것이 밝혀지고 있다. 그것은 과거 5억 년 동안에 있었던 여러 번의 대규모 생명 멸종 사건으로도 알 수 있다. 따라서 인류 문명을 영원히 존속시키고 싶다면 인류는 지구를 벗어나 우주로 진출해야 한다. 그러나 인류가 우주로 진출해야 하는 더 중요한 이유는 모험과 탐험을 좋아하는 유전자 때문이다. 과학의 발달로 우주에 대해 더 많은 것을 알게 되면서 우주를 직접 탐험하고자 하는 인류의 욕망이 더욱 커졌다. 그리고 인류는 발전된 과학기술 덕분에 우주로 진출할 수 있는 능력을 갖추어 가고 있다. 우주로 진출할 충분한 이유와 그것을 가능하게 할 능력을 가지고 있는 인류가 창백한 푸른 점을 벗어나 우주로 진출하는 것은 필연적인 일이다.

앞으로 1만 년 후에는 인류가 우주 공간에서 또 다른 형태의 인류 문명을 꽃피우고 있을 것이 확실하다. 아프리카를 떠난 인류가 지구 끝까지 도달하는 데는 6만 년이 걸렸다. 따라서 1만 년 안에 우주에 살아갈 터전을 만든다면, 그것을 느리다고 할 수 없을 것이다. 우주의 역사나 지구의 역사에서 보면 1만 년은 아주 짧은 시간이며, 인류의 역사 350만 년과 비교해도 짧다. 그러나 지난 100년 동안에 인류가 이루어 놓은 성과를 돌아보면 1만 년은 인류가 우주로 진출하는 데 필요한 모든 문제를 해결하기에 충분히 긴 시간이다. 태양계를 넘어 성간 공간이나 은하 간 공간으로 진출하는 데는 더 많은 시간이 필요하겠지만, 그것 역시 언젠가는 가능해질 것이다.

인류가 우주로 진출하기 위해서는 우주에서 생명현상을 유지하는 데 필요한 물질과 에너지를 확보할 수 있어야 한다. 그런데 이 두 가지는 지구보다 우주에서 더 쉽게 구할 수 있다. 인간을 이루고 있는 물질의 대부분은 수소, 탄소, 질소, 산소이다. 이 네 가지 원소는 우주 어디에나 가장 풍부하게 존재하는 원소이다. 반면에 지구 표면에 가장 풍부하게 존재하는 원소는 산소, 규소, 알루미늄, 철이다. 인간은 지구에 가장 풍부하게 존재하는 원소가 아니라 우주에 가장 풍부하게 존재하는 원소들로 이루어져 있다. 이것은 인간이 지구 밖에서 생명현상에 필요한 원소를 공급받는 데 어려움이 없다는 것을 뜻한다.

우주의 평균 온도는 2.7K로 아주 낮다. 따라서 우주 공간에서 생명을 유지하는 데 필요한 에너지를 얻는 것은 쉬운 일이 아니다. 그러나 우주에는 많은 에너지원이 있다. 우주에 분포하는 수많은 별들과 블랙홀, 그리고 초신성 폭발이 만들어 낸 방사성 원소들이 에너지원으로 사용될 수 있을 것이다. 이미 인류는 태양전지나 플루토늄과 같은 방사성 원소를 이용하여 우주 공간을 여행하고 있다. 따라서 별의 에너지와 방사성 원소를 효과적으로 이용하는 방법을 발전시키면 우주 인류 문명을 유지하고 발전시키는 데 필요한 에너지를 우주에서 확보하는 것이 가능할 것이다.

뉴턴역학을 바탕으로 하는 근대 과학이 크게 발전하고 있던 19세기에는 과학이 발전함에 따라 인류 문명도 크게 발전할 것이라고 생각하는 사람들이 많았다. 그러나 20세기에 크게 발전한 현대 과학이 인류 문명을 파괴할 수도 있는 원자폭탄과 급격한 지구의 환경 변화와 같이 쉽게 해결될 것 같아 보이지 않는 문제들을 만들어 내자 과학의 발전을 염려하는 사람들이 많아졌다. 과학의 발전이 인류 문명을 발전시키는 것이 아니라 오히려 파괴할지도 모른다는 생각을 하게 된 것이다. 그러나 이런 문제들은 과학이 너무 발전해서 생기는 문제들이 아니라 아직 과학이 덜 발달했기 때문에 생기는 문제들이다. 과학기술의 발전은 이런 문제들을 해결할 방법을 찾아낼 것이다. 인류가 우주로 진출한 후에 돌아보면 그런 우려들은 빠른 변화의 와중에서 늘 겪는 기우에 지나지 않았다는 점을 알게 될 것이다.

어쩌면 사람들의 염려대로 과학기술의 발전이 인류 문명을 파괴하는 일이 실제로 일어날 수도 있을 것이다. 그러나 그것은 완전한 파괴보다는 일보 후퇴일 가능성이 크다. 그런 경험은 인류가 좁은 지구를 벗어나야 하는 또 다른 이유를 제공할 것이다. 따라서 다시 시작하는 제2의 인류 문명은 더욱 적극적으로 우주 진출을 모색할 것이다. 대규모 인류 문명의 파괴나 침체가 한 번이 아니라 여러 번 있을 수도 있다. 그러나 다시 시작하게 될 것이고, 결국은 인류는 우주로 진출할 것이다. 여러 번 다시 시작하다 보면 우주로 진출하는 일이 1만 년이나 5만 년 정도 늦어질 수도 있겠지만 우주나 지구, 그리고 인류의 역사에서 보면 그것은 짧은 시간이다.

인류가 우주에 진출한 후에도 우주는 팽창을 계속할 것이다. 인류 문명이 아무리 발전한다고 해도 우주의 팽창을 저지할 능력을 가지게 되지는 못할 것이다. 우주가 팽창함에 따라 물질과 에너지의 밀도가 희박해져 관측 가능한 공간 안에 아무것도 없는 텅 빈 공간만 남을 것이다. 따라서 인류가 우주로 진출한다고 해도 인류 문명이 영원히 계속될 수는 없을 것이다. 암흑 속으로 빠져들어 가는 고요한 우주에서 수백억 년 동안 인류가 이루어 낸 것들을 정리하면서 인류는 결국 우주와 함께 종말을 맞이하게 될 것이다. 그러나 그때가 되면 '종말'이라는 말이 '영원히 존재한다'는 말과 같은 의미를 가지게 될는지도 모른다.

# 찾아보기

ㅎ